船舶振动声学中的
超材料设计理论与方法

Design Theories and Methods of
Metamaterials in Ship Vibration and Acoustics

杨德庆 李 清 张相闻 任晨辉 秦浩星 著

上海交通大学出版社
SHANGHAI JIAO TONG UNIVERSITY PRESS

内容提要

本书系统介绍了作者在力学和声学超材料方面的多年研究成果,并结合船舶与海洋工程需求,阐述超材料在减振、降噪、抗爆、抗冲击及声隐身领域的应用。全书共 13章,分为两大部分:第 1 章至第 9 章为第一部分,内容包括超材料设计理论与方法,给出任意泊松比、负刚度和带隙等超材料的设计理论与数值分析方法;第 10 章至第 13章为第二部分,内容包括超材料在船舶与海洋工程领域的应用,介绍超材料及声学黑洞俘能器在舰船减振、抗爆、抗冲击和声隐身方面的应用,给出针对性的设计方法和设计示例。

本书为船舶与海洋工程领域研究人员拓展专业知识、掌握振动噪声前沿新技术提供了丰富的资料。

图书在版编目(CIP)数据

船舶振动声学中的超材料设计理论与方法/ 杨德庆
等著. —上海:上海交通大学出版社,2023.6
ISBN 978 - 7 - 313 - 28714 - 4

Ⅰ.①船⋯ Ⅱ.①杨⋯ Ⅲ.①船舶振动-声学材料-
设计-研究 Ⅳ.①TB34

中国国家版本馆 CIP 数据核字(2023)第 085766 号

船舶振动声学中的超材料设计理论与方法
CHUANBO ZHENDONG SHENGXUE ZHONG DE CHAOCAILIAO SHEJI LILUN YU FANGFA

著   者:杨德庆 李 清 张相闻 任晨辉 秦浩星
出版发行:上海交通大学出版社   地   址:上海市番禺路 951 号
邮政编码:200030   电   话:021 - 64071208
印   制:苏州市古得堡数码印刷有限公司   经   销:全国新华书店
开   本:710 mm×1000 mm 1/16   印   张:34.75
字   数:622 千字
版   次:2023 年 6 月第 1 版   印   次:2023 年 6 月第 1 次印刷
书   号:ISBN 978 - 7 - 313 - 28714 - 4
定   价:210.00 元

前言 | Foreword

　　超材料是自然界中较少见的、主要由人类发明的一系列"人工设计"新材料，具有超常的力、热、光、声、电及磁等物理性能，可分为力学超材料、声学超材料、弹性波超材料和电磁超材料等。由人工"功能基元"的设计与空间"序构"开发的超材料，其奇异的宏观性能来源于人工"功能基元"内部构型的精巧设计而非"功能基元"自身的材料属性。序构是指对人工设计的"功能基元"的堆垛和排列方式，如长短程有序、梯度有序或完全无序等，本书提出了由布拉维点阵序构理论指导"功能基元"的序构。序构中"功能基元"母材的种类不受限制，为探索具有变革性及颠覆性的高性能新材料提供了更大的空间，实现人类利用自然界现有的金属或非金属材料按照自己意愿"逆向调控"材料性能的梦想。超材料的创新设计技术经历了30多年的发展，大规模、大尺度超材料结构增材制造的成本也大幅降低，为超材料在船舶与海洋工程领域的广泛应用奠定了良好基础。构建超材料结构力学、声学、光学及电磁学等分析理论体系的时机逐渐成熟，作者在本书中给出了这方面的初步探索。

　　船舶与海洋工程结构动力学专注于海洋环境中各类舰船或人造海洋结构物，研究船舶与海洋结构物的动态载荷、振动特性、动态载荷作用下结构的振动响应，有关的分析原理、分析方法、评估准则、控制方法和振动优化设计，为改善船舶或海洋结构物在动态载荷环境中的安全及可靠性提供理论基础。各国船级社颁布的船舶及海洋结构物振动与噪声的规范，均涉及振动、碰撞、搁浅、砰击、破冰、爆炸、冲击与穿甲等问题。船舶与海洋工程结构物声学主要研究船舶的舱室噪声、环境噪声和水下辐射噪声的数值预报方法、噪声限值标准与声学设计技术等。随着人类对船舶振动和噪声舒适性提出的更高要求，针对宽频瞬态类、多噪声源、多振源问题，现有的常规材料下减振降噪措施难以满足工程应用需求，超材料的发展为解决这类问题提供了很好的途径。

本书系统介绍了作者在力学超材料和声学超材料方面的最新研究成果，并结合船舶与海洋工程需求，阐述超材料在减振、降噪、抗爆、抗冲击与声隐身等领域的应用。全书共 13 章，可分为两大部分。第 1 章至第 9 章是第一部分，内容包括超材料设计理论与方法，给出任意泊松比超材料、负刚度超材料和弹性波带隙超材料的设计理论与方法；第 10 章至第 13 章是第二部分，内容包括超材料在船舶与海洋工程领域的应用，介绍超材料及声学黑洞在舰船减振、抗爆、抗冲击和声隐身方面的应用。

自 2011 年起，博士研究生张相闻、秦浩星、李清、任晨辉、罗放、刘西安和庄曜泽，硕士研究生马涛、张梗林、吴秉鸿、夏利福、王博涵、赵业楠及毛翔等参加了书稿内容的部分研究工作。感谢美国西北大学陈卫院士对作者在机械工程系作为访问教授访学期间给予的学术指导。

书中涉及的研究获得了国家自然科学基金项目、国防科技创新特区火花项目、海洋工程国家重点实验室开放课题和海南省三亚崖州湾科技城深海科技先导创新项目的先后资助，在此深表感谢。

限于作者水平，书中难免存在不妥之处，恳请读者批评指正。

上海交通大学船舶与海洋工程系　杨德庆

2022 年 5 月

目录 | Contents

第 1 章

绪　论

　　船舶是人类设计制造的用于在江河、湖泊和海洋中从事交通运输、贸易、生产、生活及军事用途的结构物或工具,可分类为民船、军船和特种水下潜器[自治式潜水器(AUV)、遥控潜水器(ROV)、水下滑翔机及智能浮标]等,也可分类为海船与内河船,亦可分类为常规的有人驾驶船舶和无人驾驶智能船舶等。海洋工程结构物是指人类设计制造的、用于海洋环境中的土木及金属建筑物(包括固定式结构物、漂浮式结构物等),例如码头、堤坝、浮桥与栈桥、人工岛、海底空间站、海洋平台、水下生产系统、潮汐发电系统、浮式采油船及海上风力发电系统等[1-2]。海洋运输相较于公路、铁路及航空运输,具有运量大、距离长、网络密集、发展成熟和费用低廉等优势,全球国际贸易量的90%左右都是通过船舶运输来完成的。另外,占地球表面积约70.8%的海洋中蕴藏着丰富的油气、矿产与生物等资源,世界石油地质总储量的44%在深海,未来海洋油气开发中需要大量的海洋石油勘探及生产装备。因此,船舶与海洋装备技术及相关科学是人类发展经济和可持续发展的重要基础[3-5]。

　　结构物在外部环境载荷或设备动载荷作用下围绕某一平衡位置的小尺度往复运动称为结构振动,该运动的位移幅值与结构物外廓尺寸相比一般至少小一个量级,这是其与宏观运动的显著区别。声波是弹性介质中传播的压力、应力、质点位移、质点速度的变化或几种变化的综合,声学是研究声波的产生、传播、接收和效应的学科,而声场是指弹性介质中有声波存在的区域,弹性介质的存在是声波传播的必要条件。引起听觉的声波称为可听声,而噪声是指从生理学、心理学及军事角度讲,令人不愉快、使人讨厌和烦恼、过响的、妨碍人们生活、工作、学习、休息以及对人体健康造成影响或危害的、暴露本方舰船位置的声波。

　　船舶与海洋结构物作为漂浮在水上的弹性结构系统,在其航行或作业过程中不可避免因受到海洋环境载荷和设备载荷的作用而产生振动。振动能量以弹性波的形式向四周传播形成结构噪声与舱室噪声,也通过船体湿表面及空气向水中辐射形成水下辐射噪声。对船舶运输经济性的更高追求形成现代船舶设计向大型化、高速化和重载化的发展趋势,在船舶动力系统的选择上也趋向功率大、经济性好的低速柴油机,这类机器的振动强度及辐射声功率远大于常规船舶的主机,导致船体振动及舱室噪声幅值越来越大。过高的振动使船体结构产生很大的动应力,降低船体疲劳寿命及安全性,无法保证船上仪器设备的持久、可靠运行。超限振动使船上乘客居住舒适性受到严重影响,而对于长期暴露于高能振动与噪声环境中的船员,不但会影响其工作效率,甚至可能损害身体健康[6-8]。由船舶振动产生的水下辐射噪声是海洋环境噪声的主要组成部分,现已成为改变海洋环境噪声的主要因素。海洋环境噪声从 20 世纪工业化后就持续增长,其中低频的海洋环境噪声从 1950—2005 年以 0.5 dB 每年的速度增长,现在仍以 0.2 dB 每年的速度增长。国际航运的快速发展是低频海洋环境噪声增长的重要原因,迄今全球运输船舶(油轮、集装箱船和散货船等)数量增加了约 3 倍,吨位增长约 6.5 倍,大型邮轮和私人游艇的数量也大幅增长[9]。船舶振动产生的水下辐射噪声污染了海洋声学环境,过高的船舶辐射噪声对海洋生物,尤其是哺乳动物及鱼类造成巨大威胁,可能改变海洋生物的习性,导致其通信距离缩短,从而对交流、觅食、逃避捕食者产生影响,更有甚者永久失聪,逃离栖息地或者死亡[10-11](见图 1-1)。

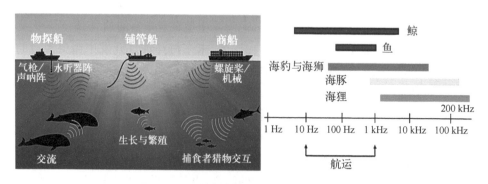

图 1-1　水下辐射噪声对海洋生物的影响

　　随着绿色船舶设计理念的引入,人类对船舶 NVH 性能,即噪声(noise)、振动(vibration)和行驶平顺性(harshness)的重视程度不断提高。国际海事组织(IMO)2014 年 7 月出台的《船上噪声等级规则》对船上噪声提出了更严格的要求,载重 1 万吨以上船舶的舱室噪声限值比原有规则普遍降低 5 dB 左右。中国船舶重工集团公司第七〇二研究所按照噪声新标准对我国 2012 年下水试航的数十条不同类型船舶的舱室噪声进行了实测统计,结果显示这些船舶上层建筑中有三成到七成的舱室噪声超标。2020 年 7 月,中国船级社颁布了《绿色生态船舶规范》(2020),其中第 2 章生态保护要求中 2.5.1 节对船舶振动舒适度等级给出严格限值。实践表明,在船舶建成后对发现的振动与噪声超标问题进行处理,相比在设计阶段就对其进行预处理,需要多耗费 70% 的费用。船舶与海洋结构振动和噪声技术是船舶及海洋工程科学的重要内容,是船舶设计师解决振动和噪声问题的必备知识,在海洋装备开发中有着重要的应用[12]。

　　本章介绍船舶与海洋结构振动和噪声的基本概念,后面各章以专题形式介绍具体船舶振动噪声问题的分析理论和计算方法。

1.1　船舶与海洋结构物振动

　　振动学或振动力学也称为结构动力学,牛顿力学、18 世纪拉格朗日的分析力学、傅立叶、达朗贝尔和哈密顿等力学大师的研究成果,共同奠定了结构动力学的理论基础。结构动力学与宏观运动学的区别在于它不仅研究结构宏观运动,还涉及结构的应力及变形等,要使用动力学(牛顿定律、拉格朗日方程)和弹性体力学(应力-应变关系、应变-位移关系)理论建立描述变形结构动力特性的微分方程组。船舶与海洋结构物动力学是研究船舶与海洋结构物的振动特性(固有频率、振型、周期、相位),海洋环境或船上设备的动载荷,在海洋环境或设备的动载荷作用下船舶及海洋工程结构的动力响应(位移、速度、加速度、动应力与动应变等),有关的分析原理、分析方法、评估准则、控制方法和振动优化设计等内容,为改善船舶及海洋工程结构系统在动态载荷环境中的安全和可靠性提供理论基础的专门学科。船舶与海洋工程结构的规模一般较为庞大,作用其上的载荷很复杂(涉及风、浪、流、地震、设备扰力等),对其进行相关的振动分析涉及流固耦合难题,需要高深的专业理论来评估其安全性。相对于静止而言,人类更关注结构运动状态的变化以及动载荷所导致的结构振动响应。19 世纪后期,从往复式蒸汽机在船舶上的应用开始,之后内燃机替代蒸汽机,以及 20 世纪中期人类开始进行海洋石油开发,船舶振动和海洋结构物的涡激振动控制等成为这个领域的长期难题[13-21]。

　　船舶方面的振动,例如船舶在规则波浪中的横摇、纵摇、升沉(垂荡)等稳态周期运动,船舶在螺旋桨、主机及柴油发电机等动力机械设备产生的周期性扰力作用下发生的局部(艉部、艏部、上层建筑、各层甲板等处)或全船稳态强迫振动,船舶在不规则波浪中的暂态运动,船舶在迎浪航行中波浪砰击载荷下的瞬态强迫振动,横浪运行时大型集装箱船的弹振,液化天然气(LNG)船航行中液舱晃荡导致的船体振动,水面舰船和潜艇在鱼雷及水下炸弹的爆炸冲击下的结构瞬态响应,在导弹、鱼雷穿甲或空中爆炸下的船体瞬态冲击响应,极地破冰船连续式或冲撞式破冰过程中船-冰-水形成的冰水固耦合动力学问题,船-船碰撞或船-桥碰撞的系统动力学响应问题,船舶搁浅或触礁灾害下结构响应问题等。

海洋结构物方面的振动,例如海洋平台或人工岛在规则波浪中的横摇、纵摇、升沉(垂荡)等稳态周期运动,深海立管和半潜式钻井平台在海流中的涡激振动或涡激运动,海啸、台风和高烈度地震等极限灾害载荷作用下海洋平台、潮汐发电系统、水下生产系统、浮式采油船及海上风力发电系统的动力学安全问题,海洋环境载荷与动力机械设备产生的周期性扰力作用下深海采矿系统稳态强迫振动,近海固定式平台与浮冰碰撞动力学响应问题等。

1.1.1　振动系统的分类

系统的概念范围很广,大到天体系统,小到微观系统。系统是多个元素(元件、单元、构件)的组合,这些元素之间相互关联相互影响,组成一个整体。按照受力性质,系统可以分为静态系统和动态系统,其他分类诸如机械系统、电气系统、液压系统、动力系统和生物系统等[22]。工程上的人造结构在振动学或者动力学研究中也称为系统,即所谓的结构系统,它定义为由结构构件、力学元件和动力设备等构成的集合,例如潜艇可以视为由环肋、纵骨、圆柱壳、圆锥壳、隔振元件及推进设备等构成的环肋耐压壳系统。振动系统是至少包含弹性元件和质量元件的系统,能够产生弹性和惯性作用,也称结构动力学系统,若还包含阻尼元件,则称为有阻尼振动系统。

采用数学模型(或数学表达式)描述结构系统的动力学行为时,首先需要确定结构系统的动力学自由度(以下简称"动力自由度")。动力自由度是指确定结构系统在任一时刻全部"质量"的运动所需独立几何坐标的数目,它与质量有关,与描述结构系统的静力自由度是有本质区别的。

结构的静力自由度与动力自由度的区别:

(1)静力自由度是指刚体的运动自由度,它由约束条件唯一确定。结构的静力自由度必须小于等于零(≤0,代表静定和超静定);若其大于零(>0,代表静不定),则结构成为机构。

(2)动力自由度是描述结构(系统)"质量"运动的独立坐标数,是不包括刚体运动自由度在内的弹性体变形自由度（≥1），它由结构的质量分布唯一确定。考虑结构（系统）动力自由度的前提首先必须是结构（系统），其次应具有质量。

结构振动系统分为离散动力系统（也称集中参数系统）、连续动力系统（也称分布参数系统）和离散/连续混合动力系统等类型[21-23]。

离散动力系统的基本组成单元是质点、刚体、弹性元件和阻尼元件。任意多个质点的集合称为质点系统（以下简称"质点系"），例如 5 质点-7 弹簧元件-2 阻尼器元件构成的多自由度质点系统。任意多个刚体的集合称为多刚体系统（以下简称"多刚体系"），例如曲柄-连杆-滑块刚体运动系统。质点系或多刚体系的周期或非周期运动的研究对应于质点振动学与刚体振动学。

连续动力系统的基本组成单元是梁、板、壳、膜、弦和弹性体等，梁、板、壳及弹性体的周期或非周期运动的研究对应于弹性体振动学。连续动力系统的动力学模型由具有分布质量、分布弹性和分布阻尼的元件组成，例如梁、板和圆柱壳体等简单结构，船舶、海洋平台和航天飞机等大型复杂结构。描述连续动力系统内每个质点的运动位置，需要采用空间与时间两个坐标，空间位置不像在离散动力系统那样以隐含方式描述。连续动力系统中包含无限多个质点、弹性元件及阻尼元件，是无限动力自由度系统，也是弹性体系统。连续动力系统与离散动力系统是同一物理系统的两种模型表达方式，可以通过将连续动力系统简化为有限数量的理想化质点、弹性元件和阻尼元件实现两个系统的转化。其力学关系及两者间的区别和联系如图 1-2 和表 1-1[22-23]所示。

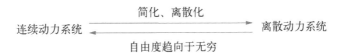

图 1-2　连续动力系统与离散动力系统的相互转换

表 1-1　连续动力系统与离散动力系统的区别和联系

系统与描述	离散动力系统	连续动力系统
动力自由度	有限个	无穷多个
运动描述的变量	时间	时间和空间位置
动力学方程	二阶常微分方程组	高阶偏微分方程组
方程消去时间变量后	代数方程组	微分方程的边值问题

梁、板和壳体是船舶与海洋工程结构中最常见的结构件,是研究振动噪声时的主要力学对象,一般假设制造梁、板和壳体的材料是均匀连续的,承载时结构中的应力服从胡克定律,且发生的是小变形,变形满足连续性条件。

用来描述结构的振动(特性及响应)的数学方程称为结构振动方程。采用数学表达式描述结构振动/动力学行为的具体内容包括动力学方程(运动方程或振动方程)、动力学响应的时域曲线[时程响应曲线(time response curve,TRC)]、频域曲线[频响曲线(frequncy response curve,FRC)]、周期(period)、固有频率(natural frequency)、振幅(amplitude)、振型(mode shape)、相位(phase)、波长(wavelength)、波数、位移、速度、加速度、动应力和动应变等。

习惯上,对于频率大于 1 Hz 的结构动力学系统(对应高频率低周期,周期小于 1 s),常用频率描述其特性。对于周期大于 1 s 的系统,常用周期表示其特性(对应低频率高周期,频率小于 1 Hz)。

振动与声的关系密切,声就是由于振动而产生的。当振动频率在 20~20 000 Hz 声频范围内,振动源同时也是声源。对于可变形固体介质,介质点振动引起的固体中应力与应变扰动以波的形式在固体中传播,定义其为应力波。应力波可分为弹性波、弹塑性波和塑性波等[24-26]。弹性波按照固体内介质点的振动方向与波自身传播方向之间的关系,可分为纵波(压缩波和拉伸波)、横波(剪切波)、表面波(瑞利波)、界面波、乐甫波和梁板结构中的弯曲波(挠度波)[24]。振动能量通常以两种方式向外传播而产生噪声,一部分由振动的物体直接向空中辐射,称为空气声;另一部分振动能量以弯曲波的形式传播,激发建筑物或船舶的地板、墙面、门窗等结构振动,再向空中辐射噪声,这种通过固体传导的声称为固体声(或结构声)。

结构几何尺寸和振动波波长的相对关系是简化为各类型动力系统的决定因素。船舶与海洋工程结构的设计(见图 1-3,图 1-4)必须考虑其在风、浪、海流和动力设备扰动载荷下的动力学特性与响应,否则可能导致不可弥补的损失。图 1-5 给出了结构运动、振动和噪声的频率区间划分或振动周期的特点。

图 1-3 浮式生产储卸油装置系统及周围环境   图 1-4 超大型集装箱船及周围环境

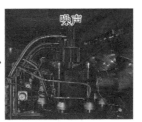

0.01~0.2 Hz　　　　　0.5~100 Hz　　　　　20~20 000 Hz

频率增大、波长减小

图 1-5　按频率和波长划分的运动、振动与噪声关系

1.1.2　振动方程

考虑图 1-6 所示弹性体结构,其结构域为 Ω,边界为 S(包含位移边界 S_u 与力边界 S_σ),受到体积力张量 $\bar{f}$ 和面力张量 $\bar{p}$ 的作用。

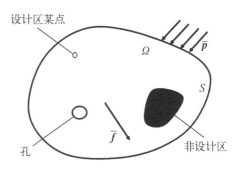

图 1-6　弹性体受力示意图

1) 静力学方程

若结构所受载荷均为不随时间变化的载荷(俗称静载荷),则可建立小位移弹性结构静力学控制方程组[27]。该方程组包括 15 个方程,其中有 3 个力平衡方程、6 个几何方程和 6 个本构方程。

力平衡方程(描述外力-应力关系):

$$\boldsymbol{\sigma}_{ij,j} + \bar{f}_i = \mathbf{0}（在 \Omega 域内） \tag{1-1}$$

几何方程(描述应变-位移关系):

$$\boldsymbol{\varepsilon}_{ij} = \frac{1}{2}(u_{i,j} + u_{j,i})（在 \Omega 域内） \tag{1-2}$$

物理方程(本构关系,描述应力-应变关系):

$$\boldsymbol{\sigma}_{ij} = \boldsymbol{D}_{ijkl}\boldsymbol{\varepsilon}_{kl}（在 \Omega 域内） \tag{1-3}$$

位移边界条件:

$$u_i = \bar{u}_i \text{（在 } S_u \text{ 边界上）} \tag{1-4}$$

力边界条件：

$$\boldsymbol{\sigma}_{ij} \boldsymbol{n}_j = \bar{\boldsymbol{p}}_i \text{（在 } S_\sigma \text{ 边界上）} \tag{1-5}$$

式中，u_i、$\boldsymbol{\sigma}_{ij}$ 与 $\boldsymbol{\varepsilon}_{ij}$ 分别为位移张量、应力张量及应变张量；$\boldsymbol{D}_{ijkl}$ 为弹性系数张量；$\bar{f}_i$ 为单位体积的体积力张量；n_j 为边界外法线方向余弦张量；$\bar{u}_i$ 和 $\bar{p}_i$ 分别为边界 S_u、S_σ 处位移及面力张量，其中 $i = 1, \cdots, 3$；$j = 1, \cdots, 3$；$k = 1, \cdots, 3$；$l = 1, \cdots, 3$。方程中含有 15 个与时间无关的未知量，分别是 3 个位移分量、6 个应变分量及 6 个应力分量，它们对应直角坐标系下的位移矢量 $\boldsymbol{u} = [u \quad v \quad w]^T$、应变矢量 $\boldsymbol{\varepsilon} = [\varepsilon_x \quad \varepsilon_y \quad \varepsilon_z \quad \gamma_{xy} \quad \gamma_{yz} \quad \gamma_{zx}]^T$ 和应力矢量 $\boldsymbol{\sigma} = [\sigma_x \quad \sigma_y \quad \sigma_z \quad \tau_{xy} \quad \tau_{yz} \quad \tau_{zx}]^T$。

采用有限元法求解上述静力学方程组，图 1-6 中线弹性体的应变能 U 为

$$U = \int_\Omega \boldsymbol{D}_{ijkl} \boldsymbol{\varepsilon}_{ij} \boldsymbol{\varepsilon}_{kl} \, \mathrm{d}\Omega = \int_\Omega \boldsymbol{C}_{ijkl} \boldsymbol{\sigma}_{ij} \boldsymbol{\sigma}_{kl} \, \mathrm{d}\Omega \tag{1-6}$$

式中，$\boldsymbol{C}_{ijkl}$ 为柔度系数张量，$i = 1, \cdots, 3$；$j = 1, \cdots, 3$；$k = 1, \cdots, 3$；$l = 1, \cdots, 3$。

外力对该线弹性体做功 W 为

$$W(\boldsymbol{u}) = \int_\Omega \boldsymbol{f}^T \boldsymbol{u} \, \mathrm{d}\Omega + \int_S \boldsymbol{p}^T \boldsymbol{u} \, \mathrm{d}S \tag{1-7}$$

弹性体总位能 Π 为

$$\Pi = U - W = \int_\Omega \boldsymbol{\varepsilon}^T \boldsymbol{D} \boldsymbol{\varepsilon} \, \mathrm{d}\Omega - \int_\Omega \boldsymbol{f}^T \boldsymbol{u} \, \mathrm{d}\Omega - \int_S \boldsymbol{p}^T \boldsymbol{u} \, \mathrm{d}S \tag{1-8}$$

根据弹性力学的最小位能原理，$\delta \Pi = 0$，可得结构静力学有限元平衡方程：

$$\boldsymbol{K} \boldsymbol{u} = \boldsymbol{F} \tag{1-9}$$

式中，$\boldsymbol{u}$ 为结构位移矢量；结构刚度矩阵 $\boldsymbol{K} = \sum_e \boldsymbol{K}^e$，单元刚度矩阵 $\boldsymbol{K}^e = \int_{\Omega_e} \boldsymbol{B}^T \boldsymbol{D} \boldsymbol{B} \, \mathrm{d}\Omega$；外载荷矩阵 $\boldsymbol{F} = \sum_e \boldsymbol{F}^e$，$\boldsymbol{F}^e = \int_{\Omega_e} \boldsymbol{N}^T \bar{f} \, \mathrm{d}\Omega + \int_{S_\sigma^e} \boldsymbol{N}^T \bar{p} \, \mathrm{d}S$。$\boldsymbol{N}$ 为形状函数矩阵；$\boldsymbol{B}$ 为几何矩阵，也称位移映射矩阵；$\boldsymbol{D}$ 为弹性矩阵；Ω_e 与 S_σ^e 分别为单元 e 所在空间域及力边界。式(1-9)是同时满足上述所有方程的以积分弱形式表达的数学列式。若考虑几何非线性、物理非线性、边界条件和载荷的非线性，上述力学方程将演化为非线性力学方程。

2）动力学方程

若结构所受载荷中含有随时间变化的载荷（俗称动载荷），则应用动力学原理（牛顿第二定律、动力学虚功原理、拉格朗日方程、哈密顿原理）和弹性力学理论（应力-应变关系、应变-位移关系），可以建立描述该弹性结构动力学响应的微分方程组[27]。无初始应力/初始应变状态下三维弹性体结构的运动微分方程为

$$\boldsymbol{\sigma}_{ij,j} + \bar{\boldsymbol{f}}_i = \rho \boldsymbol{u}_{i,tt} + \boldsymbol{\mu} \boldsymbol{u}_{i,t}\text{（在 }\Omega\text{ 域内）} \tag{1-10}$$

式中，$\boldsymbol{\mu}$ 为阻尼系数张量；ρ 为弹性体的密度；$\boldsymbol{u}_{i,tt}$ 为加速度张量；$\boldsymbol{u}_{i,t}$ 为速度张量；其余符号含义同式（1-1）～式（1-5）。

相应的本构方程、几何方程及边界条件的形式与静力学问题相同，但 3 个动位移分量、6 个动应变分量和 6 个动应力分量是与时间相关的。另外，还需增加弹性体结构系统的运动初始条件方程：

$$\left.\begin{array}{l}\boldsymbol{u}_i(x, y, z, 0) = \boldsymbol{u}_i(x, y, z) \\ \boldsymbol{u}_{i,t}(x, y, z, 0) = \boldsymbol{u}_{i,t}(x, y, z)\end{array}\right\} \tag{1-11}$$

采用有限元法离散上述结构动力学系统，可得以结构动位移矢量 $\boldsymbol{u}(t)$ 表述的结构动力学方程（以下简称"MCK 方程"）[22-23]：

$$\boldsymbol{M}\ddot{\boldsymbol{u}}(t) + \boldsymbol{C}\dot{\boldsymbol{u}}(t) + \boldsymbol{K}\boldsymbol{u}(t) = \boldsymbol{Q}(t) \tag{1-12}$$

式中，结构质量矩阵 $\boldsymbol{M} = \sum_e \boldsymbol{M}^e$，单元质量矩阵 $\boldsymbol{M}^e = \int_{\Omega_e} \rho \boldsymbol{N}^T \boldsymbol{N} \mathrm{d}\Omega$，$\rho$ 为结构材料密度；结构刚度矩阵 $\boldsymbol{K} = \sum_e \boldsymbol{K}^e$，单元刚度矩阵 $\boldsymbol{K}^e = \int_{\Omega_e} \boldsymbol{B}^T \boldsymbol{D} \boldsymbol{B} \mathrm{d}\Omega$；结构阻尼矩阵 $\boldsymbol{C} = \sum_e \boldsymbol{C}^e$，单元阻尼矩阵 $\boldsymbol{C}^e = \int_{\Omega_e} \mu \boldsymbol{N}^T \boldsymbol{N} \mathrm{d}\Omega$，$\mu$ 为阻尼系数；结构总体外载荷或干扰力矩阵 $\boldsymbol{Q} = \sum_e \boldsymbol{Q}^e$，单元外载荷矩阵 $\boldsymbol{Q}^e = \int_{\Omega_e} \boldsymbol{N}^T \bar{\boldsymbol{f}} \mathrm{d}\Omega + \int_{s_\sigma^e} \boldsymbol{N}^T \bar{\boldsymbol{p}} \mathrm{d}S$。其余符号含义同式（1-9）。

若结构阻尼矩阵 $\boldsymbol{C} = \boldsymbol{0}$，则系统为无阻尼振动。

若输入激励载荷 $\boldsymbol{Q} = \boldsymbol{0}$，则系统为自由振动；若输入激励载荷 $\boldsymbol{Q} \neq \boldsymbol{0}$，则系统为强迫振动；若激励载荷 $\boldsymbol{Q}$ 受系统自身振动的控制，在适当反馈作用下自动激起系统的定幅振动，一旦系统振动被抑制，激励也随之消失，则系统为自激振动。若激励载荷 $\boldsymbol{Q}$ 会由于系统的物理参数的改变而改变，则系统为参数振动。

结构动力学问题可以分为线性动力学问题和非线性动力学问题。如果动力学方程式（1-12）中惯性力、阻尼力及恢复力分别是加速度、速度与位移的线性函数，而且激励载荷是简谐的，则该问题为线性动力学问题。

　　若 M、C 和 K 均为常数,但 Q 不是简谐力而是非线性干扰力(如小尺度构件所受的波浪干扰力中拖曳力是速度的平方函数),则该问题为由外载荷非线性因素引起的非线性动力学问题。

　　如果动力学方程中 M、C 和 K 任一个为非常数,导致惯性力、阻尼力或恢复力是加速度、速度或位移的非线性函数,则该问题为由结构系统本身非线性因素引起的非线性结构动力学问题。

　　求解式(1-12)时,针对自由振动可解得动力学系统的固有频率和振型,俗称模态分析。针对强迫振动,采用模态叠加法(振型叠加法)和直接积分法等,可解得结构的动力响应,分为频域与时域响应、瞬态与稳态响应等。图 1-7 给出结构动力学系统中指定对象在时域的动态响应曲线的三类形式,即周期振动、瞬态振动和随机振动[23]。若振动响应为正弦或余弦函数,则称为简谐振动;若振动响应为周期函数、拟周期函数或非周期函数,则称为周期振动、拟周期振动或混沌振动;若振动响应为随机函数,则称为随机振动。

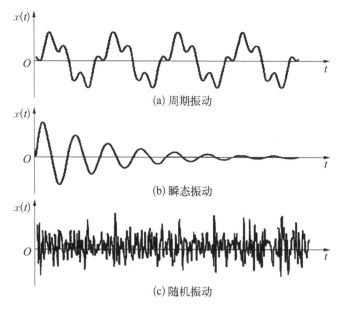

(a) 周期振动

(b) 瞬态振动

(c) 随机振动

图 1-7　结构动力学响应在时域内的形态

　　结构的各类力学问题的控制方程(governing equations)可以采用有限元(FEA)列式形式概括如下:

线性静力学(static linear)： 　　　　　　$$Ku = F \tag{1-13}$$

线性屈曲(buckling)： 　　　　　　$$(K + \lambda K_g)u = 0 \tag{1-14}$$

大变形静力学(large deformation)：$\qquad K(u)u = F$ $\hfill (1-15)$

自由振动(free vibration)：$\qquad (K - \omega^2 M)u = 0$ $\hfill (1-16)$

强迫振动(forced vibration)：

$$M\ddot{u}(t) + C\dot{u}(t) + Ku(t) = Q(t) \hfill (1-17)$$

式中，K_g、λ、ω^2 分别为初应力刚度矩阵、屈曲因子和振动固有频率；其他矩阵的含义同式($1-1$)～式($1-12$)。

世界各国的软件公司与高等院校已开发了许多力学数值分析软件，较著名的有 MSC Patran/Nastran、ANSYS、ABAQUS、ADINA、ADAMS、LS-DYNA和 HyperMesh 等，它们可用于静/动力学分析(强度、变形、稳定性、振动、噪声、运动、流固耦合等)。这些软件人机交互界面中的各模块，就是用于前处理建模、力学方程选择、求解和后处理的。以 HyperMesh 软件的界面为例(见图 $1-8$)，包含如下菜单项：

FEM/Geometry——用于建模，描述待分析结构的几何和力学特征。

Materials——用于定义材料特性，描述结构的建造材料。

Properties——单元特性，描述结构系统中构件离散后单元类型、截面尺寸和厚度等。

Load case——用于定义位移与力边界条件，描述载荷与边界条件。

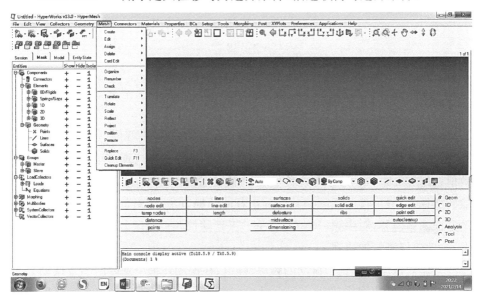

图 $1-8$　HyperMesh 软件的交互界面

Analysis——求解器,用于指定力学分析所采用的方程,就是确定是做动力学分析、静力学分析、稳定性分析、声学分析还是热力学分析,包括 Linear static、Normal Modes、Buckling、Frequency Response、Transient Response 等选项。

Tools——特殊功能工具,可以用来统计结构质量和质心,可以进行结构优化、疲劳分析等。例如 Mass property、Design study、Fatigue 等。

3）动力学响应评价的量化指标

以单自由度系统(或称单自由度振子)的简谐振动为例说明动力学特性与响应的描述。假设该振子振动的位移响应函数为 $x = A\cos(\omega t + \varphi)$,$A$ 为振幅,$\omega = 2\pi f$ 为圆频率,f 为振动频率,$T = 1/f$ 为振动周期,t 为时间变量,φ 为初始相位角。则振动速度 v 和加速度 a 为

$$v = \dot{x} = \frac{\mathrm{d}x}{\mathrm{d}t} = \omega A\cos\left(\omega t + \varphi + \frac{\pi}{2}\right) \tag{1-18}$$

$$a = \ddot{x} = \frac{\mathrm{d}v}{\mathrm{d}t} = \omega^2 A\cos(\omega t + \varphi + \pi) \tag{1-19}$$

工程上常取分贝(dB)来描述振动,定义为振动级。振动加速度级 L_a、振动速度级 L_v 和振动位移级 L_d 的计算公式如下：

$$L_a = 20\lg\frac{a_{\mathrm{e}}}{a_{\mathrm{ref}}} \tag{1-20}$$

$$L_v = 20\lg\frac{v_{\mathrm{e}}}{v_{\mathrm{ref}}} \tag{1-21}$$

$$L_d = 20\lg\frac{d_{\mathrm{e}}}{d_{\mathrm{ref}}} \tag{1-22}$$

式中,$a_{\mathrm{e}} = a_{\mathrm{peak\,max}}/\sqrt{2}$ 为加速度有效值,$a_{\mathrm{peak\,max}}$ 为加速度峰值,$a_{\mathrm{ref}} = 10^{-6}\ \mathrm{m/s^2}$ 为参考加速度值;v_{e} 为速度有效值;$v_{\mathrm{ref}} = 10^{-9}\ \mathrm{m/s}$ 为参考速度值;d_{e} 为位移有效值;$d_{\mathrm{ref}} = 10^{-12}\ \mathrm{m}$ 为参考位移值[24]。位移、速度与加速度这三个振动测量参数的选择,一般可参照国际振动标准推荐的选择方法,即对低频(10 Hz 以下)振动建议测量位移,对中频(10～1 000 Hz)振动建议测量速度,对高频(1 000 Hz 以上)振动建议测量加速度。

人体对振动的感觉与振动的频率、幅值、在振动环境中暴露时间及振动方向有关,国际标准化组织(International Standard Organization,ISO)建议采用等感度曲线修正振动加速度级。修正振动加速度级的计算公式为

$$L_a' = 20\lg \frac{a_e'}{a_{ref}} \qquad (1-23)$$

式中，$a_e' = \sqrt{\sum a_{fe}^2 \cdot 10^{\frac{c_f}{10}}}$，$a_{fe}$ 为频率 f 时的加速度有效值；c_f 为频率 f 时的垂直与水平方向振动的修正值，c_f 的取值如表 $1-2$ 所示。评价时应分别计算垂直振动级和水平振动级[24]。

表 $1-2$ 垂直与水平方向振动的修正值

中心频率/Hz	1	2	4	8	16	31.5	63
垂直方向振动修正值/dB	-6	-3	0	0	-6	12	-18
水平方向振动修正值/dB	3	3	-3	-9	-15	-21	-27

总振动级 L_{aT}：是 N 个振源振动级 L_{ai} 的合成。其计算公式为

$$L_{aT} = 10\lg \left[\sum_{i=1}^{N} 10^{L_{ai}/10} \right] = 10\lg \left[10^{L_{a1}/10} + 10^{L_{a2}/10} + \cdots + 10^{L_{aN}/10} \right]$$

$$(1-24)$$

实际振动测量中，总振动级 L_{aT} 的测量结果会受到周围测量环境的影响。当被测振动源设备停止运转时，环境中仍会有其他设备引起的本底振动。因此，必须从测量结果中扣除本底振动 L_{aB} 的影响，这就产生振级扣除问题。

设备真实振动 L_{ac} 的计算公式为

$$L_{ac} = 10\lg \left[10^{L_{aT}/10} - 10^{L_{aB}/10} \right] \qquad (1-25)$$

平均振级 $\bar{L}_v$：针对某点 M 次测量或 M 个测量点的振级，其平均振级为

$$\bar{L}_v = 10\lg \left[\frac{1}{M} \sum_{i=1}^{M} 10^{L_{ai}/10} \right] = 10\lg \left[\frac{1}{M} (10^{L_{a1}/10} + 10^{L_{a2}/10} + \cdots + 10^{L_{aM}/10}) \right]$$

$$(1-26)$$

1.1.3 船舶与海洋结构物的流固耦合振动方程

船舶与海洋结构物的动力学方程有其特殊性，需要考虑周围流体介质与结构的耦合影响（见图 $1-9$），其动力学方程中包含附连水质量矩阵和水动力载荷

项等。船舶结构-流体耦合动力学方程的有限元列式为[14-16]

$$\begin{bmatrix} M_s & 0 \\ -\rho_f Q^T & M_f \end{bmatrix} \begin{bmatrix} \ddot{u} \\ \ddot{p} \end{bmatrix} + \begin{bmatrix} C_s & 0 \\ 0 & C_f \end{bmatrix} \begin{bmatrix} \dot{u} \\ \dot{p} \end{bmatrix} + \begin{bmatrix} K_s & Q \\ 0 & K_f \end{bmatrix} \begin{bmatrix} u \\ p \end{bmatrix} = \begin{bmatrix} F_s \\ F_f \end{bmatrix} \quad (1-27)$$

式中，Q 为流固耦合矩阵；M_s、C_s 和 K_s 分别为结构的质量矩阵、阻尼矩阵及刚度矩阵；M_f、C_f 和 K_f 分别为流体介质的质量矩阵、阻尼矩阵及刚度矩阵；u 为结构节点位移矢量；p 为流体节点动压力矢量；F_s 为结构外载荷矢量，F_f 为流体外载荷矢量；ρ_f 为流体密度。具体推导过程在第 9 章给出。

图 1-9　船体流固耦合动力学分析的数值模型

　　船舶振动的研究内容可以概括为六个方面[7,12,28]：① 振动载荷分析；② 船舶的振动响应；③ 船体结构参数的辨识和参数估计；④ 船舶振动容许标准和结构安全可靠性分析；⑤ 船上振动控制；⑥ 船舶振动优化设计等。

　　船舶与海洋结构物的复杂性以及使用环境的复杂性，导致其出现复杂的振动行为。船舶振动的研究内容围绕上述六个方面，揭示海洋环境载荷（包括极端海况）的统计特性；探讨船舶和海洋工程结构发生周期振动的规律（振幅、频率、相位的变化规律），周期解的稳定条件；揭示复杂振动响应出现的参数域，由此预测和确定海洋结构物发生大幅振动的外在与内在因素，确定船舶和海洋结构物的有害振动发生机理和条件；发现极端海况或灾害载荷下结构振动响应的特点，并为减小有害振动、实施振动参数优化提供依据。通过船舶与海洋工程结构动力学行为的研究，掌握其复杂振动的特点和影响因素，修改和调整这些因素或者条件,使结构的大幅运动得到减小或者控制,为确保船舶与海洋结构系统的安全提供理论技术支持。

1.2　船舶与海洋结构物噪声

与船舶及海洋结构物相关的噪声按照产生机理可归类为空气动力噪声(气体振动形成噪声)、水动力噪声(水体振动形成噪声)、机械噪声(结构拍击空气引起空气振动而形成噪声)和电磁噪声(磁场脉动、伸缩引起周围空气振动而产生噪声)等[7,26,29]。工程实践中,一般将船舶和海洋结构物的噪声按照内部环境噪声与外部环境噪声两大类进行设计及评估,国际标准化组织及各国船级社颁布的噪声规范也按照这两大类进行划分。下面介绍船舶与海洋结构物声学分析中涉及的基础知识[29-32]。

1.2.1　船舶与海洋结构物声学的基本概念

描述声波或噪声的物理量为频率、周期、波长、声速、波数、相位、媒质振动速度、体积速度、声压、声强、声功率和声阻抗等。描述声压随空间和时间变化的函数关系称为声学波动方程。船舶声学理论中涉及的基本概念与定律如下。

声压 p:弹性介质中有声波作用时,介质的各部分产生压缩与膨胀的周期或非周期变化,导致介质压强由 p_0(静压)变化到 p_1,定义由声扰动引起的压强变化量为声压(瞬时声压)。声传播过程中,声压一般是时间和空间的函数,即 $p(x,y,z,t)$,定义有效声压为 $p_e = \sqrt{\dfrac{1}{T}\int_0^T p^2(x,y,z,t)\mathrm{d}t}$,其单位为 Pa。若无特殊说明,一般所说的声压就是有效声压,仪器测得的声压也是有效声压。

自由声场与扩散声场:传播声波的空间或环境、结构及媒质构成声场。自由声场是一种理想声场,在自由声场中声的传播不受阻挡(没有反射),不受干扰,辐射特性不变,例如宽阔的空间或消声室。在均匀、各向同性介质中,边界影响可以忽略不计的声波传播场是自由声场。扩散声场与自由声场完全相反,是一种空间各点声能量密度均匀、在各个传播方向声波的相位作无规则分布的声场。在扩散声场中,声波接近于全反射状态,也可称为混响声场。混响室就是模拟扩散声场,用于测量材料吸声系数、声源的声功率及不同混响时间下语言清晰度的声学设施。

半自由声场与半自由空间声场：船舶的各类舱室内，四周舱壁面、天花板面或地板表面有部分吸声能力，但不是完全吸声，这个舱室空间就是半自由声场，可以看作是自由声场与扩散声场的组合。半自由空间声场是指一半辐射空间受到限制的自由声场。例如飞机起飞、降落至甲板上辐射出的强烈噪声就属于半自由空间声场。

横波与纵波：弹性介质中质点振动方向和波传播方向互相垂直的波称为横波，这种波仅在固体介质中发生，类似的还有剪切波。弹性介质中质点振动方向和波传播方向一致的波称为纵波，流体介质中的声波都是纵波，包括空气声及水声。

行波与驻波：在一个没有边界的、均匀而各向同性的介质中传播的波称为行波。由于频率相同的同类声波相互干涉而形成空间分布固定的周期波称为驻波，驻波的特点是具有固定于空间的波峰、波腹与波节。

近场和远场：自由场中，声源附近瞬时声压与瞬时质点速度不同相的声场称为近场；自由场中，离声源较远处瞬时声压与瞬时质点速度同相的声场称为远场。

(有效)声中心：在发声器上或附近的一个点，远处观测时好像声波是从该点发出的球面发散声波。

按照声波在自由空间的传播方式，声波可以分为平面波、球面波与柱面波等类型。常用声线和波阵面来定义声波的传播方式。

波阵面(wave front)：是行波在同一时刻相位相同各点的轨迹，波阵面总是与波传播方向垂直。

声线：是自声源出发表示声波传播方向与传播途径的带有箭头的线。

平面波：波阵面为平面的波。在平面波中，声压和质点速度具有相同的相位。

柱面波：波阵面为同轴柱面的波。柱面波的声强与距声源的距离成反比，故声压与距离的平方根成反比。

球面波：波阵面为同心球面的波。球面波声场中某处质点的振幅与该点至波源的距离成反比，而声压又与振幅成正比，故球面波的声压与距离成反比。

声速 c：声振动在弹性介质中的传播速度(波速度)或等相位面(波阵面)传播的速度(相速度)，称为声速(sound speed)，单位为 m/s。声波频率 f、波长 λ 和声速 c 之间的关系为 $c = \lambda f$。

对于弹性固体介质中传播的纵波，其声速为

$$c_{\mathrm{L}} = \sqrt{\frac{E}{\rho}} \tag{1-28}$$

式中，E 为弹性固体介质的弹性模量；ρ 为弹性固体介质的密度。

对于流体介质中传播的波，其声速为

$$c = \sqrt{\frac{K}{\rho}} = \sqrt{\frac{\gamma p}{\rho}} \qquad (1-29)$$

式中，K 为流体介质的体积弹性模量；ρ 为流体介质的密度；p 为大气压力，1 标准大气压为 760 mm 水银柱产生的压强或 1.013×10^5 Pa；γ 为定压比热容与定容比热容之比，对于空气 $\gamma = 1.41$；空气的密度为 1.29 kg/m³，其体积弹性模量为 0.141 82 MPa；海水的体积弹性模量约为 2.1 GPa。

不同介质中的声速如表 1-3 所示。在噪声控制中，一般将声波的振动频率分为 3 个频段，300 Hz 以下的称为低频声，300～1 000 Hz 的称为中频声，1 000 Hz 以上的称为高频声。

表 1-3 常温下各种介质中的声速[30]

介 质	声速/(m/s)	介 质	声速/(m/s)	介 质	声速/(m/s)
空气(15℃)	340	玻璃	5 000	钢、镍	4 905
水	1 410	混凝土	3 100	铝	5 820
海水(17℃)	1 520	砖	4 300	铜	4 500
石油	1 326	大理石	3 800	铁	4 800
软橡胶	70	醋酸纤维板	1 000	铅	1 260
硬橡胶	1 400	松木	3 600	纸	2 200

质点振动速度 v：与声速 c 不同，是声波所在弹性介质的质点振动的速度。

$$v = \frac{p}{\rho c} \qquad (1-30)$$

式中，p 为声压；ρc 为流体介质的声阻抗，常温常压下的空气阻抗值为 415 N·s/m³。

声阻抗率 Z_s：弹性介质中某点的声压与质点速度的比值。声阻抗率一般为复数，实部称为声阻率，虚部称为声抗率。实数部分反映了能量的损耗，但是，它代表的不是能量转化为热，而是代表能量从一处向另一处的转移，即"传递耗能"。

$$Z_s = \frac{p}{v} = \rho c \tag{1-31}$$

声能量密度 ε：单位体积媒质中的总声能量称为声能量密度，其中声波的动能密度 $E_k = \frac{1}{2}\rho v^2$，声波的位能（或势能）密度 $E_p = \frac{1}{2}\frac{p^2}{\rho c^2}$。

$$\varepsilon = E_k + E_p = \frac{1}{2}\rho v^2 + \frac{1}{2}\frac{p^2}{\rho c^2} = \frac{1}{2}\rho\left(v^2 + \frac{p^2}{\rho^2 c^2}\right) \tag{1-32}$$

平均声功率(sound power)W_a：单位时间内通过声源周围声场中闭合表面（面积 S）的总声能量，单位为 W；或者定义为声源在单位时间内辐射的总声能量。对于平面波和球面波，则有

$$W_a = S p_e v_e = S\frac{p_e^2}{\rho c} \tag{1-33}$$

声强(sound intensity)I：单位时间内通过与传播方向垂直的表面单位面积的声功率，单位为 W/m^2。

$$I = \frac{W_a}{S} = p_e v_e = \frac{p_e^2}{\rho c} = v_e^2 \rho c \tag{1-34}$$

式(1-34)表明，在阻抗大的介质中只需产生较小的振动就可以辐射出较大声能。

工程上常取分贝值来描述噪声，定义为声压级 L_p、声功率级 L_W 和声强级 L_I。计算公式如下：

$$L_p = 20\lg\frac{p_e}{p_0} \tag{1-35}$$

$$L_W = 10\lg\frac{W_a}{W_0} \tag{1-36}$$

$$L_I = 10\lg\frac{I}{I_0} \tag{1-37}$$

式中，p_e 为声压有效值；$p_0 = 10^{-6}$ Pa 为基准声压值（对于水介质）；W_a 为声功率值，$W_0 = 10^{-12}$ W 为基准声功率值；I 为声强值，$I_0 = 10^{-12}$ W/m^2 为基准声强值[30]。

频谱：用于表示声波的频率成分与声能量分布关系的表格或曲线，揭示声波的频率特性，可分为线谱、连续谱或两者混合。线谱是由离散的频率分量组成

的频谱,是一种周期性或准周期性频谱。连续谱是由频率在一定范围内连续变化的分量组成的频谱,是一种瞬态非周期性频谱。

频谱图:以(中心)频率为横坐标,以各频率成分对应的强度(声功率级、声压级或声强级)为纵坐标,绘制出的强度-频率关系曲线图。

频程(频带):将声波的频率范围划分为若干个有代表性的分段,这些分段就是频程或频带。每个频带有上限频率 f_u、下限频率 f_1 和中心频率 f_c,上下限频率之差称为频程带宽(Δf),上下限频率之比称为倍频程(OCT)。对于两个频率的声来说,有决定意义的是两个频率的比值,而不是其差值,所以频程的划分使用的是其上限频率和下限频率之比:

$$\frac{f_u}{f_1} = 2^n \tag{1-38}$$

在振动与噪声的测量及分析中,最常用的是 1 倍频程和 1/3 倍频程。当 $n = 1$ 时,称为 1 倍频程;当 $n = 1/3$ 时,称为 1/3 倍频程。每个倍频程以中心频率称呼,中心频率与上、下限频率以及频程带宽之间的关系分别为

$$\left.\begin{array}{l} f_c = \sqrt{f_u f_1} \\ f_u = 2^{\frac{n}{2}} f_c \\ f_1 = 2^{-\frac{n}{2}} f_c \\ \Delta f = f_u - f_1 \end{array}\right\} \tag{1-39}$$

频带声压级:有限频带内的声压级。基准声压和频带宽度必须指明,如基准声压为 $1\mu\mathrm{Pa}$ 的倍频带声压级和 1/3 倍频带声压级。

频带声功率级:有限频带内的声功率级。基准声功率和频带宽度必须指明,如基准功率为 1pW 的倍频带声功率级和 1/3 倍频带声功率级。

在船舶噪声频谱中,连续谱噪声对应宽带噪声,线谱对应线谱噪声。

点声源:当声源尺寸远小于测量点到声源的距离时,声波以球面波的方式较均匀地向各个方向辐射,这种声源称为点声源。

船舶辐射噪声总声级 L_p:又称宽带声压级,表示在规定频率范围内船舶辐射噪声声能量的总和。它是舰船声隐身性能的最基本参数之一,与船舶类型、排水量、航速、潜深、主机/辅机类型及海况等有密切关系。

总声源级 L_s:又称宽带声源级,是将总声级进行距离修正,换算为距离声源等效声中心 1 m 处的声压级,一般通过声源级计算出声源辐射声功率 W_a(即前面所述的平均声功率)。

在空气中其关系式为

$$10\lg W_a = L_s - 109 - D_I \tag{1-40}$$

在水中其关系式为

$$10\lg W_a = L_s - 171 - D_I \tag{1-41}$$

式中,若指向性指数 $D_I = 0$,则表示无方向性声源。

指向性指数 D_I:离声源中心相同距离处,测量球面上各点的声强,求得所有方向(球形波阵面)上的平均声强与在同一距离上某方向的声强之比,获得指向性因数,对其再取 10 为底的对数后乘以 10 即获得指向性指数。指向性指数与频率相关,一般频率越高,指向性越强。

声转换效率 η_a:定义为辐射声功率 W_a 与声源的机械功率 W_m 之比, $\eta_a = W_a/W_m$。水下声源的声转化效率远低于空气中的,这是由流体介质可压缩性差异造成的。

声音在传播过程中遇到障碍物时,会产生反射(reflection)、折射(refraction)和绕射(diffraction)现象。

斯内尔定律:入射波、反射波和折射波(或透射波)的方向应满足式(1-42)。该表达式称为斯内尔定律。该定律可拆写为反射定律与折射定律,即

$$\frac{\sin\theta_1}{c_1} = \frac{\sin\theta_1'}{c_1} = \frac{\sin\theta_2}{c_2} \tag{1-42}$$

式中, c_1、c_2 分别为媒质 I 和媒质 II 中的声速; θ_1、θ_1'、θ_2 分别是入射角、反射角和折射角。工程上把反射系数小的材料称为吸声材料,把透射系数小的材料称为隔声材料。

声波波长是影响声波传播的重要参数。声波在传播过程中,如遇到障碍物(或孔、洞)时,当波长比障碍物尺寸大得多时,声波会绕过障碍物而使传播方向改变,这种现象称为声波的衍射或绕射,如图 1-10 所示。声波波长与障碍物尺寸的比值越大,衍射也越大。如果障碍物的尺寸远大于入射声波波长,虽然还有衍射,但在障碍物后面边缘的附近将形成一个没有声波的声影区。由此可见,障碍物对低频声波的作用较小,但对高频声波具有较大的屏蔽作用。

声波是一种能量,它在媒质中传播时,由于扩散、吸收、散射等作用,使声波的能量随着离开声源的距离的增加而逐渐衰减,其声能衰减量与传播距离和声波频率有关。高频声波,质点速度高,能量耗损也多,因此,在相同传播距离的情况下,高频声波比低频声波衰减大。如果声能量一定,那么声波的频率越低,传

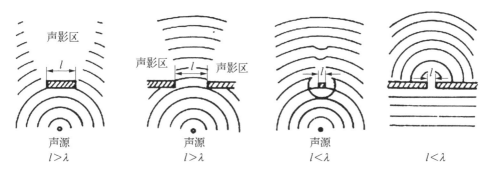

图1-10 声波的衍射中波长与结构尺寸的关系

播的距离就越远。

声波的传播可分为在大气中传播、在水(海水)中传播和在弹性体结构中传播等情况,其声能衰减包括发散衰减、吸收衰减和边界损耗等。传播损失(transmission loss,TL)Δ_{TL}的计算公式为[31]

$$\Delta_{TL} = 10\lg \frac{I_1}{I_2} \quad \text{(dB)} \tag{1-43}$$

式中,I_1、I_2分别为距声中心1 m处和r米处的波阵面声强。

1) 声波在空气中的传播

在空气中,声压级L_p等于声强级L_I,而在水中不满足这个等式。

在自由空间辐射时,空气中某点声源的声功率级为L_W,其指向性指数为D_I,某一θ角方向上距离r处的声压级$L_{p\theta}$为

$$L_{p\theta} = L_W - 20\lg r + D_I - 11 \tag{1-44}$$

在半自由空间辐射时,空气中某点声源放置在一个宽阔平坦的反射面上,声源中心至反射面的距离为h,声功率级为L_W,其指向性指数为D_I,某一θ角方向上距离r处的声压级$L_{p\theta}$为

$$L_{p\theta} = L_W - 20\lg r + D_I - 8 \tag{1-45}$$

对于自由空间中无限长线声源,其是无指向性的,则距离为r处的声压级为

$$L_p = L_{W1} - 10\lg r - 8 \tag{1-46}$$

式中,L_{W1}为单位长度线声源辐射的声功率级。

对于离不相干无限连续分布的线声源或柱面声源距离为r的半自由空间,l为线声源长度,测点靠近线声源中部,且$r \leqslant l/\pi$时,则声压级为

$$L_{p\theta} = L_W - 10\lg r - 3 \tag{1-47}$$

当测点距有限长的线声源的距离 $r \gg l$ 时,可将此线声源视作点声源,则半自由空间 r 处的声压级 L_p 为

$$L_p = L_W - 20\lg r + D_I - 8 \tag{1-48}$$

各类声波在空气中的传播损失,有如下规律:

$\Delta_{TL} = 0$,平面波(宽幅声源)传播,无扩散衰减。

$\Delta_{TL} = 10\lg r$,柱面波传播(线声源),反一次方定律。

$\Delta_{TL} = 20\lg r$,球面波(点声源)传播,反平方定律。

2) 声波在海水中的传播

海水中声速随深度变化分层——表面层、跃变层(季度跃变层、主跃层)、深海等温层等"三层结构"而变化,并发生衰减。这些衰减包括扩散衰减、吸收损失和散射。对于各类声波在海水中的扩散导致的声传播损失 Δ_{TL1},有如下规律:

$$\Delta_{TL1} = n \times 10\lg r \quad (dB) \tag{1-49}$$

式中,n 是常数,在不同的传播条件下,取值不同。

$n = 0$,$\Delta_{TL1} = 0$,适用于平面波传播,无扩散损失。

$n = 1$,$\Delta_{TL1} = 10\lg r$,适用于柱面波传播、全反射海底和全反射海面组成的理想波导中的声传播。

$n = 3/2$,$\Delta_{TL1} = 15\lg r$,计入海底声吸收情况下的浅海声传播。

$n = 2$,$\Delta_{TL1} = 20\lg r$,适用于球面波传播。

$n = 3$,$\Delta_{TL1} = 30\lg r$,适用于声波通过浅海负跃变层后的声传播损失。

$n = 4$,$\Delta_{TL1} = 40\lg r$,计入平整海面的声反射干涉效应后在远场的声传播损失,也适用于偶极子声源辐射声场远场的声强衰减。

声波在海水中由于海水吸收及不均匀散射引起的声传播损失 Δ_{TL2},其计算公式为

$$\Delta_{TL2} = r\alpha \quad (dB) \tag{1-50}$$

式中,r 为至声源声中心的距离;α 为吸收系数(dB/m),可由经验公式计算或查阅有关测量曲线获得。

综上所述,声波在海水中的总传播损失为

$$\Delta_{TL} = n \times 10\lg r + r\alpha \quad (dB) \tag{1-51}$$

1.2.2　船舶与海洋结构物的声场

船舶与海洋结构物的声场是由外部大气中的噪声、船舶水下噪声(水中声

场)、舱室内的空气噪声和结构噪声(振动)构成的[32](见图 1-11)。

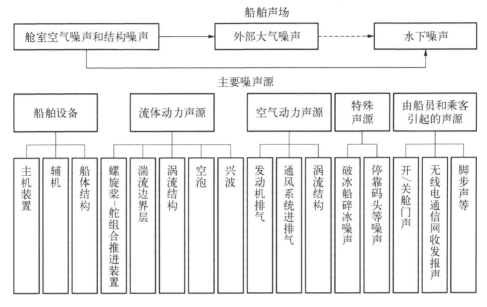

图 1-11 船舶声场与噪声源

产生以上噪声的主要噪声源包括如下几方面：

(1) 船舶设备,诸如主机装置、辅机和船体结构。

(2) 流体动力声源,诸如船体外表面以及船的附体或上层建筑表面的湍流边界层、螺旋桨-舵组合推进装置、绕孔和附体环流形成的涡流结构、空泡、兴波。

(3) 空气动力声源,诸如发动机排气、通风系统进排气、涡流结构。

(4) 特殊声源,例如破冰船碎冰噪声、停靠码头等噪声。

(5) 由船员和乘客引起的声源,也称生活噪声,例如开/关舱门声、无线电通信网收发报声、脚步声、说话声、电梯升降声、厨房锯骨机声等。

按照船舶内部环境噪声与外部环境噪声两大类进行区分,各类噪声的产生及形成机理见下文。

1) 内部环境噪声

船舶舱室包括驾驶室、办公室、卧室、客舱、会议室、娱乐室、餐厅、医务室、舞厅、厨房、机舱、车间和仓库等。因为考虑了减少上层建筑模块质量的要求,相较于陆上建筑拥有类似功能的房间,船舶舱室布局更紧凑,每个舱室的空间更小。船舶舱室噪声属于船舶内部环境噪声,同样数量及声功率幅值的噪声源在狭小船舶舱室中产生的声压更大,因此这类噪声对船上乘客和船员的危害特别大。

形成船舶舱室噪声的主要振动源和噪声源是各类机械设备产生的空气噪声、初级结构噪声(设备振动)和次级结构噪声(设备空气噪声激起的结构振动)、空气流动噪声、推进器噪声、船体绕流形成的涡流结构、空泡和兴波等(见图 1-12)。

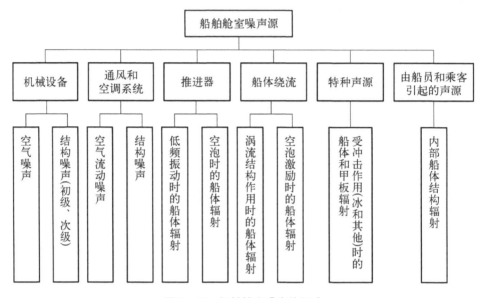

图 1-12　船舶舱室噪声的组成

2) 外部环境噪声

船舶航行过程中形成的水下辐射噪声包括机械和系统噪声、螺旋桨噪声和水动力噪声这三大类(见图 1-13)。机械噪声指由于机械设备的运行引起结构振动,并向水中辐射而产生的水下辐射噪声。螺旋桨噪声指螺旋桨与流体相互作用所产生的噪声,主要包括螺旋桨的旋转噪声、空泡噪声、尾涡噪声以及螺旋桨的脉动压力和轴承推进力所产生的噪声。水动力噪声是流体作用于船体表面产生的噪声。当船舶以较高的速度航行时,引起的水下辐射噪声以螺旋桨噪声为主;当低速航行时,机械振动引起的机械噪声占主导地位,机械噪声约占总辐射噪声级的 70%。研究表明船体结构振动和水下辐射噪声的问题主要出现在低频段,而机械噪声作为船舶低速航行时的主要噪声,其高精度高效评估理论和控制技术是当今学术界的研究热点和难点。

船舶辐射噪声指标是船舶声隐身性能的评价指标,主要包括船舶辐射噪声级指标和船舶声呐基阵处的自噪声级指标[31]。

一般用船舶辐射噪声(宽带)声源级和谱密度级表示船舶辐射噪声指标。声源级是从远场中测量并折算到距声源等效中心 1 m 处的声级。谱密度级是从远

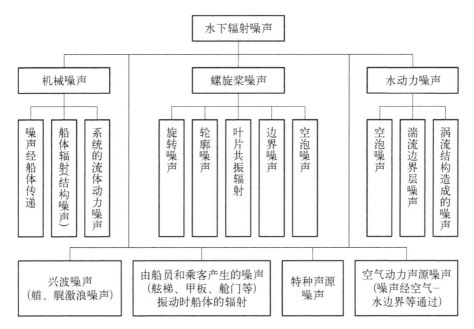

图 1-13　影响船舶水下辐射噪声的因素

场中测量并折算 1 Hz 带宽内的距声源等效中心 1 m 处的声级。

　　船舶自噪声是由于舰船航行产生的、被舰体上安装的水听器接收的水噪声。由于声呐安装位置、类型和工作方式不同,自噪声大小也不同。

　　辐射指向性:是指振动物体辐射声波时,由于声源上各面元的振动强度不同以及到达观察点的声程差不同,干涉结果造成在离声源相同距离、不同方向的位置上声强度不同,即辐射的声场随方向而异的特性。常用图线描述,在通过声中心的指定平面内和频率固定时,响应作为入射和发射声波方向的函数。

　　船舶目标强度:是距离目标等效声中心 1 m 处由目标反射回来的声强与远处声源入射到目标上的声强之比的分贝值。直径为 1 m 的完全反射球面的目标强度为 0 dB。

　　如图 1-14 所示,船舶产生的水下辐射噪声是通过海洋声信道传播的,借助水听器采集水声信号进行分析处理,通过对比船舶的水下辐射噪声信号谱可以进行识别和定位。整个识别过程中,声源分析是基础,信号处理是手段。对于船舶的水下识别,可以通过侦测中高频段的螺旋桨噪声和低频段的机械噪声来实现,这两类噪声在频段分布上具有明显的声纹特征。准确获得船舶水下噪声的声源特性一方面可以提高水声识别、定位和探测精度;另一方面可提高自身的隐身性和声学对抗性,避免自身被探测到。随着声呐探测技术的快速发展,随着人类对海洋开发的深入,对深远海水下目标识别技术的研究意义更加重大。

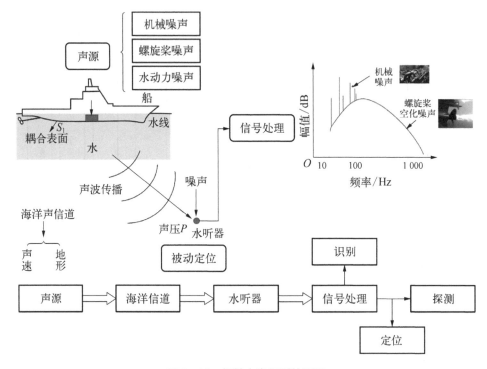

图 1-14　船舶水声识别的原理

　　通常接收器监听舰船水下辐射噪声的低频信号需要监听器阵列,如果该阵列的尺寸与该船长度相当,那么该船的尺寸就为其振动噪声研究提高了一个频率下限。其表达式为[31]

$$L_{\mathrm{array}} \approx \lambda_{\max} = \frac{c_{\mathrm{SW}}}{f_{\min}} \tag{1-52}$$

式中,$\lambda_{\max}$ 为长度为 L_{array} 的阵列所能探测的最低频率($F_{\min}$)声波的波长;c_{SW} 为海水中的声速。

　　被动声呐的声源级 Δ_{SL1}:目标的辐射噪声就是被动声呐的声源。工程上常用声源级来描述目标辐射噪声的强弱,它定义为在接收水听器声轴方向上、离目标声学中心单位距离处测得的目标辐射噪声强度 I_{N} 与参考声强 I_0 之比的分贝数。

$$\Delta_{\mathrm{SL1}} = 10 \frac{I_{\mathrm{N}}}{I_0} \tag{1-53}$$

需注意的是式(1-53)只适用于被动声呐,且目标辐射噪声强度 I_N 的测量应在目标的远场进行,并修正到目标声学中心 1 m 处。水声学中,常将 1 μPa 的平面波的声强取为参考声强 I_0,$I_0 = 6.7 \times 10^{-17}$ W/m²。式(1-53)中 I_N 指的是接收设备工作带宽 Δf 内的噪声强度。如果带宽 Δf 内的噪声强度是均匀的,则有辐射噪声谱级 Δ_{SL2} 为

$$\Delta_{SL2} = 10 \frac{I_N}{\Delta f I_0} \tag{1-54}$$

主动声呐的声源级 Δ_{SL} 描述主动声呐所发射的声信号强弱,定义为

$$\Delta_{SL} = 10 \frac{I}{I_0} \Big|_{r=1} \tag{1-55}$$

式中,I 是发射器声轴方向上离声源声中心 1 m 处的声强,参考声强为 I_0。对于无吸收介质中的辐射声功率为 P_a 的点声源,离声源声中心 1 m 处的声强为

$$I \mid_{r=1} = \frac{P_a}{4\pi} \tag{1-56}$$

$$\Delta_{SL} = 10\lg P_a + 170.77 \quad \text{(dB)} \tag{1-57}$$

考虑发射指向性指数 D_{IT}(一般为 10~30 dB),则有

$$\Delta_{SL} = 10\lg P_a + 170.77 + D_{IT} \quad \text{(dB)} \tag{1-58}$$

船用声呐的辐射声功率目前约为几十千瓦,所以其声源级约为 210~240 dB。

1.3　超材料及超材料结构

船舶等海洋装备是进行海洋资源勘探、开发、储运、捕捞与养殖、海上航行及权益保障的重要载体,其造价高,对安全和技术性能要求严苛。轻量化、高安全性与优良振动声学性能是海洋装备开发中的共性要求和难题,轻质、高承载与减振降噪功能一体化的新材料技术是解决途径之一。半导体、新型合金、复合材料和先进陶瓷等新材料推动了 20 世纪以来的科技发展与人类社会进步,人类的未来发展仍将以新材料技术作为主要支柱。自然界中的材料都是由原子、分子按一定规律排列构成,材料的力、热、光、声、电磁等宏观性能都由微观的原子种类、分子种类及其排列规律决定,微观组成及排列方式确定后,其力学、热学、光学和电磁学等性能就固定下来。

超材料是自然界中几乎不存在的、人类发明的一种"人工设计"新材料,选择介于原子、分子的微观结构尺寸与宏观尺寸之间的介观尺度来构建人工微结构,也称"胞元、人工原子或分子、人工功能基元"。目前较为认可的超材料定义是指通过人工功能基元的设计和空间序构而开发出的新材料,它展现出许多新奇的、超常的力、热、光、声、电磁等物理特性,其奇异的宏观性能来源于人工功能基元内部结构构型的精巧设计而非功能基元结构本身的材料属性,"序构"是指人工设计制造的功能基元的堆垛、排列方式,如有序结构、长/短程有序结构、梯度结构等。功能基元序构的材料可以突破元素种类的限制,为探索具有变革性和颠覆性的高性能材料提供了更大的空间,实现了人类利用自然界现有的金属或非金属材料按照自己意愿逆向调控材料的性能。超材料可以分为力学超材料、电磁波超材料、热学超材料、弹性波超材料和声学超材料(超构表面)等不同类型。超材料的设计理论具有多种功能材料融合、多物理场耦合和产生跨尺度界面物理衍生现象等特点,需要跨尺度逆向设计、可控制备及动态调控等关键技术的支撑。2010 年《科学》杂志将超材料评为过去十年中人类最重大的十大科技突破之一,2012 年美国国防部把超材料列为未来"六大颠覆性基础研究领域"之一,欧盟、美国和日本等都投入巨额经费进行该领域的研究[33-40]。

本书主要聚焦力学超材料、声学超材料和弹性波超材料的基础理论研究,探索其在船舶及海洋结构物的减振降噪中的应用。下面重点介绍负/零泊松比材料、负刚度材料、声子晶体声学超材料和弹性波带隙超材料。

1.3.1　力学超材料

力学超材料是超材料研究领域的新兴分支,是通过对内部微结构的人工设计来获得非常规的力学特性,其人工基元的特征尺寸范围从十几纳米、几百微米到毫米,整体结构尺寸为厘米级或更大的宏观结构[39]。力学超材料呈现的超常力学特性主要有负泊松比性、剪切模量与体积模量相比很小的超流体性、负可压缩性、变刚度的模式转换多稳态特性、轻质高强性以及热膨胀系数为负值的负热膨胀性等。

1) 任意泊松比超材料

泊松比(Poisson's ratio)概念是由法国著名科学家泊松提出,用以描述材料在纵向载荷作用下发生的横向变形与其纵向变形之间的比值,大多自然界的传统材料具有正泊松比,根据经典弹性理论可推导出各向同性材料的泊松比取值一般在−1.0~0.5 范围内。20 世纪初期,化学家首次发现自然界中具有负泊松比效应的天然物质,如黄铁矿、镉、砷等,20 世纪 80 年代人工合成的负泊松比材料开始涌现。人为设计的负泊松比(negative Poisson's ratio)超材料的泊松比值可以存在较大的取值范围,如图 1-5 所示[41-42]。1987 年,Lakes 通过对聚氨酯泡沫材料的处理,首次得到具有特殊微观结构的人工负泊松比材料[43]。1989 年,Caddock 等在研究聚四氟乙烯时发现其具有负泊松比效应,并将其命名为"拉胀(auxetic)"材料[44]。随后科学家们相继合成了多种负泊松比高分子材料,并完善了相关理论研究。根据变形机理的不同,负泊松比超材料胞元可分为内凹多边形结构、旋转刚体结构、手性结构、穿孔板结构与节点-纤维结构等类别,如图 1-16 与图 1-17 所示。Alderson 等学者的研究均表明,负泊松比超材料的力学性能与其胞元微结构的变形有密切关系。负泊松比材料的拉胀效应不受

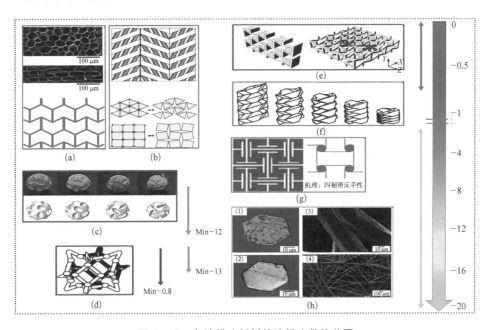

图 1-15 负泊松比材料的泊松比数值范围

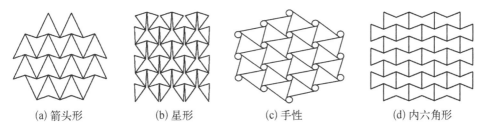

(a) 箭头形　　　　(b) 星形　　　　(c) 手性　　　　(d) 内六角形

图 1-16 不同胞元构型的二维负泊松比超材料

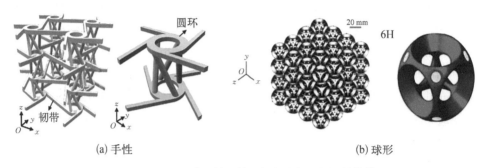

(a) 手性　　　　　　　　　　　　　　(b) 球形

图 1-17　不同胞元构型的三维负泊松比超材料[46-47]

其特征尺度的影响,既可是宏观材料结构展现出的整体行为,亦可是纳米级的微观结构的内部性质,而不必局限于某一特定尺度,仅与胞元的结构特征有关[45-51]。本书约定,较大的正(负)泊松比是指泊松比的绝对值是较大的,代表泊松比效应较大,而正值或负值只是代表收缩或膨胀。

2) 五模式反胀力学超材料

典型的剪切模量与体积模量相比很小的超材料称为五模式反胀力学超材料,由 Milton 等于 1995 年首次提出[52]。理想的五模式超材料结构的剪切模量为零,是一种具有"流体"性质的超材料。2008 年 Norris 从理论上提出了五模式超材料用于声学隐身衣的可行性[53],随后又有多名学者进行了相关研究[54-56]。2012 年,Kadic 等用有限的窄直径来代替理想点状连接,制作了五模式超材料实物[57],如图 1-18 所示,之后利用理论与实验方法研究了三维五模式超材料的能带特性和剪切模量、弹性模量性质[58-59],提出了双锥单元接触位置变化及三维立体"蝴蝶结"结构所构建的不同泊松比的各向异性五模式超材料[60-61]。相应的衍生几何结构包括具有不同直径和外径长度的非

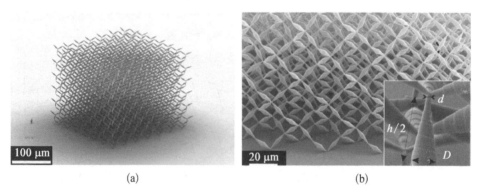

(a)　　　　　　　　　　　　　(b)

图 1-18　一种剪切模量消隐的五模式反胀力学超材料[57]

对称双锥结构单元,还有不同横截面形状如正三角形、正方形、五边形、六边形和圆形[62]。王兆宏等[63]提出了双锥宽直径不全同型五模式超材料,分析了其声子能带结构、各波模相速度、品质因数随结构与材料参数的变化关系。

3) 负可压缩性或变刚度力学超材料

负可压缩性(或零可压缩性)(negative compressibility, NC)超材料,是指材料在受静水压力作用时沿某一方向或是某几个方向进行膨胀,或在受拉力时其固有体积产生收缩[64-65]。对于三维材料来说,分为负线性可压缩性(NLC)和负面积可压缩性(NAC)。1988 年,Baughman 等对负可压缩性的概念做了系统性介绍并利用铰接酒架模型(the wine-rack mechanism)对NLC 效应进行了解释[66],提出了多种例如人工肌肉、超灵敏传感器和制动器等的潜在用途。Grima 等[67]对酒架模型进行拓展,提出利用蜂窝结构获得负可压缩性,并计入了杆件受载变形的影响。Barnes 等[68]提出了框架结构,假设杆件间夹角不变,而杆件本身发生弯曲和拉伸变形,并通过理论计算给出了可实现最大负压缩性的角度。Gatt 等[69-70]设计了双材料杆组成的负可压缩构型,利用不同材料弹性模量的不同实现特定的变形模式。此外,旋转刚性单元结构间通过柔性铰连接也可以得到负可压缩性超材料[71-73]。Xie 等[74]则通过 BESO 拓扑优化方法提出了设计负可或零可压缩性超材料的系统性方法(见图 1 - 19)。

负刚度超材料(negative stiffness)是指超材料在变形过程中因结构变化而具备负刚度效应的超材料。Lakes 等研究了负刚度夹杂对于复合材料的影响,突破了传统复合材料的刚度限制[75],并分析了增加负刚度相的材料阻尼、热膨胀性、压电性及其他耦合特性[76-77],提出利用结构不稳定性增加材料的能量耗散。2004 年,Qiu 等[78]提出了预制余弦形曲梁,该梁在中点受集中力作用时发生屈曲而产生负刚度效应。由于预制曲梁不需要事先施加轴向力,因此可广泛用作负刚度超材料微结构中的基本负刚度元素。美国得克萨斯大学奥斯汀分校Seepersad 教授团队最先提出了一种负刚度蜂窝超材料[79],并利用 3D 打印技术选择性激光烧结(SLS)制作了试件,研究了其静力学与动力学特性[80-82]。由于余弦形曲梁的屈曲发生在弹性范围内,该超材料可重复使用并且具有良好的吸能特性。在此基础上,Restrepo 等[83]引入相变(phase transformation)概念,研究了多层负刚度超材料结构的多稳态效应,指出其力-位移关系的迟滞特性。Rafsanjani 等[84]设计了一种波纹形受拉屈曲负刚度超材料,并通过改变其几何参数之间的关系对不同的力学行为进行划分。Che 等[85]通过在胞元中引入微

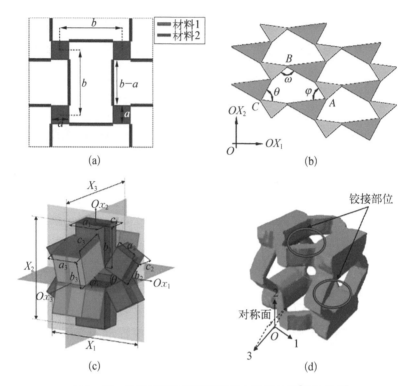

图 1-19 几种典型的负可压缩性力学超材料[70-71,73-74]

小的几何误差来获得单向超材料的确定性变形顺序。Frenzel 等[86]设计了一种三维胞元组成的轻质负刚度超材料,该胞元包含了余弦形曲梁和六棱柱框架,随后 Findeisen 等[87]对这种构型的变形和能量耗散进行了详细的分析和数值研究。Liu 等[88]建立了非线性弹簧-振子模型以研究含双稳态余弦梁的负刚度超材料动力学特性。Hua 等[89-90]及 Zhakatayev[91]也对该构型的负刚度超材料进行了研究(见图 1-20)。

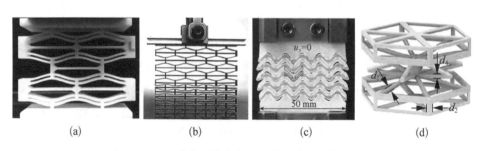

图 1-20 几种典型的含余弦形曲梁的负刚度超材料

除了含余弦形曲梁的负刚度超材料外,Shan 等[92]利用弹性倾斜直梁屈曲产生的负刚度效应设计一种负刚度超材料,并通过试验验证了其具备多稳态、最大屈曲力阈值、抗冲击防护能力等多种特性,此外还提出了二维和三维负刚度超材料胞元构型。Overvelde 等[93]、Florijn 等[94]分别设计了不同的二维周期性孔洞型负刚度超材料,研究了孔洞形状、约束对超材料力学特性的影响。Meza 等[95]设计了轻质高强点阵型可恢复负刚度超材料,微胞元内部为薄壁管,在受力时产生可恢复的局部屈曲(见图 1-21)。Tan 等[96]提出了一种磁极式负刚度超材料,利用磁极间相互作用实现超材料构型的转变。此外,还有学者研究利用胞元间的剪切变形获得负刚度效应[97-98],拓扑优化也被用于设计二维双稳态周期结构[99-101]。任晨辉等给出了兼具负泊松比与负刚度特性的双负超材料设计[102]。

图 1-21　几种典型的负刚度超材料(Ⅰ)

在与其他超常力学特性的耦合方面,Hewage 等[103]设计了一类同时具有负刚度和负泊松比特性的超材料,由带接头的六边形部件组成,部件之间利用弹簧、PMI 泡沫、磁铁对或屈曲梁连接。受古建筑几何图案的启发,Rafsanjani 等[104]提出了一种由旋转四边形和三角形组成的双稳态拉胀超材料,通过数值和试验研究,证明其拉胀特性、刚度和双稳态均具备可设计性(见图 1-22)。Ren 等[105]利用弹性不稳定性设计了具有三维负泊松比特性的屈曲型负刚度超材料,其中胞元由实心球体和立方块组成。

4) 点阵力学超材料

轻量化高强度仿晶格超材料(lattice materials)也称点阵材料,是指仿照自然界中晶体结构进行周期性序构,从而获得轻质高强度特性的超材料[106],如图 1-23 所示。目前,轻质高强度力学超材料可分为 4 类:分级式微纳晶格网状结构、手性与反手性几何结构、模拟位错等晶格缺陷的折纸曲面折叠超表面材料以及折纸与微纳晶格结构结合而形成的晶格状折纸材料[107-117]。

5) 负热膨胀超材料

负热膨胀(negative thermal expansion,NTE)超材料是指利用在受热过程

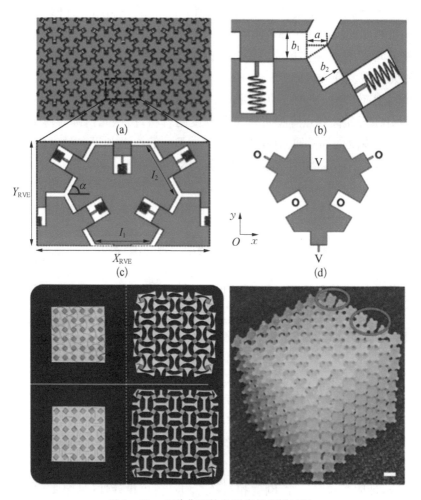

图 1 - 22　几种典型的负刚度超材料（Ⅱ）

注：(c)为(a)中方框的放大图。

中结构单元的内力变化实现胀缩效应，因此归为力学超材料。负热膨胀超材料通常由两种或两种以上热膨胀系数不同的材料组成，受热时可产生特定的结构变形模式。通过调整几何构型和合理地选择材料属性，可实现对负热膨胀系数的设计。负热膨胀超材料主要的拓扑结构有胞状泡沫多孔结构、旋转三角形或正方形结构、拓扑优化伸缩型微结构、弯曲主导型点阵复合材料结构、拉伸主导型点阵复合材料结构等[118]。几种典型的负热膨胀超材料如图 1 - 24 所示。

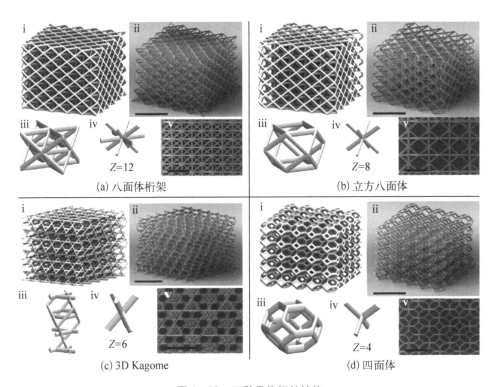

(a) 八面体桁架　　　　　　(b) 立方八面体

(c) 3D Kagome　　　　　　(d) 四面体

图 1 - 23　四种晶格拓扑结构

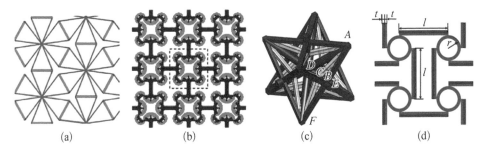

(a)　　　　　(b)　　　　　(c)　　　　　(d)

图 1 - 24　几种典型的负热膨胀超材料[119-122]

1.3.2　声学超材料

　　1992 年,Sigalas 等首次从理论上证实了球形散射体埋入某基体材料中形成三维周期性点阵结构后,存在弹性波带隙[33]。1993 年,Kushwaha 等在研究镍/铝二维固体周期复合介质时首次明确提出了声子晶体(phononic crystal)概念[34]。2000年,Sheng等用黏弹性软材料包覆铅球组成简单立方晶格结构,将其埋在环氧树脂中形成三维三组元声子晶体,提出了声子晶体局域共振带隙机理[35]。图1-25所示是声子晶体的结构特点。对声子晶体的研究工作主要包括四个方面:带隙的形成机理、弹性波带隙计算方法、表面和缺陷引起的波的局域化、负折射研究及其应用。1999年美国国防部高级研究计划局(DARPA)对声子晶体的应用研究进行了大力资助,研究内容主要针对声滤波器、振动和噪声隔离等领域。从频率值区分,相关研究内容向两个方向拓展:在低频段(100 Hz以下)寻找具有宽禁带局域型声子晶体,从物理层面上实现小尺度(厘米量级晶体)控制大尺度(米量级声波波长);在高频段,研究经典波在非均匀、复杂介质中传播的基本规律,而声子晶体周期结构介质是复杂介质的一种最简单形式[36-40]。

图1-25   具有周期性结构分布特点的声子晶体

图1-26所示的是二维声子晶体结构,图1-27所示的是二维声子晶体的带隙特性及振动传输特性。围绕声子晶体带隙特性机理及设计方法的研究工作主要集中在三个方面:声子晶体频率带隙形成及相应的理论计算、声子晶体缺陷态研究、试验与应用设计探索[123-128]。在弹性波带隙禁带特性形成机理及理论方面,比较成熟的形成机理有两种:布拉格散射机理和局域共振机理。

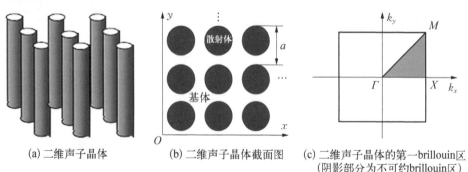

(a) 二维声子晶体   (b) 二维声子晶体截面图   (c) 二维声子晶体的第一brillouin区
(阴影部分为不可约brillouin区)

图1-26   二维声子晶体结构

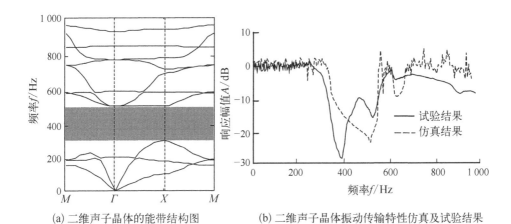

(a) 二维声子晶体的能带结构图　　　(b) 二维声子晶体振动传输特性仿真及试验结果

图 1-27　二维声子晶体的带隙特性及振动传输特性

　　布拉格散射机理强调了周期结构对弹性波的影响,且周期结构的晶格常数和材料组分的搭配是设计带隙的关键因素。大量针对周期性结构带隙特性的研究表明,布拉格散射机理往往出现在几百甚至上千赫兹的高频段,较难实现低频段带隙特性,且弹性波带隙对应的弹性波波长一般与晶体尺寸参数相当。基于该机理的声子晶体结构在低频段减振应用时,需将声子晶体中周期结构数量设计得很多或者使晶体结构刚度很小,以实现声子晶体结构固有频率趋向低频,但这对晶体结构的承载能力是不利的。局域共振机理对应的弹性波波长远远大于声子晶体的尺寸,不受声子晶体尺寸或其他参数的影响,突破了布拉格机理的应用限制,拓宽了声子晶体在低频减振领域的适用范围。基于局域共振机理的声子晶体结构在低频段减振应用时,弹性波的频率接近声子晶体中周期结构中散射体的固有频率时,弹性波能量会大幅度被散射体吸收,从而隔离了弹性波在声子晶体周期结构中的传播。局域共振型声子晶体结构的减振本质是利用散射体的共振现象,吸收弹性波的能量。关于声子晶体局域共振理论的研究受到了较多关注,Sheng 等[35]提出了声子晶体的局域共振概念,为声子晶体在低频减振降噪领域的应用奠定了理论基础;Pennec 等[129]采用数值模拟方法研究了周期性板的局域共振型带隙特性,并在实验中进行了验证;Diaz‐de‐Anda 等[130]从理论角度研究了声子晶体中周期季莫申科杆的弯曲振动带隙;吴旭东等[131]提出了一种双侧振子布置形式的局域共振声子晶体梁结构,并基于传递矩阵法和有限元法分析了双带隙配合减振的特性。对于声子晶体的低频减振特性,Xiao 等[132-133]以梁框架结构低频减振为目标,将质量放大局域共振声子晶体嵌入框架结构中,对框架结构基频振动响应采用声子晶体结构抑制。Baravelli 等[134-135]

利用手性结构进行梯度设计,拓宽了低频段的局域共振带隙。张佳龙等[136]提出一种具有良好中低频率隔声特性的正八边形孔状局域共振声子晶体结构;Lai等[137]、Mei等[138]基于局域共振机理设计了薄膜超材料,解决了低频减振降噪控制问题。目前声子晶体理论及试验研究,尚未有关声子晶体结构的具体工程应用设计实例报道,尤其是缺乏船舶领域内声子晶体减振降噪应用方面的系统性研究。

1.3.3　弹性波超材料

在周期性结构中,各种不同类型的波在传播时具有统一性,它们由于周期性约束均为布洛赫波。其标志性特征是波在某一特定的频率范围内(带隙或禁带)无法在周期性结构中传播,频散关系被分成分立的能带结构,能带结构全面反映波的传输特性。在弹性常数周期分布的周期性结构中,结构振动弹性波是一种典型的布洛赫波[139-140]。负泊松比超材料是典型的在空间中呈几何周期性分布的结构,必然具有弹性波带隙[51]。应用布洛赫定理研究弹性波在周期性介质中的传播问题,对负泊松比超材料周期性结构在工程中减振降噪领域的应用具有重要意义。

针对包括负泊松比超材料在内的多孔蜂窝材料的带隙特性及弹性波传播问题,Phani等[141]基于有限元法系统地研究了4种典型蜂窝结构的弹性波能带结构。甄妮等[142]基于小波理论研究了3种典型蜂窝材料的弹性波频散关系及其传播特性。黄毓等[143]计算并验证了7种典型拓扑的多孔蜂窝结构(包括内六角形负泊松比微单元结构)的带隙性质与弹性波局部衰减特性,提出了表征特定带隙的目标函数,指出其中负泊松比内六角形具有最好的带隙性能。对于某类特定负泊松比力学超材料的带隙性能,Ruzzene等[144]和Gonella等[145]分别分析研究了常规及内六角形蜂窝结构的面外及面内弹性波频散特性并计算了弹性波传播的相速度和群速度。Spadoni等[146]与Tee等[147]分别对负泊松比六韧带和四韧带手性结构的能带特性进行了计算研究。Baravelli等[135]、徐时吟等[148]和Zhu等[149]均证实了在负泊松比手性结构的中心节点中布置填充振子可产生低频带隙。严珠妹[150]研究并探讨了二维穿孔手性结构穿孔截面的几何参数对超材料弹性波传播性能的影响。Krödel等[151]针对三维箭形负泊松比超材料优化了其有效弹性模量,并引入附加质量单元以改变超材料的频散特性。Meng等[152]、贠昊等[153]和孟俊苗等[154]结合Wittrick-Williams(W-W)算法计算了四阶内凹星形负泊松比超材料的频散特性。Dong等[155]和董浩文[156]采用快速遗传算法优化了最大带隙的轻质手性负泊松比超材料,指出非对称手性结构具有更优越的面内弹性波带隙性能。Billon 等[157]提出了一种负泊松比手性穿孔分层结构并研究了分层阶数对带隙特性的影响。此外,Warmuth 等[158]和 Choi 等[159]分别运用特征模态分析以及最优化方法研究了二维与三维曲线负泊松比超材料微单元结构的带隙特性,并为二维及三维全频带隙超材料的设计提供指导。以上研究中负泊松比超材料的带隙特性机理主要为布拉格散射机理,通过内嵌质量单元或散射体对原始负泊松比超材料加以改进以获得局域共振型带隙特性的研究相对少见。

杨德庆、李清等[160-161]研制了可承载负泊松比/零泊松比带隙超材料,发现了带隙叠加效应(Yang‐Li 效应),利用该效应实现了带隙超材料从低频到高频段的宽频覆盖(见图 1‐28 和图 1‐29)。

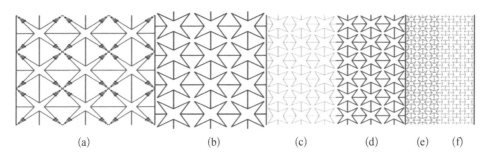

$$(a)\qquad(b)\qquad(c)\qquad(d)\qquad(e)\qquad(f)$$

图 1‐28　6 组功能基元的超材料带隙叠加效应原理结构

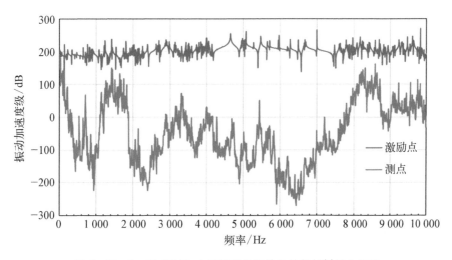

图 1‐29　0～10 000 Hz 应用带隙叠加效应的超材料结构频响

1.3.4　超材料结构

利用设计超材料周期性胞元的思路,在宏观尺度内研究周期性结构,设计出对应的梁、板、壳等结构构件,称为超材料结构,这是近年来结构研究中的一个热点[162-163]。超材料结构中最常见的一类为周期性多孔夹层结构(cellular sandwich structure),由周期性多孔芯层和连续面板组成,芯层一般分为折线形、波纹形、蜂窝点阵和桁架结构[164-174]等。超材料结构具有轻质、高强度和高能量吸收率等特性,在特定工况下具有比实体结构更优越的性能[175-176]。

通过理论分析,试验和数值模拟,学者们研究了超材料结构在不同载荷条件下的力学行为,例如准静态压缩、声载荷、低速冲击、高速冲击和爆炸等。非均匀混合或功能梯度负泊松比超材料夹层结构近年来成为研究热点。Fang 等[177]对面外布置的梯度内六角形负泊松比超材料夹层结构进行了系统性的建模优化设计并开展了三点弯曲试验。Hou 等[178-179]研究了面外梯度排列的常规及内凹六边形负泊松比超材料的弯曲、疲劳及平压边压载荷下的承载性能,Yang 等[180]研究了面内梯度排列的双箭形与内六角形负泊松比超材料在低速压载与高速冲击下的承载性能。Jin 等[171]分别对面内梯度或交叉排列内六角形负泊松比超材料夹层板在压载与爆炸载荷下的动态响应,指出梯度与交叉设计理念可提升负泊松比超材料夹层结构的抗压抗爆性能。Lira 等[181]设计了一种面外布置的功能梯度负泊松比超材料夹层的航空发动机叶片结构,分析了其振动性能并采用梯度概念优化了其固有频率。Boldrin 等[182]采用有限元方法研究计算了面内布置的混合负泊松比超材料夹芯层的振动响应(见图 1 - 30)。李崇等[183-187]对面内功能梯度负泊松比夹层梁的非线性弯曲、振动及热后屈曲性能采用数值方法进行了系统性研究,拓展了超材料结构力学的分析理论及方法。

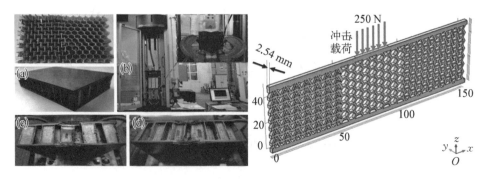

图 1 - 30　面外非均匀、面内非均匀混合超材料夹层结构[182]

对于超材料夹层板的研究与夹层梁的类似,但更为复杂。Hou 等[175,188]通过试验分析了折线形夹芯板的平面压溃和高速冲击力学性能,并研究了不同层数、芯层方向、芯层形状的影响。Zhang 等[189]研究了多层梯度正弦形波纹芯夹层板的准静态受压力学特性,试验试件采用 3D 打印技术制作。对夹层板的冲击动力学特性的研究覆盖了低速碰撞[190-191]、高速穿透[192]、空爆[193-194]和水下爆炸[195-196]等不同的载荷工况。Griese 等[197]、Galgalikar 等[198]通过建立声学有限元网格研究了不同角度的六角蜂窝夹芯板的隔声性能,结果表明内六角蜂窝超材料芯比外六角蜂窝超材料芯具有更好的隔声性能。Wu[199]结合拓扑优化与能带分析设计了轻量化点阵芯超材料隔声板。Meng 等[200-201]分析了面板带有小孔的蜂窝夹芯板的声学性能,对开孔数目、直径和形状进行了研究。Ehsan 等[173]利用数值方法研究了 6 种不同芯层的夹层板的声传递损失特性。李清等针对不同的负泊松比超材料构型,研究并设计了混合超材料芯夹层板,结合频段内优化实现了最佳隔声性能。

超材料圆柱壳的研究主要分为两类,第一类是横截面为超材料芯夹层环形结构的圆柱壳,第二类则是将平面周期性超材料进行弯折形成闭合圆形的轻质圆柱壳。对于第一类超材料圆柱壳,1996 年 Tang 等[202]用理论方法研究了单个或两个同心蜂窝超材料夹层圆柱壳的声传递损失特性。Iyer[203]设计了一种横截面为六角蜂窝超材料的圆柱壳,分别为内六角蜂窝和外六角蜂窝,研究其声散射和辐射特性,并与相同质量的实心圆柱壳进行比较。Yang 等[204]研究了一种金字塔形点阵超材料夹层圆柱壳的振动特性与阻尼损耗因子。Li 等[205]利用有限元法分析了横截面为圆形周期性超材料的圆柱壳在内部爆炸载荷下的结构响应,通过调节芯层内圆的半径实现不同的力学特性。Baughman 等[66]设计了含非连续负泊松比超材料芯层的双层圆柱壳结构,通过改变胞元壁厚度、角度以及层数,研究圆柱壳结构的振动及声辐射性能。Li 等[206]设计了一类具有梯度负泊松比的六角蜂窝超材料圆柱壳,利用谱单元法研究其声传递损失特性。

对于第二类超材料圆柱壳,Zhang 等[207]分析了一种笼目(Kagome)超材料圆柱壳在轴向碰撞载荷下的破坏模式,并研究了厚度与胞元数目的影响。Chen 等[208]利用理论与数值法研究了蜂窝超材料圆柱壳在轴向冲击载荷作用下的破坏与吸能特性。Wei 等[209-210]基于平面负热膨胀超材料设计了可调节周向和径向热膨胀率的圆柱壳结构。Tan 等[211]、Wang 等[212]和 Hua 等[89]基于屈曲梁设计了负刚度圆柱壳结构用于抗冲击吸能并进行了一系列试验与参数研究(见图 1 - 31)。

优化技术被广泛用于设计不同的超材料微元构型,常见的优化设计方法有

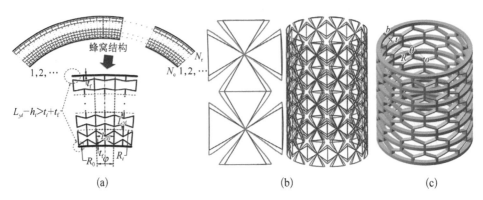

图 1‑31　几种典型的超材料圆柱壳[206,209,212]

尺寸优化、形状优化和拓扑优化。拓扑优化法寻求一定数量的材料在设计区域内的最优拓扑分布,由于不受设计者主观经验的限制,极大地扩展了设计空间,因此多被用于新微元构型的开发[213]。1988 年,Bendsøe 等[214]将结构拓扑用设计域内的材料分布来描述,利用均匀化法进行连续体结构拓扑优化。1995 年,Sigmund[215]提出逆均匀化法从二维和三维桁架基元种寻找最佳周期性材料微元,实现特定的材料性能。基于变密度法,Huang 和 Xie 等提出了简单有效的渐进结构优化法(ESO)以及改进的双向渐进结构优化法(BESO)[216-217]。Rodrigues 等[218]首次提出了同时针对微观材料和宏观结构的结构柔顺度分层次设计,使得蜂窝超材料的宏观、微观结构呈现出不同的拓扑形状。徐胜利等[219-220]提出了构造初始设计的晶核法,解决了逆均匀化法设计材料微结构时某些初始密度分布不能得到可用结果的问题。此外,也有学者研究利用拓扑优化法设计几何非线性[221]、负刚度[222]、双稳态[223-224]周期性材料。Vogiatzis 等[225]利用调和水平集法(RLSM)设计了一系列二维和三维的多材料构成的负泊松比超材料。Qin 等[226-227]和杨德庆等[228]提出了超材料的功能基元拓扑优化设计法(FETO),实现了不同形状功能基元下对任意泊松比超材料的设计。

　　在利用优化方法提升超材料结构的性能方面也已有大量研究,通过优化可以方便高效地对不同变量的取值进行权衡,针对特定性能提升材料利用率。Liu 等[174]利用均匀性法对点阵型周期性夹芯板进行了轻量化设计。Catapano 等[229-230]结合均匀化与有限元分析,在遗传算法基础上建立多尺度优化对蜂窝超材料夹芯板进行轻量化设计,满足屈曲临界载荷、厚度比、弹性模量等约束条件。Denli 等[231]、Franco 等[232]基于六角形蜂窝超材料夹芯板进行形状优化,设计了不规则六边形超材料夹层板,有效提升了其隔声性能。Yang 等[233]采用多岛遗传算法(MIGA)以传递声功率为目标优化了二维折线型夹芯板的几何构型。Galgalikar 等[198]则选取胞元数目、胞元壁长度、厚度和倾斜角为设计变量，在不同频段内优化了六角蜂窝超材料夹芯板的声传递损失。李汪颖等[234]以声辐射功率为目标开展了多孔超材料夹层结构的声学设计，研究了材料/结构两尺度拓扑优化。在冲击动力学等复杂工况下，由于结构响应求解过程的非线性特性，广泛采用了代理模型法，即结合试验设计、代理模型与优化算法进行真实响应的模拟[235-236]。例如，Hou 等[175]利用多目标粒子群算法(MOPSO)和响应面法针对梯形和三角形折线型夹芯板的碰撞性能进行了形状与尺寸的优化。

1.4　超材料在船舶振动声学中的应用

　　振动和噪声控制是船舶与海洋结构物设计中的关键性技术，振动和噪声性能较差时将影响船上重要仪器设备的安全性及正常使用，降低乘员的舒适度，对于军舰则可能降低其声隐身性能。基座在设备隔振中发挥重要的作用，常见的基座形式有局部基座、长基座、平台基座和悬臂基座等，如图 1-32 所示。

(a) 局部基座　　　　(b) 长基座　　　　(c) 平台基座　　　　(d) 悬臂基座

图 1-32　常见船用基座结构形式

　　计方等[237]和姚熊亮等[238]根据阻抗失配和波形转换原理，研究了不同基座连接结构中振动波的传递特性，分析了偏心阻振质量的阻抑特性。Ding 等[239]比较了两种推力轴承基座形式(法兰盘式基座和普通基座)对潜艇在螺旋桨激励下振动与噪声性能的影响。朱成雷等[240]根据阻抗失配原理设计了 4 种基座模型，采用基座面板原点速度阻抗、基座的动刚度、外板的振动功率级、外板的加速度级、上下参考点加速度振级落差及传递率对其隔振效果进行评估。刘恺等[241]利用平板的剪切阻抗大于弯曲阻抗的原理，提出一种立式板架隔振基座，利用理论和试验方法证明了该基座形成了高低阻抗失配的振动传递路径，能减少振动能量向船体的传递。基座隔振系统依靠自身材料与结构设计同步实现隔振与承载是可行的,而采用超材料结构的基座新形式值得探索。张梗林等结合超材料研究对基座形式进行了一系列创新,先后提出了宏观负泊松比蜂窝夹芯隔振器、正负泊松比蜂窝超材料隔振基座、声子晶体负泊松比超材料基座、负刚度超材料基座、星形超材料结构隔振基座和轻量化负泊松比超材料浮筏减振装置[242-251]等,结合结构优化理论实现了不同频段内舰艇良好的隔振及声学隐身性能。张磊[65]将潜艇动力设备舱段双层壳间实肋板改为负泊松比超材料结构肋板,实现了艇体结构轻量化与更好的隔振降噪性能。Li 等将零泊松比带隙超材料应用于大潜深水下结构承载及指定频段声隐身设计中,将声学黑洞俘能器应用于鱼雷水下辐射噪声抑制中,结构轻量化、高承载性能和整体结构降噪效果非常显著[161-252],是非常有前途的研究方向。

在舰船抗爆抗冲击防护结构的研究方面,轻质高强度的夹芯结构成为当前研究的焦点。Naar 等[249]研究了 Y 形和双 Y 形底部结构形式在发生触底时的力学性能,相比传统型传递结构,在不增加质量的同时提高了能量的吸收。St-Pierre 等[250]比较了折线形与 Y 形的不锈钢夹芯梁在准静态与低速冲击载荷下的响应,计算采用真实船体双层壳结构的 1∶20 缩尺比模型,指出准静态载荷下的响应可为船舶碰撞过程的分析提供依据。张延昌等[251]对应用夹层板的舰船舷侧结构在水下爆炸载荷的动态响应进行仿真计算,采用三角形折叠式夹层板和四棱柱蜂窝式夹层板后结构的速度和加速度响应显著减小,在很大程度上改善了冲击环境。牟金磊等[253]研究了金字塔点阵夹芯结构在垂向冲击载荷作用下的动态力学性能。杨德庆等[254]和 Luo 等[255]设计不同功能基元构型的负泊松比(零泊松比)超材料新型舷侧防护结构,对这些新型防护结构水下抗爆性能数值计算的结果表明,负泊松比超材料的压阻效应使得其对爆炸破口能进行很好地填充,提高了结构抗爆性能。Dong 等[155]研究了海洋平台防爆墙采用超材料设计时良好的防护性能,如图 1-33 和图 1-34 所示。

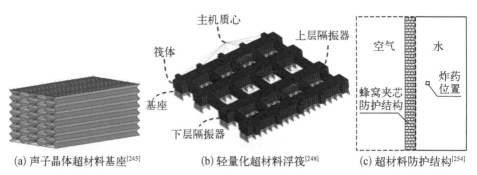

(a) 声子晶体超材料基座[245]　　(b) 轻量化超材料浮筏[248]　　(c) 超材料防护结构[254]

图 1-33　新型船舶隔振抗冲击结构

图 1-34　负泊松比超材料海洋平台防爆墙[255]

第 $\mathcal{2}$ 章

构建振动和声学方程的基本原理及能带分析

牛顿力学与分析力学构成经典力学,量子力学和统计力学构成现代力学。牛顿力学是矢量力学,讨论的力学概念如速度、加速度、角速度、角加速度、力和力矩等都是以矢量形式出现的物理量。分析力学是不同于牛顿力学的新体系,它以变分原理为基础阐述力学的普遍规律,并依照此普遍规律推导运动(动力学)方程,进而求解。分析力学是标量力学,通过引进标量形式的广义坐标、能量和功,采用纯粹的分析方法使力学建立在统一的数学基础上,完全摆脱以矢量为特征的几何法,它包括拉格朗日力学与哈密顿力学等形式。分析力学非常适合于建立多物理场耦合计算问题的力学方程,如机-电-热-磁-声等多场耦合问题。

复杂结构系统振动方程的数学表达式一般用矩阵形式给出,它是对于时间的二阶常微分或偏微分方程组,是对于位置坐标的高阶偏微分方程组。船舶与海洋工程结构的振动方程有其特殊性,需要考虑周围的流体介质,其振动方程中包含附连水质量矩阵、流固耦合矩阵和水动力载荷等项。进行振动噪声控制时若采用压电作动器、形状记忆合金作动器或磁力作动器,会涉及电场、温度场与磁场等其他物理场产生的外力,声固耦合振动分析时还要涉及声场,因此采用常规的基于矢量力学理论来构建结构动力学方程时会面临较大困难。以能量方法及标量分析为特点的分析力学理论的建立,在解决机-电-热-磁-声等多物理场耦合问题中发挥了重要作用,成为构建动力学方程的主流方法。本章将介绍与建立结构振动方程有关的分析力学概念和原理[7,17,22]。

声波是弹性介质中传播的压力、应力、质点位移、质点速度的变化或几种综合的变化,而声场是指弹性介质中有声波存在的区域,弹性介质的存在是声波传播的必要条件。自然界中的弹性介质包括固体类的弹性体(金属材料、非金属材料)、流体类的空气和海水(或惰性气体、油、酒精等),因此声波在固态弹性体中传播必须遵从弹性动力学的基本原理,在液态弹性媒质中传播必须遵从流体动力学的基本原理。本章将介绍建立声学方程的基础声学理论和力学原理。

2.1　分析力学的基本概念

所有力学原理都可用微分和积分形式表示。前者适用于运动的每个瞬时，后者适用于运动的非无限小时段。力学原理又可分为非变分原理和变分原理两类，前者描述所有真实运动的公共性质，后者提供一种准则，把真实运动和在同样条件下运动学上可能的其他运动区分出来[17]。归纳如下：

$$
\text{力学原理}\begin{cases}\text{微分的}\begin{cases}\text{非变分的（如牛顿定律）}\\\text{变分的（如虚功原理）}\end{cases}\\\text{积分的}\begin{cases}\text{非变分的（如能量守恒定律）}\\\text{变分的（如哈密顿原理）}\end{cases}\end{cases}
$$

分析力学主要建立在变分原理类的力学原理上，下面给出分析力学中的常用概念。

位形：系统中各质点在空间位置的集合，位形表征系统各质点的位置分布所构成的几何形象。

非自由系：位形或速度受到预先规定的几何条件的制约而不能任意变化的系统。

约束：非自由系中对某些质点的位置或速度所施加的几何或运动学的限制，这个限制称为约束。一般的约束都可用约束方程或约束不等式来表达。

完整约束：在力学系统中，约束方程采用坐标及时间的解析方程或非微分方程来表示的约束。定常约束是约束方程中不显含时间变量的，非定常约束是约束方程中显含时间变量的。

非完整约束：在力学系统中，约束方程采用微分方程来表示的约束。

非完整系：含非完整约束的系统。

完整系：仅含完整约束的系统。

系统的动力自由度：在任意固定时刻（时间 t 保持不变），约束许可条件下系统能自由变更的独立坐标数目。动力自由度等于系统坐标数减去独立约束方程数。

可能位移：满足所有约束方程的位移。

实位移：满足约束方程，且满足运动方程和初始条件的位移。

广义坐标 q_k：能决定系统运动几何位置的彼此独立的物理量称为该系统的

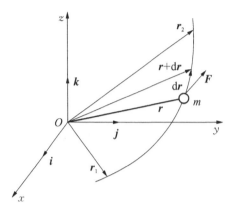

图 2-1   质点的运动及功

广义坐标。其特点是各物理量能独立变化,而且系统的广义坐标数等于系统的动力自由度。广义坐标不是唯一的,各种形式的广义坐标都可以描述系统的运动,但所得运动方程的耦合方式及繁简程度不同,广义坐标可以是位移也可以是角度。

图 2-1 所示系统中质点 m 在任意点 i 的位置可用矢径 r_i 表示,且可表达为广义坐标 q_i 的函数 $r_i(q_1, \cdots, q_n)$。当时间 t 改变 dt 时,广义坐标 q_k 的改变为 dq_k,则质点 m 的位移可以写为

$$d\boldsymbol{r}_i = \sum_{k=1}^{n} \frac{\partial \boldsymbol{r}_i}{\partial q_k} dq_k + \frac{\partial \boldsymbol{r}_i}{\partial t} dt \tag{2-1}$$

对于定常约束,上述位移为

$$d\boldsymbol{r}_i = \sum_{k=1}^{n} \frac{\partial \boldsymbol{r}_i}{\partial q_k} dq_k \tag{2-2}$$

虚位移 $\delta\boldsymbol{r}_i$:在某一时刻质点系为约束所许可而能产生的任一组微小位移称为系统的虚位移。假定时间 t 在某一瞬间固定,分别给广义坐标以任意微小增量 $\delta q_k (k=1, \cdots, n)$,则质点 m_i 的虚位移为

$$\delta\boldsymbol{r}_i = \sum_{k=1}^{n} \frac{\partial \boldsymbol{r}_i}{\partial q_k} \delta q_k \tag{2-3}$$

虚位移的特性为如下几方面:

(1) 虚位移是假定约束不改变而设想的位移,对虚位移而言时间是固定的。

(2) 虚位移不是任何随意的位移,必须满足约束方程。

(3) 虚位移有无穷多个,是由几何学或运动学考虑而虚设的位移。

虚功 δW:在质点 m_i 的虚位移中,力系 $\boldsymbol{F}_i$ 所做虚功之和为

$$\delta W = \sum_{i=1}^{N} \boldsymbol{F}_i \delta\boldsymbol{r}_i = \sum_{i=1}^{N} \left(\sum_{j=1}^{n} \boldsymbol{F}_i \frac{\partial \boldsymbol{r}_i}{\partial q_j} \delta q_j \right)$$

整理得

$$\delta W = \sum_{j=1}^{N} \left(\sum_{i=1}^{n} \boldsymbol{F}_i \frac{\partial \boldsymbol{r}_i}{\partial q_j} \right) \delta q_j \qquad (2-4)$$

阻尼：消耗振动的能量并使振动衰减的因素称为阻尼。引起振动能量耗散的因素一般划分为内阻尼和外阻尼。内阻尼主要指和材料应变有关的阻尼,它由材料的非弹性性质或者非弹性变形所引起。外阻尼指振动系统周围介质的阻力或摩擦等。

非保守系统：考虑阻尼的系统。

理想保守系统：忽略阻尼影响不计振动能量耗散的系统。

广义力 Q_j：力系对应于广义坐标的形式,它是标量,其量纲取决于广义坐标的量纲。广义力与广义位移的乘积具有功或能的量纲。

$$Q_j = \sum_{i=1}^{M} \boldsymbol{F}_i \frac{\partial \boldsymbol{r}_i}{\partial q_j} \quad (j = 1, 2, \cdots, N) \qquad (2-5)$$

式中,N 为广义力数;M 为外力数。

计算广义力的方法分为 3 种,分别是直角坐标法、单向虚功法和总虚功法。

（1）直角坐标法：

$$Q_j = \sum_{i=1}^{N} \left(F_{ix} \frac{\partial x_i}{\partial q_j} + F_{iy} \frac{\partial y_i}{\partial q_j} + \frac{F_{iz} \partial z_i}{\partial q_j} \right) \qquad (2-6)$$

式中,j 为广义力数;N 为外力数;F_{ix}、F_{iy}、F_{iz} 为质点 m_i 所受外力 $\boldsymbol{F}_i$ 在各坐标轴上的投影;x_i、y_i 和 z_i 为外力 $\boldsymbol{F}_i$ 的作用位置坐标。

（2）单向虚功法：

使广义坐标 q_j 得到增量 δq_j,而其他广义坐标保持不变,则力系 F_i 在此虚位移上所做的功为

$$\delta W_j = Q_j \delta q_j \qquad (2-7)$$

则广义力为

$$Q_j = \frac{\delta W_j}{\delta q_j} \qquad (2-8)$$

（3）总虚功法：

给出一组广义坐标普遍的虚位移 δq_j,求出力系 F_i 在此组虚位移上所做的总功,整理后得到

$$\delta W = (\cdots) \delta q_1 + (\cdots) \delta q_2 + \cdots + (\cdots) \delta q_n \qquad (2-9)$$

则每一广义坐标虚位移 δq_j 前的系数即是对应的广义力 Q_j。

理想约束：凡约束力对质点系的任意虚位移的虚功之和为零（$\delta W=0$）的约束，称为理想约束。

被动力：设有 n 个质点组成的非自由系，在运动过程中各约束所受的力反过来又作用于它们所联系的质点，这些力称为约束力或被动力。

主动力：除约束反力外，质点所受其余力。

惯性力：惯性的作用表现为一种反抗物体运动状态发生改变的力，这种力称为惯性力。其幅值等于物体质量与加速度的乘积，方向与加速度的方向相反。

2.2 分析力学的基本原理

针对结构的动力学和静力学两类问题，分析力学[17,22]建立了不同的虚功原理。虚功原理是虚位移原理和虚应力原理的总称，由这些原理可以导出最小位能原理及最小余能原理。

2.2.1 虚功原理与拉格朗日方程

1）静力学虚功原理——分析静力学

具有定常、理想约束的质点系保持平衡或静止的充要条件是主动力在系统的任何虚位移上的元功之和等于零。该原理称为虚位移原理。

$$\delta W = \sum_{i=1}^{n} \boldsymbol{F}_i \delta \boldsymbol{r}_i = 0 \quad （矢量形式） \qquad (2-10)$$

$$\sum_{i=1}^{n} (F_{ix}\delta x_i + F_{iy}\delta y_i + F_{iz}\delta z_i) = 0 \quad （直角坐标形式） \qquad (2-11)$$

$$\sum_{i=1}^{n} Q_i \delta q_i = 0 \quad （广义坐标形式） \qquad (2-12)$$

2）动力学虚功原理——分析动力学

拉格朗日第一方程：具有理想约束的质点系运动时，在任一瞬时，主动力和惯性力在系统的任何虚位移上所做元功之和等于零。该原理也称为动力学普遍方程。

$$\sum_{i=1}^{n} (Q_i + S_i)\delta q_i = 0 \quad （广义坐标形式） \qquad (2-13)$$

式中，Q_i、S_i 分别为主动力(广义力)和惯性力(广义惯性力)。

拉格朗日第二方程：具有理想约束的质点系运动时，在任一瞬时满足：

$$\frac{\mathrm{d}}{\mathrm{d}t}\left(\frac{\partial L}{\partial \dot{q}_i}\right) - \frac{\partial L}{\partial q_i} + \frac{\partial R}{\partial \dot{q}_i} = Q_i \quad (i = 1, 2, \cdots, n)(\text{广义坐标形式}) \quad (2-14)$$

式中，L 为拉格朗日函数，$L = T - V$；T 为系统的动能；V 为系统的势能；R 为系统的阻尼耗散能。对于黏滞阻尼，$R = \frac{1}{2}\{\dot{u}\}^{\mathrm{T}}[C]\{\dot{u}\}$；$Q_i$ 为黏滞阻尼力以外的非有势力对应的广义力。

该方程是完整约束系统分析力学的基础，应用非常广泛，而掌握系统中典型力学元件动能、势能、应变能和耗散能的表达式对建立动力学方程是非常重要的[262]。

例题 2.1　应用拉格朗日第二方程推导图 2-2 所示两自由度质量-弹簧-阻尼系统的运动方程。

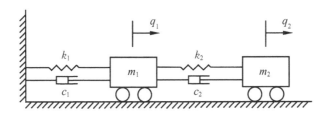

图 2-2　两自由度质量-弹簧-阻尼系统

解： 设图 2-2 所示的广义坐标为 q_1 和 q_2，则系统的动能为

$$T = \frac{1}{2}m_1\dot{q}_1^2 + \frac{1}{2}m_2\dot{q}_2^2$$

系统的弹性势能为

$$V = \frac{1}{2}k_1q_1^2 + \frac{1}{2}k_2(q_2 - q_1)^2$$

系统的耗散能为

$$R = \frac{1}{2}c_1\dot{q}_1^2 + \frac{1}{2}c_2(\dot{q}_2 - \dot{q}_1)^2$$

则有

$$L = T - V = \frac{1}{2}(m_1\dot{q}_1^2 + m_2\dot{q}_2^2) - \frac{1}{2}[k_1q_1^2 + k_2(q_2 - q_1)^2]$$

$$\frac{\mathrm{d}}{\mathrm{d}t}\left(\frac{\partial L}{\partial \dot{q}_1}\right)=\frac{\mathrm{d}}{\mathrm{d}t}(m_1\dot{q}_1)=m_1\ddot{q}_1 \quad \frac{\mathrm{d}}{\mathrm{d}t}\left(\frac{\partial L}{\partial \dot{q}_2}\right)=\frac{\mathrm{d}}{\mathrm{d}t}(m_2\dot{q}_2)=m_2\ddot{q}_2$$

$$\frac{\partial L}{\partial q_1}=-k_1q_1+k_2(q_2-q_1)=-(k_1+k_2)q_1+k_2q_2, \frac{\partial L}{\partial q_2}=-k_2(q_2-q_1)$$

$$\frac{\partial R}{\partial \dot{q}_1}=c_1\dot{q}_1-c_2(\dot{q}_2-\dot{q}_1)=(c_1+c_2)\dot{q}_1-c_2\dot{q}_2, \frac{\partial R}{\partial \dot{q}_2}=-c_2\dot{q}_1+c_2\dot{q}_2$$

代入拉格朗日第二方程

$$\frac{\mathrm{d}}{\mathrm{d}t}\left(\frac{\partial L}{\partial \dot{q}_i}\right)-\frac{\partial L}{\partial q_i}+\frac{\partial R}{\partial \dot{q}_i}=Q_i \quad (i=1, 2, \cdots, n)$$

整理得

$$m_1\ddot{q}_1+(c_1+c_2)\dot{q}_1-c_2\dot{q}_2+(k_1+k_2)q_1-k_2q_2=0$$
$$m_2\ddot{q}_2-c_2\dot{q}_1+c_2\dot{q}_2-k_2q_1+k_2q_2=0$$

写成矩阵形式为

$$\begin{bmatrix} m_1 & 0 \\ 0 & m_2 \end{bmatrix}\begin{Bmatrix} \ddot{q}_1 \\ \ddot{q}_2 \end{Bmatrix}+\begin{bmatrix} c_1+c_2 & -c_2 \\ -c_2 & c_2 \end{bmatrix}\begin{Bmatrix} \dot{q}_1 \\ \dot{q}_2 \end{Bmatrix}+\begin{bmatrix} k_1+k_2 & -k_2 \\ -k_2 & k_2 \end{bmatrix}\begin{Bmatrix} q_1 \\ q_2 \end{Bmatrix}=\begin{Bmatrix} 0 \\ 0 \end{Bmatrix}$$

2.2.2　哈密顿原理

哈密顿原理:对有势力及非有势力作用下的完整质点系而言,在所有可能的各种运动中,只有真实运动使哈密顿作用量具有稳定值。即

$$\delta H =\int_{t_1}^{t_2}(\delta L+\delta W_{nc})\mathrm{d}t=\mathbf{0} \qquad (2-15)$$

式中,H 为哈密顿函数;$\delta L=\int_{t_1}^{t_2}\delta(T-V)\mathrm{d}t$;$\delta W_{nc}=\sum_{i=1}^{n}Q_i^*\delta q_i$ 为非有势力(非保守力)的虚功之和。

例题 2.2　应用哈密顿原理推导图 2-3 单自由度质量-弹簧-阻尼系统的运动方程。

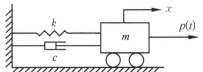

图 2-3　单自由度质量-弹簧-阻尼系统

解:设图 2-3 所示系统的广义坐标为 x,则系统的动能为 $T=\frac{1}{2}m\dot{x}^2$,系统的势能为 $V=\frac{1}{2}kx^2$。因此,拉格朗日函数为

$$L = T - V = \frac{1}{2}m\dot{x}^2 - \frac{1}{2}kx^2$$

阻尼力和外力 p 是非有势力，则外力虚功为

$$\delta W_{nc} = p(t) \cdot \delta x - c\dot{x} \cdot \delta x$$

$$\delta L = m\dot{x}\delta\dot{x} - kx\delta x$$

代入哈密顿方程：

$$\delta H = \int_{t_0}^{t_1} (\delta L + \delta W_{nc})\mathrm{d}t = 0$$

整理得

$$\int_{t_0}^{t_1} [m\dot{x}\delta\dot{x} - kx\delta x - c\dot{x} \cdot \delta x + p(t) \cdot \delta x]\mathrm{d}t = 0$$

因为方程第一项

$$\int_{t_0}^{t_1} m\dot{x}\delta\dot{x}\,\mathrm{d}t = m\dot{x}\delta x \Big|_{t_0}^{t_1} = \int_{t_0}^{t_1} m\ddot{x}\delta x\,\mathrm{d}t$$

对于固定时间点 t_0 和 t_1 而言，则有

$$\delta x \mid_{t=t_0} = \delta x \mid_{t=t_1} = 0$$

所以

$$\int_{t_0}^{t_1} m\dot{x}\delta\dot{x}\,\mathrm{d}t = -\int_{t_0}^{t_1} m\ddot{x}\delta x\,\mathrm{d}t$$

哈密顿方程简化为

$$\int_{t_0}^{t_1} [-m\ddot{x} - kx - c\dot{x} + p(t)]\delta x\,\mathrm{d}t = 0$$

由于变分 δx 的任意性，上式恒成立，因此可得运动方程：

$$m\ddot{x} + c\dot{x} + kx = p(t)$$

2.3　最小总势能/余能原理与达朗贝尔原理

常用的力学原理包括机械能守恒定律、最小总势能/余能原理和能量守恒定律等，这些力学定律和原理是建立力学问题数学方程的基础，下面介绍常用的

原理。

机械能守恒定律(law of conservation of mechanical energy)：系统内无外力做功，只有保守力(重力或系统内弹力)做功时，则系统的机械能(动能与势能之和)保持不变。外力做功为零，表明没有从外界输入机械功；只有保守力做功，即只有动能和势能的转化，而无机械能转化为其他能，符合这两个条件的机械能守恒对一切惯性参考系都成立。这个定律的简化说法为质点(或质点系)在势场中运动时，其动能和势能的和保持不变；或称物体在重力场中运动时动能和势能之和不变。机械能守恒的条件是只有系统内的弹力或重力做功，忽略摩擦力造成的能量损失。机械能守恒是一种理想化的物理模型，而且是系统内机械能守恒。

最小总势能原理：也称最小总位能原理，是势能驻值原理在线弹性范围里的特殊情况，与虚功原理本质上是一致的。对于一般性问题，真实位移的"平衡状态"(包括稳定平衡和不稳定平衡)使结构的势能 U 取驻值(一阶变分为零)，稳定平衡状态使结构的势能取最小值。对于弹性问题，稳定平衡状态在线弹性问题中势能取最小值(由静力弹性问题解的唯一性决定，只有一个最小值)，其表达式为

$$\delta U = \delta \left[\int_V (U_0(\boldsymbol{\varepsilon}) - \boldsymbol{f}^T - \boldsymbol{u}) \mathrm{d}V - \int_S \boldsymbol{p}^T \boldsymbol{u} \mathrm{d}S \right] = 0 \qquad (2-16)$$

最小总余能原理：整个弹性系统在真实状态下所具有的余能，恒小于与其他可能的应力相应的余能，真实应力的"平衡状态"(包括稳定平衡和不稳定平衡)使结构的总余能 U^* 取驻值(一阶变分为零)，稳定平衡状态使结构的余能取最小值。对于弹性问题，稳定平衡状态在线弹性问题中余能取最小值(由静力弹性问题解的唯一性决定，只有一个最小值)。其中可能应力是指满足平衡方程和力的边界条件的应力，记为 $\boldsymbol{\sigma}$，其表达式为

$$\delta U^* = \delta \left[\int_V (U_0^*(\boldsymbol{\sigma}) - \boldsymbol{f}^T \boldsymbol{u}) \mathrm{d}V - \int_S \boldsymbol{p}^T \boldsymbol{u} \mathrm{d}S \right] = 0 \qquad (2-17)$$

能量守恒定律(energy conservation law)：即热力学第一定律，是指在一个封闭(孤立)系统的总能量保持不变，其中总能量是静止能量(固有能量)、动能、势能三者的总量。能量既不会凭空产生，也不会凭空消失，它只会从一种形式转化为另一种形式，或者从一个物体转移到其他物体，而能量的总量保持不变。能量守恒定律是自然界普遍的基本定律之一。能量守恒定律也可以表述为一个系统的总能量的改变只能等于传入或者传出该系统的能量的多少。总能量为系统

的机械能、热能及除热能以外的任何内能形式的总和。能量可分为机械能、化学能、热能、电能、辐射能及核能等,这些不同形式的能量之间可以通过物理效应或化学反应相互转化,各种场也具有能量。

达朗贝尔原理:质点系运动的每一瞬时,作用于系内每个质点上的主动力、约束力和质点的惯性力构成一个平衡力系,此即为质点系的达朗贝尔原理。

$$\sum_{i=1}^{n} F_i + \sum_{i=1}^{n} F_{Ni} + \sum_{i=1}^{n} F_{Ii} = 0 \quad (广义坐标形式) \qquad (2-18)$$

式中,F_i、F_{Ii}、F_{Ni} 分别为主动力(广义力)、惯性力(广义惯性力)和约束力。

如果将力系按外力系和内力系划分,用 $\sum_{i=1}^{n} \boldsymbol{F}_i^{(e)}$ 及 $\sum_{i=1}^{n} \boldsymbol{F}_i^{(i)}$ 分别表示质点系外力系主矢量与内力系主矢量,用 $\sum_{i=1}^{n} M_O[\boldsymbol{F}_i^{(e)}]$ 和 $\sum_{i=1}^{n} M_O[\boldsymbol{F}_i^{(i)}]$ 分别表示质点系对任一点 O 的外力系主矩与内力系主矩,由于质点系的内力系主矢量之和与内力系主矩之和恒为零,因此任意瞬时,作用于质点系上的外力系和虚加在质点系上的惯性力在形式上构成一个平衡力系。

$$\sum_{i=1}^{n} \boldsymbol{F}_i^{(e)} + \sum_{i=1}^{n} \boldsymbol{F}_{Ii} = 0$$
$$\sum_{i=1}^{n} M_O[\boldsymbol{F}_i^{(e)}] + \sum_{i=1}^{n} M_O(\boldsymbol{F}_{Ii}) = 0 \qquad (2-19)$$

2.4　振动方程的构建方法

获得结构的动力学模型后,可以采用分析力学或者牛顿力学的有关原理建立描述结构系统动力学响应关系的数学表达式,即结构动力学方程。常用的构建结构动力学方程的主要方法包括:① 基于达朗贝尔原理或牛顿第二定律的直接平衡法;② 基于分析力学的方法,如基于虚功原理或拉格朗日第二方程的方法,基于哈密顿原理的方法;③ 针对质点系动力学的影响系数法(或称观察法)等。各种方法的主要数学列式如下。

1) 基于达朗贝尔原理或牛顿第二定律的直接平衡法

利用达朗贝尔原理定义惯性力,并按如下公式计算:

$$P(t) = \frac{d}{dt}\left(m\frac{dy(t)}{dt}\right) = \frac{dm}{dt}\frac{dy(t)}{dt} + m\frac{d^2y(t)}{dt^2} \qquad (2-20)$$

若质量不随时间变化,则式(2-20)简化为牛顿第二定律表达式。

2）基于虚功原理或拉格朗日第二方程的方法

当弹性体系发生任意虚位移时，作用在体系上的外力在此虚位移上所做虚功为 δW_e，假定作用在物体上的惯性力在此虚位移上所做虚功为 δW_{in}，而此虚位移所造成的体系位能的改变是 δV，则有

$$\delta V = \delta W_e + \delta W_{in}$$

弹性体系满足拉格朗日第二方程：

$$\frac{\mathrm{d}}{\mathrm{d}t}\left(\frac{\partial L}{\partial \dot{q}_i}\right) - \frac{\partial L}{\partial q_i} + \frac{\partial R}{\partial \dot{q}_i} = Q_i \quad (i = 1, 2, \cdots, n)$$

3）基于哈密顿原理的方法

在任何时间区间内，动能和势能的变分加上所考虑的非保守力所做的功的变分等于零。数学表达式为

$$\int_{t_1}^{t_2} \delta(T - V)\mathrm{d}t + \int_{t_1}^{t_2} \delta W_{nc}\mathrm{d}t = 0 \quad (i = 1, 2, \cdots, n)$$

4）对质点系统的影响系数法

这是针对由质量、弹簧和阻尼构成的质点系统的非常简洁实用的动力学方程建模方法，也称观察法。对于弹簧-质量-阻尼构成的质点系统，其动力学方程存在以下规律：① 刚度矩阵或阻尼矩阵中的对角元素 k_{ii}（或 c_{ii}）为连接在质量 m_i 上的所有弹簧刚度或阻尼系数之和；② 刚度矩阵或阻尼矩阵中的非对角元素 k_{ij} 为直接连接在质量 m_i 和 m_j 之间的弹簧刚度或阻尼系数，再取负值；③ 一般而言，刚度矩阵和阻尼矩阵是对称矩阵；④ 如果将系统质心作为坐标原点，则质量矩阵是对角矩阵，否则不一定是对角矩阵；⑤ 载荷矩阵是由广义力组成的列矩阵。

例题 2.3   图 2-4 所示为多质点振动系统，其水平振动的动力自由度为 6，取各个质点在无扰动力作用时处于静止状态质心位置处为各个广义坐标的坐标原

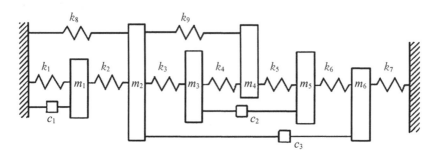

图 2-4   多质点振动系统

点,广义位移分别为 $x_i(i=1,2,\cdots,6)$。 请建立该动力学系统的动力学方程。

　　解: 采用观察法建立该多质点系统的动力学方程,得到

$$
\begin{bmatrix} m_1 & & & & & \\ & m_2 & & & & \\ & & m_3 & & & \\ & & & m_4 & & \\ & & & & m_5 & \\ & & & & & m_6 \end{bmatrix}
\begin{bmatrix} \ddot{x}_1 \\ \ddot{x}_2 \\ \ddot{x}_3 \\ \ddot{x}_4 \\ \ddot{x}_5 \\ \ddot{x}_6 \end{bmatrix}
+
\begin{bmatrix} c_1 & 0 & 0 & 0 & 0 & 0 \\ 0 & c_3 & 0 & 0 & 0 & -c_3 \\ 0 & 0 & c_2 & 0 & -c_2 & 0 \\ 0 & 0 & 0 & 0 & 0 & 0 \\ 0 & 0 & -c_2 & 0 & c_2 & 0 \\ 0 & -c_3 & 0 & 0 & 0 & c_3 \end{bmatrix}
\begin{bmatrix} \dot{x}_1 \\ \dot{x}_2 \\ \dot{x}_3 \\ \dot{x}_4 \\ \dot{x}_5 \\ \dot{x}_6 \end{bmatrix}
+
$$

$$
\begin{bmatrix} k_1+k_2 & -k_2 & 0 & 0 & 0 & 0 \\ -k_2 & k_2+k_3+k_8+k_9 & -k_3 & -k_9 & 0 & 0 \\ 0 & -k_3 & k_3+k_4 & -k_4 & 0 & 0 \\ 0 & -k_9 & -k_4 & k_4+k_5+k_9 & -k_5 & 0 \\ 0 & 0 & 0 & -k_5 & k_5+k_6 & -k_6 \\ 0 & 0 & 0 & 0 & -k_6 & k_6+k_7 \end{bmatrix}
\begin{bmatrix} x_1 \\ x_2 \\ x_3 \\ x_4 \\ x_5 \\ x_6 \end{bmatrix}
=
\begin{bmatrix} 0 \\ 0 \\ 0 \\ 0 \\ 0 \\ 0 \end{bmatrix}
$$

　　例题 2.4　在图 2-5 所示三自由度质量单摆动力学系统中,质量 m_3 通过长为 l 的无质量刚性杆可绕质量块 m_1 的中心摆动。试以 x_1、x_2 和 θ_1 为广义坐标,建立该系统的动力学方程。

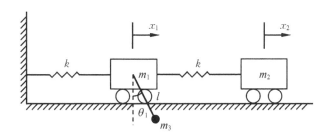

图 2-5　三自由度质量单摆动力学系统

　　解: 设有质量小车及含质量单摆的平衡位置为原点,以 x_1、x_2 和 θ_1 为各自的广义坐标,系统中对应的广义力(阻尼力以外的非有势力)为零。给出系统的动能及势能表达式如下:

　　系统动能:$T=\dfrac{1}{2}m_1\dot{x}_1^2+\dfrac{1}{2}m_2\dot{x}_2^2+\dfrac{1}{2}m_3\big[(\dot{x}_1+l\dot{\theta}_1\cos\theta_1)^2+(l\dot{\theta}_1\sin\theta_1)^2\big]$

　　系统势能:$V=\dfrac{1}{2}kx_1^2+\dfrac{1}{2}k(x_2-x_1)^2-m_3gl\cos\theta_1$

将拉格朗日函数 $L = T - V$ 代入朗格朗日第二方程：

$$\frac{\mathrm{d}}{\mathrm{d}t}\left(\frac{\partial L}{\partial \dot{q}_i}\right) - \frac{\partial L}{\partial q_i} + \frac{\partial R}{\partial \dot{q}_i} = Q_i \quad (q_i = x_1,\ x_2,\ \theta_1)$$

得到：

$$\begin{cases} \frac{\mathrm{d}}{\mathrm{d}t}\left(\frac{\partial L}{\partial \dot{x}_1}\right) - \frac{\partial L}{\partial x_1} = (m_1 + m_3)\ddot{x}_1 + m_3 l(\ddot{\theta}_1\cos\theta_1 - \dot{\theta}_1^2\sin\theta_1) + 2kx_1 - kx_2 = 0 \\ \frac{\mathrm{d}}{\mathrm{d}t}\left(\frac{\partial L}{\partial \dot{x}_2}\right) - \frac{\partial L}{\partial x_2} = m_2\ddot{x}_2 + kx_2 - kx_1 = 0 \\ \frac{\mathrm{d}}{\mathrm{d}t}\left(\frac{\partial L}{\partial \dot{\theta}}\right) - \frac{\partial L}{\partial \theta} = m_3 l(l\ddot{\theta}_1 + \ddot{x}_1\cos\theta_1 + g\sin\theta_1) = 0 \end{cases}$$

整理得到系统的动力学方程为

$$\begin{cases} (m_1 + m_3)\ddot{x}_1 + m_3 l(\ddot{\theta}_1\cos\theta_1 - \dot{\theta}_1^2\sin\theta_1) + 2kx_1 - kx_2 = 0 \\ m_2\ddot{x}_2 + kx_2 - kx_1 = 0 \\ l\ddot{\theta}_1 + \ddot{x}_1\cos\theta_1 + g\sin\theta_1 = 0 \end{cases}$$

考虑到微幅振动情况下 $\sin\theta_1 \approx \theta_1$，$\cos\theta_1 \approx 1$，略去高阶项 $\dot{\theta}_1^2\theta_1$ 得

$$\begin{cases} (m_1 + m_3)\ddot{x}_1 + m_3 l\ddot{\theta}_1 + 2kx_1 - kx_2 = 0 \\ m_2\ddot{x}_2 + kx_2 - kx_1 = 0 \\ l\ddot{\theta}_1 + \ddot{x}_1 + g\theta_1 = 0 \end{cases}$$

上式写成矩阵形式为

$$\begin{bmatrix} m_1 + m_3 & 0 & m_3 l \\ 0 & m_2 & 0 \\ m_3 l & 0 & m_3 l^2 \end{bmatrix}\begin{Bmatrix} \ddot{x}_1 \\ \ddot{x}_2 \\ \ddot{\theta}_1 \end{Bmatrix} + \begin{bmatrix} 2k & -k & 0 \\ -k & k & 0 \\ 0 & 0 & m_3 gl \end{bmatrix}\begin{Bmatrix} x_1 \\ x_2 \\ \theta_1 \end{Bmatrix} = \begin{Bmatrix} 0 \\ 0 \\ 0 \end{Bmatrix}$$

2.5　构建声学方程的基本原理

建立声学方程时主要应用牛顿第二定律、质量守恒定律和热力学定律等原理，这些定律的具体内容如下[8,31]。

质量守恒定律：一个系统质量的改变总是等于该系统输入和输出质量的差值。质量既不会被创造，也不会被消灭，只会从一种物质转移到为另一种物质，总量保持不变。它包括三个领域的释义：① 物理变化质量守恒，指物理变化中不论物体的形状、状态、位置如何变化，所蕴含的质量不变；物体分裂成几个部分

时,各部分质量之和等于原物体质量。当物体加、减速运动时,动质量会变化,但是静质量恒定不变。② 化学反应质量守恒,指化学反应因没有原子变化,质量总是守恒的(无论是动质量还是静质量)。化学反应中的质量守恒包括原子守恒、电荷守恒、元素守恒等方面。③ 核反应的质量守恒,指核反应由于有原子变化,因此静质量是不守恒的,有质量亏损,服从质能方程,这是核能利用的理论原理。但核反应在相对论中其动质量是守恒的。

热力学定律:是描述物理学中热学规律的定律,包括热力学第零定律、热力学第一定律、热力学第二定律和热力学第三定律。其中热力学第零定律又称为热平衡定律;热力学第一定律是能量守恒与转换定律在热现象中的应用;热力学第二定律有多种表述,也叫熵增加原理;热力学第三定律通常表述为绝对零度时,所有纯物质的完美晶体的熵值为零,或者绝对零度($T=0$ K)不可达到。

热力学第一定律是推导声学方程要用到的,涉及声波传播中的绝热过程假设。绝热过程是系统与外界没有热量交换情况下所进行的状态变化过程,绝热过程的特征方程为 $dQ=0$。

热力学第一定律:物体内能的增加等于物体吸收的热量和对物体所做功的总和,即热量可以从一个物体传递到另一个物体,也可以与机械能或其他能量互相转换,但是在转换过程中,能量的总值保持不变。其本质就是能量守恒定律。

绝热方程:利用热力学第一定律和理想气体准静态条件下状态方程,可以导出绝热方程。绝热的平衡过程进行中功和能的转换满足热力学第一定律($dQ=dE+pdV$),绝热过程的特征方程为 $dQ=0$,因此绝热过程方程为 $dE+pdV=0$。 这表明绝热过程中只有系统内能变化时才能做功。绝热过程方程有以下三种形式:

$$\begin{cases} pV^{\gamma}=\text{常数} \\ TV^{\gamma-1}=\text{常数} \\ p^{\gamma-1}/T^{\gamma}=\text{常数} \end{cases} \quad (2-21)$$

式中,p、V、T 分别为气体的压强、体积和温度;$\gamma=C_p/C_V$ 是气体定压比热容与定容比热容之比,且 $\gamma>1$。

2.6　声学控制方程(声学波动方程)的构建

运用牛顿第二定律、质量守恒定律和热力学定律,可以分别推导出弹性媒质的运动方程、连续性方程和物态方程,进而推导出声压随空间和时间变化的函数关系——声学波动方程。推导中假设弹性媒质是可压缩的,声波动过程是绝热的,流体不存在黏滞性,弹性媒质中传播的是小振幅声波。

2.6.1　声波的运动方程、连续方程和物态方程

在声场中取弹性媒质中一个足够小的体积微元(见图 2-6),其体积为 V,面积为 S,密度为 ρ,初始压强为 p_0。当受到声波作用时,媒质会反复出现收缩与膨胀,产生微小的体积变化 $V+\mathrm{d}V$,密度变为 $\rho+\mathrm{d}\rho$,压强变为 $p_0+\mathrm{d}p$。

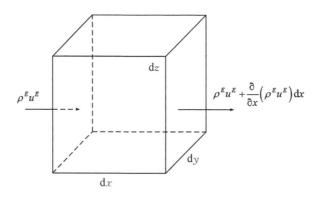

图 2-6　声学介质体积微元

设体积微元的振动速度为 v,考虑三维空间情况,对每个方向声场是均匀的一维声学问题,根据牛顿第二定律可推导出媒质及声波的运动方程:

$$\begin{cases} \rho\,\dfrac{\mathrm{d}v_x}{\mathrm{d}t} = -\dfrac{\partial p}{\partial x} \\[2mm] \rho\,\dfrac{\mathrm{d}v_y}{\mathrm{d}t} = -\dfrac{\partial p}{\partial y} \\[2mm] \rho\,\dfrac{\mathrm{d}v_z}{\mathrm{d}t} = -\dfrac{\partial p}{\partial z} \end{cases} \tag{2-22}$$

根据质量守恒定律,单位时间内流入体积微元的质量与流出体积微元的质量之差,应等于该体积微元内质量的增加量或减少量,从而得到声波的连续方程:

$$\begin{cases} \dfrac{\partial \rho}{\partial t} = -\dfrac{\partial(\rho v_x)}{\partial x} \\[2mm] \dfrac{\partial \rho}{\partial t} = -\dfrac{\partial(\rho v_y)}{\partial y} \\[2mm] \dfrac{\partial \rho}{\partial t} = -\dfrac{\partial(\rho v_z)}{\partial z} \end{cases} \tag{2-23}$$

式(2-23)是在没有声源情况下的声波连续方程。

前面假定声波在理想媒质中传播时没有热交换,是一个绝热过程,因此满足绝热过程方程[式(2-21)]。对绝热过程方程求微分得

$$V^{\gamma} \mathrm{d}p + \gamma V^{\gamma-1} p \mathrm{d}V = 0$$

解得

$$\frac{\mathrm{d}p}{p} = -\gamma \frac{\mathrm{d}V}{V}$$

声波传播时,介质压强的变化量称为声压,则 $p = \mathrm{d}p$。体积微元在单位时间体积变化为质点振速与微元体积的乘积,$\mathrm{d}V = v(t) \times V$。再对上式取时间导数,可得声波的物态方程:

$$\frac{\partial p}{\partial t} = -\gamma p \frac{\partial v(t)}{\partial t} \tag{2-24}$$

写成分量形式为

$$\begin{cases} \dfrac{\partial p}{\partial t} = -\gamma p_0 \dfrac{\partial v_x(t)}{\partial t} \\[2mm] \dfrac{\partial p}{\partial t} = -\gamma p_0 \dfrac{\partial v_y(t)}{\partial t} \\[2mm] \dfrac{\partial p}{\partial t} = -\gamma p_0 \dfrac{\partial v_z(t)}{\partial t} \end{cases} \tag{2-25}$$

定义体积弹性模量 K 为声压 p 与体积压缩率 $-\dfrac{\mathrm{d}V}{V}$(体积膨胀率 $\dfrac{\mathrm{d}V}{V}$)的比值:$K = p \Big/ \left(-\dfrac{\mathrm{d}V}{V}\right)$,则 $K = \gamma p_0$。

对于绝热过程,媒质压强 p 仅是密度 ρ 的函数,$p = f(\rho)$。声扰动引起的压强微小增量满足 $\mathrm{d}p = \left(\dfrac{\mathrm{d}p}{\mathrm{d}\rho}\right)_s \mathrm{d}\rho = c^2 \mathrm{d}\rho$,下标 s 代表绝热过程。则声波的物态方程也可写成

$$p = c^2(\rho - \rho_0) \tag{2-26}$$

对绝热方程[式(2-21)],若体积膨胀率等于密度压缩率,即 $\dfrac{\mathrm{d}\rho}{\rho} = \left(-\dfrac{\mathrm{d}V}{V}\right)$,则有

$$\frac{p_0 + \mathrm{d}p}{p_0} = \left(\frac{\rho + \mathrm{d}\rho}{\rho}\right)^{\gamma}$$

定义 $\dfrac{\mathrm{d}\rho}{\rho} = s$ 为密度收缩率,上式化为

$$\frac{p_0 + \mathrm{d}p}{p_0} = (1 + s)^{\gamma} \approx 1 + \gamma s \tag{2-27}$$

解得 $p = \mathrm{d}p \approx p_0 \gamma s$。

将物态方程式(2-26)代入连续性方程式(2-25)消去密度 ρ,省略微小二次项,可得

$$\begin{cases} \dfrac{1}{c^2} \dfrac{\partial p}{\partial t} = -\rho_0 \dfrac{\partial v_x}{\partial x} \\[2mm] \dfrac{1}{c^2} \dfrac{\partial p}{\partial t} = -\rho_0 \dfrac{\partial v_y}{\partial y} \\[2mm] \dfrac{1}{c^2} \dfrac{\partial p}{\partial t} = -\rho_0 \dfrac{\partial v_z}{\partial z} \end{cases} \tag{2-28}$$

可以定义体积弹性模量 $K = c^2 \rho_0$。

2.6.2　声学波动方程和亥姆霍兹方程

对运动方程[式(2-22)]及物态方程[式(2-26)]分别对时间和坐标变量求导,整理得以声压为因变量的方程,该方程就是一维问题的声学波动方程:

$$\begin{cases} \dfrac{1}{c^2} \dfrac{\partial^2 p}{\partial t^2} - \dfrac{\partial^2 p}{\partial x^2} = 0 \\[2mm] \dfrac{1}{c^2} \dfrac{\partial^2 p}{\partial t^2} - \dfrac{\partial^2 p}{\partial y^2} = 0 \\[2mm] \dfrac{1}{c^2} \dfrac{\partial^2 p}{\partial t^2} - \dfrac{\partial^2 p}{\partial z^2} = 0 \end{cases} \tag{2-29}$$

若声场在直角坐标系下 x、y、z 的三个方向都不均匀,则三维声波问题的物态方程不变,而运动方程和连续性方程可写成如下形式:

$$\rho \frac{\mathrm{d}\boldsymbol{v}}{\mathrm{d}t} = -\operatorname{grad} p \tag{2-30}$$

$$\frac{\partial \rho}{\partial t} = -\operatorname{div}(\rho \boldsymbol{v}) \tag{2-31}$$

式中，$\operatorname{grad} = \frac{\partial}{\partial x}\boldsymbol{i} + \frac{\partial}{\partial y}\boldsymbol{j} + \frac{\partial}{\partial z}\boldsymbol{k}$ 为梯度算符，作用于声压 p 就得到其沿波阵面法

线方向的梯度；div 为散度算符，作用于矢量 $\rho\boldsymbol{v}$ 时得到 $\operatorname{div}(\rho\boldsymbol{v}) = \frac{\partial(\rho v_x)}{\partial x} +$

$\frac{\partial(\rho v_y)}{\partial y} + \frac{\partial(\rho v_z)}{\partial z}$。整理后，也可以得到三维声学波动方程：

$$\frac{1}{c^2}\frac{\partial^2 p}{\partial t^2} - \boldsymbol{\nabla}^2 p = 0 \tag{2-32}$$

式中，$\boldsymbol{\nabla}^2 = \left(\frac{\partial^2}{\partial x^2} + \frac{\partial^2}{\partial y^2} + \frac{\partial^2}{\partial z^2}\right)$ 为拉普拉斯算子。

柱坐标系 (r, φ, z) 下声学波动方程形式同式 (2-32)，而

$$\boldsymbol{\nabla}^2 = \frac{1}{r}\frac{\partial}{\partial r}\left(r\frac{\partial}{\partial r}\right) + \frac{1}{r^2}\frac{\partial^2}{\partial \varphi^2} + \frac{\partial^2}{\partial z^2} \tag{2-33}$$

球坐标系 (r, θ, φ) 下声学波动方程形式同亥姆霍兹声学波动方程，而

$$\boldsymbol{\nabla}^2 = \frac{1}{r^2}\frac{\partial}{\partial r}\left(r^2\frac{\partial}{\partial r}\right) + \frac{1}{r^2\sin\theta}\frac{\partial}{\partial \theta}\left(\sin\theta\frac{\partial}{\partial \theta}\right) + \frac{1}{r^2\sin^2\theta}\frac{\partial^2}{\partial \varphi^2} \tag{2-34}$$

对流体动力学方程进行线性化假设，也可推导出声学波动方程。流体动力学方程为如下欧拉方程组：

$$\begin{cases} \rho\left(\frac{\partial \boldsymbol{v}}{\partial t}\right) + \boldsymbol{v} \cdot \boldsymbol{\nabla}\boldsymbol{v} = -\boldsymbol{\nabla}p + \boldsymbol{f} & \text{连续方程} \\[2mm] \frac{\partial \rho}{\partial t} + \boldsymbol{v} \cdot \boldsymbol{\nabla}\rho + \rho \cdot \boldsymbol{\nabla}\boldsymbol{v} = \rho q & \text{运动方程} \\[2mm] \frac{\partial s}{\partial t} + \boldsymbol{v} \cdot \boldsymbol{\nabla}s = 0,\ c^2 = \left(\frac{\partial p}{\partial \rho}\right)_s & \text{物态方程} \end{cases} \tag{2-35}$$

式中，ρ、$\boldsymbol{v}$、p、s 分别为流体的密度、速度、压力与熵；$\boldsymbol{f}$、q 分别为外部作用于流体的力和质量源（声源）。

假定流场的各扰动量分别为 $\rho' = \rho - \rho_0$、$\boldsymbol{u} = \boldsymbol{v} - \boldsymbol{v}_0$、$p' = p - p_0$、$s' = s - s_0$、$(c^2)' = c^2 - c_0$，且是微幅的。$\rho_0$、$\boldsymbol{v}_0$、$p_0$、$s_0$ 分别为流体静态状态下的密度、速度、压力及熵。对于定常流动，欧拉方程为

$$\begin{cases} \rho_0 \boldsymbol{v}_0 \cdot \boldsymbol{\nabla} \boldsymbol{v}_0 = -\boldsymbol{\nabla} p_0 \\ \boldsymbol{\nabla} \cdot \rho_0 \boldsymbol{v}_0 = \boldsymbol{0} \\ \boldsymbol{v}_0 \cdot \boldsymbol{\nabla} s_0 = \boldsymbol{0} \\ \boldsymbol{v}_0 \cdot \boldsymbol{\nabla} p_0 = c_0^2 \boldsymbol{v}_0 \cdot \boldsymbol{\nabla} \rho_0 \end{cases} \tag{2-36}$$

理想声学流体是无黏性、均质和无旋的，则对欧拉方程组进行线性化展开，得

$$\begin{cases} \rho_0 \left(\dfrac{\partial \boldsymbol{u}}{\partial t} + \boldsymbol{v}_0 \cdot \boldsymbol{\nabla} \boldsymbol{u} + \boldsymbol{u} \cdot \boldsymbol{\nabla} \boldsymbol{v}_0 \right) + \rho' \boldsymbol{v}_0 \cdot \boldsymbol{\nabla} \boldsymbol{v}_0 = -\boldsymbol{\nabla} p' + f \\ \dfrac{\partial \rho'}{\partial t} + \boldsymbol{\nabla} \cdot (\rho_0 \boldsymbol{u} + \rho' \boldsymbol{v}_0) = \rho_0 q \\ \dfrac{\partial s'}{\partial t} + \boldsymbol{v}_0 \cdot \boldsymbol{\nabla} s' + \boldsymbol{u} \cdot \boldsymbol{\nabla} s_0 = 0 \\ c_0 \left(\dfrac{\partial \rho'}{\partial t} + \boldsymbol{v}_0 \boldsymbol{\nabla} \rho' + \boldsymbol{u} \cdot \boldsymbol{\nabla} \rho_0 \right) + (c^2)' \boldsymbol{v}_0 \cdot \boldsymbol{\nabla} \rho_0 = \dfrac{\partial p'}{\partial t} + \boldsymbol{v}_0 \cdot \boldsymbol{\nabla} p' + \boldsymbol{u} \cdot \boldsymbol{\nabla} p_0 \end{cases}$$

$$\tag{2-37}$$

再假定 $\rho_0 = $ 常数，$\boldsymbol{v}_0 = 0$，$p_0 = $ 常数，$s_0 = $ 常数，$\boldsymbol{\nabla} f = 0$，进一步简化式 (2-37) 可得声波动方程：

$$\frac{1}{c^2} \frac{\partial^2 p'}{\partial t^2} - \boldsymbol{\nabla}^2 p' = \rho_0 \frac{\partial q}{\partial t} \tag{2-38}$$

流场脉动压力项 p' 就是一般意义下的声压（空气中或水中）p，式 (2-38) 可以改写为

$$\frac{1}{c^2} \frac{\partial^2 p}{\partial t} - \boldsymbol{\nabla}^2 p = \rho_0 \frac{\partial q}{\partial t} \tag{2-39}$$

针对声学波动方程[式 (2-39)]求解在稳态简谐声激励下的声场分布。采用分离变量法求解，假设声激励和声压分布满足如下表达式：

$$p = p(x, y, z) \mathrm{e}^{\mathrm{j}\omega t}$$
$$q = q_0(x, y, z) \mathrm{e}^{\mathrm{j}\omega t}$$

代入式 (2-39)，整理得声学波动方程：

$$\boldsymbol{\nabla}^2 p(x, y, z) + k^2 p(x, y, z) = -\mathrm{j}\rho_0 \omega q_0(x, y, z) \tag{2-40}$$

式中，$k = \omega/c = 2\pi f/c$ 为波数。

2.7　弹性波传播的能带结构分析理论

　　超材料胞元在空间中周期排列可构成描述带隙特性超材料周期性的空间点阵。这种空间点阵称作晶格,其中的点称作格点,代表超材料胞元的空间位置,格点沿空间三个方向分别按一定距离平移即可形成晶格。三个方向上分别存在最小单位的平移距离,定义矢量 e_1、e_2、e_3 分别表示这三个单位位移,则三个矢量即为基矢。任意选定一个格点作为坐标原点,则晶格中任意格点的位置可表述为

$$\boldsymbol{R}_n = n_1 e_1 + n_2 e_2 + n_3 e_3 \tag{2-41}$$

式中,n_1、n_2、n_3 均为正整数;$\boldsymbol{R}_n$ 称为格矢。该式定义的点集合称为布拉维(Bravais)格子。基矢所构成的单位空间即为晶格的最小重复单元,称为原胞,每个原胞只等效含有一个格点。原胞的取法不唯一,取决于基矢,最常用的原胞为维格纳-塞茨(Wigner - Seitz,WS)原胞。以某个格点为中心,做出该点与相邻格点连线的中垂面或中垂线,取出由这些平面或线段围绕该格点所构成的区域即可得 WS 原胞。WS 原胞由于不依赖于基矢的选择而具有与对应布拉维格子同等的对称性,亦称为对称化原胞(见图 2-7)。

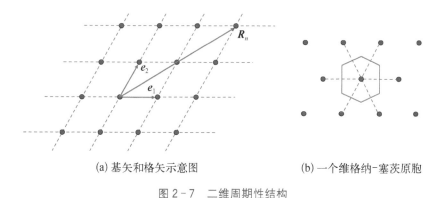

(a) 基矢和格矢示意图　　　　　　(b) 一个维格纳-塞茨原胞

图 2-7　二维周期性结构

2.7.1　布洛赫定理

　　在已定义基矢 e_1、e_2、e_3 的基础上,定义倒格子基矢 e_1^*、e_2^*、e_3^* 满足

$$e_i \cdot e_j^* = 2\pi\delta_{ij} \tag{2-42}$$

式中,δ 为克罗内克(Kronecker)符号。原晶格相应地称作正格子,格矢称作正格矢。因此,倒格子基矢 e_1^*、e_2^*、e_3^* 可用正格子基矢表示为

$$e_1^* = \frac{2\pi(e_2 \times e_3)}{e_1 \cdot (e_2 \times e_3)}, \quad e_2^* = \frac{2\pi(e_3 \times e_1)}{e_1 \cdot (e_2 \times e_3)}, \quad e_3^* = \frac{2\pi(e_1 \times e_2)}{e_1 \cdot (e_2 \times e_3)} \quad (2-43)$$

若为一维或二维情况,则将未定义的正格子基矢直接定义为单位矢量参与计算即可,图 2-8 为二维倒格子基矢示意图。由倒格子基矢确定的矢量空间称为原位置空间的倒易空间。与式(2-41)中正格矢对应,利用倒格子基矢可构造倒格矢 R_n^*:

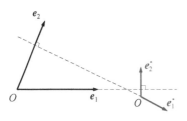

图 2-8　二维倒格子基矢示意图

$$R_n^* = h_1 e_1^* + h_2 e_2^* + h_3 e_3^* \quad (2-44)$$

式中,h_1、h_2、h_3 均为正整数。在倒易空间中任取一倒格点,可采用与 WS 原胞相同的方法取一封闭区域,该区域称为简约布里渊区(reduced Brillouin zone)。由于同一晶格下倒格子与正格子具有等同对称性,采用与 WS 原胞相同取法的简约布里渊区具有晶格点群的所有对称性,因此研究晶格频散关系时只需将范围缩小在简约布里渊区,简约布里渊区又称为第一布里渊区。

假设理想超材料结构具有平移对称的周期性,故其弹性波动(如周期梁结构的纵向波、弯曲波等)为布洛赫波,它满足周期系统的布洛赫定理。因此,超材料位置空间内任意一点(位置为 r)的位移矢量 $u(r)$ 可表示为

$$u(r) = u_k(r)e^{jk \cdot r}, \ u_k(r) = u_k(r + R_n)$$
$$k = k_1 e_1^* + k_2 e_2^* + k_3 e_3^* \quad (2-45)$$

式中,k 为波矢,它在倒易空间内均匀分布;k_1、k_2、k_3 分别为波矢在各倒格矢方向上的波数,由于周期材料的原胞数理论上趋于无穷,因此 k 可近似填满整个倒易空间,故倒易空间又称为波矢空间。$u_k(r)$ 为位移振幅矢量,它是与结构具有相同平移对称性的周期函数。式(2-45)表明,周期性结构的弹性波动位移场是一种平面波,其振幅与结构具有相同平移对称性因而具有周期性。根据式(2-41),原胞(n_1, n_2, n_3)中 r' 点的位置矢量 $r' = r + R_n$。代入式(2-45),可推导该点的动力学位移矢量 $u(r')$ 为

$$\begin{aligned} u(r') &= u_k(r + R_n)e^{jk \cdot (r + R_n)} = u_k(r)e^{jk \cdot r}e^{jk \cdot R_n} = u(r)e^{jk \cdot R_n} \\ &= u(r)e^{j(k_1 e_1^* + k_2 e_2^* + k_3 e_3^*)} \cdot (n_1 e_1 + n_2 e_2 + n_3 e_3) \\ &= u(r)e^{2\pi j(k_1 n_1 + k_2 n_2 + k_3 n_3)} \end{aligned} \quad (2-46)$$

布洛赫定理表明弹性波从某个基元原胞处沿格矢方向传播至该格矢所对应的原胞的过程中,其位移振幅具有周期性,且任一点处的弹性波位移矢量等于基元原胞内相应的节点位移矢量乘以相位因子 e^{jkR_n}。 因此对于周期性结构的弹性波传播问题,可将研究区域直接缩减至单个原胞。

2.7.2　不可约布里渊区与能带结构

根据布洛赫定理,由于简约布里渊区具有晶格点群所有平移对称性,因此其中完全包含了获得能带结构所需的波矢。而弹性波动的特征值同样具有与晶格相同的点群对称性,因此可以进一步将计算能带结构所需的所有波矢缩减到更小的区域,该区域称为不可约布里渊区(irreducible Brillouin zone),而特征值的极值又往往出现在不可约布里渊区的高对称点处,一般在不可约布里渊区的边界上选取波矢就足以确定能带结构的带隙范围。

已知超材料周期性结构的弹性波为布洛赫波,将波函数代入弹性波动方程(有限元法形式),可得到波动频率与波矢之间的特征值问题,即频散关系[139]。一组圆频率和波矢可以唯一确定一种可传播的平面波。因此,能带结构中没有频率和波矢对应的范围内则不存在可传播的平面波,此时即出现了弹性波带隙,而只要在不可约布里渊区的边界上选取波矢计算其频散关系,即可确定弹性波能带结构的带隙范围。

2.7.3　频散关系计算的有限元法

以二维平面超材料为例,采用有限元法分析超材料胞元的带隙特性,并给出周期性结构弹性波传播频散关系的计算方法。

图 2-9 所示为某二维周期性结构的基础胞元。将该胞元被视为平面梁单元组成的系统。根据计算频率上限对应的弹性波波长,进一步对每个杆梁单元进行网格划分,运用季莫申科梁的形函数得到其局部坐标系下的单元刚度矩阵,通过坐标变换矩阵将每个杆梁单元转化到总体坐标系下并组装成一个完整超材料胞元的总刚度矩阵 K 与总质量矩阵 M。 那么,在某一特定的圆频率 ω 下,胞元内各节点位移矢量满足动力学方程:

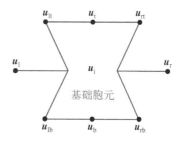

图 2-9　二维周期性结构的基础胞元

$$Du = f, \quad D = K - \omega^2 M \tag{2-47}$$

式中，f 为外力载荷矢量。图 2-9 标出了胞元边界上节点的位移矢量，它们与其相邻原胞共享，u_i 表示胞元内部节点位移矢量。

根据布洛赫定理并依照基矢 e_1、e_2 的方向，可确定图 2-8 中胞元边界上节点位移矢量之间的关系为

$$u_r = e^{2\pi k_1} u_l, \quad u_t = e^{2\pi k_2} u_b,$$
$$u_{rb} = e^{2\pi k_1} u_{lb}, \quad u_{rt} = e^{2\pi(k_1+k_2)} u_{lb}, \quad u_{lt} = e^{2\pi k_2} u_{lb} \tag{2-48}$$

式中，下标 l、r、b 和 t 分别为基础胞元的左边界、右边界、下边界和上边界，如图 2-9 所示。特别地，位于胞元边角处的节点则用双下标表示，例如 lb 为基础胞元的左下角。根据式(2-48)中节点位移矢量的关系可定义以下变换：

$$u = T\tilde{u},$$

$$T = \begin{bmatrix} I & 0 & 0 & 0 \\ I e^{2\pi k_1} & 0 & 0 & 0 \\ 0 & I & 0 & 0 \\ 0 & I e^{2\pi k_2} & 0 & 0 \\ 0 & 0 & I & 0 \\ 0 & 0 & I e^{2\pi k_1} & 0 \\ 0 & 0 & I e^{2\pi k_2} & 0 \\ 0 & 0 & I e^{2\pi(k_1+k_2)} & 0 \\ 0 & 0 & 0 & I \end{bmatrix}, \quad \tilde{u} = \begin{bmatrix} u_1 \\ u_b \\ u_{lb} \\ u_i \end{bmatrix} \tag{2-49}$$

式中，T 为布洛赫缩减转换矩阵；$\tilde{u}$ 为经过缩减变换后胞元节点的位移矢量矩阵。

将式(2-49)代入式(2-47)中，并在等式左右两端同时左乘以 T 的共轭转置矩阵 T^H，可得缩减变换后的动力学方程：

$$\tilde{D}\tilde{u} = \tilde{f}, \quad \tilde{D} = T^H D T, \quad \tilde{f} = T^H f \tag{2-50}$$

对于无衰减平面弹性波的自由振动（$f = 0$），式(2-50)可写作频域内的特征值问题：

$$\tilde{D}(k_1, k_2, \omega)\tilde{u} = 0 \tag{2-51}$$

在给定的任意波矢 k［任意(k_1, k_2)的组合］下求解该特征值方程［式

(2-51)],可得在某一特定波传播方向(k_1, k_2)上周期性胞元的频散关系,构成以 $\omega - k_1 - k_2$ 为坐标系的相平面,波矢只要在不可约布里渊区中取值即可,使波矢遍历整个不可约布里渊区,可得本征频率随波矢 k 变化的曲线,即能带结构。声子晶体带隙即为对于任意波矢 k 都不存在本征模式的频率区域,该区域以较低能带的极大值点和较高能带的极小值点为边界。根据晶格对称性,能带在不可约布里渊区的边界上取得极值。对于以确定带隙频率范围为目标的能带结构计算问题,波矢 k 的取值限定在不可约布里渊区的边界即可[139]。

综上所述,确定理想周期性结构的能带结构及带隙特性的主要步骤如下:

(1) 简化周期性材料基础的原胞形式,得到计算胞元。

(2) 采用有限元法离散基础计算胞元,获得胞元的质量矩阵和刚度矩阵。

(3) 根据布洛赫定理得胞元缩减变换后的动力学方程并形成计算胞元频散关系的特征值问题。

(4) 根据不可约布里渊区边界选取波矢 (k_1, k_2) 的取值范围。

(5) 求解特征值方程得到周期性胞元的能带结构,以此确定胞元的带隙区间。

(6) 分析能带结构图,在所有方向的波矢 k 的取值下(不可约布里渊区的所有边),均无能带存在的频率区域称为完全带隙;在某个方向上波矢 k 的取值下(不可约布里渊区的某条边),不存在能带的频率区域称为方向带隙。

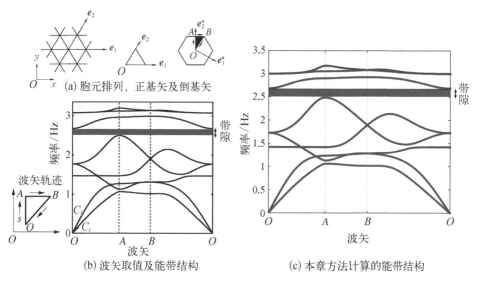

(a) 胞元排列、正基矢及倒基矢

(b) 波矢取值及能带结构

(c) 本章方法计算的能带结构

图 2-10　文献[141]中三角形蜂窝胞元

获得能带结构后,可用无量纲相对带隙总宽度量化其带隙性能:

$$\sum \frac{\Delta\omega_n}{\omega_c^n} = \sum 2\,\frac{\min[\omega_{n+1}(\boldsymbol{k})] - \max[\omega_n(\boldsymbol{k})]}{\min[\omega_{n+1}(\boldsymbol{k})] + \max[\omega_n(\boldsymbol{k})]} \tag{2-52}$$

式中,n 为能带阶数;$\Delta\omega_n$ 为第 n 和第 $n+1$ 条能带之间的绝对带隙宽度;ω_c^n 为相应带隙的中心频率,带隙绝对宽度越大,中心频率越低;能带之间的相对带隙宽度越大,则带隙材料的减振品质越优异。

采用频散关系计算理论对两种周期性结构的报告能带结构进行验算[141],计算结果如图 2-10 与图 2-11 所示,分别为三角形蜂窝胞元与正方形蜂窝胞元。这两种周期性结构的能带结构计算结果与文献中计算结果吻合,说明频散关系计算理论在能带结构计算中的有效性。

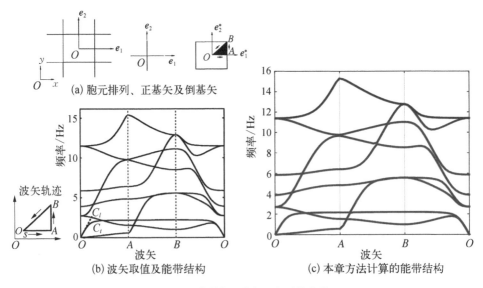

(a) 胞元排列、正基矢及倒基矢

(b) 波矢取值及能带结构

(c) 本章方法计算的能带结构

图 2-11　文献[141]中三角形蜂窝胞元

第3章

任意泊松比超材料的设计理论与方法

自然界中绝大多数金属或非金属材料在弹性范围内受拉时会横向收缩,受压时会横向膨胀,称为正泊松比效应。某些特殊材料在受拉伸时横向膨胀而受压时横向收缩,称为负泊松比效应,这类材料称为负泊松比超材料。负泊松比超材料一般具有高孔隙率、低相对密度、"压阻效应"、高能量吸收及良好的隔声隔振性能。零泊松比材料在其受拉伸或压缩时均不会产生横向的收缩及膨胀,是一类具有"保形"性质的新颖超材料。零泊松比与负泊松比材料的新颖力学性能在船舶和海洋工程结构中有重要应用前景,故具有指定泊松比的新材料设计方法成为关键技术。本章给出"功能基元拓扑优化法"用于设计具有任意指定泊松比的新型超材料。

3.1 材料泊松比与功能基元泊松比

泊松比的概念是针对材料定义的,一般通过对材料标准试件进行拉伸实验来获得。超材料的泊松比主要是指其作为宏观结构承载时所表现的力学特性,是宏观超材料结构的泊松比。由于蜂窝类负泊松比超材料的内部存在许多不规则或规则孔洞,在受外载荷时其内部变形与位移十分复杂,因此这类材料的泊松比计算较为困难。超材料作为一种"人工设计"材料,其力学性能是由其功能基元(胞元)决定的,而功能基元是由自然界中常见金属或非金属材料(称为母材,如聚酯、钢、铝、钛合金等)制成,母材的泊松比仍然取金属或非金属材料的泊松比,但序构所得超材料的泊松比必须重新测量或计算。Carneiro 等[256]提出将超材料的胞元(功能基元)视作宏观结构,参照材料力学中泊松比的测试方法,对胞元施加标准测试载荷后计算胞元的泊松比,以胞元泊松比作为宏观超材料的泊松比。Carneiro 对星形胞元序构的负泊松比超材料的泊松比定义了计算公式[式(3-1)~式(3-2)]，该构型的胞元结构和受力情况如图3-1所示。当 X 向受拉时胞元结构发生变形，点 n_1 和 n_2 分别沿 X 向和 Y 向移动。则该胞元结构的应变为

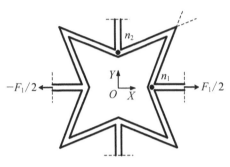

图 3-1　星形负泊松比胞元结构

$$\varepsilon_X = 2\frac{\Delta x_1}{x_1}, \quad \varepsilon_Y = 2\frac{\Delta y_2}{y_2} \quad (3-1)$$

式中，ε_X、ε_Y 分别为 X 向、Y 向上的应变；Δx_1 为点 n_1 在 X 向上的位移；Δy_2 为点 n_2 在 Y 向上的位移；x_1 为点 n_1 的 X 向位置坐标；y_2 为点 n_2 的 Y 向位置坐标，则该胞元的泊松比为

$$\nu_{XY} = -\frac{\varepsilon_Y}{\varepsilon_X} \quad (3-2)$$

该方法与国家标准 GB/T 22315—2008《金属材料　弹性模量和泊松比试验方法》中泊松比的测试方法吻合，后续对超材料标准试件的测试结果也验证了该方法是正确的，是可以用功能基元的泊松比等效计算超材料的泊松比。后续负泊松比超材料设计的功能基元拓扑优化法中对泊松比约束条件的定义也基于式(3-2)。

对于蜂窝类材料，Gibson 等根据小变形假定，给出泊松比、等效弹性模量和相对密度的计算公式[257]。Wan 等[258]提出了大变形情况下多孔材料泊松比计算模型。文献[259]对三角形胞元构成的蜂窝结构的泊松比计算方法进行了理论推导。富明慧等[260]考虑蜂窝芯壁板伸缩变形情况下，对吉布森公式进行了修正以提高计算精度。卢子兴等[261]计算了由内六边形和外六边形胞元构成的蜂窝材料宏观泊松比。一般地，负泊松比材料的硬度（或称压阻）可表示为[262]

$$H = [E/(1-\nu^2)]^\gamma \quad (3-3)$$

式中，H 为负泊松比材料的硬度（压阻）；E 为负泊松比材料的弹性模量；ν 为材料的泊松比；γ 为敏感性系数。由式(3-3)可知，材料的压阻效应在泊松比为 $-1\sim0$ 之间随着其绝对值的增大而增强，当泊松比接近 -1 时[263]，压阻趋近于无穷大。

3.2　超材料设计的功能基元拓扑优化法

材料微观结构设计的拓扑优化法可以追溯到 1988 年,Bendsøe 等[214]使用均匀化法设计了多孔材料的胞元构型,自此拓扑优化方法逐步应用于超材料的设计。Sigmund 提出将最优胞元微结构尺寸设计转化为胞元的拓扑优化设计,建立超材料胞元拓扑与宏观结构材料性能间的等效关系,然后周期性排列胞元形成宏观材料结构[215]。徐胜利等[219-220]提出设计均质蜂窝材料的多目标并行拓扑优化法,通过双尺度设计变量同步获得胞元微观结构和宏观结构拓扑。本章提出一种简单高效的任意泊松比超材料的设计方法,给出规范的设计流程、功能基元的拓扑基结构、泊松比评价点选取方法、拓扑优化的数学模型列式、宏观超材料结构的序构和测试验证方法等。

3.2.1　超材料设计方法的分类

依据材料与结构的尺度,可将超材料设计方法分为微观和宏观两类。图 3-2(a)展示了微观尺度超材料的拓扑优化设计方法。该方法注重微观尺度上材料的分布,忽略宏观尺度上结构的外形。在保持宏观结构布局(外形)的情况下,对微观尺度的胞元进行拓扑优化设计,着重于局部"孔洞"构型上材料的分布,而不注重材料在宏观结构上的分布。图 3-2(b)所示是微观-宏观尺度一体化的拓扑优化设计方法。该方法实现微观、宏观两种尺度上的材料/结构拓扑同步优化设计,通过拓扑优化设计得到微观胞元上材料分布,同时优化该胞元在宏观尺度上的分布形成宏观结构。因此,微观-宏观尺度一体化的拓扑优化设计方法是一种具有宏观及微观双尺度的拓扑优化设计方法。阎军等[264]以最小柔顺度为目标研究了热弹性结构的宏观、微观结构优化技术;李汪颖等[234]以声辐射功率为目标开展蜂窝多孔材料的声学设计,研究材料/结构两尺度拓扑优化设计方法。张卫红等[265]对宏观-微观尺度一体化材料设计方法进行了深入研究。

上述超材料/超材料结构设计方法应用于船体结构设计的研究较为少见。分析船体结构及构件设计与制造的特点可知,将微观尺度超材料设计方法应用于船体构件设计,目前存在微观尺度超材料无法制造的难题。将微观-宏观尺度超材料结构一体化拓扑优化方法应用于船体构件设计,目前既存在微观尺度超

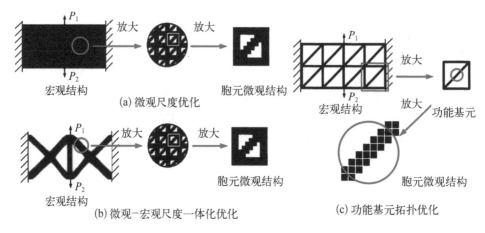

图 3-2　超材料设计方法

材料无法制造的难题,也存在船体构件拓扑差异较大时无法标准化供货、难以进行构件间连接等困难。

　　为了适应超材料船体设计及制造中要求环肋、主桁材和强横框等典型船体主承力构件的外形必须采用规范形状,构件间必须方便连接,必须方便制造等要求,作者提出一种宏观尺度下超材料/超材料结构设计方法——功能基元拓扑优化(functional element topology optimization,FETO)法。

　　FETO 法是一种宏观尺度的超材料结构设计方法。该方法宏观上对超材料功能基元进行拓扑优化设计,功能基元的母材仍然是常规材料,之后按照序构理论序构出超材料及超材料结构。功能基元拓扑优化法的优点如下:首先,只需优化设计单个功能基元的拓扑构型,对优化后的功能基元进行周期性序构(长短程有序、梯度、混合等方式,或者按布拉维序构理论),就能获得所需力学性能的超材料或超材料结构,避免大规模拓扑优化计算,提高计算效率。其次,FETO 法得到的是宏观周期结构,便于生产与制造,能更好地应用于船舶结构设计。

　　传统的负泊松比超材料优化方法,例如能量均匀化法,采用式(3-4)中目标函数进行优化设计[266]:

$$\min c = E_{1122} - \beta^{l}(E_{1111} + E_{2222}) \qquad (3-4)$$

式中,E_{1122} 为沿 X 方向拉伸时在 Y 方向上产生的能量;E_{1111} 和 E_{2222} 分别为沿 X 方向拉伸时在 X 方向上产生的能量和沿 Y 方向拉伸时在 Y 方向上产生的能量;β 为参数,范围在 $0\sim1$ 之间;l 为迭代次数。之后根据式(3-5)计算泊松比,采用能量均匀化法设计的指定泊松比超材料胞元的构型大多较复杂,如图 3 – 3 所示。

$$\nu = \frac{E_{1122}}{E_{1111}} \qquad (3-5)$$

基于 FETO 法,本章将设计一系列指定泊松比的超材料,并给出超材料拓扑优化的模型化理论。

图 3 – 3　基于能量均匀化法的负泊松比超材料[266]

3.2.2　超材料设计的功能基元拓扑优化法

图 3 – 4 给出基于 FETO 法的设计流程。其步骤为:① 将超材料的初始设计域划分为若干个子结构(该子结构称为功能基元),子结构可为方形、三角形或圆形等形状;② 取任一功能基元对其进一步离散为有限元网格模型,该模型称为初始功能基元拓扑基结构,后续的拓扑优化是基于该功能基元拓扑基结构进行的;③ 根据整体结构载荷及边界条件确定该功能基元的载荷及边界条件,之后按照预定力学性能要求优化设计功能基元的拓扑构型;④ 对最优化的功能基元构型进行周期性序构(按照非梯度、梯度或者布拉维点阵序构理论)形成最优超材料及超材料结构;⑤ 数值验证序构后所得超材料的力学性能。

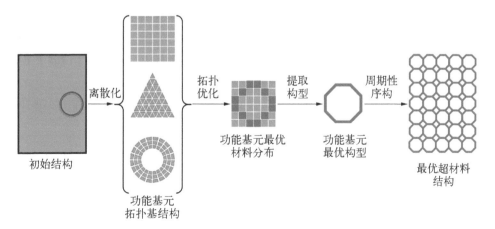

图 3 – 4　基于 FETO 法的超材料设计流程

3.2.3　泊松比评价点的设置方法

本节选用两种形状功能基元用于后续三类目标函数下任意超材料优化模型的构建及求解。超材料功能基元的拓扑基结构可以是图3-5中的矩形子结构或图3-6中三角形子结构,甚至是圆板、柱壳或者三维实体子结构。不同形状初始设计子结构区域对优化结果影响较大,针对不同形状功能基元的拓扑基结构进行拓扑优化设计,可验证本节提出的功能基元拓扑优化法模型理论的可行性与可靠性。

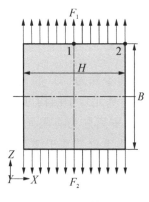 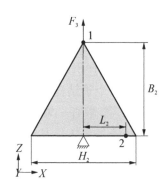

图3-5　拓扑基结构1　　　　图3-6　拓扑基结构2

1) 拓扑基结构1

功能基元拓扑初始设计区域如图3-5所示,该基元尺寸为$B=H=40\,\text{mm}$,在上下两端同时施加垂向拉力载荷$F_1=F_2=29\,\text{N}$(该力幅值大小可任选),且均匀施加在上端节点。选取两个点作为功能基元负泊松比效应的评价点,对应图3-5中的点1和点2。母材的材料属性:弹性模量$E=2.1\times10^5\,\text{MPa}$,泊松比为0.3,密度$\rho=7\,850\,\text{kg/m}^3$。

根据式(3-2)中对泊松比的定义方式,拓扑基结构1在优化过程中宏观负泊松比ν可表示为

$$\nu=-\frac{\varepsilon_2}{\varepsilon_1}=-\frac{\Delta u_2}{\Delta w_1}\cdot\frac{B}{H} \tag{3-6}$$

式中,Δw_1为功能基元在拉力载荷$F_1=F_2$作用下评价点1的Z向位移量;Δu_2为评价点2的X向位移量。

2) 拓扑基结构2

功能基元拓扑初始设计区域如图3-6所示,该基元尺寸为$B_2=H_2=$

40 mm，$L_2 = 13.5$ mm，在上端点处施加垂向拉力载荷 $F_3 = 29$ N，材料属性参考拓扑基结构 1 中的参数。拓扑基结构 2 在优化过程中宏观负泊松比 ν 的计算式为

$$\nu = -\frac{\varepsilon_2}{\varepsilon_1} = -\frac{\Delta u_2}{\Delta w_1} \cdot \frac{B_2}{L_2} \tag{3-7}$$

式中，功能基元 Δw_1 为在载荷 F_3 作用下功能基元评价点 1 的 Z 向位移量；Δu_2 为评价点 2 的 X 向位移量。

3.2.4　任意泊松比超材料设计功能基元拓扑优化法的数学列式

FETO 法的核心是优化模型数学列式的建立与求解。任意泊松比超材料设计 FETO 法一般基于承载、减振与轻量化三个目标开展。结构柔顺度最小化对应最佳承载及抗变形性能，结构柔顺度最大化对应减振吸能特性最佳，结构质量最小化对应轻量化设计。在约束条件上，首先，在功能基元拓扑基结构中应设定评价点，参照式(3-2)建立泊松比约束，将指定的泊松比作为约束条件添加到优化模型中。其次，设置材料用量上限作为约束条件以保证构型的轻量化。最后，还需使功能基元满足力学方程并作为约束，也可添加其他力学特性作为约束条件从而使功能基元具备特定的力学性能。对于拓扑设计变量，FETO 法采用的是各向正交惩罚材料密度(solid isotropic material with penalization，SIMP)法，因此设计变量是拓扑基结构中每个有限单元的"人工密度"。SIMP 法所建立的单元"人工密度" x_i 与弹性模量 E 之间的关系为

$$E(x_i) = E_{\min} + x_i^p (E_0 - E_{\min}) \tag{3-8}$$

式中，E_0 为单元初始弹性模量；$E_{\min}$ 为无效单元的弹性模量；p 为惩罚因子。

由于 $E_{\min} \ll E_0$，故 SIMP 法的数学模型可写为

$$E(x_i) = E_{\min} + x_i^p E_0 \tag{3-9}$$

基于库恩-塔克条件作为最优化准则，构造拉格朗日函数求解极值。

以轻量化设计模型为例，引入拉格朗日乘子 λ_1、λ_2、λ_3、$\boldsymbol{\alpha}_i$、$\boldsymbol{\beta}_i$ 构造拉格朗日函数：

$$L = M(x_i) + \lambda_1 (V_i - f_{\max} V_0) + \lambda_2 (\boldsymbol{F} - \boldsymbol{K}\boldsymbol{U}) + \lambda_3 (\nu_0 - \nu) + \tag{3-10}$$
$$\sum_{i=1}^{N} \boldsymbol{\alpha}_i (x_{\min} - x_i) + \sum_{i=1}^{N} \boldsymbol{\beta}_i (x_i - x_{\max})$$

代入式(3-2)与迭代过程中体积的定义,则式(3-10)可写成

$$L = M(x_i) + \lambda_1 \Big(\sum_{i=1}^N x_i V_{i0} - f_{max} V_0 \Big) + \lambda_2 (\boldsymbol{F} - \boldsymbol{KU}) + \lambda_3 \Big(\nu_0 - \frac{X_a}{Y_b} \frac{u_b}{u_a} \Big) +$$

$$\sum_{i=1}^N \boldsymbol{\alpha}_i (x_{min} - x_i) + \sum_{i=1}^N \boldsymbol{\beta}_i (x_i - x_{max}) \tag{3-11}$$

式中,$\boldsymbol{F}$ 为载荷矩阵;$\boldsymbol{U}$ 为位移矩阵;$\boldsymbol{K}$ 为整体刚度矩阵;u_a、u_b 分别表示两评价点 a、b 的位移;X_a、Y_b 分别表示两点的坐标;V_{i0} 为第 i 个单元的原始体积;V_0 为拓扑设计变量取相对密度为1状态下的结构有效体积;ν_0 为负泊松比约束值;x_{max}、x_{min} 为功能基元相对密度变量的上、下限。

根据卡罗雷-库恩-塔克条件,求解 $\dfrac{\partial L}{\partial x_i} = 0$ 可获得相应的迭代计算式,从而完成对整个优化迭代过程的求解。

下面给出各类优化目标下任意泊松比超材料设计 FEKO 法的数学列式。

1) 柔顺度最小化目标函数的超材料拓扑优化模型

柔顺度最小化意味着结构刚度最大化,承载能力最大化。以结构柔顺度最小化为目标函数,建立具有最大承载能力的超材料优化设计的数学列式为

$$\begin{cases} \text{find} & \boldsymbol{X} = \{x_1, x_2, \cdots, x_N\}^{\mathrm{T}} \\[2mm] \text{min} & C(\boldsymbol{X}) = \boldsymbol{U}^{\mathrm{T}} \boldsymbol{KU} = \sum_{e=1}^N (x_e)^p \boldsymbol{u}_e^{\mathrm{T}} \boldsymbol{k}_0 \boldsymbol{u}_e \\[2mm] \text{s.t.} & \dfrac{V(\boldsymbol{X})}{V_0} \leqslant f_{vol} \\[2mm] & \boldsymbol{KU} = \boldsymbol{F} \\[2mm] & \nu \geqslant \nu_0 \\[2mm] & 0 < x_{min} \leqslant x_e \leqslant x_{max} \leqslant 1 \end{cases} \tag{3-12}$$

式中,$\boldsymbol{X} = \{x_1, x_2, \cdots, x_N\}^{\mathrm{T}}$ 为结构设计区域的相对密度设计变量矢量;x_e 为功能基元的相对密度设计变量($e = 1, 2, \cdots, N$,N 为设计变量的个数);$C(\boldsymbol{X})$ 为结构柔顺度;$\boldsymbol{u}_e$ 和 $\boldsymbol{k}_0$ 分别为功能基元的位移矩阵和刚度矩阵;$V(\boldsymbol{X})$ 为设计变量状态下的结构有效体积;f_{vol} 为材料用量上限的百分比;$|\nu| \geqslant |\nu_0|$ 为泊松比约束条件。

2) 柔顺度最大化目标函数的超材料拓扑优化模型

结构刚度较低时有利于结构吸能,对结构振动也有一定过滤作用。以结构柔顺度最大为优化目标函数,超材料优化设计的数学模型列式为

$$
\begin{cases}
\text{find} & \boldsymbol{X} = \{x_1,\ x_2,\ \cdots,\ x_N\}^{\mathrm{T}} \\
\max & C(\boldsymbol{X}) = \boldsymbol{U}^{\mathrm{T}}\boldsymbol{K}\boldsymbol{U} = \sum_{e=1}^{N}(x_e)^p \boldsymbol{u}_e^{\mathrm{T}}\boldsymbol{k}_0 \boldsymbol{u}_e \\
\text{s.t.} & \dfrac{V(\boldsymbol{X})}{V_0} \leqslant f_{\mathrm{vol}} \\
& \boldsymbol{K}\boldsymbol{U} = \boldsymbol{F} \\
& \nu \geqslant \nu_0 \\
& 0 < x_{\min} \leqslant x_e \leqslant x_{\max} \leqslant 1
\end{cases}
\tag{3-13}
$$

3）轻量化目标函数的超材料拓扑优化模型

以结构总体质量最小为优化目标函数可实现材料/结构的轻量化设计。相比上述两种目标函数建立的拓扑优化模型，本模型将降低体积约束的上限值以进一步控制材料的用量，因此体积百分比约束的上下限均选取为 $0.08 \leqslant V(\boldsymbol{X})/V_0 \leqslant 0.15$。

以结构质量最小为优化目标函数建立的超材料优化设计模型的数学表达式为

$$
\begin{cases}
\text{find} & \boldsymbol{X} = \{x_1,\ x_2,\ \cdots,\ x_N\}^{\mathrm{T}} \\
\min & M(\boldsymbol{X}) = \sum_{e=1}^{N} x_e V_0 \\
\text{s.t.} & \boldsymbol{K}\boldsymbol{U} = \boldsymbol{F} \\
& \nu \geqslant \nu_0,\ f'_{\mathrm{vol}} \leqslant \dfrac{V(\boldsymbol{X})}{V_0} \leqslant f_{\mathrm{vol}} \\
& 0 < x_{\min} \leqslant x_e \leqslant x_{\max} \leqslant 1
\end{cases}
\tag{3-14}
$$

3.3　负泊松比超材料的设计

下面给出按照 FEKO 法在两类拓扑基结构下，采用三类目标函数的负泊松比超材料设计示例。

3.3.1　两类拓扑基结构及三类目标函数下负泊松比超材料的设计

1）拓扑基结构 1 的结构柔顺度最小化目标函数拓扑优化结果

取材料用量上限的百分比 $f_{\mathrm{vol}} = 0.3$；当 ν_0 取不同值时进行拓扑优化计算，

以获得各指定负泊松比的功能基元拓扑优化构型。优化计算指定负泊松比分别为 $\nu_0 = -0.3$、-0.4、-0.5、-0.6、-0.7、-0.9 的拓扑优化问题,对应的优化计算后的拓扑构型结果如图 3-7(a)～图 3-7(f)所示。

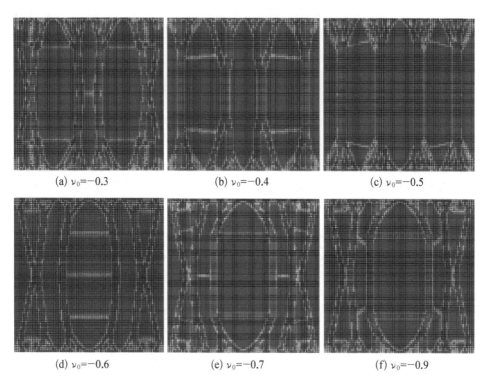

(a) $\nu_0 = -0.3$ (b) $\nu_0 = -0.4$ (c) $\nu_0 = -0.5$

(d) $\nu_0 = -0.6$ (e) $\nu_0 = -0.7$ (f) $\nu_0 = -0.9$

图 3-7　拓扑基结构 1 的结构柔顺度最小目标函数优化结果

2) 拓扑基结构 2 的结构柔顺度最小化目标函数拓扑优化结果

取材料用量上限的百分比 $f_{vol} = 0.3$;当 ν_0 取不同值时进行拓扑优化计算,以获得各指定负泊松比的功能基元拓扑优化构型。优化计算指定负泊松比分别为 $\nu_0 = -1.0$、-1.5、-2.5、-3.0、-4.5、-6.0 的拓扑优化问题,对应优化计算后的拓扑构型结果如图 3-8(a)～图 3-8(f)所示。

对结构柔顺度最小目标函数的拓扑优化结果分析:两种拓扑基结构优化后的构型均能满足设计要求指定的负泊松比,且拓扑优化后的材料分布具有最佳的力学传递路径,适用于超材料的承载、抗变形设计要求。

3) 拓扑基结构 1 的结构柔顺度最大目标函数拓扑优化结果

取材料用量上限的百分比 $f_{vol} = 0.3$;当 ν_0 取不同值时进行拓扑优化计算,以获得各指定负泊松比的功能基元拓扑优化构型。优化计算指定负泊松比分别

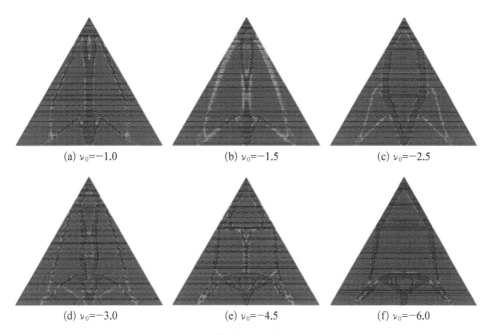

(a) $\nu_0=-1.0$　　　　(b) $\nu_0=-1.5$　　　　(c) $\nu_0=-2.5$

(d) $\nu_0=-3.0$　　　　(e) $\nu_0=-4.5$　　　　(f) $\nu_0=-6.0$

图 3-8　拓扑基结构 2 的结构柔顺度最小目标函数优化结果

为 $\nu_0=-0.3$、-0.4、-0.5、-0.6、-0.7、-0.9 的拓扑优化问题,对应优化计算后的拓扑构型结果如图 $3-9$(a)~图 $3-9$(f)所示。

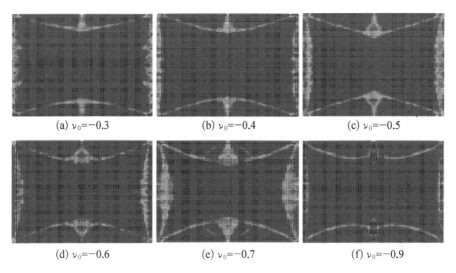

(a) $\nu_0=-0.3$　　　　(b) $\nu_0=-0.4$　　　　(c) $\nu_0=-0.5$

(d) $\nu_0=-0.6$　　　　(e) $\nu_0=-0.7$　　　　(f) $\nu_0=-0.9$

图 3-9　拓扑基结构 1 的结构柔顺度最大目标函数优化结果

4) 拓扑基结构 2 的结构柔顺度最大目标函数拓扑优化结果

取材料用量上限的百分比 $f_{vol}=0.3$；优化计算各指定负泊松比分别为 $\nu_0=-1.0、-1.5、-2.5、-3.0、-4.5、-6.0$ 的拓扑优化问题，对应优化计算后的拓扑构型结果如图 3-10(a)～图 3-10(f)所示。优化计算结果表明不同负泊松比对应的拓扑构型基本相似，说明该优化模型求解拓扑优化问题能够获得稳定的材料分布路径。

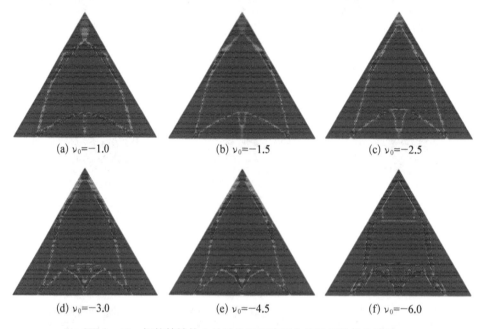

(a) $\nu_0=-1.0$　　　(b) $\nu_0=-1.5$　　　(c) $\nu_0=-2.5$

(d) $\nu_0=-3.0$　　　(e) $\nu_0=-4.5$　　　(f) $\nu_0=-6.0$

图 3-10　拓扑基结构 2 的结构柔顺度最大目标函数优化结果

对结构柔顺度最大目标函数拓扑优化结果分析：两种拓扑基结构优化后的构型均能满足指定设计要求的负泊松比值，且拓扑优化后的材料分布使得功能基元具有较大的变形量，适用于超材料的减振吸能设计要求。

5) 拓扑基结构 1 的质量最小目标函数拓扑优化结果

取材料用量体积比上下限的百分比为 $0.08 \leqslant V(\boldsymbol{X})/V_0 \leqslant 0.15$；当泊松比 ν_0 取不同值时进行拓扑优化计算，以获得各任意指定负泊松比的功能基元拓扑优化构型。优化计算指定各负泊松比分别为 $\nu_0=-0.3、-0.4、-0.5、-0.6、-0.7、-0.9$ 的拓扑优化问题，对应的优化计算后的拓扑构型结果如图 3-11(a)～图 3-11(f)所示。

6) 拓扑基结构 2 的质量最小目标函数拓扑优化结果

取材料用量体积比上下限的百分比为 $0.08 \leqslant V(\boldsymbol{X})/V_0 \leqslant 0.15$；优化计算

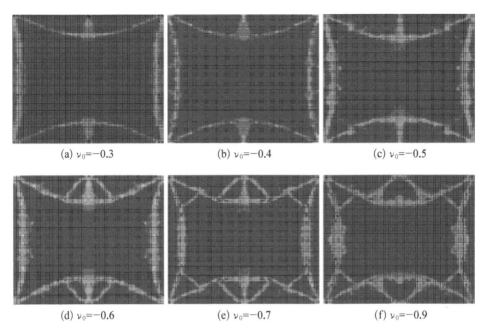

(a) $\nu_0 = -0.3$　　(b) $\nu_0 = -0.4$　　(c) $\nu_0 = -0.5$

(d) $\nu_0 = -0.6$　　(e) $\nu_0 = -0.7$　　(f) $\nu_0 = -0.9$

图 3-11　拓扑基结构 1 的质量最小目标函数优化结果

各指定负泊松比分别为 $\nu_0 = -1.0$、-1.5、-2.5、-3.0、-4.5、-6.0 的拓扑优化问题,对应优化计算后的拓扑构型结果如图 3-12(a)～图 3-12(f)所示。

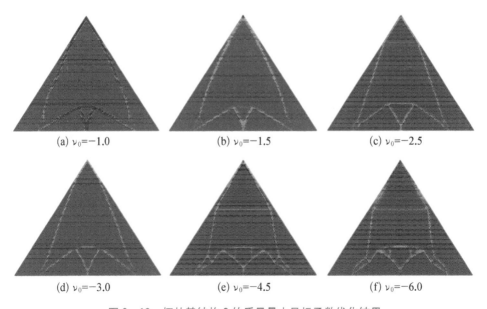

(a) $\nu_0 = -1.0$　　(b) $\nu_0 = -1.5$　　(c) $\nu_0 = -2.5$

(d) $\nu_0 = -3.0$　　(e) $\nu_0 = -4.5$　　(f) $\nu_0 = -6.0$

图 3-12　拓扑基结构 2 的质量最小目标函数优化结果

对质量最小目标函数拓扑优化结果分析：两种拓扑基结构优化后的构型均能满足指定设计要求的负泊松比值，且功能基元的材料用量体积百分比在 $0.08 \leqslant V(\boldsymbol{X})/V_0 \leqslant 0.15$ 的范围内，适用于超材料结构的轻量化设计。

3.3.2　任意负泊松比超材料设计 FETO 法的精度

选择拓扑基结构 1 和拓扑基结构 2 的部分优化结果序构成超材料结构，用于后续的静力学和动力学性能分析，并数值验证 FETO 法的设计精度。

1）功能基元 1 的负泊松比验证

上述超材料拓扑优化结果中材料分布路径清晰，但材料分布路径上功能基元壁厚是不均匀的，这会增加制造困难。Gibson 等[263]研究了壁厚对蜂窝材料性能的影响，得到当胞元壁厚远小于单胞的结构尺寸时，壁厚对蜂窝力学性能的影响可忽略不计的结论。本书按这个结论将优化结果提取为等壁厚的功能基元。以泊松比 $\nu_0 = -0.6$ 的优化结果为例，提取等壁厚的功能基元结构如图 3-13 所示。其中，$h = 42$ mm，$l = 22.9$ mm，$\theta = -23.2°$，壁厚 $t = 1$ mm，垂直纸面 Y 方向的高度为 20 mm。

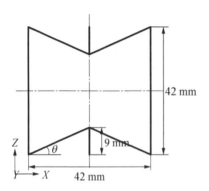

图 3-13　$\nu_0 = -0.6$ 最优功能基元构型

根据 Gibson 的多孔材料泊松比计算式，该蜂窝胞元的泊松比为

$$\nu_{ZX} = -\frac{\varepsilon_X}{\varepsilon_Z} = \frac{\left(\dfrac{h}{l} + \sin\theta\right)\sin\theta}{\cos^2\theta} \tag{3-15}$$

式中，ε_X、ε_Z 分别表示沿 X 向、Z 向的应变。将结构参数 (h, l, θ) 代入式 (3-15) 中，计算出图 3-13 中功能基元 1 的泊松比 $\nu_{ZX} = -0.65$，与设计值 $\nu_0 = -0.6$ 之间的相对误差为 8.3%。证明了利用 FETO 法设计任意泊松比超材料的可行性。

2）功能基元 2 的负泊松比验证

对于内六角胞元超材料泊松比的验证，有式 (3-15) 可作为对比。但对于一些特殊胞元构型的超材料，没有现成的泊松比计算公式，因此本书采用有限元法计算新型胞元超材料的宏观泊松比。对泊松比 $\nu_0 = -3.0$ 的拓扑优化结果，按

照等壁厚 $t=1\,\mathrm{mm}$ 提取出功能基元构型(见图 3-14),其垂直纸面的 Y 向高度为 20 mm。建立该功能基元的有限元模型,其静力学分析结果如图 3-15(a)和(b)所示。评价点 1 的 Z 向位移 $\Delta w_1 = 0.034\,2\,\mathrm{mm}$,评价点 2 的 X 向位移 $\Delta u_2 = 0.034\,4\,\mathrm{mm}$,根据式(3-2)计算出泊松比 $\nu = -3.094$。该计算值与设计值 $\nu_0 = -3.0$ 之间的相对误差为 3.1%。通过对功能基元 2 的泊松比验证,再次证明了利用 FETO 法设计任意泊松比超材料具备高精度。

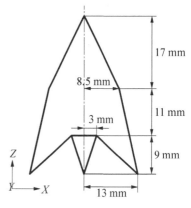

图 3-14　$\nu_0 = -3.0$ 最优功能基元构型

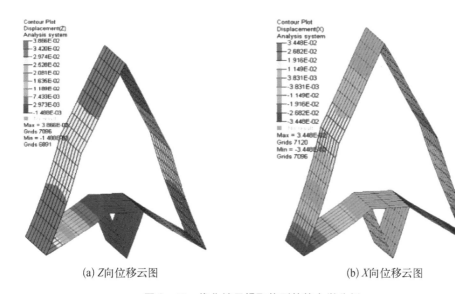

(a) Z 向位移云图　　　　　　(b) X 向位移云图

图 3-15　优化结果提取构型的静力学分析

　　为进一步验证优化设计的超材料的宏观泊松比效应,制造了超材料试件,根据式(3-2)中材料泊松比计算式得到超材料的宏观泊松比。选取图 3-14 中功能基元序构成 7×5 周期的超材料试件(见图 3-16)。该试件上、下面板分别用于承受集中载荷和固定约束,厚度均为 20 mm。根据图 3-16 所示结构尺寸,采用 3D 增材打印方法制作出试件(见图 3-17)。3D 增材打印制造采用了聚乳酸(PLA)材料,其密度、弹性模量、泊松比分别为 $\rho = 1\,180\ \mathrm{kg/m^3}$、$E_s = 2\,636\ \mathrm{MPa}$、$\nu_s = 0.38$。

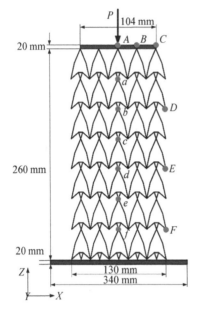

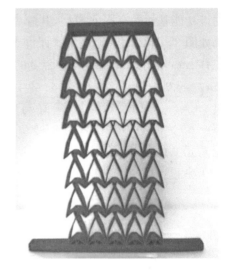

图 3‑16　超材料试件结构及评价点分布　　图 3‑17　采用 3D 打印技术的超材料试件

3.3.3　基于 3D 打印的超材料试件制作

　　3D 打印技术是一种快速成型技术,它以数字模型文件为基础,利用粉末状金属、塑料等可黏合材料来实施逐层打印方式最终构造生成物体。本书介绍采用 3D 打印技术以实现超材料/结构试件的制造,所采用的 3D 打印机和耗材(PLA)如图 3‑18 和图 3‑19 所示。

图 3‑18　超材料结构试件 3D 打印机　　图 3‑19　3D 打印所用耗材(PLA)

　　3D 增材打印试件加工过程如下：将优化的功能基元序构成如图 3-20 所示的线框结构；再生成如图 3-21 所示的三维实体几何模型；将模型导入 3D 打印软件中并生成对应的数据文件(见图 3-22)以供打印制造；打印制造完成后的超材料试件如图 3-17 所示。

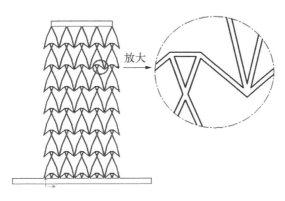

图 3-20　周期性序构后的超材料结构

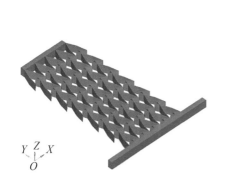

图 3-21　超材料结构的三维
实体几何模型

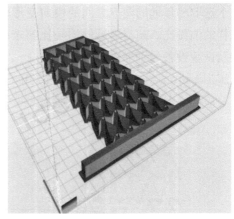

图 3-22　试件 3D 打印模型对应的数据文件

3.3.4　负泊松比的结构模型测试验证

　　泊松比是材料的固有属性,不随材料试样结构的形状、尺寸等因素的影响而变化。图 3-17 中超材料试件的静力学分析结果如图 3-23 所示。其中,评价点 1～点 6 用于描述 X 向的位移,6 个评价点的位移平均值为 0.110 mm;表明超材料试

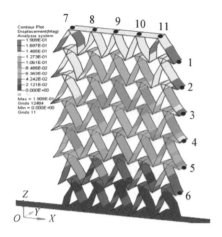

图 3-23　超材料试件静力学
分析的位移云图

件在 X 向发生的膨胀量是 0.229 mm，对应 X 向的应变量是 1.76×10^{-3}。此外，评价点 7～点 11 用于描述 Z 向的位移，其位移平均值为 0.146 mm；表明超材料试件在 Z 向发生的膨胀量是 0.146 mm，对应的 Z 向应变量是 5.62×10^{-4}。最终，通过泊松比计算式(3-2)得出超材料试件的宏观泊松比为 -2.99，从而得到超材料试件整体的宏观泊松比与单个功能基元的泊松比($\nu = -3.094$)之间的误差率为 3.4%。这表明超材料整体泊松比与功能基元的泊松比之间的吻合度较好。

参考国家标准 GB/T 22315—2008《金属材料　弹性模量和泊松比试验方法》，通过同时记录横向变形与轴向变形，并绘制横向变形—轴向变形曲线，在轴向变形曲线上选取合适的数据，经过数据处理以确定弹性直线段。在该弹性直线上选取尽量远的两点之间的横向变形变化量和轴向变形变化量，从而计算出试样的泊松比。超材料试件泊松比测定试验是基于材料拉伸试验机开展的，试件及试验设备分别如图 3-24 和图 3-25 所示。试验过程中，分别对试件上端面施加 1 mm、2 mm、3 mm、4 mm 和 5 mm 的指定位移载荷，分析试件的变形及对应的加载力幅值。试件及加载方式如图 3-26 所示。

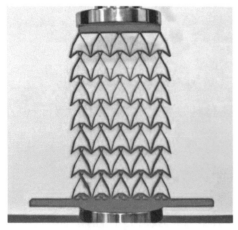

图 3-24　超材料泊松比测试的试件

图 3-25　超材料泊松比的试验设备

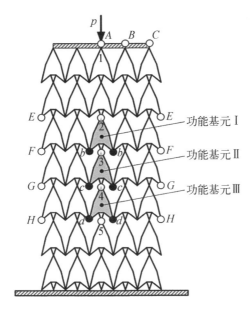

图 3 - 26　超材料试件泊松比测试的评价点分布位置

1）泊松比的试验测试

超材料试件的泊松比测定包括如下两部分：

（1）超材料试件整体结构的宏观泊松比测试。如图 3 - 26 所示，通过测量评价点 A、B、C 的垂向位移，取三者平均值视为试件在载荷作用下的垂向位移量；测量评价点 E、F、G、H 的横向位移，取四个值的平均值视为试件的横向位移量。

（2）单个功能基元的泊松比测试。如图 3 - 26 所示，通过测试评价点 2 和点 3 之间的垂向位移，评价点 b～点 b 的横向位移，即可计算出评价点 2～点 3 之间功能基元（称为功能基元Ⅰ）的泊松比；通过测试评价点 3 和点 4 之间的垂向位移，评价点 c～点 c 的横向位移，即可计算出评价点 3～点 4 之间功能基元（称为功能基元Ⅱ）的泊松比；同理，通过测试评价点 4 和点 5 之间的垂向位移，评价点 d～点 d 的横向位移，即可计算出评价点 4～点 5 之间的功能基元（称为功能基元Ⅲ）的泊松比。

表 3 - 1 中记录了超材料结构试件在各强迫位移加载下对应的加载力实测值，以及各加载位移量对应的超材料结构试件的变形情况。

选取位移加载量为 5.010 mm 时的试验数据，计算超材料试件整体泊松比和功能基元的泊松比。测试数据分析如下：

表 3-1 超材料试件泊松比的测试过程

加载位移量/mm	各载荷对应的加载力 P 实测值/N	各载荷下的变形	局部结构的变形（放大效果）
加载前：0	0		
1.010	87.856		
2.006	175.912		
3.010	266.747		
4.011	354.424		

续　表

加载位移量/mm	各载荷对应的加载力 P 实测值/N	各载荷下的变形	局部结构的变形（放大效果）
5.010	440.661		

（1）整体结构的泊松比试验数据如表 3 - 2 所示。垂向位移量为 5.010 mm 时各横向位移评价点的平均位移量为 6.39 mm。采用泊松比计算式（3 - 2）得到该试件的整体泊松比为 -2.80，与设计值 -3.0 间的误差率为 6.7%。

表 3 - 2　整体结构泊松比的试验数据（位移加载量为 5.010 mm）

单位：mm

评价点	加载前距离	加载后距离	加载前、后的距离变化量
$E \sim E$	118.45	111.85	6.60
$F \sim F$	118.34	111.97	6.37
$G \sim G$	117.86	111.47	6.39
$H \sim H$	117.74	111.56	6.18

（2）位移加载量为 5.010 mm 时，单个功能基元的泊松比试验数据如表 3 - 3 所示。由 $b \sim b$、$2 \sim 3$ 评价点的位移变化量，计算出功能基元 I 的泊松比为 -2.98；由 $c \sim c$、$3 \sim 4$ 评价点间位移变化量，计算出功能基元 II 的泊松比为 -2.77；由 $d \sim d$、$4 \sim 5$ 评价点间位移变化量，计算出功能基元 III 的泊松比为 -2.88。上述三个测试泊松比的功能基元中，各泊松比实测值与设计值（-3.0）之间的误差率均小于 8%。

计算表明数值模拟与试验测试结果较为吻合，证明 FETO 法在超材料设计中具有可行性和准确性。

表 3-3   单个功能基元泊松比的试验数据(位移加载量为 5.010 mm)

单位：mm

评价点	加载前距离	加载后距离	加载前、后的距离变化量
$b\sim b$	23.633	22.421	1.212
$c\sim c$	23.542	22.221	1.321
$d\sim d$	23.322	22.255	1.067
2～3	36.147	35.523	0.624
3～4	36.112	35.379	0.733
4～5	35.594	35.024	0.570

2) 静力学加载试验(位移-载荷曲线)

根据表 3-4 中各加载位移下对应的载荷实测值,绘制图 3-27 所示的位移-载荷曲线。随着加载位移的增加,超材料实测加载力与位移呈现出线性递增规律,表明该试验可视为材料线性变形阶段。

表 3-4   超材料泊松比的测试试验数据

加载位移量/mm	1.010	2.006	3.010	4.011	5.010
加载力 P 实测值/N	87.856	175.912	266.747	354.424	440.661

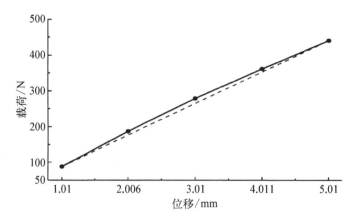

图 3-27   试验过程中的位移-载荷曲线

3.4　正泊松比超材料的设计

本节采用 FETO 法,建立以结构刚度最大化为目标函数的超材料拓扑优化设计模型,设计具有任意正泊松比的超材料。

3.4.1　正泊松比超材料设计示例

外载荷作用形式对功能基元拓扑优化结果的影响很大,因此本节采用集中载荷和均布载荷两种载荷条件进行正泊松比超材料拓扑优化设计,对应的功能基元有限元模型分别称为模型 I 和模型 II,均采用式(3-12)中拓扑优化数学模型进行优化。通过对不同载荷条件下功能基元进行拓扑优化设计,验证 FETO 法的模型理论对超材料结构设计的可靠性。

1) 均布载荷作用下的功能基元模型 I 优化

模型 I:功能基元拓扑优化设计区域如图 3-28 所示。该基元尺寸为 $B=H=40$ mm,在上、下两端同时施加的垂向拉力载荷 $F_1=29$ N,且均匀分布在有限元网格的上端节点。选取两个点作为基元的泊松比效应评价点,对应于图 3-28 中的点 1 和点 2,其中 $B_2=6$ mm。 材料属性:弹性模量 $E=2.1\times10^5$ MPa,泊松比 $\nu_s=0.3$,密度 $\rho=7\,850$ kg/m³。

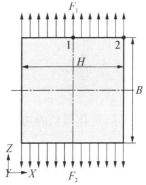

图 3-28　模型 I 的设计区域

根据式(3-2)中泊松比的定义方法,功能基元的宏观泊松比 ν 的计算式为

$$\nu=-\frac{\varepsilon_2}{\varepsilon_1}=-\frac{\Delta u_2}{\Delta w_1}\cdot\frac{B}{H} \tag{3-16}$$

式中,Δw_1 为外载荷作用下功能基元评价点 1 的 Z 向位移量;Δu_2 为外载荷作用下功能基元评价点 2 的 X 向位移量。

模型 I 的优化结果:采用式(3-12)中拓扑优化数学模型进行优化,取材料用量上限的百分比 $f_{vol}=0.15$,分别计算 $\nu_0=0.3$、0.6、0.8、1.0 的优化结果,对应的优化拓扑构型结果如图 3-29(a)~图 3-29(d)所示。优化得到的功能基元结构符合均布载荷承载要求的传力路径,且拓扑构型较为清晰。

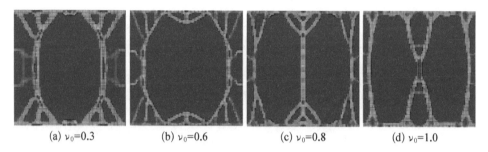

(a) $\nu_0=0.3$　　(b) $\nu_0=0.6$　　(c) $\nu_0=0.8$　　(d) $\nu_0=1.0$

图 3 - 29　模型 I 中各泊松比对应的拓扑优化结果

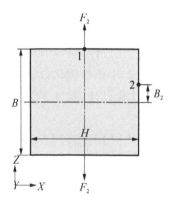

图 3 - 30　模型 II 的设计区域

2）集中载荷作用下的功能基元模型 II 优化

模型 II：功能基元拓扑优化设计区域如图 3 - 30 所示。该基元尺寸为 $B = H = 40\,\mathrm{mm}$，在上、下两端中心处施加的集中力载荷 $F_2 = 29\,\mathrm{N}$，评价点的位置及材料属性参考模型 I，采用式（3 - 2）。计算功能基元的宏观泊松比效应值。

模型 II 的优化结果：采用式（3 - 12）中拓扑优化数学模型进行优化，取材料用量上限的百分比 $f_{\mathrm{vol}} = 0.15$，当 ν_0 分别取 $\nu_0 = 0.3$、0.6、0.8、1.0 时，对应的优化拓扑构型结果如图 3 - 31(a)～图 3 - 31 (d)所示，优化得到的功能基元结构具有清晰的力传递路径。

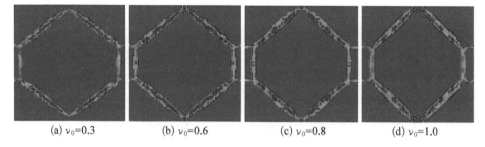

(a) $\nu_0=0.3$　　(b) $\nu_0=0.6$　　(c) $\nu_0=0.8$　　(d) $\nu_0=1.0$

图 3 - 31　模型 II 中各泊松比对应的拓扑优化结果

3.4.2　超材料设计结果的提取及泊松比验证

为验证 FETO 法在超材料结构设计中的准确性，对拓扑优化结果进行提取，再对提取出的功能基元结构建立有限元模型以计算分析，并与优化设计要求进行对比。

1）功能基元拓扑优化构型的提取

分别提取模型 Ⅰ、模型 Ⅱ 中各泊松比对应的功能基元优化结构（见图 3-29 和图 3-31）。考虑到后续试验中受试件制造工艺限制，对拓扑优化结果的提取均选为等壁厚 $t=1\,\mathrm{mm}$ 的结构。由于优化后拓扑构型结构不规则，不便于尺寸标注，因而绘制了均匀间隔网格的底纹，用于度量提取出后功能基元的结构尺寸。图 3-32 中的网格区域范围为 $40\,\mathrm{mm}\times40\,\mathrm{mm}$，网格尺寸为 $2\,\mathrm{mm}\times2\,\mathrm{mm}$，提取出的各功能基元的结构尺寸如图 3-32 和图 3-33 所示。

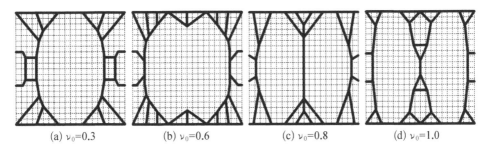

(a) $\nu_0=0.3$　　(b) $\nu_0=0.6$　　(c) $\nu_0=0.8$　　(d) $\nu_0=1.0$

图 3-32　模型 Ⅰ 中优化结果的提取

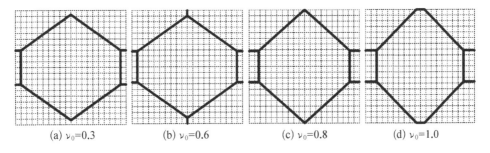

(a) $\nu_0=0.3$　　(b) $\nu_0=0.6$　　(c) $\nu_0=0.8$　　(d) $\nu_0=1.0$

图 3-33　模型 Ⅱ 中优化结果的提取

2）最优拓扑构型下的功能基元泊松比验证

针对提取的功能基元结构，选取泊松比为 0.6 的基元结构建立有限元模型并计算，再与优化设计要求进行比较。利用图 3-32(b) 所示的基元结构建立有限元模型（其载荷和边界约束条件与图 3-28 中一致），静力学计算分析结果如图 3-34 所示，评价点 1 的 Z 向位移量 $\Delta w_1=9.46\times10^{-3}\,\mathrm{mm}$，评价点 2 的 X 向位移量 $\Delta u_2=-6.03\times10^{-3}\,\mathrm{mm}$，由式(3-2)计算出优化后功能基元结构的泊松比 $\nu=0.637$，与优化问题中约束条件值 $\nu=0.6$ 间的误差率为 6.17%，表明采用本书泊松比定义方式和拓扑优化设计方法具有准确性。

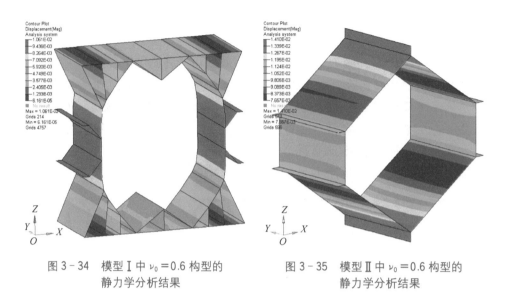

图 3 - 34　模型Ⅰ中 $\nu_0 = 0.6$ 构型的
静力学分析结果

图 3 - 35　模型Ⅱ中 $\nu_0 = 0.6$ 构型的
静力学分析结果

建立图 3 - 33(b)所示基元结构的有限元模型,静力学分析结果如图 3 - 35 所示。评价点 1 的 Z 向位移量 $\Delta w_1 = 1.41 \times 10^{-2}$ mm,评价点 2 的 X 向位移量 $\Delta u_2 = -9.25 \times 10^{-3}$ mm,由式(3 - 2)计算出优化后功能基元结构的泊松比 $\nu = 0.656$,该值与优化问题中约束条件值 $\nu_0 = 0.6$ 间的误差率为 9.33%。

3.4.3　正泊松比超材料承载性能的数值分析

为衡量超材料结构承载性能,选取模型Ⅰ和模型Ⅱ的功能基元优化结果,周期性排序形成 5×7 个功能基元组成的超材料结构。将两种超材料结构(超材料结构Ⅰ和超材料结构Ⅱ),分别进行静力学计算,对比超材料结构的面内刚度特性。

优质工程结构材料不仅要有高强度、高刚度的特性,同时应是轻质的。工程中采用比刚度概念比较不同材料间性能的优劣。轻量化材料结构设计中,一般是比较材料结构间的比刚度,即相同质量(或相对密度)条件下的刚度比较。本书对超材料结构的面内、面外刚度进行对比,定义"比刚度"概念来描述超材料结构的抗变形能力:

$$\kappa = \frac{EI}{\lambda} \tag{3 - 17}$$

式中,EI 为超材料结构的等效刚度,$EI = P/\sigma$,其中 E 为弹性模量,I 为超材料截面惯性矩，P 为作用于超材料结构的载荷，σ 为由该载荷产生的形变；λ 为超材料结构的线密度，$\lambda = M/L$；M 为超材料结构的总质量，各超材料质量不包含上、下端面的质量（上、下端面只用于试件的加载，而不是超材料自身设计所必需的结构）；L 为超材料结构的面内、面外结构长度。

超材料结构 I 的面内承载力学性能如下。

（1）超材料结构 I 的面内承载比刚度分析。

基于模型 I 中功能基元泊松比 $\nu_0 = 0.6$ 的优化结果，构建宏观泊松比效应超材料结构［见图 3-36(a)］，并建立有限元模型。其中 Y 向厚度为 20 mm，上、下端面的厚度均为 5 mm，用于承受上端面的均布载荷和下端面的固定约束。单个功能基元上端面承受的 29 N 载荷均匀分布在 29 个有限元节点上，因此在周期排列成 5 列的超材料结构上端面施加的载荷值为 201 N，均匀分布在上端面的 201 个有限元网格节点上。超材料结构 I 的静力学分析结果如图 3-36(b)所示，上端面各节点的平均 Z 向位移量为 1.29×10^{-3} mm，超材料结构 I 面内承载比刚度的其他参数值如表 3-5 所示。

表 3-5　超材料结构 I 的面内承载比刚度分析

参　　数	超材料结构 I	蜂窝超材料结构 I
P/N	201	201
σ/mm	1.29×10^{-3}	1.47×10^{-1}
$EI/(\text{N/mm})$	1.56×10^5	1.37×10^3
M/t	1.93×10^{-3}	9.94×10^{-4}
L/mm	280	275
$\kappa/(\text{N/t})$	2.26×10^{10}	3.79×10^8

为比较超材料结构 I 的面内承载刚度能力，分析了传统六边形蜂窝超材料结构的力学性能（该蜂窝超材料结构的宏观泊松比为 0.6），并与超材料结构 I 的面内刚度进行对比。采用传统六边形蜂窝构型作为功能基元，且按照功能基元承受垂向均布载荷的承载条件下，构建了传统六边形蜂窝超材料结构（称为蜂窝超材料结构 I）。该蜂窝功能基元的轮廓尺寸接近于超材料结构 I 中的功能基元尺寸，且壁厚也取为 1 mm，使得两者的功能基元通过周期排布后的超材料结

构尺寸相近,如图 3 – 37(a)所示。建立由传统六边形蜂窝周期序构成的超材料结构有限元模型,其材料参数、载荷和边界条件与超材料结构 I 相同。蜂窝超材料结构 I 的静力学分析结果如图 3 – 37(b)所示,上端面各节点的平均 Z 向位移量为 1.47×10^{-1} mm,蜂窝超材料结构 I 面内承载比刚度值计算的其他参数值如表 3 – 5 所示。

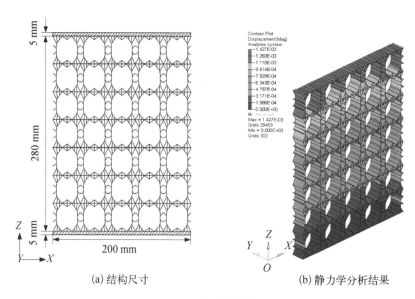

(a) 结构尺寸   (b) 静力学分析结果

图 3 – 36   超材料结构 I

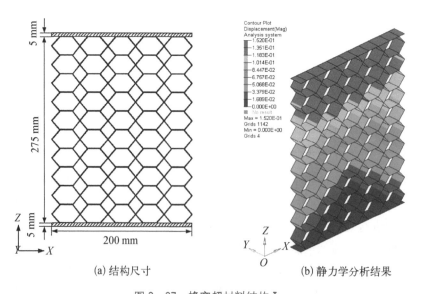

(a) 结构尺寸   (b) 静力学分析结果

图 3 – 37   蜂窝超材料结构 I

超材料结构Ⅰ的面内承载比刚度分析：采用式(3-17)计算出超材料结构Ⅰ与传统蜂窝超材料结构Ⅰ的面内承载比刚度(见表3-5)，对应的比刚度比值为 59.6∶1，即优化后的超材料结构Ⅰ的面内承载性能较好。这表明以功能基元最大刚度为目标函数的超材料结构拓扑优化设计法，能够有效提高超材料结构的面内承载能力。

(2) 超材料结构Ⅱ的面内承载比刚度分析。

基于模型Ⅱ中泊松比的功能基元，周期性排序形成的超材料结构Ⅱ试件尺寸如图 3-38(a)所示，其 Y 向厚度为 20 mm；上、下端面厚度均为 5 mm。建立有限元分析模型，在上端面施加 201 N 的均布力载荷，下端面固定约束六个方向的自由度。超材料结构Ⅱ的静力学分析结果如图 3-38(b)所示，选取上端面与超材料芯接触位置的 5 个节点，计算出 5 个节点的平均 Z 向位移量为 4.15×10^{-1} mm，则超材料结构Ⅱ面内承载比刚度计算的其他参数值如表 3-6 所示。

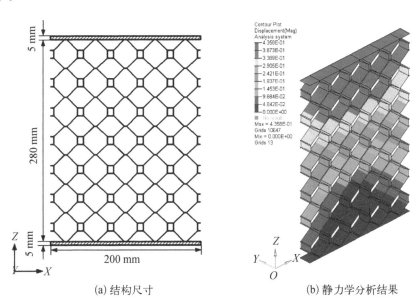

(a) 结构尺寸　　　　　　　(b) 静力学分析结果

图 3-38　超材料结构Ⅱ

按照功能基元承受垂向集中载荷的边界条件，构建了传统蜂窝材料结构Ⅱ〔泊松比为 0.6，如图 3-39(a)所示〕，分析其面内承载能力用以说明超材料结构Ⅱ的面内承载能力。该蜂窝功能基元的轮廓尺寸接近于超材料结构Ⅱ中的功能基元尺寸，且壁厚取为 1 mm。建立蜂窝超材料结构Ⅱ的有限元模型，其中的材料参数、载荷和边界条件与超材料结构Ⅱ中的条件相同。静力学分析结果如

图 3-39(b)所示,选取上端面与超材料芯接触位置的 5 个节点,计算出 5 个节点的平均 Z 向位移量为 $4.22×10^{-1}$ mm,蜂窝超材料结构Ⅱ面内承载比刚度计算的其他参数值如表 3-6 所示。

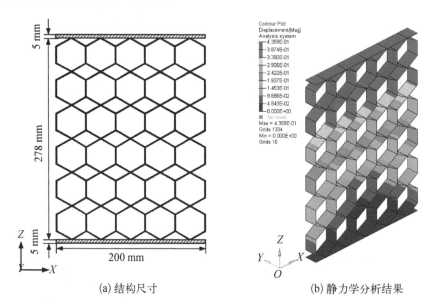

(a) 结构尺寸　　　　　　　　　　(b) 静力学分析结果

图 3-39　蜂窝超材料结构Ⅱ

表 3-6　超材料结构Ⅱ的面内承载比刚度分析

参　　数	超材料结构Ⅱ	蜂窝超材料结构Ⅱ
P/N	201	201
σ/mm	$4.15×10^{-1}$	$4.22×10^{-1}$
$EI/(N/mm)$	484.3	476.3
M/t	$9.83×10^{-4}$	$8.80×10^{-4}$
L/mm	280	278
$\kappa/(N/t)$	$1.38×10^8$	$1.49×10^8$

　　超材料结构Ⅱ的面内承载比刚度分析:采用式(3-17)计算出超材料结构Ⅱ与传统蜂窝超材料Ⅱ的面内承载比刚度(见表 3-6),两者的比刚度值近似相等,即面内承载性能相当。

（3）超材料结构Ⅰ的面外承载比刚度分析。

为分析超材料结构Ⅰ和超材料结构Ⅱ的面外刚度特性，对试件短边施加如图 3-40 所示的边界约束条件，载荷 $P=100\,N$ 均匀作用在试件中心对称面的若干节点上，并取载荷作用节点位置处的位移响应，用于评价超材料结构Ⅰ和超材料结构Ⅱ的面外刚度特性。此外，采用式（3-17）对传统蜂窝构型的超材料试件进行计算分析，并与本文优化设计的两种超材料结构的面外承载性能进行对比。

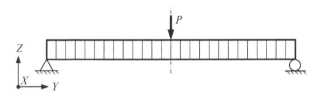

图 3-40　超材料结构面外承载分析的边界条件

超材料结构Ⅰ静力学分析结果如图 3-41(a)所示，载荷 P 作用点处各评价点的平均 Z 向位移量为 7.49×10^{-3} mm；传统蜂窝超材料结构Ⅰ的静力学分析结果如图 3-41(b)所示，各评价点的平均 Z 向位移量为 4.39×10^{-2} mm。超材料结构面外承载比刚度计算的其他参数值如表 3-7 所示。

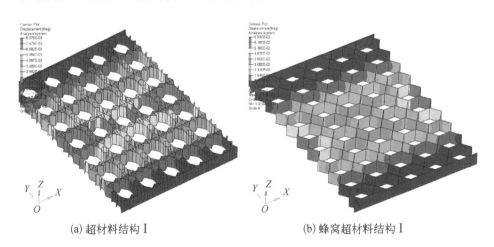

(a) 超材料结构Ⅰ　　　　　　　　(b) 蜂窝超材料结构Ⅰ

图 3-41　面外承载的静力学分析结果

超材料结构Ⅰ的面外承载比刚度分析：采用式（3-17）计算出超材料结构Ⅰ与传统蜂窝超材料Ⅰ的面外承载比刚度（见表 3-7），对应的比刚度比值为 3.1∶1，即优化后的超材料结构Ⅰ的面外承载性能较好。

表 3 - 7　超材料结构 I 的面外承载比刚度分析

参　　　数	超材料结构 I	蜂窝超材料结构 I
P/N	100	100
σ/mm	7.49×10^{-3}	4.39×10^{-2}
$EI/(N/mm)$	1.33×10^{4}	2.27×10^{3}
M/t	1.93×10^{-3}	9.94×10^{-4}
L/mm	280	275
$\kappa/(N/t)$	1.94×10^{9}	6.28×10^{8}

（4）超材料结构 II 的面外承载比刚度分析。

超材料结构 II 的静力学分析结果如图 3 - 42(a)所示,载荷 P 作用点处各评价点的平均 Z 向位移量为 8.03×10^{-2} mm;传统蜂窝超材料结构 II 的静力学分析结果如图 3 - 42(b)所示,各评价点的平均 Z 向位移量为 1.03×10^{-1} mm,超材料结构面外承载比刚度计算的其他参数值如表 3 - 8 所示。

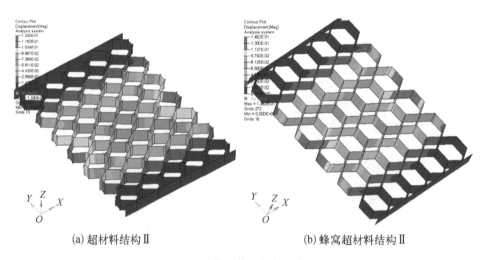

(a) 超材料结构 II　　　　　　　　　　(b) 蜂窝超材料结构 II

图 3 - 42　面外承载的静力学分析结果

超材料结构 II 的面外承载比刚度分析:采用式(3 - 17)计算出超材料结构 II 与传统蜂窝超材料 II 的面外承载比刚度(见表 3 - 8),两者的比刚度值近似相等,说明拓扑构型相似的超材料结构 II 与蜂窝超材料结构 II,两者的面外承载性能也接近。

表 3 - 8　超材料结构 Ⅱ 的面外承载比刚度分析

参　　数	超材料结构 Ⅱ	蜂窝超材料结构 Ⅱ
σ/N	100	100
EI/mm	8.03×10^{-2}	1.03×10^{-1}
$M/(N/mm)$	1 245	970
L/t	9.83×10^{-4}	8.80×10^{-4}
κ/mm	280	278
$P/(N/t)$	3.54×10^{8}	3.05×10^{8}

综上所述,采用 FETO 法,以超材料结构面内刚度最大化为目标设计了具有任意指定宏观正泊松比效应的超材料结构。研究结果表明:

(1) 基于 FETO 法,具有任意指定宏观正泊松比效应的超材料结构设计是可以实现的。对优化后的结构进行力学性能数值计算也验证了优化设计可以达到预期泊松比要求和刚度要求。

(2) 超材料结构 Ⅰ 在拓扑结构上与传统蜂窝单胞结构区别较大,表现出超材料结构 Ⅰ 具有较好的面内、面外结构刚度特性。而超材料结构 Ⅱ 拓扑结构与传统蜂窝单胞结构区别不大,数值计算结果表明两者的面内、面外结构刚度特性较为接近。说明超材料结构内部拓扑结构形式对结构力学特性具有重要的影响。

(3) FETO 法可用于设计具有最佳面内、面外结构承载性能的超材料。运用均匀分布的网格,描述优化后具有复杂结构特点的功能基元新构型。引入比刚度概念以描述一定材料用量条件下的结构刚度,并与常规蜂窝状材料的比刚度对比以分析本书设计的结构承载超材料的刚度特性。结果表明,以面内、面外承载性能最大化为目标函数设计的新型超材料具有突出的抗变形能力。

3.5　零泊松比超材料的设计

零泊松比超材料由于具有受载时横向不变形特性,主要应用于航空领域的机翼柔性蒙皮上,在船舶领域的应用很少,杨德庆等与钟山的研究发现其在深海耐压结构设计中有重要应用前景[228,267]。现有的零泊松比超材料设计有两种思路,一种是直接设计新型的零泊松比胞元构型(见图 3-43),另一种是将正负泊松比胞元结构混合以获得宏观层面的零泊松比效应。2010 年,Olympio[268]提出了正负泊松比混合胞元(hybrid cellular honeycomb)以及可折叠式胞元等两种零泊松比蜂窝胞元构型,并对两者的泊松比与抗弯刚度等力学性能进行了公式推导(见图 3-44)。鲁超等[269]、李杰锋等[270]对 Olympio 提出的蜂窝胞元构型进行了等效弹性模量等力学性能的计算。程文杰等[271]设计了一种十字形混合零泊松比材料并推导了其泊松比随几何尺寸的变化公式。Gong 等[272]与Huang 等[273]分别提出了各自的新型零泊松比构型,并基于等效弹性模量等力学性能的推导对其泊松比进行了验证。Grima 等[274]提出了一种半内六角形蜂窝胞元结构,在特定载荷下可以呈现出零泊松比效应。Attard 等[275]随后基于三种分析模型对 Grima 提出的构型进行了分析,进一步验证了其泊松比为零。

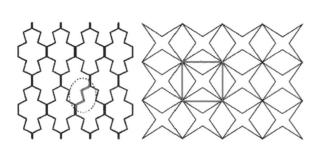

图 3-43　新型零泊松比胞元蜂窝材料

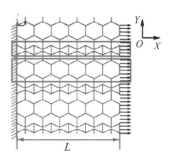

图 3-44　混合胞元零泊松比蜂窝材料

如图 3-45 所示,对于其中的一个周期胞元,当其受到 X 方向的单向载荷,产生 Δx 的位移时,则上下两个正负泊松比胞元的 X 方向应变均为

$$\varepsilon_x = \varepsilon_x^+ = \varepsilon_x^- = \frac{\Delta x}{2l\cos\theta} \tag{3-18}$$

式中,ε_x^+ 和 ε_x^- 分别为正泊松比胞元和负泊松比胞元的 X 方向应变;其他参数的含义如图 3-45 所示。

Y 方向的总应变为

$$\varepsilon_y = \frac{\Delta y^+ + \Delta y^-}{4h} = \frac{\varepsilon_y^+ (h + l\sin\theta) + \varepsilon_y^- (h - l\sin\theta)}{2h} \tag{3-19}$$

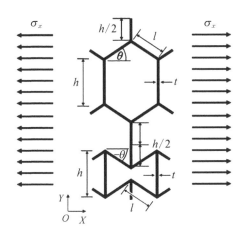

图 3-45　混合胞元周期微元

式中，ε_y^+ 和 ε_y^- 分别为正泊松比胞元和负泊松比胞元的 Y 方向应变。

根据正负泊松比单胞的泊松比 ν_{xy}^+ 和 ν_{xy}^- 的定义，存在关系：

$$\begin{cases} \varepsilon_y^+ = -\nu_{xy}^+ \varepsilon_x^+ = -\nu_{xy}^+ \varepsilon_x \\ \varepsilon_y^- = -\nu_{xy}^- \varepsilon_x^- = -\nu_{xy}^- \varepsilon_x \end{cases} \tag{3-20}$$

代入式(3-19)中，则有

$$\varepsilon_y = -\varepsilon_x \frac{\nu_{xy}^+(h+l\sin\theta) + \nu_{xy}^-(h-l\sin\theta)}{2h} \tag{3-21}$$

则该周期微元的泊松比为

$$\nu_{xy} = -\frac{\varepsilon_y}{\varepsilon_x} = \frac{\nu_{xy}^+(h+l\sin\theta) + \nu_{xy}^-(h-l\sin\theta)}{2h} \tag{3-22}$$

代入 Gibson 等推导的泊松比公式，其中 ν_{xy}^- 的计算应代入"$-\theta$"，可以得到

$$\nu_{xy} = -\frac{\varepsilon_y}{\varepsilon_x} = \frac{l\cos^2\theta - l\cos^2\theta}{2h\sin\theta} = 0 \tag{3-23}$$

Grima 等[274]进一步简化正负泊松比混合胞元，将两者统一到一个胞元中，提出了一种半内六角形蜂窝(semi re-entrant hexagonal honeycomb)胞元结构。这种胞元上半部分由角度为 θ 正泊松比胞元壁组成，下半部分由角度为 θ 的负泊松比胞元壁组成。胞元壁受到图 3-46 所示载荷 F 时，其顶点位移的解析表达式为

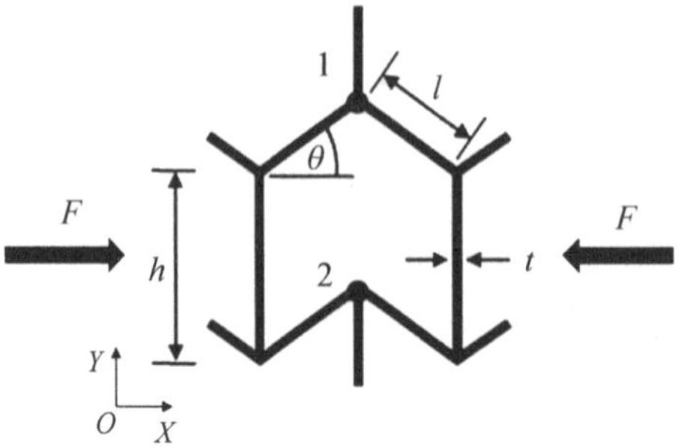

$$\delta_y = \frac{Fl^3 \sin\theta \cos\theta}{12EI} \quad (3-24)$$

图 3-46 半内六角形蜂窝材料构型

式中，E 为材料的弹性模量；I 为胞元壁截面的惯性矩。半内六角形蜂窝在 X 方向受压时，点 1 和点 2 的位移互为相反数。具体表现为点 1 会被向上拉动 δ_y 的距离，点 2 则会被向上推动 δ_y 的距离。因此整个胞元的 Y 向应变为零，从而表现出零泊松比效应。

如图 3-47 所示，将原本为平面的蜂窝材料弯成管状，则每个胞元靠近管内侧的部分承受水平压力，外侧则承受水平拉力，正泊松比胞元内外侧的竖直方向（垂直与受力方向）会分别出现膨胀和收缩现象，从而导致管弯后呈马鞍形；负泊松比胞元正好相反；只有零泊松比胞元因垂直受力方向不变形而实现了平顺弯曲。

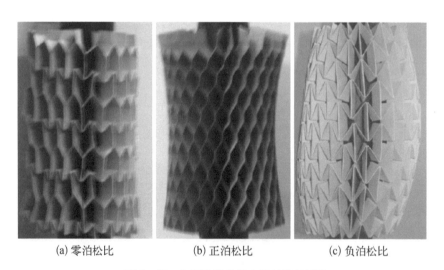

(a) 零泊松比　　　　　(b) 正泊松比　　　　　(c) 负泊松比

图 3-47 各类泊松比蜂窝管的拉伸试验

FETO 法目前在对指定泊松比约束设定为零的超材料进行设计时，得到的最优拓扑构型不够清晰。因此，本节对 FETO 法进行改进，引入基于多评价点泊松比约束，使 FETO 法可以覆盖到零泊松比超材料设计，实现 FETO 法真正意义上的任意泊松比超材料设计。之后对构型进行提取与序构，验证其零泊松比效应并分析零泊松比超材料相关的力学性能。

3.5.1　基于 FETO 法的零泊松比超材料优化设计模型

混合正负泊松比胞元着重于对已有胞元的组合,而半内六角形蜂窝则着眼于对胞元的设计,更加符合 FETO 法对功能基元微结构的设计。受此启发,将 FETO 法中泊松比约束中的评价点数量增加,拓展为两对评价点,在同一个拓扑基结构中定义正、负两种泊松比约束实现半内六角形胞元设计。由于 FETO 法可以通过矩形拓扑基结构设计得到类似于图 3 - 46 的内六角和外六角胞元构型,改变优化模型中的对称约束,就可以在同一个拓扑基结构中设计得到包含正负泊松比胞元壁的功能基元构型。

采用图 3 - 48 所示的矩形拓扑基结构进行零泊松比超材料设计。其结构的基本尺寸为 $L = 42\text{ mm}$、$B = 32\text{ mm}$;在上、下边中心点作用一对反向集中单位力 $F = 1\text{ N}$。功能基元拓扑基结构的材料参数与 3.2.4 节中相同。定义该矩形上边中点(点 1)、下边中点(点 3)以及侧边两点(点 2~1 和点 2~2)为宏观泊松比效应的评价点,点 2~1 和点 2~2 的具体位置由图 3 - 48 中的参数 a、b 决定,作为两种泊松比约束条件的评价点。当拓扑基结构上半部分设计为正泊松比胞元壁,下半部分设计为负泊松比胞元壁时,泊松比的计算式为

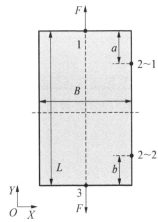

图 3 - 48　零泊松比超材料设计的拓扑基结构

$$\begin{cases} \nu^+ = -\dfrac{L}{B} \cdot \dfrac{X_{2\sim1}}{Y_1} \\ \nu^- = -\dfrac{L}{B} \cdot \dfrac{X_{2\sim2}}{-Y_3} = \dfrac{L}{B} \cdot \dfrac{X_{2\sim2}}{Y_3} \end{cases} \qquad (3 - 25)$$

式中,Y_1 和 Y_3 分别为评价点 1 和点 3 的 Y 方向位移;$X_{2\sim1}$ 和 $X_{2\sim2}$ 分别为评价点 2~1 和点 2~2 的 X 方向位移;上述位移参数参与运算时均带符号。

注意到该拓扑基结构的受力方向与零泊松比胞元产生零泊松比效应时的载荷方向并不一致。这是由于基于 FETO 法采用矩形拓扑基结构进行正负泊松比超材料设计时,一般将载荷作用点设置在矩形上、下边的中点,如图 3 - 48 所示,可以设计出清晰的类似图 3 - 46 所示的功能基元构型。因此这样设置载荷的目的只是为了设计出相应的功能基元构型路径,故需要在设计完成后对构型提取进一步验证泊松比。此外,将图 3 - 45 所示的受力方向(即产生零泊松比效

应的载荷方向)应用在同样的拓扑基结构上进行零泊松比超材料设计时,难以得到清晰的构型。

以轻量化为目标函数时零泊松比超材料 FETO 优化模型的表达式为

$$
\begin{cases}
\text{find} & \boldsymbol{X} = [x_1, x_2, \cdots, x_N]^{\mathrm{T}} \\
\text{min} & M(\boldsymbol{X}) = \sum_{i=1}^{N} \rho x_i V_i \\
\text{s.t.} & f_{\min} \leqslant \dfrac{V(\boldsymbol{X})}{V_0} \leqslant f_{\max} \\
& \boldsymbol{K}\boldsymbol{U} = \boldsymbol{F} \\
& \mid \nu^+ - \nu_0^+ \mid < \varepsilon \\
& \mid \nu^- - \nu_0^- \mid < \varepsilon \\
& 0 < x_{\min} \leqslant x_i \leqslant x_{\max} \leqslant 1
\end{cases}
\tag{3-26}
$$

从振动控制性能的角度考虑,以柔度最大为目标函数,此时零泊松比超材料的 FETO 优化模型为

$$
\begin{cases}
\text{find} & \boldsymbol{X} = [x_1, x_2, \cdots, x_N]^{\mathrm{T}} \\
\text{max} & C(\boldsymbol{X}) = \sum_{i=1}^{N} x_i^p \boldsymbol{u}_i^{\mathrm{T}} \boldsymbol{k}_0 \boldsymbol{u}_i \\
\text{s.t.} & f_{\min} \leqslant \dfrac{V(\boldsymbol{X})}{V_0} \leqslant f_{\max} \\
& \boldsymbol{K}\boldsymbol{U} = \boldsymbol{F} \\
& \mid \nu^+ - \nu_0^+ \mid < \varepsilon \\
& \mid \nu^- - \nu_0^- \mid < \varepsilon \\
& 0 < x_{\min} \leqslant x_i \leqslant x_{\max} \leqslant 1
\end{cases}
\tag{3-27}
$$

式中,$\boldsymbol{X} = [x_1, x_2, \cdots, x_N]^{\mathrm{T}}$ 为拓扑基结构中单元相对密度设计变量矢量;x_i 为第 i 个有限元单元的相对密度($i = 1, 2, \cdots, N$,N 为有限元网格的数目);$M(\boldsymbol{X})$ 和 $C(\boldsymbol{X})$ 分别为结构总质量和结构柔顺度,一般而言目标函数设定为 $M(\boldsymbol{X})$ 最小、$C(\boldsymbol{X})$ 最大或最小;ρ 为母材密度;V_i 为第 i 个有限元单元的体积;p 为惩罚因子;$\boldsymbol{u}_i$ 为第 i 个有限元单元的位移矢量;$\boldsymbol{k}_0$ 为初始单元刚度矩阵;$\boldsymbol{F}$ 为载荷矩阵;$\boldsymbol{U}$ 为位移矩阵;$\boldsymbol{K}$ 为整体结构刚度矩阵;$V(\boldsymbol{X})$ 为拓扑优化每一步迭代中的结构有效体积;V_0 为相对密度 x_i 均为 1 时的结构有效体积;$f_{\max}$ 和 $f_{\min}$ 分别为优化过程中构型体积比的上限和下限;ν 为构型当前迭代步下的泊松比;ν_0 为指定泊松比设计值;ε 为一小量,通常取 0.01;$x_{\max}$ 与 $x_{\max}$ 分别为有

限元单元相对密度的上限和下限,下限为避免奇异解通常取非零值。

该模型与常规 FETO 优化模型列式的区别在于表达式中添加了指定的正泊松比约束 ν_0^+ 和负泊松比约束 ν_0^-。由于 FETO 优化模型中的泊松比与位移直接相关联,为了实现图 3-46 所示的半内六角形蜂窝中点 1 和点 2 所产生的相同位移的效果,ν_0^+ 和 ν_0^- 一般取互为相反的数,ν^+ 与 ν^- 通过式(3-24)在优化模型中进行计算。

除已给出的约束外,两种 FETO 优化模型都加入了关于拓扑基结构 Y 方向的拓扑路径对称约束以及拓扑优化的最小成员尺寸约束。

3.5.2　零泊松比超材料优化设计示例

基于图 3-48 所示的拓扑基结构,建立 84×64 的正方形网格所组成的有限元模型。

对于柔度最大目标函数的 FETO 优化设计模型,当设定体积比约束上限 $f_{max} = 0.5$,评价点 2~1 和点 2~2 的位置参数 $a = 14\,\mathrm{mm}$、$b = 0\,\mathrm{mm}$,指定泊松比约束为 ± 0.66,偏差小量 $\varepsilon = 0.03$ 时,就可以获得较清晰的构型,如图 3-49 所示。

对于轻量化目标函数的 FETO 优化设计模型,当设定体积比约束上限 $f_{max} = 0.5$,评价点 2~1 和点 2~2 的位置参数 $a = 14\,\mathrm{mm}$、$b = 2.5\,\mathrm{mm}$,指定泊松比约束为 ± 1.05,偏差小量 $\varepsilon = 0.03$ 时,可以获得较清晰的构型,如图 3-50 所示。

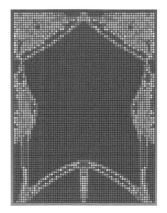 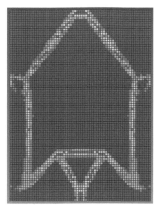

图 3-49　柔度最大目标函数下　　　　图 3-50　轻量化目标函数下零
　　　　零泊松比功能基元构　　　　　　　　　泊松比功能基元构型
　　　　型($B = 32\,\mathrm{mm}$)　　　　　　　　　　($B = 32\,\mathrm{mm}$)

上述两种构型与半内六角形蜂窝构型较为相似,但轻量化目标下的功能基元构型存在构型路径未与评价点 2～2 完全连接的问题,柔度最大目标列式优化得到的构型则存在大量的中间密度单元,给构型的提取造成困难。

因此需对拓扑基结构与优化模型做出改进。这两种功能基元构型的共同问题在于整体构型要比拓扑基结构更窄。因此,调整拓扑基结构的宽度至 $B=24\text{ mm}$,此时拓扑基结构有限元模型网格数变为 84×48。进一步选择合适的评价点位置,对上述两种优化模型进行重新计算。对轻量化目标的 FETO 优化模型,设定体积比约束上限 $f_{\max}=0.5$,评价点 2～1 和点 2～2 的位置参数 $a=13\text{ mm}$、$b=3.5\text{ mm}$,指定泊松比约束为 ±0.875,偏差小量 $\varepsilon=0.04$,相应的最优功能基元构型如图 3-51 所示。

对柔度最大目标函数的 FETO 优化设计模型,设定体积比约束上限 $f_{\max}=0.5$,评价点 2～1 和点 2～2 的位置参数 $a=16\text{ mm}$、$b=2.5\text{ mm}$,指定泊松比约束为 ±0.875,偏差小量 $\varepsilon=0.04$,相应的功能基元构型如图 3-52 所示。

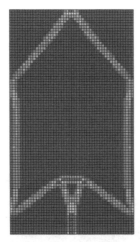 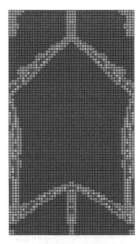

图 3-51　轻量化目标函数下零泊松比功能基元构型 ($B=24\text{ mm}$)　　图 3-52　柔度最大目标函数下零泊松比功能基元构型 ($B=24\text{ mm}$)

相较于 $B=32\text{ mm}$ 尺度的功能基元最优构型,在拓扑基结构变窄并调整评价点位置后,优化得到的零泊松比超材料功能基元构型更加清晰,且更接近于图 3-46 所示的半内六角形蜂窝构型。

3.5.3　功能基元拓扑优化构型的提取与零泊松比验证

将图 3-51 和图 3-52 所示两种功能基元构型进行提取,建立有限元模型。

以最大柔度模型得到的构型为例(见图 3 – 53)。以 2 mm×2 mm 的网格表征其尺寸,由于图形关于 Y 方向对称,提取时只对构型的一半进行提取,剩余部分通过对称操作完成。

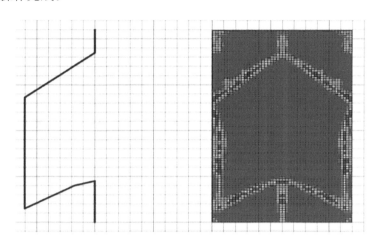

图 3 – 53　最大柔度目标函数下零泊松比构型的提取

根据几何模型,建立功能基元构型的梁单元(点阵材料)有限元模型,如图 3 – 54 所示。参照图 3 – 46 所示的受力情况,加载单位均布力,以验证其泊松比。为保证胞元受力均匀,单位力通过多点约束(MPC)单元加载。

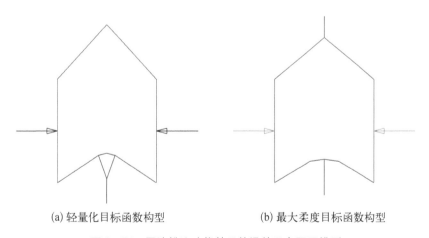

(a) 轻量化目标函数构型　　　　　　(b) 最大柔度目标函数构型

图 3 – 54　零泊松比功能基元的梁单元有限元模型

由于对 FETO 法设计的零泊松比超材料研究较少,本节也建立了零泊松比超材料构型的板单元有限元模型,以对 FETO 法设计的零泊松比超材料进行全面的研究。

　　建立零泊松比超材料的板单元模型,如图 3 - 55 所示。同样加载单位力,以验证其泊松比。为了保证胞元受力均匀,单位力通过 MPC 单元加载。

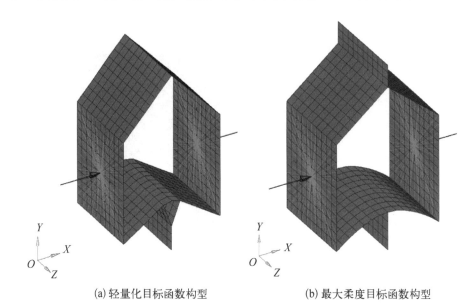

(a)轻量化目标函数构型　　　　　　　　(b)最大柔度目标函数构型

图 3 - 55　零泊松比功能基元的板单元有限元模型

　　上述模型中梁单元截面形状为矩形,沿垂直于构型平面方向(即厚度方向)的尺度为 2 mm,构型平面内(即构型路径宽度方向)的尺度为 1 mm。板单元有限元模型中板厚(即构型路径宽度方向)同样为 1 mm,板单元沿 Z 方向延伸 20 mm。两种模型的材料均为低碳钢。

　　以最大柔度目标函数的 FETO 优化设计模型为例,选取如图 3 - 56 所示的评价点用于计算验证相应构型的泊松比;轻量化目标函数的 FETO 优化设计模型得到的构型类似。

　　在单位力作用下,相应方向的应变为

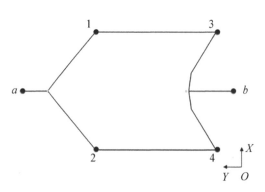

图 3 - 56　泊松比验证的评价点位置

$$\begin{cases} \varepsilon_x = \dfrac{1}{2}\left(\dfrac{X_1 - X_2}{B} + \dfrac{X_3 - X_4}{B}\right) \\ \varepsilon_y = \dfrac{Y_a - Y_b}{L} \end{cases}$$

$$(3 - 28)$$

式中,X_i 表示评价点 i($i = 1$, 2,

3，4)在 X 方向的位移；Y_j 表示评价点 $j(j=a，b)$ 在 Y 方向的位移；$L=42$ mm、$B=24$ mm 分别为拓扑基结构相应的尺寸参数。得到两个方向的应变后，便可计算泊松比。

梁单元有限元模型直接输出相应位置处的节点位移即可；而板单元有限元模型为了排除边界效应的影响，评价点位置的 X、Y 坐标不变，Z 坐标为 10 mm，即位于 Z 方向延伸长度的中点处。

计算相关节点的位移并得到泊松比，结果如表 3-9 所示。由于指定泊松比为零，无法计算相对误差，因此泊松比本身的数值就代表了绝对误差。

表 3-9　零泊松比功能基元的验证

有限元模型	目标函数	方向	应变	泊 松 比
梁单元有限元模型	轻量化	X	-1.17×10^{-4}	0.091
		Y	1.06×10^{-5}	
	最大柔度	X	-7.84×10^{-5}	$-0.009\ 1$
		Y	-7.14×10^{-7}	
板单元有限元模型	轻量化	X	-1.07×10^{-5}	0.095
		Y	1.01×10^{-6}	
	最大柔度	X	-6.95×10^{-6}	-0.012
		Y	-8.53×10^{-8}	

表 3-9 表明，采用 FETO 法设计的零泊松比功能基元构型的泊松比绝对值均在 0.1 以下，因此能够通过 FETO 法设计零泊松比超材料构型。相对而言，最大柔度目标函数的 FETO 优化设计模型可以设计泊松比绝对值更小的超材料构型，整体构型的泊松比在 -0.01 左右；在相同目标函数下，不同的有限元模型对零泊松比构型的泊松比值影响不大，梁单元有限元模型的泊松比验证结果稍好于板单元有限元模型。

3.5.4　零泊松比超材料的力学性能分析

将功能基元最优构型序构为超材料结构，研究其力学性能，为之后在船舶上的应用打下基础。

以图 3-57 所示的最小柔度目标函数的 FETO 优化设计模型下最优拓扑构型的板单元有限元模型为例,将其序构为 7 行 5 列的超材料结构,并在其上下设置厚度为 10 mm 的上、下面板,分别用于承受载荷和对超材料结构进行固定约束。超材料结构中的超材料部分尺寸与材料参数与 3.2 节中相同,整体结构的轮廓尺寸参数如图 3-57 所示。其中超材料部分的宽度与上、下面板的宽度均为 W。

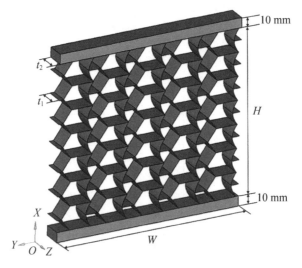

图 3-57   零泊松比超材料结构轮廓尺寸参数

对两类优化模型下的零泊松比超材料结构分别以梁单元有限元模型及板单元有限元模型进行静力学与动力学分析。静力学分析中主要考虑其面内刚度,以探讨其在作为结构直接受压承载时的性能;动力学方面主要考察振级落差,以研究其隔振性能。

1) 零泊松比超材料的静力学性能分析

对表 3-9 中四种模型分别序构为类似图 3-57 所示的超材料结构,在其上面板 Z 方向中间一排有限元节点处施加均布载荷,载荷总大小为 F;下面板固定约束。经分析,四种模型下零泊松比超材料结构位移云图如图 3-58 所示。

取上面板的加载点的 X 方向位移的平均值作为结构整体的变形量 ΔX。根据宏观等效弹性模量和比刚度的定义计算各模型超材料结构的相关参数(见表 3-10),其中梁单元有限元模型的尺寸参数 t_1 是参照其梁截面参数给出的。

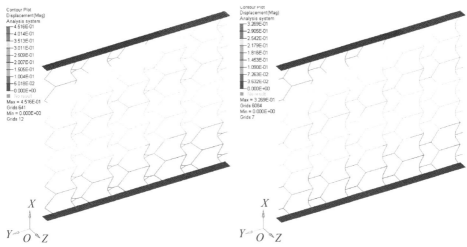

(a) 轻量化目标函数的梁单元有限元模型　　　　(b) 最大柔度目标函数的梁单元有限元模型

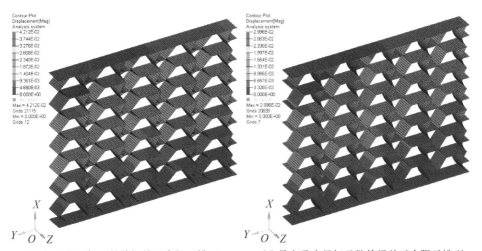

(c) 轻量化目标函数的板单元有限元模型　　　　(d) 最大柔度目标函数的梁单元有限元模型

图 3-58　不同零泊松比超材料结构模型的静力学分析结果

表 3-10　零泊松比超材料结构宏观等效弹性模量与面内比刚度

有限元模型	目标函数	F /N	ΔX /mm	E_e /MPa	M /kg	H /mm	W /mm	t_1 /mm	K_s /(m²/s²)
梁单元有限元模型	轻量化	106	0.37	115.53	0.056	168	210	2	146 117.42
	最大柔度	106	0.27	158.21	0.051	168	210	2	220 660.68

续 表

有限元模型	目标函数	F /N	ΔX /mm	E_e /MPa	M /kg	H /mm	W /mm	t_1 /mm	K_s /(m²/s²)
板单元有限元模型	轻量化	105	0.033	126.13	0.56	168	210	20	159 517.11
	最大柔度	106	0.024	178.90	0.51	168	210	20	249 129.51
	传统蜂窝结构对照	201	0.15	94.01	0.99	275	200	20	104 029.79

从表 3-10 的结果可知,最大柔度目标函数构型相较于轻量化目标函数构型具有更好的面内承载能力;而在同一目标函数下,板单元有限元模型能使超材料结构的面内比刚度有所提升,但与梁单元有限元模型的面内比刚度总体上差距不大。

2) 零泊松比超材料的动力学性能分析

基于静力学模型,载荷的幅值、作用点以及边界约束不变,将静载荷替代为 10~600 Hz 的动载荷,采用 4% 的结构阻尼系数,进行 10~600 Hz 范围内每 5 Hz 频率间隔扫频的动力学响应分析。以最大柔度目标模型下构型为例,输出如图 3-59 所示的评价点的加速度响应,以计算对应超材料结构层的振级落差。

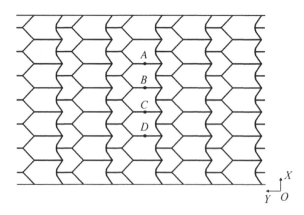

图 3-59　零泊松比超材料结构振级落差计算评价点位置

对四种零泊松比超材料结构模型进行频响分析,给出各评价点在 10~600 Hz 下的加速度频响曲线,如图 3-60 所示。

从图 3-60 可以看到,零泊松比超材料结构均有两个共振峰,这说明该结构有两个固有频率较为接近的沿 X 方向的伸缩模态,实际对结构的振动模态分析

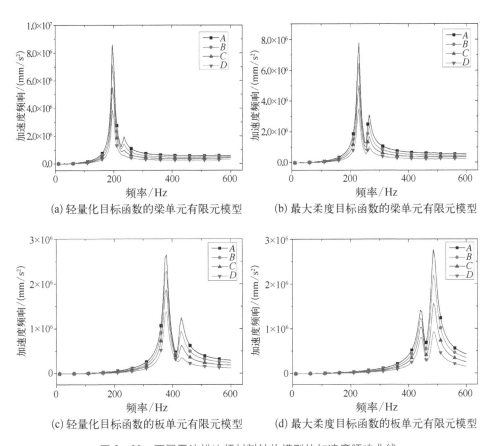

(a) 轻量化目标函数的梁单元有限元模型　　　　(b) 最大柔度目标函数的梁单元有限元模型

(c) 轻量化目标函数的板单元有限元模型　　　　(d) 最大柔度目标函数的板单元有限元模型

图 3-60　不同零泊松比超材料结构模型的加速度频响曲线

也证明了这一点。其中在 400 Hz 左右,板单元结构的共振频率基本都高于梁单元模型的,而梁单元结构的共振频率在 200 Hz 左右。

3.6　多维多向泊松比超材料的设计

将 FETO 法用于设计任意泊松比超材料时,前面研究的平面类功能基元拓扑优化后只能得到满足一个平面内正交方向的泊松比值,通过平面构型旋转与序构可得到满足两个方向泊松比特性的超材料。Wang 等[276]设计并通过嵌锁焊接工艺制作出了一种三维负泊松比蜂窝结构,图 3-61 为此蜂窝结构的制作流程,同时其通过仿真和试验方法,得出结构刚度与折角的负相关特性,且该结构的泊松比在折角为 50°时的负泊松比效应最为显著。

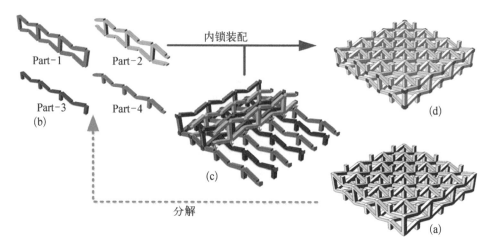

图 3-61   新型三维负泊松比超材料制作流程

更通用的方法是直接建立三维功能基元拓扑基结构,对两个正交平面内泊松比效应进行优化,得到拓扑构型,并以序构方法得到满足多个正交平面泊松比特性的三维超材料结构。本节介绍具体优化模型的建模方法。

选取边长为 42 mm 的立方体为功能基元拓扑基结构并进行有限元离散,如图 3-62 所示。在平行于 XZ 平面与 YZ 的中横剖面与中纵剖面处施加对称边界约束条件,在正方体上表面中心点施加平行于 Z 方向的正向单位力,底面中心节点施加固支约束,选取载荷施加节点与正方体侧棱中点作为泊松比 ν_{ZX} 与 ν_{ZY} 的评价点。母材的弹性模量为 206 GPa,泊松比为 0.3,密度为 7 850 kg/m³。

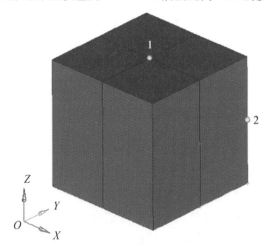

图 3-62   正方体功能基元的拓扑基结构有限元模型

以功能基元宏观负泊松比与体积分数为约束条件,轻量化为目标函数,进行拓扑优化设计,相应数学模型可表示为

$$
\begin{cases}
\text{find} & \boldsymbol{X} = \{x_1, x_2, x_3, \cdots, x_N\}^{\mathrm{T}} \\
\min & M(\boldsymbol{X}) = \displaystyle\sum_{i=0}^{N} \rho x_i V_i \\
\text{s.t.} & f_{\min} \leqslant \dfrac{V(\boldsymbol{X})}{V_0} \leqslant f_{\max} \\
& \boldsymbol{K}\boldsymbol{U} = \boldsymbol{F} \\
& |\nu - \nu_0| < \varepsilon \\
& 0 < x_{\min} \leqslant x_i \leqslant x_{\max} \leqslant 1
\end{cases}
\tag{3-29}
$$

两个方向的泊松比可以采用三种形式定义:

$$
\begin{cases}
\nu_{ZX} = -\dfrac{\Delta x_2}{\Delta z_1} \\[2mm]
\nu_{ZY} = -\dfrac{\Delta y_2}{\Delta z_1} \\[2mm]
\nu = -\dfrac{\sqrt{(\Delta y_2)^2 + (\Delta x_2)^2}}{\Delta z_1}
\end{cases}
\tag{3-30}
$$

式中,$\boldsymbol{X} = \{x_1, x_2, x_3, \cdots, x_N\}^{\mathrm{T}}$ 为功能基元拓扑基结构中单元人工密度列矩阵;x_i 为单元 i($i = 1, 2, 3, \cdots, N$,其中 N 为设计区域内有限元的个数)的人工密度,其值取范围为 $0 \sim 1$,通常设置 $x_{\min}$ 与 $x_{\max}$ 为人工密度的上、下限;$M(\boldsymbol{X})$ 为功能基元的质量;ρ 为母材的密度,V_i 为单元 i 的体积;$f_{\min}$ 与 $f_{\max}$ 为最小与最大体积分数;$V(\boldsymbol{X})$ 为优化过程中当前迭代步功能基元的体积;V_0 为优化前功能基元的体积;$\boldsymbol{K}$ 为功能基元拓扑基结构的整体刚度矩阵;$\boldsymbol{U}$ 为位移矩阵;$\boldsymbol{F}$ 为外载矩阵;ν 为当前优化迭代步的泊松比;ν_0 为预期的泊松比;ε 为一微小量,一般取值为 0.01;Δx_2 与 Δy_2 分别为评价点 2 沿 X 方向和 Y 方向的变形(相对位移),Δz_1 为评价点 1 沿 Z 方向的变形(相对位移)。

对图 3-62 所示功能基元分别设置 ± 1、± 0.8、± 0.6、± 0.4 的泊松比优化目标值,以基元轻量化为目标函数进行拓扑优化。为了获得清晰的力传递路径,不同泊松比约束条件下将设置不同的最大体积分数约束。提取的优化构型如图 3-63 所示。

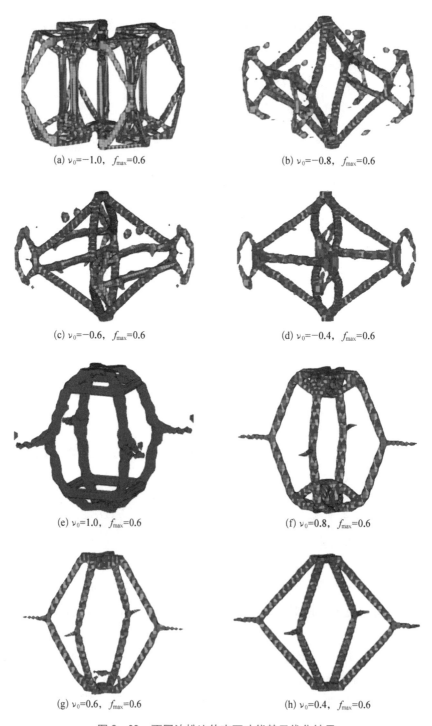

(a) $\nu_0=-1.0$，$f_{max}=0.6$

(b) $\nu_0=-0.8$，$f_{max}=0.6$

(c) $\nu_0=-0.6$，$f_{max}=0.6$

(d) $\nu_0=-0.4$，$f_{max}=0.6$

(e) $\nu_0=1.0$，$f_{max}=0.6$

(f) $\nu_0=0.8$，$f_{max}=0.6$

(g) $\nu_0=0.6$，$f_{max}=0.6$

(h) $\nu_0=0.4$，$f_{max}=0.6$

图 3-63　不同泊松比约束下功能基元优化结果

最终构型的提取是沿优化构型路径采用截面直径为 1 mm 的圆杆单元或实体块单元进行模拟。采用梁单元提取的构型的有限元模型如图 3-64 所示。

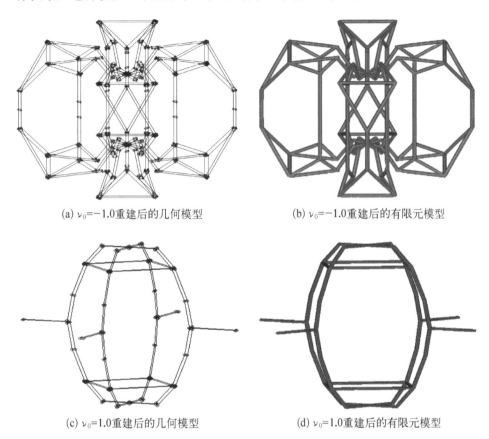

(a) $\nu_0=-1.0$重建后的几何模型　　　　　(b) $\nu_0=-1.0$重建后的有限元模型

(c) $\nu_0=1.0$重建后的几何模型　　　　　(d) $\nu_0=1.0$重建后的有限元模型

图 3-64　正方体功能基元优化后重建的模型

对图 3-64 中所示重建模型的相应位置施加相同的载荷与边界条件,依照式(3-30)定义对评价点 1、点 2 进行泊松比验证,得到单位力下结构位移云图如图 3-65 所示。

各评价点具体位移汇总如表 3-11 所示,表中泊松比正负号分别表示载荷方向评价点拉伸时,与载荷正交方向评价点发生收缩或膨胀情况。

通过表 3-11 可知,在误差允许范围内图 3-65 所示的拓扑构型的验证泊松比能与预期设计泊松比较好地吻合,其中图 3-65(a)所示的拓扑构型验证泊松比与预期泊松比完全吻合,图 3-65(b)所示的拓扑构型验证泊松比较预期相对误差为 11.90%。综上所述,将平面单元的 FETO 法可进一步推广应用到三维拓扑空间,并得到了较好的验证。

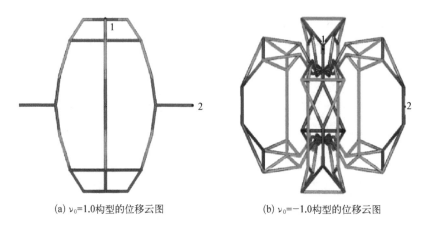

(a) $\nu_0=1.0$构型的位移云图   (b) $\nu_0=-1.0$构型的位移云图

图 3-65   重建功能基元拓扑构型的位移云图

表 3-11   重建功能基元拓扑构型泊松比验证

物　理　量	图 3-65(a)所示拓扑型	图 3-65(b)所示拓扑构型
评价点 1 的位移/mm	0.001 64	0.002 94
评价点 2 的位移/mm	−0.001 65	0.002 59
预期泊松比	1.0	−1.0
验证泊松比	1.0	−0.88
相对误差/%	0	11.90

对泊松比为 1 和 −1 的拓扑构型重构形成超材料结构,如图 3-66 所示。

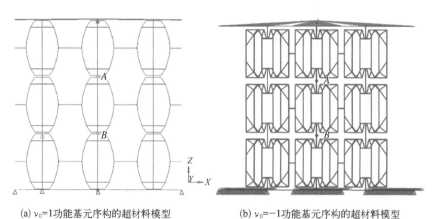

(a) $\nu_0=1$功能基元序构的超材料模型   (b) $\nu_0=-1$功能基元序构的超材料模型

图 3-66   序构的超材料结构

第4章

负刚度超材料设计理论与性能分析

弹性结构在力的作用下会发生形变。如果形变的趋势与力的变化趋势一致,力越大形变越大,则弹性结构具有正刚度。如果形变的趋势与力的变化趋势相反,则弹性结构具有负刚度。2004 年,Qiu 等[78]研究了中点受压的余弦形预制曲梁的负刚度效应,指出其在微机电系统领域的应用前景,负刚度余弦形曲梁受到广泛关注。后续研究者将其与特定形式的支撑结构结合,设计了一系列的负刚度超材料胞元构型[80,84,89]。这些负刚度超材料具有共同的力学特点:① 在静压或冲击载荷下逐层屈曲且作用力不大于曲梁的屈曲临界力;② 以弹性可恢复的结构大变形来吸收外部能量;③ 不同的梁的几何参数可以产生多个稳定状态等。现有的负刚度超材料虽然种类繁杂,但多以二维平面负刚度超材料为主,并且多数构型仅在一个方向上具有负刚度效应,在功能基元拓扑构型的设计上也未见有系统性的设计理论。

本章以余弦形曲梁作为功能基元(胞元),借鉴晶体学中研究内部结构周期性规律的布拉维点阵理论,提出负刚度超材料设计的布拉维点阵设计方法,按照一维、二维和三维的顺序分别设计多维多向负刚度超材料的胞元,进而序构成基于余弦形曲梁功能基元的负刚度超材料,并分析其力学特性。

4.1 余弦形曲梁的负刚度特性及参数分析

首先推导中点受压余弦形曲梁的力-位移关系,在此基础上对其力学特性进行参数分析,探讨基于余弦形曲梁的负刚度超材料的基本特性。

对于如图 4-1 所示的曲梁,其初始形状可表示为 $w_0(x) = h/2 \cdot [1 - \cos(2\pi x/l)]$,因此也称为余弦形曲梁。参数 l 为两端点连线长度,称为曲梁的跨长;h 为梁中点到两端点连线的距离,称为曲梁的拱高;t 为梁横截面厚度;

b 为梁横截面宽度。Qiu 等最早利用无量纲形式[78]，推导了梁中点受到力 f 作用时中点的位移 d 与 f 的关系。

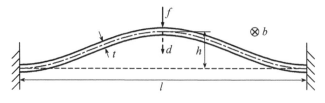

图 4-1 中点受压的预制余弦形曲梁

梁的静力学方程为

$$EIw^{(4)} + pw^{(2)} = 0 \tag{4-1}$$

式中，E 为材料的杨氏模量；$I = bt^3/12$ 为梁的横截面惯性矩；w 为梁的挠度；p 为梁轴向力。挠度应满足的几何边界条件为

$$w(0) = w(l) = w'(0) = w'(l) = 0 \tag{4-2}$$

引入记号 $n^2 = p/(EI)$，则式(4-1)可简化为

$$w^{(4)} + n^2 w'' = 0 \tag{4-3}$$

式(4-3)的通解可表示为

$$w = A\sin(nx) + B\cos(nx) + Cx + D \tag{4-4}$$

式中，A、B、C、D 为待定系数。根据式(4-2)边界条件，有

$$\begin{cases} B + D = 0 \\ An + C = 0 \\ A\sin(nl) + B\cos(nl) + Cl + D = 0 \\ An\cos(nl) - Bn\sin(nl) + C = 0 \end{cases} \tag{4-5}$$

方程组[式(4-5)]存在非零解的条件为

$$\begin{vmatrix} 0 & 1 & 0 & 1 \\ n & 0 & 1 & 0 \\ \sin(nl) & \cos(nl) & l & 1 \\ n\cos(nl) & -n\sin(nl) & 1 & 0 \end{vmatrix} = 0 \tag{4-6}$$

解得

$$\sin\left(\frac{nl}{2}\right)\left[\frac{nl\cos\left(\frac{nl}{2}\right)}{2-\sin\left(\frac{nl}{2}\right)}\right]=0 \tag{4-7}$$

由式(4-7)可得挠曲线方程的两类解。第一类为

$$\begin{cases} w_i(x)=c\left[1-\cos(n_i x)\right] \\ n_i l=(i+1)\pi \end{cases} (i=1,\ 3,\ 5,\ \cdots) \tag{4-8}$$

第二类为

$$\begin{cases} w_i(x)=c\left[1-\cos(n_i x)-\dfrac{2x}{l}+\dfrac{2\sin(n_i x)}{n_i l}\right] (i=2,\ 4,\ 6,\ \cdots) \\ n_i l=2.86\pi,\ 4.92\pi,\ 6.94\pi,\ \cdots \end{cases} \tag{4-9}$$

式中,c 为待定常数。这些解也称为余弦形曲梁的屈曲模态。

曲梁的初始长度为 s_0,轴向变形为 d_p,则在变形过程中曲梁的真实长度为

$$s=s_0-d_p=\int_0^l \sqrt{1+\left[w'(x)\right]^2}\,\mathrm{d}x \approx \int_0^l \left\{1+\frac{1}{2}\left[w'(x)\right]^2\right\}\mathrm{d}x \tag{4-10}$$

由上式,根据曲梁的初始形状:

$$\bar{w}(x)=\frac{h}{2}\left[1-\cos\left(2\pi\frac{x}{l}\right)\right] \tag{4-11}$$

可得其初始长度为

$$s_0=l+\frac{\pi^2 h^2}{4l} \tag{4-12}$$

曲梁中点 $(x=l/2)$ 受到力 f 作用产生变形时,挠曲线可表示为式(4-8)和式(4-9)中解的叠加形式,即

$$w(x)=\sum_{i=1}^{\infty} A_i w_i(x) \tag{4-13}$$

式中,A_i 为叠加各项的系数。曲梁中点的位移 d 可表示为

$$d=\bar{w}\left(\frac{l}{2}\right)-w\left(\frac{l}{2}\right)=h-w\left(\frac{l}{2}\right) \tag{4-14}$$

根据胡克定律,轴向力为

$$p = Ebt\left(1 - \frac{s}{s_0}\right) \tag{4-15}$$

在曲梁变形过程中，由于轴向力压缩产生的压缩应变能为

$$U_s = pd_p \tag{4-16}$$

由于弯曲产生的弯曲应变能为

$$U_b = \frac{EI}{2}\int_0^l \left(\frac{\mathrm{d}^2\bar{w}}{\mathrm{d}x^2} - \frac{\mathrm{d}^2 w}{\mathrm{d}x^2}\right)^2 \mathrm{d}x \tag{4-17}$$

由于外力做功引起的势能变化为

$$U_f = -fd \tag{4-18}$$

将式(4-12)与式(4-13)代入式(4-10)，可得到 d_p 与 A_i 之间的关系为

$$\left(\frac{\pi^2 h^2}{4l} - d_p\right)l = \sum_{i=1}^{\infty} \frac{A_i^2 (n_i l)^2}{4} \tag{4-19}$$

因此系统总能量表达式为

$$
\begin{aligned}
U_t = U_b + U_s + U_f = {} & \frac{EIl}{4}\left[n_1^4\left(\frac{h}{2} - A_1\right)^2 + \sum_{i=2}^{\infty} A_i^2 n_i^4\right] + \\
& p\left[\frac{\pi^2 h^2}{4l} - \sum_{i=1}^{\infty}\frac{A_i^2 (n_i l)^2}{4l}\right] - f\left(h - 2\sum_{i=1}^{\infty} A_{4i-3}\right)
\end{aligned} \tag{4-20}
$$

对系统总能量求变分可得

$$
\begin{aligned}
\partial U_t = {} & \left[\frac{EIl}{4}n_1^4(2A_1 - h) - \frac{pA_1 (n_1 l)^2}{2l} + 2f\right]\partial(A_1) + \\
& \sum_{i=2,\,3,\,4,\,6,\,7,\,\cdots}^{\infty} \left(\frac{EIln_i^4 - pn_i^2 l}{4}\right)\partial(A_i^2) + \\
& \sum_{i=5,\,9,\,\cdots}^{\infty} \left(\frac{EIln_i^4 - pn_i^2 l}{2}A_i + 2f\right)\partial(A_i) \\
= {} & \left[\frac{EIl(n_1^4 - n^2 n_1^2)}{2}A_1 - \frac{EIhl}{4}n_1^4 + 2f\right]\partial(A_1) + \\
& \sum_{i=2,\,3,\,4,\,6,\,7,\,\cdots}^{\infty} \left[\frac{EIl(n_i^4 - n^2 n_i^2)}{4}\right]\partial(A_i^2) + \\
& \sum_{i=5,\,9,\,\cdots}^{\infty} \left[\frac{EIl(n_i^4 - n^2 n_i^2)}{2}A_i + 2f\right]\partial(A_i)
\end{aligned} \tag{4-21}
$$

令 $\partial U_t = 0$，由 $\partial(A_i)|_{i=1,5,9,\cdots}$ 的系数为 0 可以解得

$$\begin{cases} A_1 = \dfrac{-n_1^2 h}{2(n^2 - n_1^2)} + \dfrac{4f}{EIln_1^2(n^2 - n_1^2)} \\[3mm] A_i = \dfrac{4f}{EIln_i^2(n^2 - n_i^2)} \quad (i = 5,\ 9,\ 13,\ \cdots) \end{cases} \tag{4-22}$$

对于 $\partial(A_i^2)|_{i=2,3,4,6,7,\cdots}$ 项,则有

$$A_i \begin{cases} = 0, & n^2 < n_i^2 \\ \text{必须被限制,} & n^2 > n_i^2 \\ \text{可取任意值,} & n^2 = n_i^2 \end{cases} \tag{4-23}$$

4.1.1　余弦形曲梁的负刚度特性

在曲梁变形过程中轴向力 $p = n^2 EI$ 只能连续变化,共有 3 种形式的力-位移关系。

第一种形式为

$$\begin{cases} f = f_1 \\ p < \begin{cases} EIn_3^2, & \text{二阶变形被限制时} \\ EIn_2^2, & \text{二阶变形未被限制} \end{cases} \\ A_i = 0 \quad (i = 2,\ 3,\ 4,\ 6,\ 7,\ 8,\ \cdots) \end{cases} \tag{4-24}$$

第二种形式为

$$\begin{cases} f = f_2 \\ p = EIn_2^2 \\ A_i = 0 \quad (i = 3,\ 4,\ 6,\ 7,\ 8,\ \cdots) \end{cases} \tag{4-25}$$

第三种形式为

$$\begin{cases} f = f_3 \\ p = EIn_3^2 \\ A_i = 0 \quad (i = 2,\ 4,\ 6,\ 7,\ 8,\ \cdots) \end{cases} \tag{4-26}$$

联立式(4-14)、式(4-19)、式(4-22)和式(4-24),可以得到如下方程组:

$$
\begin{cases}
A_1 = \dfrac{-n_1^2 h}{2(n^2-n_1^2)} + \dfrac{4f}{EIln_1^2(n^2-n_1^2)} \\[3mm]
A_i = \dfrac{4f}{EIln_i^2(n^2-n_i^2)} \quad (i=5,\ 9,\ 13,\ \cdots) \\[3mm]
d_{\mathrm p} = \dfrac{\pi^2 h^2}{4l} - \sum_{i=1}^{\infty} \dfrac{A_i^2\,(n_i l)^2}{4l} = \dfrac{n^2 t^2 l}{12} \\[3mm]
d = h - 2\sum_{i=1,\,5,\,9,\,\cdots}^{\infty} A_i \\[3mm]
A_i = 0 \quad (i=2,\ 3,\ 4,\ 6,\ 7,\ 8,\ \cdots)
\end{cases}
\tag{4-27}
$$

求解可得 $f_1 = f_1(d)$。

将式(4-27)中最后一个方程替换为式(4-25)或式(4-26),同时令 $n=n_2$ 或 $n=n_3$,可分别求解得到其余两种形式的力-位移关系 f_2 与 f_3。

由于曲梁的变形主要取决于前三阶屈曲模态,一般情况下高阶模态被忽略(即取 $A_i=0$,当 $i=5$,9,13,…),可解得

$$
\begin{cases}
f_1 = \dfrac{\pi^4 EId}{2l^3 t^2}\left[3(d-h)(d-2h)+4t^2\right] \\[3mm]
f_2 = \dfrac{\pi^4 EIh}{l^3}\left(4.09 - 2.09\,\dfrac{d}{h}\right) \\[3mm]
f_3 = \dfrac{\pi^4 EIh}{l^3}\left(8 - 6\,\dfrac{d}{h}\right)
\end{cases}
\tag{4-28}
$$

当 f_1 取到极值时,对应 $d = h \pm \sqrt{3h^2-4t^2}/3$。 变形过程中的最大应变为

$$
\varepsilon_{\max} \approx \pi^2\,\dfrac{th}{l^2}\left(2+\dfrac{4t}{3h}\right)
\tag{4-29}
$$

由以上方程,在中点受作用力 f 时,根据曲梁几何特性的不同,f 的大小与中点位移 d 的关系可分为如下三种情况。

(1)当拱高厚度比 $Q=h/t$ 比较小时,下压过程中,轴力小于 i 阶屈曲力时(对于限制二阶屈曲模态的曲梁,i 取 3;不限制二阶屈曲模态的曲梁,i 取 2),垂向力与中点位移的关系为 $f_1 = f_1(d)$。

(2)当不限制曲梁的二阶屈曲模态时,若 Q 比较大,下压过程中,轴力会达到梁二阶屈曲力,垂向力与中点位移的关系为 $f_2 = f_2(d)$。

(3)当限制曲梁的二阶屈曲模态时,若 Q 比较大,下压过程中,轴力会达到梁三阶屈曲力,垂向力与中点位移的关系为 $f_3 = f_3(d)$。

　　这三种力-位移曲线间的关系及对应的变形模式如图 4-2 所示。图 4-2
(a)中虚线为不同参数 Q 下的 f_1 曲线,Q 越大曲线峰值越高,实线则为曲梁变形
中的实际路径。

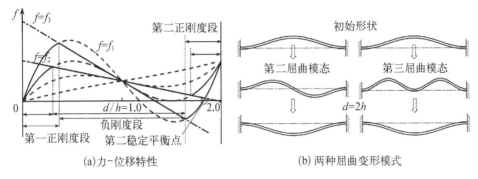

(a)力-位移特性　　　　　　　　　　(b)两种屈曲变形模式

图 4-2　余弦形曲梁的特性

　　从图中可以看出,随着位移的增加,载荷值首先增加,当达到 f_2 或 f_3 时发生跳
转,也称跃越屈曲(snap-through),变形模式发生改变。随后位移增加而力不断减小,
整体刚度为负,进入"负刚度段"。在负刚度段末端,载荷从最小值开始随着位移的增
加而增大,为第二正刚度段。$Q=1.65$ 时,f_1 与 f_2 相切。$Q=2.31$ 时,f_1 与 f_3 相切,且
与横轴相切。$Q>2.31$ 时,作用力的最小值为负,出现所谓的"双稳态"特性。

　　余弦形曲梁的"负刚度"特性始于轴向力达到其屈曲力阈值时,而"单稳态"
与"双稳态"特性则可以用应变能的变化来解释。变形开始时,在外力作用下,曲
梁在轴线方向受压,压缩应变能与弯曲应变能均增大。随着曲率向另一侧跳转,
压缩应变能在达到最大值后开始减小,弯曲应变能则持续增加,当压缩应变能的
减小速率大于弯曲应变能的增加速率时,总应变能开始减小,系统对外做功,载
荷 f 变为负值;如果弯曲应变能的增加速率大于压缩应变能的减小速率,则总
应变能始终表现为增加。曲梁的这些特性由其初始几何形状决定,当总应变能
除初始点外,存在第二个极小值,根据势能原理,此极小值为系统的第二稳定平
衡点,曲梁呈"双稳态",否则为"单稳态"。

　　若考虑高阶模态求解曲梁的力-位移关系,式(4-27)中第三个和第四个方
程应分别展开为

$$\sum_{i=1,\,5,\,9,\,\cdots}^{\infty} \frac{4(n^2-n_1^2)^2 f^2}{E^2 I^2 n_i^2 (n^2-n_i^2)^2} - \frac{hln_i^2 f}{EI} +$$

$$\frac{n^2 t^2 l^2 (n^2-n_1^2)^2}{12} - \frac{h^2 l^2 n_1^2 n^2 (n^2-2n_1^2)}{16} = 0 \tag{4-30}$$

$$d = h + \frac{hn_1^2}{n^2 - n_i^2} - \sum_{i=1, 5, 9, \ldots}^{\infty} \frac{8f}{EIln_i^2(n^2 - n_i^2)} \tag{4-31}$$

直接求解该方程组以获得 f 与 d 关系是很困难的,但如果将 n 视为参数,式(4-30)可看作是关于未知数 f 的二次方程。因此,可先给出一系列离散的 n 值,然后求解方程[式(4-30)],得到 f 的解后将其代入式(4-31)以求解相应的位移 d。

4.1.2　余弦形曲梁几何参数对其力学特性的影响

利用上节得到的理论解,改变余弦形曲梁的几何参数(跨长 l、拱高 h 和梁横截面厚度 t),研究参数对其力学特性的影响。分别给出了考虑和不考虑高阶模态的结果,并与考虑几何非线性的准静态有限元解进行比较。几何参数的取值范围如表 4-1 所示。由上一节的推导,曲梁的负刚度力学特性与几何尺度无关,因此为了方便试件的加工和试验的测量,本文中选择的曲梁尺寸为毫米尺度。在计算过程中设定一组基本参数: $l = 90$ mm, $h = 4$ mm 和 $t = 1$ mm,每次只改变其中一个值,曲梁横截面宽度 b 固定为 1 mm。材料选取 PLA,弹性模量 $E = 1\ 643.4$ MPa,密度 $\rho = 1\ 210$ kg/m³,泊松比为 0.38。

表 4-1　余弦形曲梁的几何参数选取

单位: mm

几何参数	最小值	最大值	间　隔
l	75	120	3
h	1.2	6.4	0.4
t	0.5	1.8	0.1

计算得到限制二阶屈曲模态时的结果如图 4-3～图 4-5 所示。除了曲梁的力-位移曲线外,还给出了最大屈曲力及对应的位移值随几何参数的变化情况。

由图 4-3～图 4-5 可以看出,理论公式和有限元法得到的力-位移曲线、屈曲力临界值、位移临界值都吻合得很好。对比三种方法的屈曲力临界值和位移临界值[见图 4-3(b)、图 4-4(b)和图 4-5(b)]发现,在忽略高阶模态的情况

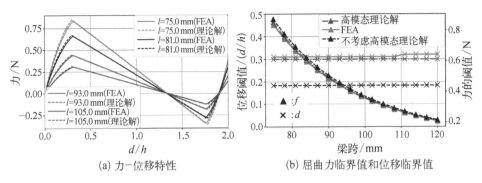

(a) 力-位移特性　　　　　(b) 屈曲力临界值和位移临界值

图 4‑3　不同跨长曲梁的二阶屈曲模态时的计算结果

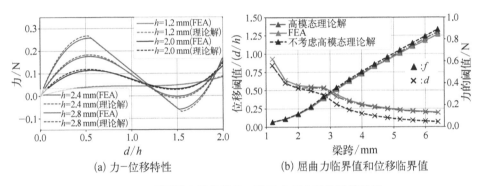

(a) 力-位移特性　　　　　(b) 屈曲力临界值和位移临界值

图 4‑4　不同拱高的曲梁的二阶屈曲模态时的计算结果

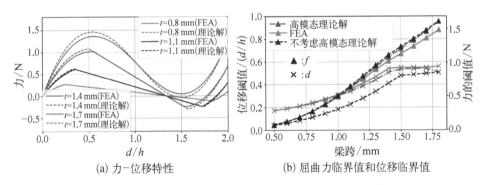

(a) 力-位移特性　　　　　(b) 屈曲力临界值和位移临界值

图 4‑5　不同梁横截面厚度的曲梁的二阶屈曲模态时的计算结果

下,可以获得较准确的屈曲力临界值,但位移临界值的计算结果存在误差,而后者对于预报曲梁何时发生屈曲非常重要。考虑高阶模态的结果则与有限元非常接近,因此在用理论方法分析曲梁特性时,必须考虑高阶模态的影响。另外,此类梁的非线性弯曲问题也可以通过基于精确曲率表达的梁微分方程来求解[277]。

在保持其他参数不变的情况下,增大曲梁跨长 l 时,初始刚度与屈曲力临界值均减小,而位移临界值保持不变。所有曲线在 d 轴同一位置相交的特性表明,该位置与曲梁跨长 l 无关。进一步计算发现,即使对于跨长 400 mm 的余弦形曲梁,当屈曲力临界值降至 0.005 N 时,曲线的形状也不会改变。

增大曲梁的拱高 h 或梁横截面厚度 t 时,屈曲力临界值均增大,但位移临界值呈现相反的变化趋势:对于较大的 h 或较小的 t,位移临界值较小,并且存在渐近线,极限值为 $0.16h$。增大拱高 h,力-位移关系从单调增变为非单调的单稳态,然后变为非单调的双稳态;而增大梁横截面厚度 t 时,曲线以相反的趋势变化。

尽管屈曲力临界值的增大对于承载性能是非常重要的,但在实际应用中必须结合曲梁的强度来选取这些参数,因为局部应力通常会随之急剧增大。

4.1.3　余弦形曲梁序构负刚度超材料的基本结构特征

由于余弦形曲梁具有形式简单、无须借助外部约束、易与其他结构进行一体化设计等优点,以余弦形曲梁作为功能基元(胞元)的负刚度超材料成为被广泛研究的类型。基于余弦形曲梁序构的负刚度超材料的胞元一般由余弦形曲梁(屈曲部件)和框架梁(支撑部件)构成。曲梁在外力作用下发生屈曲,是超材料负刚度效应的来源;框架刚度较大,其变形很小,为负刚度梁提供边界条件。Correa 等[80]、Frenzel 等[86]提出的负刚度超材料胞元如图 4-6 所示,为避免曲梁扭曲和绕中点的旋转,同时提高其刚度,一般将多条曲梁在其中点连接。

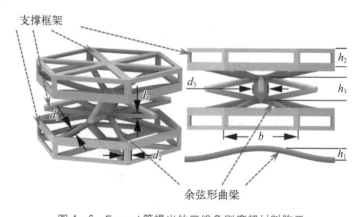

图 4-6　Frenzel 等提出的三维负刚度超材料胞元

综上所述,基于余弦形曲梁序构的屈曲型负刚度超材料具有以下特点:

(1) 超材料由胞元在平面或空间内周期排布而成。

(2) 负刚度超材料胞元由余弦形负刚度梁(屈曲部件)和框架梁(支撑部件)组成,框架刚度较大,变形很小,为负刚度梁提供屈曲边界条件。

(3) 余弦形曲梁在其中点处与其他构件相连接,实现中点受压的载荷条件。

已有的负刚度超材料虽然种类多样,但缺少对胞元构型进行系统性设计的理论或方法。本书基于余弦形曲梁胞元,建立一种系统性的负刚度超材料设计方法,指导设计多维多向负刚度超材料构型。

4.2　负刚度超材料设计的布拉维点阵方法

4.2.1　晶体结构的布拉维点阵理论

科学家们在研究具有天然几何多面体外形的矿物时引入了晶体的概念,后来随着 X 射线应用于晶体内部结构的研究,证实了组成晶体物质的质点(原子、离子、离子团或分子等)在其内部三维空间是有规律重复排列的,即所谓"长程有序"[278-279]。图 4-7 为氯化钠晶体的三维结构图,可以看出氯离子与钠离子在三维空间各自按一定间距重复排列。

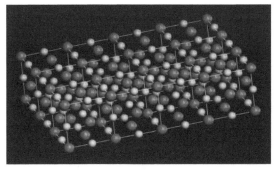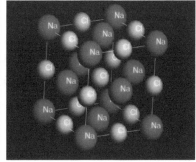

图 4-7　氯化钠的晶体结构

为便于描述和研究不同形式的晶体结构,引入点阵和点阵点的概念。以图 4-8 二维周期性结构为例,周期性结构中最小的重复单位称为基元,基元可以是原子、分子、离子、原子团或离子团等。在每个基元处,由于其重复性,物质组成和周围几何环境皆相同,因此可以针对每个基元抽象出一个代表点,称为相当点，所有基元处的相当点组成相当点系。将相当点与相当点系的概念从具体物质抽象到数学空间中，则分别称为点阵点与点阵。点阵可以是一维点阵、二维点阵或三维点阵。图4-9中给出了二维晶体结构、点阵、基元三者的关系。点阵的一个基本特点是连接其中任意两点可得到一个矢量，将各个点阵点沿此矢量平移，能使其复原，即平移对称性。

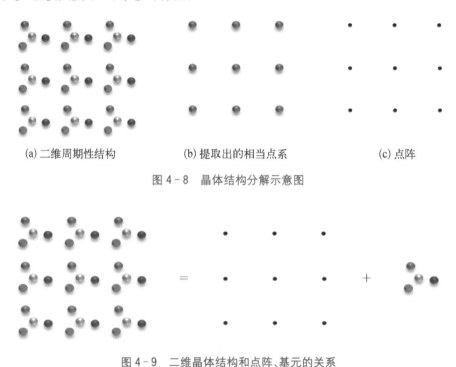

(a) 二维周期性结构　　　　(b) 提取出的相当点系　　　　(c) 点阵

图4-8　晶体结构分解示意图

图4-9　二维晶体结构和点阵、基元的关系

在得到点阵后，人为地将点阵点用一系列相互平行的直线族连接起来的空间称为晶格，如图4-10所示。在晶格中，以点阵点为顶点，以三个独立方向上的周期为边长构成的体积最小的平行六面体称为原胞（primitive cell）。整个晶体结构可以由原胞在空间内重复堆砌而成，因此，在坐标空间内原胞的棱边既有

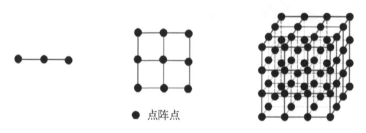

● 点阵点

图4-10　一维、二维和三维晶格

长度又有方向,这样的矢量称为原胞基矢,通常用 a_1、a_2、a_3 表示。对于二维和一维晶格,原胞则分别为最短线段和最小面积平行四边形。原胞的选取并不唯一,但它们的体积(或面积)相同,以二维点阵为例,原胞的选取如图 4-11 所示。

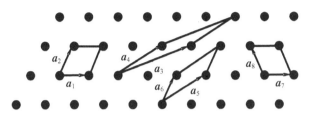

图 4-11　二维点阵中原胞的选取

原胞是晶格内体积最小的重复单元,点阵点仅出现在其顶角上,每个原胞平均只包含一个点阵点。原胞往往不能反映结构的对称性,因而晶体学中选取的基本单元并非体积最小的原胞,点阵点不仅出现在顶角上也出现在体心和面心上,这样的重复单元称为晶胞(crystal cell),晶胞的基矢用 a、b、c 表示。晶胞的选取应保证平行六面体内的棱和角相等的数目最多;当存在直角时,直角的数目应最多。晶胞的体积是原胞体积的整数倍。三维晶胞的形状是平行六面体,描述晶胞可用晶胞棱边长度 a、b、c(也叫作晶格常数)和棱边的夹角 α、β、γ 等 6 个参数,二维晶胞则用边长 a、b 和夹角 θ 等 3 个参数,或者用边长 c、d 及夹角 φ 等 3 个参数描述。

根据晶胞形式的不同可以对晶体结构的类型进行划分。1848 年法国物理学家奥古斯特·布拉维(Auguste Bravais)根据"每个阵点的周围环境相同"的要求,用数学分析法证明了晶体中的空间点阵共有 14 种。因此,这 14 种点阵形式称为布拉维点阵(Bravais lattice),也称布拉维格子。布拉维格子中包含了晶格的基本形状,即晶胞棱边的长度及棱边间夹角的关系。尽管晶体有各种结构,只要有相同的布拉维格子,就具有相同周期性,如 Cu、Si、NaCl 等具有相同的周期性,不同点在于其基元。

对于二维点阵,共有 5 种不同形式的布拉维格子,分别为简单斜方、简单长方、中心长方、简单六角和简单正方,其点阵示意图及基矢之间的关系如图 4-12 所示。

三维空间中 14 种布拉维格子分别为简单三斜、简单单斜、底心单斜、简单正交、底心正交、体心正交、面心正交、简单四方、体心四方、简单三方、简单六方、简单立方、体心立方和面心立方,其点阵示意图及基矢之间的关系如表 4-2 所示。

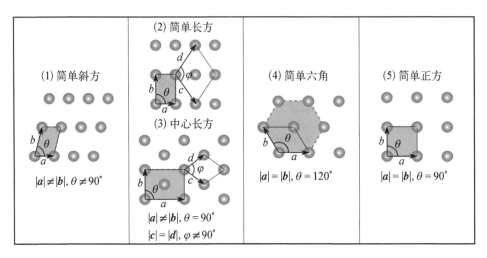

图 4-12   5 种二维布拉维格子

表 4-2   14 种三维布拉维格子

晶系	参数间关系	简单	底心	体心	面心
三斜	$a \neq b \neq c$ $\alpha \neq \beta \neq \gamma \neq 90°$				
单斜	$a \neq b \neq c$ $\alpha = \gamma = 90° \neq \beta$				
正交	$a \neq b \neq c$ $\alpha = \beta = \gamma = 90°$				

晶系	参数间关系	简单	底心	体心	面心
四方	$a = b \neq c$ $\alpha = \beta = \gamma = 90°$				
三方	$a = b = c$ $\alpha = \beta = \gamma \neq 90°$				
六方	$a = b \neq c$ $\alpha = \beta = 90°$ $\gamma = 120°$				
立方	$a = b = c$ $\alpha = \beta = \gamma = 90°$				

4.2.2　负刚度超材料的布拉维点阵设计方法

周期性超材料与晶体的相似之处在于其内部微观结构均呈周期性排列,因此其物理及力学特性研究中可以采用相同的研究方法。事实上,在研究弹性波超材料中已采用了这种研究方法[280]。晶体结构是人们在研究自然界中已知物质的性质时发现的,先有宏观物质而后才发现其内部结构的一般规律。而超材料作为人工设计的材料,是人类有意识设计的产物,在自然界中不存在这类材料,是先有内部结构设计而后制造出宏观超材料。本书按照晶体学中周期性结构的构造规律,反向类比设计超材料的微观胞元及宏观结构。

受晶体布拉维点阵结构的启发,本书通过已有的布拉维点阵形式,系统地设计了一系列不同构型的一维、二维和三维负刚度超材料。结合基于余弦形曲梁的负刚度超材料设计经验,本书设计的负刚度超材料满足以下几个基本条件:

(1) 负刚度超材料均由基本重复单位(沿用晶体学中术语,称为负刚度基元)周期排布而成。

(2) 负刚度基元由余弦形负刚度梁(屈曲部件)和框架梁(支撑部件)组成,框架刚度较大,为负刚度梁提供边界条件。

(3) 负刚度基元之间通过短直梁连接,短直梁两端分别为两组负刚度梁(分别属于两个基元)的中点,短直梁轴线与这两组负刚度梁的方向重合。其中,定义平面/空间负刚度梁的方向为其余弦形轴线平面内过梁中点的法线方向。

以一维(线)负刚度超材料为例说明(见图 4-13)。两个负刚度梁及其支撑框架构成一个基元,相邻基元间通过短直梁连接,短直梁轴线与负刚度梁方向一致。

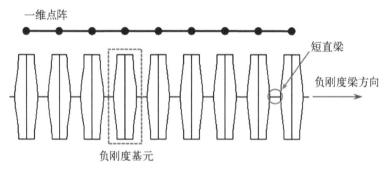

图 4-13　一维负刚度超材料

基于二维或三维布拉维点阵设计负刚度超材料时,先以布拉维点阵为平面或空间"骨架",在每个点阵点处布置一个负刚度基元,然后设计单个负刚度基元的屈曲梁与支撑梁部件,使该基元满足上述负刚度超材料的几个基本条件。与寻找晶体晶胞的过程相逆,此方法的核心是按照二维或三维布拉维格子已经给出的周期排布方式来设计基元的构型。

由于负刚度梁方向恰好是两个基元的连接线方向,因此为了保证在每个基元上都满足这样的周期性,负刚度梁的方向必须选为布拉维点阵中原胞基矢方向而非晶胞基矢方向,以体心立方格子为例说明两者的区别,如图 4-14 所示。基矢的长度最终决定负刚度基元的大小,因为短直梁和负刚度梁方向相同,且穿过负刚度梁中点,所以每个负刚度基元又恰好落在魏格纳-塞茨原胞的范围内,如图 4-15 所示。

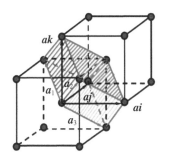

$$a_1 = \frac{a}{2}(-i+j+k) = \frac{1}{2}(-a+b+c)$$

$$a_2 = \frac{a}{2}(i-j+k) = \frac{1}{2}(a-b+c)$$

$$a_3 = \frac{a}{2}(i+j-k) = \frac{1}{2}(a+b-c)$$

图 4-14　体心立方布拉维格子的原胞与晶胞

注：平均每个晶胞包含 2 个格点。原胞体积为晶胞体积的 $\frac{1}{2}$。

综上所述，负刚度超材料的布拉维点阵设计法是指采用如下步骤设计负刚度超材料的方法：

（1）以布拉维点阵为基本"骨架"，在每个点阵点处布置一个负刚度基元。

（2）设计负刚度基元的构型，使负刚度基元之间通过短直梁连接，短直梁两端分别为两组负刚度梁（分别属于两个基元）的中点，短直梁轴线与这两组负刚度梁的方向重合。

（3）负刚度基元中负刚度余弦形曲梁方向恰好是与相邻基元的连线方向。

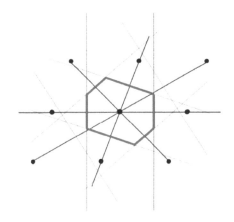

图 4-15　魏格纳-塞茨原胞

注：1. 以格点为中心，取和近邻格点连线垂直平分线（面）围成的面积（体积）为原胞。
　　2. 这种选取方法是唯一的，一种点阵对应一种形式的魏格纳-塞茨原胞。

4.2.3　基于一维点阵的负刚度超材料设计

图 4-13 中已经给出了一种基于一维点阵的负刚度超材料，一维点阵的特点是仅在一个方向上具有周期性。由于负刚度超材料构型一般是二维或三维的，因此可将这种构型在平面或空间内延展，在垂直于点阵的方向上形成多个余弦形曲梁的并联，二维[80,83]和三维[86]的情形分别如图 4-16 和图 4-17 所示。

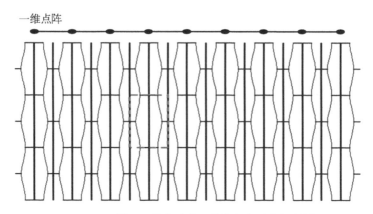

图 4‑16　基于一维点阵的二维单向负刚度超材料

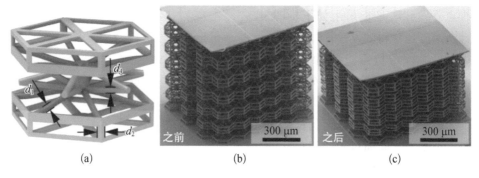

图 4‑17　三维单向负刚度超材料

由于此类超材料仅在一个方向上设置了负刚度梁,因此负刚度效应和力学行为只在特定的方向上呈现,称为二维/三维单向负刚度超材料,文献中已有的负刚度超材料大部分属于此类。

本书按照上述方法设计了一种二维单向负刚度超材料,如图 4‑18 所示,针

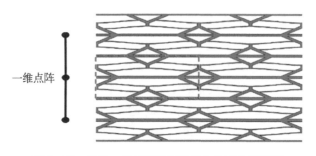

图 4‑18　基于一维点阵的二维单向负刚度超材料

对图 4 - 16 中的构型做了部分改进。首先,通过两个余弦形曲梁的串联,增加了曲梁的抗扭转刚度,构型更加稳定;其次,由于曲梁的两端与倾斜的支撑梁连接,可以方便地调整曲梁的长度,增加了构型的可设计性。

　　由于单向负刚度超材料形式众多、结构简单,对"基于一维点阵的负刚度超材料"的概念进行扩展,只要满足周期性和单向性、且基元内含有中点受压屈曲的负刚度曲梁即可列入这一范畴。

4.2.4　基于二维点阵的负刚度超材料设计

　　对于二维和三维点阵,原胞基矢数为 2 和 3,因此所设计的超材料在多个轴上具有负刚度性质。本书为方便起见,将这些超材料命名为"XXXX(布拉维点阵名称)M(二或三)维 N(由基元具有的负刚度轴向的数目决定)向负刚度超材料"。

　　对于二维平面域中 5 种布拉维点阵,可按照前面介绍的方法设计出不同的二维双向或三向负刚度超材料,分别如图 4 - 19～图 4 - 25 所示。图中虚框线表示布拉维格子,箭头线则表示原胞基矢,黑色细线表示负刚度超材料基元。

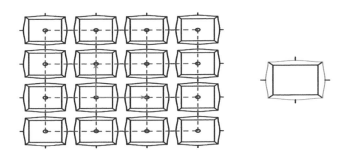

图 4 - 19　简单正方二维双向负刚度超材料

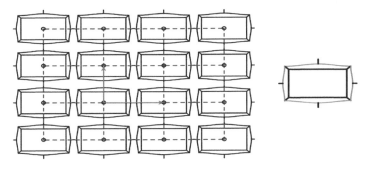

图 4 - 20　简单长方二维双向负刚度超材料

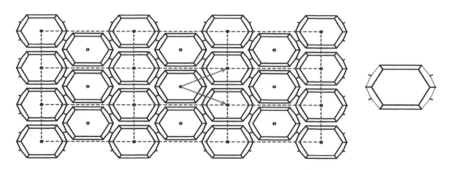

图 4-21 中心长方二维双向负刚度超材料

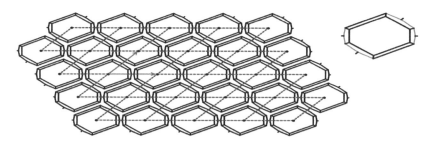

图 4-22 简单斜方二维双向负刚度超材料

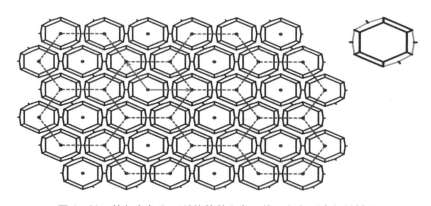

图 4-23 基矢夹角为 120°的简单六角二维双向负刚度超材料 Ⅰ

对于简单六角二维点阵结构,当选取基矢的夹角为 60°时,遵循基元内负刚度梁方向与基矢方向相同的原则,还可以得到另一种负刚度超材料设计,如图 4-24 所示。

由以上两种不同的简单六角二维双向负刚度超材料,可以合成为一种新的负刚度超材料,如图 4-25 所示。尽管其不在本书所提设计方法的框架内,但具

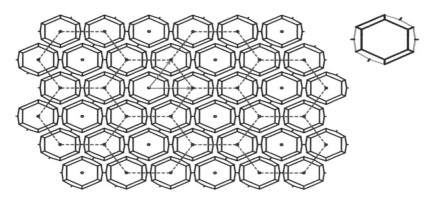

图 4‑24　基矢夹角为 60°的简单六角二维双向负刚度超材料 Ⅱ

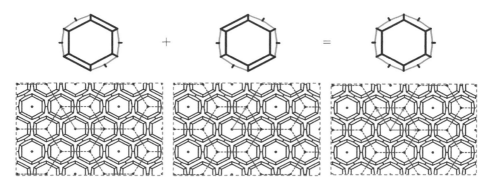

图 4‑25　简单六角二维三向负刚度超材料

有重要的意义,即这种超材料在夹角互为 60°的 3 个共面轴上均具有负刚度特性,将其命名为"简单六角二维三向负刚度超材料"。

4.2.5　基于三维点阵的负刚度超材料设计

下面将布拉维点阵设计法用于三维负刚度超材料的设计。三维负刚度超材料与二维相比,相邻基元在连接处不再是一对负刚度梁,而是一对负刚度受力面,这个受力面在基元内部由两个或多个负刚度梁连接组成。

本节为简便起见,假设原胞基矢(a_1、a_2、a_3)的长度关系只影响负刚度基元的尺寸大小,而不改变负刚度基元的基本构型。因此仅考虑基矢夹角,将 14 种三维布拉维点阵分为以下 6 类:

(a)简单三斜、底心单斜、简单三方。

（b）简单单斜、底心正交。

（c）简单正交、简单四方、简单立方。

（d）体心正交、体心四方、体心立方。

（e）面心正交、面心立方。

（f）简单六方。

根据第 1 类三维点阵设计负刚度超材料，即简单三斜、底心单斜与简单三方，如图 4-26 所示。

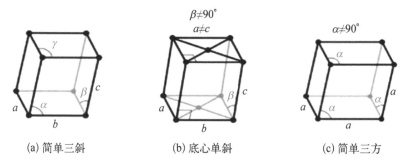

（a）简单三斜　　　　　（b）底心单斜　　　　　（c）简单三方

图 4-26　简单三斜、底心单斜、简单三方三维布拉维点阵

这 3 种三维点阵的共同特点是它们的原胞基矢夹角均不等于 90°，因此在设计对应的负刚度超材料时可以归为一类，所设计的负刚度超材料基元如图 4-27 所示。图 4-27(a)～图 4-27(c)为空间视图，图 4-27(d)～图 4-27(f)分别为某两个基矢所在平面的正视图。

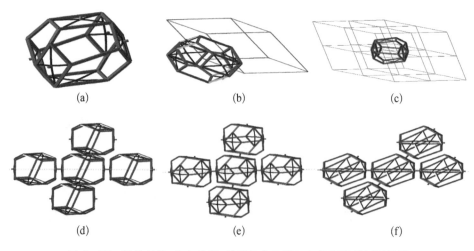

（a）　　　　　　　（b）　　　　　　　（c）

（d）　　　　　　　（e）　　　　　　　（f）

图 4-27　简单三斜、底心单斜、简单三方三维三向负刚度超材料基元

第 2 类三维点阵为简单单斜和底心正交,如图 4-28 所示。

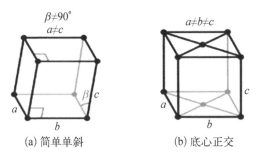

(a) 简单单斜　　　　　　　(b) 底心正交

图 4-28　简单单斜、底心正交三维布拉维点阵

这两种三维点阵的共同点是原胞的 3 个基矢夹角中有两个是 90°,因此可以归为一类。所设计的负刚度超材料基元如图 4-29 所示。图 4-29(a)~图 4-29(c)为空间视图,图 4-29(d)~图 4-29(f)分别为某两个基矢所在平面的正视图。

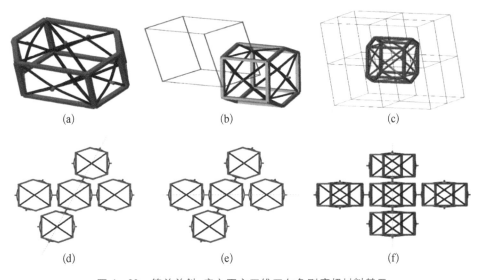

图 4-29　简单单斜、底心正交三维三向负刚度超材料基元

第 3 类三维点阵为简单正交、简单四方和简单立方,如图 4-30 所示。

这 3 种三维点阵的共同点是原胞的 3 个基矢夹角均为 90°,所设计的负刚度超材料基元如图 4-31 所示。图 4-31(a)~图 4-31(c)为空间视图,图 4-31(d)~图 4-31(f)分别为某两个基矢所在平面的正视图。

第 4 类三维点阵为体心正交、体心四方和体心立方,如图 4-32 所示。

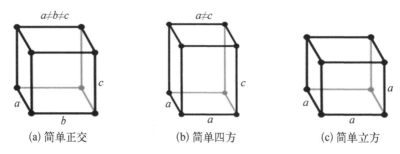

(a) 简单正交　　　　　　(b) 简单四方　　　　　　(c) 简单立方

图 4-30　简单正交、简单四方、简单立方三维布拉维点阵

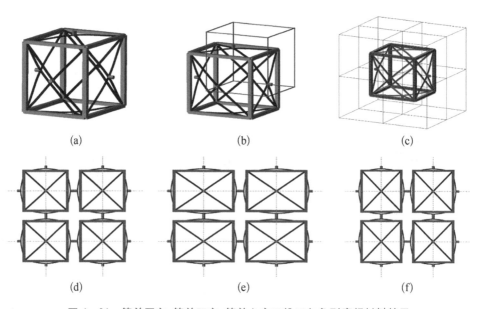

(a)　　　　　　　　　　(b)　　　　　　　　　　(c)

(d)　　　　　　　　　　(e)　　　　　　　　　　(f)

图 4-31　简单正交、简单四方、简单立方三维三向负刚度超材料基元

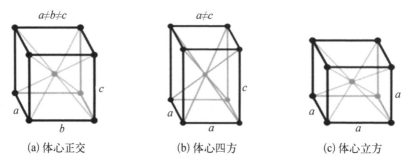

(a) 体心正交　　　　　　(b) 体心四方　　　　　　(c) 体心立方

图 4-32　体心正交、体心四方、体心立方三维布拉维点阵

　　这 3 种三维点阵的区别仅在于晶胞基矢长度（a、b、c）的不同，而基本构型一致，其原胞基矢均为从体心出发指向六面体 8 个顶点中的某 3 个，构成互不共线的 3 个矢量。因此，原胞基矢的选择不唯一。这样得到的原胞基矢夹角和长度由晶胞基矢长度决定，具有任意性，所以对应设计的负刚度超材料基元与第一类简单三斜等 3 种格子的一致，如图 4-27 所示。

　　在简单六角二维二向负刚度超材料的设计中，已经提到可以将不同的原胞基矢选择方式叠加，在所有可能的基矢定义方向均设置负刚度梁，形成一种多向的负刚度超材料（见图 4-25）。将这一方法推广到三维情形，对于体心正交、体心四方、体心立方等 3 种点阵，可在晶胞四个体对角线方向均设置负刚度受力面，形成如图 4-33 所示的三维四向负刚度超材料。该负刚度基元内的框架正好组成十四面体，与体心格子的魏格纳-塞茨原胞一致。

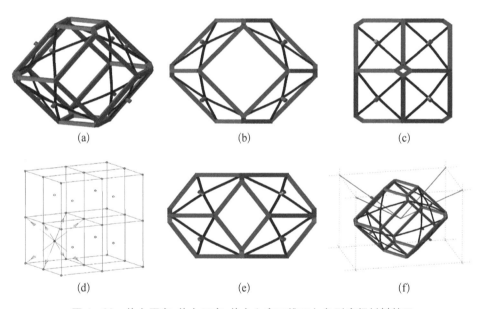

(a)　　　　　　　　　(b)　　　　　　　　　(c)

(d)　　　　　　　　　(e)　　　　　　　　　(f)

图 4-33　体心正交、体心四方、体心立方三维四向负刚度超材料基元

　　第 5 类三维点阵为面心正交和面心立方，如图 4-34 所示。

　　这两种三维点阵的基本构型一致，其原胞基矢均为从晶胞六面体的一个顶点出发指向其相邻 12 个矩形侧面面心中的某 3 个，构成互不共线的 3 个矢量。同样地，原胞基矢的选择并不唯一且基矢夹角和长度由晶胞基矢长度决定，具有任意性，所以对应设计的负刚度超材料基元与第 1 类简单三斜等 3 种格子的一致，如图 4-27 所示。

　　如果在所有的 6 个原胞基矢定义方向均设置负刚度受力面，同样有一种新

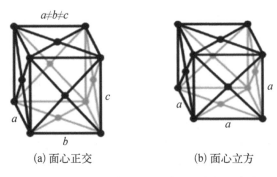

(a) 面心正交   (b) 面心立方

图 4-34   面心正交、面心立方三维布拉维点阵

的负刚度超材料构型,可称为三维六向负刚度超材料,如图 4-35 所示。其中,图 4-35(a)为基元三维视图,图 4-35(b)为基元内 12 个负刚度受力面的方向,图 4-35(c)～图 4-35(e)为其正视图、侧视图与俯视图,图 4-35(f)～图 4-35(i)为基元在点阵格子中的位置及某一基矢平面上的视图。

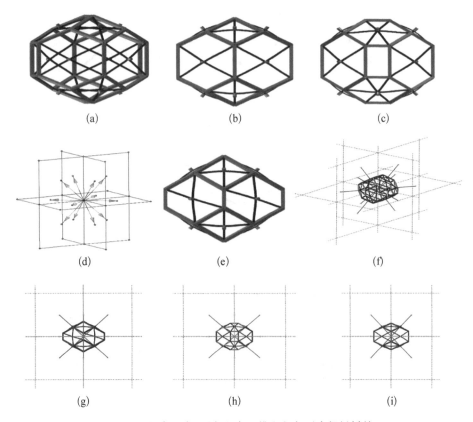

(a)   (b)   (c)

(d)   (e)   (f)

(g)   (h)   (i)

图 4-35   面心正交、面心立方三维六向负刚度超材料基元

第 6 类三维点阵为简单六方,如图 4-36 所示。

简单六方三维布拉维点阵的特点是晶胞基矢长度 $a=b\neq c$,夹角 $\alpha=\beta=90°$、$\gamma=120°$,对应设计的负刚度超材料基元,如图 4-37(a)～图 4-37(b)所示,等价于第 2 类简单单斜与底心正交负刚度超材料在底面夹角为 120°时的情形。当夹角 γ 取 60°时,对应另一种形式的负刚度超材料基元构型,如图 4-37(c)～图 4-37(d)所示,因此称这两种负刚度超材料为简单六方三维三向负刚度超材料。

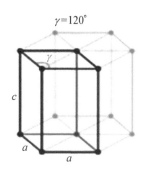

图 4-36　简单六方三维布拉维点阵

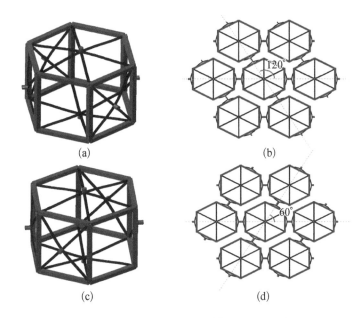

(a)　　　　　　　　　(b)

(c)　　　　　　　　　(d)

图 4-37　简单六方三维三向负刚度超材料[(a)～(b) 基矢夹角为 120°,(c)～(d) 基矢夹角为 60°]

同样地,将图 4-37 中两种构型的基矢选取方式叠加,可形成如图 4-38 所示的三维四向负刚度超材料基元。其中,图 4-37(a)为基元三维视图,图 4-37(b)为基元在点阵格子中的位置,图 4-37(c)～图 4-37(f)分别为四个负刚度轴的正视图。

综上所述,基于晶体布拉维点阵理论,本文建立了一种负刚度超材料设计体系,新设计了多种不同的超材料构型,汇总如表 4-3 所示。

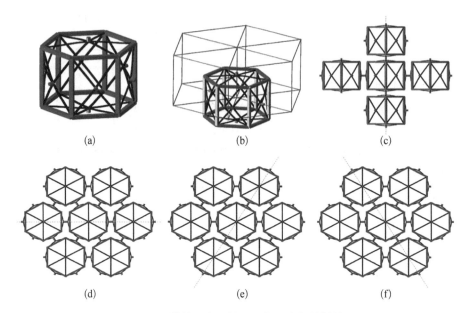

<table>
</table>

图 4-38　简单六方三维四向负刚度超材料基元

表 4-3　所设计的多维多向负刚度超材料汇总

超材料类别	数目	对应书中图片	布拉维点阵类型
二维单向负刚度	1	图 4-18	一维点阵
二维双向负刚度	6	图 4-19～图 4-24	简单正方、简单长方、中心长方、简单斜方、简单六角
二维三向负刚度	1	图 4-25	简单六角
三维三向负刚度	5	图 4-27、图 4-29 图 4-31、图 4-37	简单三斜、底心单斜、简单三方；简单单斜、底心正交；简单正交、简单四方、简单立方；简单六方
三维四向负刚度	2	图 4-33、图 4-38	体心正交、体心四方、体心立方；简单六方
三维六向负刚度	1	图 4-35	面心正交、面心立方

　　本节研究了中点受压余弦形曲梁的负刚度效应与力学特性,介绍基于余弦形曲梁的负刚度超材料的特点,提出负刚度超材料的布拉维点阵设计法,设计了一系列多维多向负刚度超材料构型。主要结论如下:

　　(1) 针对余弦形曲梁力学性能的参数分析表明,调整其几何参数可以有效地改变其力-位移曲线,实现正刚度到负刚度、单稳态到双稳态的转换。所得出的有限元数值结果在力-位移曲线、屈曲力临界值、位移临界值上均与理论公式解吻合得很好。

（2）建立了完整的基于晶体布拉维点阵的负刚度超材料设计体系,根据一维、二维、三维布拉维点阵共设计了 1 种二维单向负刚度超材料、6 种二维双向负刚度超材料、1 种二维三向负刚度超材料、5 种三维三向负刚度超材料、2 种三维四向负刚度超材料和 1 种三维六向负刚度超材料。

（3）得到的多种负刚度超材料构型满足该设计法的要求,在多个方向上呈现负刚度效应,构型的设计具备可行性,丰富了负刚度超材料的设计与研究。

4.3　余弦形曲梁序构的负刚度超材料的力学特性分析

由于负刚度超材料的非线性和不稳定性,对其力学特性采用线性方法进行分析是不适用的[87,281]。文献中提出了有限元法[85,92]、折线模型法[83]、弹簧振子简化模型法[88]等。研究发现负刚度超材料的力学行为源于余弦形曲梁的特性,如超材料的屈曲力临界值、多稳态特征等,且随着曲梁层数的增多而发生显著变化,与小变形力学超材料相比呈现出不同的特征。

本节针对前面设计的负刚度超材料特性进行定量分析,讨论与其他类型超材料结构力学行为的异同。首先介绍了可用于负刚度超材料力学分析的隐式与显式非线性方法,然后分别利用隐式与显式方法研究负刚度超材料的准静态受压力学特性和冲击动力学特性。选取上节设计的 3 种典型负刚度超材料——二维单向负刚度超材料、二维双向正交负刚度超材料与三维三向正交负刚度超材料,针对单向负刚度超材料分为均匀和梯度两种情况展开研究,并设计准静态与冲击动力学试验对数值结果进行验证。

结构力学分析中的非线性来源一般包含几何非线性、材料非线性、边界条件非线性等 3 种情况[282-283]。对于负刚度超材料的力学特性研究中,主要涉及屈曲大变形的几何非线性和碰撞冲击中的边界条件非线性,下面介绍两种常用的非线性动力学分析直接积分法,即隐式分析与显式非线性分析理论。

4.3.1　结构非线性力学分析的隐式与显式方法

非线性问题与线性问题的不同在于,后者可以通过求解单一系统方程得到结构响应,而前者必须增量地施加给定的载荷并求解一系列方程才能逐步获得最终的解答。常用的隐式分析方法有 Wilson $-\theta$ 法、Newmark $-\beta$ 法、精细积分法等[17,22]。下面以 Newmark $-\beta$ 法为例介绍隐式分析方法。

结构的动力学基本微分方程为

$$M\ddot{u} + C\dot{u} + Ku = P \tag{4-32}$$

式中，M、C、K 分别为结构的质量、阻尼和刚度矩阵；P 为外力载荷。则 $t + \Delta t$ 时刻的瞬时动力平衡条件为

$$M\ddot{u}_{t+\Delta t} + C\dot{u}_{t+\Delta t} + Ku_{t+\Delta t} = P_{t+\Delta t} \tag{4-33}$$

假定在时间 $[t, t+\Delta t]$ 内加速度线性变化，且 $t+\Delta t$ 时刻的速度和位移分别为

$$\dot{u}_{t+\Delta t} = \dot{u}_t + [(1-\alpha)\ddot{u}_t + \alpha\ddot{u}_{t+\Delta t}]\Delta t \tag{4-34}$$

$$u_{t+\Delta t} = u_t + \dot{u}_t\Delta t + \left[\left(\frac{1}{2}-\beta\right)\ddot{u}_t + \beta\ddot{u}_{t+\Delta t}\right](\Delta t)^2 \tag{4-35}$$

式中，α、β 为参数。其差分形式为

$$\ddot{u}_{t+\Delta t} = \frac{1}{\beta(\Delta t)^2}(u_{t+\Delta t} - u_t) - \frac{1}{\beta\Delta t}\dot{u}_t - \left(\frac{1}{2\beta}-1\right)\ddot{u}q_t \tag{4-36}$$

$$\dot{u}_{t+\Delta t} = \frac{\alpha}{\beta\Delta t}(u_{t+\Delta t} - u_t) - \left(\frac{\alpha}{\beta}-1\right)\dot{u}_t - \Delta t\left(\frac{\alpha}{2\beta}-1\right)\ddot{u}_t \tag{4-37}$$

将式（4-14）~式（4-37）代入式（4-33）中，可以得到

$$\bar{K}u_{t+\Delta t} = \bar{P}_{t+\Delta t} \tag{4-38}$$

式中，

$$\bar{K} = \frac{1}{\beta(\Delta t)^2}M + \frac{\alpha}{\beta\Delta t}C + K$$

$$\bar{P}_{t+\Delta t} = P_{t+\Delta t} + \left[\left(\frac{1}{2\beta}-1\right)\ddot{u}_t + \frac{1}{\beta\Delta t}\dot{u}_t + \frac{1}{\beta(\Delta t)^2}u_t\right]M + $$

$$\left[\Delta t\left(\frac{1}{2\beta}-1\right)\ddot{u}_t + \left(\frac{\alpha}{\beta}-1\right)\dot{u}_t + \frac{\alpha}{\beta\Delta t}u_t\right]C$$

求解式（4-38），得到 $u_{t+\Delta t}$ 后，代入式（4-36）与式（4-37）中，即可计算出 $t+\Delta t$ 时刻的速度和加速度。但由于求解方程需要知道当前时刻的 $P_{t+\Delta t}$，因此方程是隐式的，必须迭代求解。一般采用牛顿-拉弗森算法迭代求解该问题，将整个加载过程划分为一定数量的载荷增量步，通过若干次迭代计算每个增量步

结束时的结构平衡响应,所有增量步响应的总和即系统的非线性响应。

在一个载荷增量步 ΔP 开始时,结构的初始构形和初始刚度分别为 u_0 和 K_0,如图 4-39 所示,利用载荷增量 ΔP 和初始刚度 K_0 计算出结构的位移修正值 c_a,结构构型则更新为 u_a,并根据构型 u_a 得到此时的切线刚度为 K_a 和内力 I_a。所施加的总载荷 P 和 I_a 之间的差为迭代的残差力 R_a:

$$R_a = P - I_a \qquad (4-39)$$

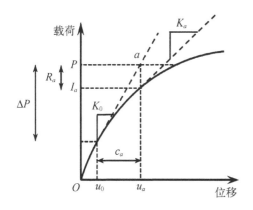
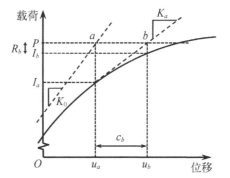

图 4-39　在一个增量步中的首次迭代　　　　图 4-40　在一个增量步中的第二次迭代

如果残差力 R_a 在结构的每个自由度上均为零,结构将处于平衡状态。在非线性问题中,几乎不可能使 R_a 等于零,因此只需小于一个给定的容许值即可,此时接受结构的更新构形 u_a 作为该增量步的有效的平衡解。此外,一般还要检查位移修正值 c_a,如果其相对于总的增量位移很小,才认为此解是收敛的。如果第一次迭代的结果不收敛,则进行下一次迭代直至使内部和外部的力达到上述近似平衡。第二次迭代采用第一次迭代结束时计算得到的刚度 K_a,并与 R_a 共同来确定另一个位移修正值 c_b,逐步趋近平衡状态(见图 4-40 中的点 b)。

如果新的迭代产生的残差力 R_b 仍不满足条件,则循环以上过程做进一步的迭代。因此,对于在非线性分析中的每次迭代,均产生新的模型刚度矩阵,并求解一次系统方程组,等价于一次完整的线性分析。在高度非线性的问题中,不得不反复减小增量步,从而大大增加计算量。

显式分析(explicit analysis)一般采用中心差分法对运动方程进行显式时间积分,由一个增量步的状态计算下个增量步的状态。在第 n 个增量步开始时,节点处满足动态平衡方程,即节点质量矩阵 M 乘以节点加速度 $\ddot{u}$ 等于节点的合力:

$$M\ddot{u}\,|_{t_n} = P\,|_{t_n} - Ku\,|_{t_n} - C\dot{u}\,|_{t_n} \qquad (4-40)$$

式中，t_n 为第 n 个增量步的开始时刻。节点 N 处的加速度为

$$\ddot{u}^N \mid_{t_n} = (M^{NJ})^{-1}(P^J \mid_{t_n} - I^J \mid_{t_n} - C^J \dot{u} \mid_{t_n}) \qquad (4-41)$$

式中，J 表示对节点有贡献的单元。针对节点的多个自由度（平移或旋转），仅将式(4-41)重复若干次即可。

由于显式算法采用的是对角的集中质量矩阵，求解方便，因此不需要合成整体矩阵和求解联立方程，极大地减小了计算成本。

对加速度在时间上进行积分计算速度，假定加速度在增量步中为常数。当前增量步中点的速度可表示为前一个增量步中点的速度与速度变化量之和：

$$\dot{u}^N \mid_{t_{n+1/2}} = \dot{u}^N \mid_{t_{n-1/2}} + \frac{\Delta t_{n-1} + \Delta t_n}{2} \ddot{u}^N \mid_{t_n} \qquad (4-42)$$

式中，

$$t_{n-1/2} = \frac{1}{2}(t_{n-1} + t_n), \quad t_{n+1/2} = \frac{1}{2}(t_n + t_{n+1})$$

$$\Delta t_{n-1} = t_n - t_{n-1}, \quad \Delta t_n = t_{n+1} - t_n$$

增量步结束时的位移表示为速度对时间的积分加上在增量步开始时的位移：

$$u^N \mid_{t_{n+1}} = u^N \mid_{t_n} + \Delta t_n \dot{u}^N \mid_{t_{n+1/2}} \qquad (4-43)$$

可以看出，显式分析中增量步结束时的状态仅依赖于该增量步开始时的位移、速度和加速度，计算简单方便。大部分计算成本消耗在单元的计算上，包括确定单元应变和应用材料本构关系确定单元应力，从而计算出内力。

显式中心差分法只有当时间步长小于临界值时才是稳定的，即

$$\Delta t \leqslant \Delta t_{cr} = \frac{2}{\omega_{max}} \qquad (4-44)$$

式中，Δt_{cr} 为稳定时间步长的临界值；ω_{max} 为有限元网格的最大自然圆频率。各种单元的时间步长临界值采用不同的计算方法，基本形式如下：

$$\Delta t_{cr} = \alpha \frac{L}{c} \qquad (4-45)$$

式中，α 为时间步长因子；L 为单元特征长度；c 为材料中的波速或波速的函数。实际计算中一般采用可变的时间增量步长，每一时刻的时间步长由当前构形的稳定性条件决定。

隐式和显式方法中以相同的动力学方程的形式定义平衡,均求解节点加速度,并采用同样的单元计算以获得单元内力。但是在隐式方法中,通过直接求解一组线性方程组得到结构响应,与显式方法节点计算相比,计算成本要高得多。由于隐式算法是无条件稳定的,所以时间增量 Δt 比显式方法的时间增量要大。但是每一个增量步均需要经过几次迭代才能获得满足容差条件的解,即需要求解多次平衡方程组,对于较大的模型将耗费大量的计算时间。

显式方法特别适用于求解高速动力学问题,如碰撞、冲击、爆炸等,其最显著的特点是没有在隐式方法中所需要的整体切线刚度矩阵。由于是显式前推模型的状态,因此也不需要迭代和收敛准则,计算效率高。在显式方法中可以很容易地模拟接触、摩擦或其他一些不连续条件,并且由于时间增量步必须很小,可以针对持续时间极短的力学问题得到高精度的响应解。

综上所述,本书同时利用隐式和显式方法分析负刚度超材料的力学特性。其中,负刚度超材料在准静态受压情况下产生变形,速度很缓慢时,采用隐式方法捕捉其屈曲过程的非线性力-位移关系;在研究其抗冲击变形的吸能特性时,采用显式方法加快计算效率,考察其在很短时间内的非线性结构响应。

此外,需要特别指出的是本书主要研究超材料与超材料结构的力学特性,由于其几何构型与力学特性的复杂性,借助有限元法作为数值分析的手段。计算采用大型通用平台 ABAQUS 软件完成,在计算过程中,平面和空间超材料模型分别采用平面二节点梁单元($B21$)和空间二节点梁单元($B31$)离散,在与超材料模型试验进行对比时,则采用考虑接触等非线性问题的修正的二次四面体单元($C3D10M$)进行离散。

4.3.2　单向均匀负刚度超材料准静态受压的力学分析

当每一层余弦形曲梁的几何参数一致时,构成单向均匀负刚度超材料,如图 4-41 所示,超材料的单胞由倾斜支撑梁框架与两条余弦形曲梁组成,这样设计可以有效避免曲梁在变形过程中发生面内扭转。

分析其在准静态受压变形时的力学特性。根据力-位移曲线的形状,可以将曲梁的力学行为分为三种:第一种为无

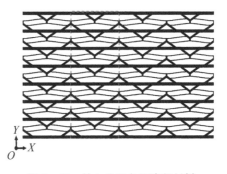

图 4-41　单向均匀负刚度超材料

负刚度段,力-位移关系为单调不减(以下简称"准零刚度");第二种为存在负刚度段,但发生屈曲之后力的最小值仍大于零,即曲梁有且仅有一个稳定位置(以下简称"负刚度单稳态");第三种为存在负刚度段且屈曲之后力的最小值小于零,曲梁存在第二个稳定位置(以下简称"负刚度双稳态")。这三种特性的转变仅通过改变胞元中曲梁的几何参数即可实现。

本节首先确定余弦形曲梁的一组标准参数(跨长 $l=90$ mm、拱高 $h=4$ mm及梁横截面厚度 $t=1$ mm);其次通过修改其中一个参数,建立对应三种曲梁力学特性的均匀负刚度超材料模型:对于准零刚度余弦形曲梁,拱高 h 修改为1.2 mm;对于负刚度单稳态余弦形曲梁,拱高 h 修改为2.0 mm;对于负刚度双稳态余弦形曲梁,梁长度 l 修改为93 mm,如表4-4所示。所有超材料模型的面外厚度均为1 mm。

表4-4   均匀负刚度超材料中选取的曲梁几何参数

单位:mm

对应曲梁的力学特性	l	h	t
准零刚度	90	1.2	1.0
负刚度单稳态	90	2.0	1.0
负刚度双稳态	93	4.0	1.0

分别研究由以上3种不同的曲梁组成的单向均匀负刚度超材料的静力学特性。超材料模型中余弦形曲梁的层数均由1增加至13,间隔为2。为了简便起见,在横向只取一个单胞的宽度(即图4-41中虚线框的范围)。

分析过程中,在超材料模型的一端设置沿胞元层数方向的强制位移载荷,位移载荷从0线性增长至 $n\times2h$,n 为胞元的层数,另一端则刚性固定。设置输出垂向位移与支反力随时间的变化。约束外侧节点的横向位移,仅允许其在垂直方向内移动。压缩达到最大时按加载速率均匀卸载,位移载荷-时间曲线如图4-42所示。得到的不同层数的超材料结构力-位移曲线如图4-43~图4-45所示。

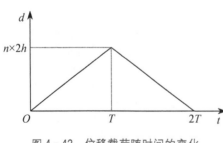

图4-42   位移载荷随时间的变化

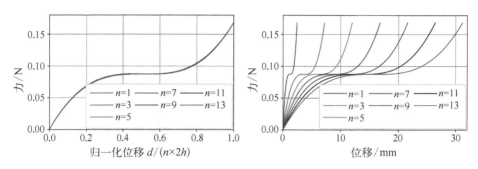

图 4‑43　不同层数的准零刚度超材料模型的力‑位移关系

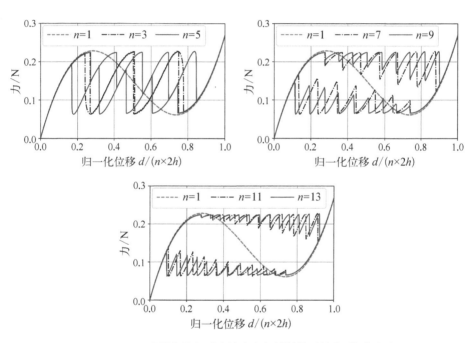

图 4‑44　不同层数的负刚度单稳态超材料模型的力‑位移关系

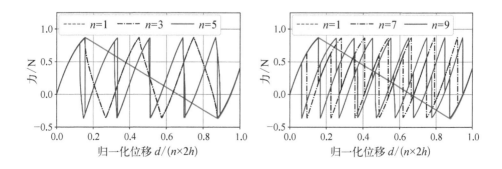

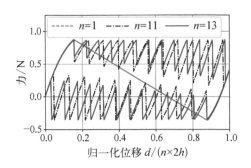

图 4-45　不同层数的负刚度双稳态超材料模型的力-位移关系

由图 4-43 可以看出,在对位移作归一化处理后,含不同层数准零刚度余弦形曲梁的超材料的力-位移曲线重合,并且加载与卸载曲线也重合。这是由于曲梁的刚度保持非负,力不随着位移的增加而减小。横轴取绝对位移时,可以看出随着层数的增加,局部刚度(曲线斜率)均匀减小,与串联弹簧的特性一致。

对于后两种负刚度余弦形曲梁来说,力-位移曲线有以下几个共同点。首先,在加载曲线和卸载曲线上分别出现多个力的峰值和谷值,峰谷值个数相等且等于曲梁的层数。其次,力的峰值与谷值分别保持不变,等于单层余弦形曲梁的峰值与谷值。最后,随着层数增加,加载曲线与卸载曲线在中部呈现出分离的趋势,两者围成的面积代表了耗散的能量。

结合变形过程对这种现象进行分析发现,在由负刚度曲梁组成的多层结构中,一开始所有的曲梁层均处于正刚度段,受压时产生均匀且相等的变形,直到力达到屈曲临界值而某一层曲梁先屈曲。由于数值误差或结构的不确定性,对于均匀多层结构来说,屈曲的次序是随机的。因此这一次序也可以人为调整,通过加入一些微小的误差[85]。根据最小势能原理,每次仅有一层曲梁会发生屈曲[87]。在某一层曲梁首先屈曲后,由于负刚度的存在,位移增加而力减小,其余曲梁开始卸载,随即达到新的平衡。由于位移不会突变,其余层的曲梁曲率恢复而应变能减小,占据了屈曲产生的空间。这一过程持续循环,直至所有曲梁均发生屈曲而进入第二正刚度段。

除此之外,单层屈曲引起的力衰减随着压缩的增加(即屈曲层数的增加)而增大,这可通过引入串联“弹簧”模型来解释。在变形过程中,当某一层发生屈曲时,其余的曲梁层——无论在第一还是第二正刚度段——组成了一个串联“弹簧”模型。由于第二正刚度段的刚度大于第一正刚度段,该模型的整体刚度随着屈曲层数的增加而增加,因此模型对于微小位移变化更加敏感,导致了较大的力衰减。这也解释了每次屈曲之后的恢复段变得越来越陡并且呈现出由凸曲线向凹曲线转变的趋势。此外,模型内所含曲梁层越多,整个模型的刚度越小,因而整体的力衰减也越小,力的卸载不充分最终导致了卸载曲线与加载曲线的分离。这和 Restrepo 等的试验结论[83]是吻合的,并且在计算局部刚度时精度要远高于其多段线模型。

4.3.3　单向梯度负刚度超材料准静态受压的力学分析

图 4-41 所示单向负刚度超材料构型的一个优势在于其丰富的可设计性,由于每层余弦形曲梁的两端都连接于倾斜框架,因此超材料内部的曲梁可以具有不同的跨长 l 和拱高 h,只需调整其框架的相对位置即可。

当负刚度超材料内部每一层余弦形曲梁的几何参数有规律地变化时,构成梯度负刚度超材料。本节设计了 7 种不同的余弦形曲梁,通过调整其几何参数,使之具有不同的屈曲力临界值,然后按照屈曲力临界值由小到大的排列顺序,将其分布于负刚度超材料的 7 个胞元层中,形成单向梯度负刚度超材料模型。7 种不同余弦形曲梁的几何参数及其屈曲力临界值如表 4-5 所示,分别用理论方法与有限元数值计算得到的单根曲梁中点的力-位移曲线如图 4-46 所示。

表 4-5　单向梯度负刚度超材料几何参数

胞元层	l/mm	h/mm	t/mm	b/mm	$F_{theoretical}$/N	F_{FEA}/N
Layer 1	90.0	4.0	1.0	1.0	0.490	0.482
Layer 2	93.0	4.0	1.1	1.0	0.569	0.557
Layer 3	94.0	4.0	1.2	1.0	0.681	0.662
Layer 4	92.0	4.0	1.2	1.0	0.727	0.706
Layer 5	90.0	4.0	1.2	1.0	0.776	0.754
Layer 6	93.0	4.0	1.3	1.0	0.843	0.809
Layer 7	94.0	4.0	1.4	1.0	0.944	0.893

采用与研究均匀负刚度超材料相同的有限元分析方法,建立不同层数的超材料模型,研究梯度负刚度超材料特性。分别得到含两层(Layer 1/4)、三层(Layer 1/4/7)、四层(Layer 1/3/5/7)、七层(Layer 1～Layer 7)曲梁的梯度负刚

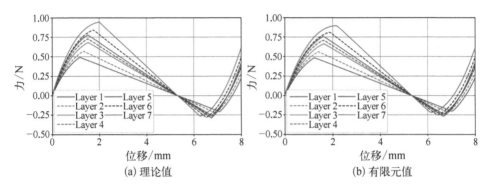

图 4-46   单向梯度负刚度超材料模型中曲梁的力-位移关系

度超材料模型力-位移曲线,如图 4-47~图 4-48 所示。为便于比较,位移横坐标基于总压缩位移 $n \times 2h$ 进行了归一化处理。

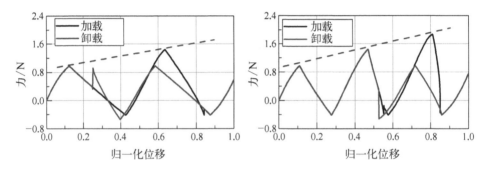

图 4-47   含两层与三层曲梁的梯度负刚度超材料模型力-位移曲线

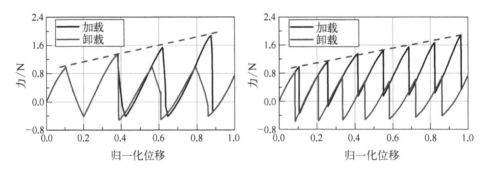

图 4-48   含四层与七层曲梁的梯度负刚度超材料模型力-位移曲线

从图 4-47~图 4-48 可以看出,梯度负刚度超材料内部不同的胞元层屈曲时,屈曲力临界值不断增大,呈上升趋势。曲线上的每个峰值与表 4-5 中该胞元层的屈曲力临界值的设计值一一对应(由于每个胞元内含两个曲梁,因此是

2 倍的关系），并且屈曲力临界值越小的胞元层越先发生屈曲。与均匀负刚度超材料类似，随着层数增多，加载与卸载曲线逐渐分离。

与均匀负刚度超材料不同的是，卸载时梯度负刚度超材料内的胞元层的回复顺序是由其力-位移曲线中的最小值，即负刚度段末端的力阈值决定的，因此与加载时的屈曲顺序无关。此外，在层数较少时，在加载或卸载曲线上会出现额外的峰值，如图 4-47 所示。这是由于梯度负刚度超材料中每一层胞元的参数与屈曲力临界值不同，当某一个胞元层正处于屈曲（负刚度）或恢复（正刚度）过程中，而压力（拉力）值正好达到另一层的阈值时，位移会突然转移到另一胞元层中，造成屈曲在层间的转换，而层数增多时，位移由其余各层分摊，则不会出现这种情况。

4.3.4　单向负刚度超材料力学特性的试验验证

为了验证理论计算与数值仿真的结果，设计了一系列静力学与动力学试验。其中，静力学试验关注结构在压缩载荷作用下的变形及力-位移关系，动力学试验为结构的抗冲击试验。对于超材料结构，3D 打印相比常规的加工方法更容易实现，精度也更高，因此本次试验的试件利用熔融沉积成形（fused deposition modeling，FDM）法 3D 打印技术制备，使用的 3D 打印机与打印材料 PLA 分别如图 4-49 与图 4-50 所示。利用 3D 打印技术制备试件的过程如下。

首先按照设计参数在几何建模软件中绘制超材料模型的平面结构图；其次向面外拉伸生成三维实体几何模型；再次导入 3D 打印切片软件中生成打印机可识别的控制命令文件；最后提交 3D 打印机打印试件。同时，为了与有限元数值仿真进行精确比较，用于 3D 打印的实体几何模型也被导入有限元软件中生成有限元网格模型。

4.3.4.1　准静态力学性能试验

静力学试验的试验装置如图 4-49 所示，试验设备为电子式万能试验机（SANS CMT5105，MTS Industrial Systems）。超材料试件底部固定于试验台，顶部与试验机压头黏接。试验开始后，压头缓慢向下移动，到达给定的最大位移处时自动停止，随后向上拉伸至原点位置，完成卸载。加载与卸载速度均为 2 mm/min。实时记录试验过程中的压头作用力与位移。

1）3D 打印材料的拉伸试验

首先在试验机上完成材料的拉伸试验，测定 3D 打印材料 PLA 的力学性能参数。试验参照 ASTM D638（ISO 527，GB/T 1040）标准，材料试件的制备过程与超材料模型试件一致，其尺寸如图 4-50 所示。图 4-51 为拉伸试验前后

图 4‑49　静力学试验的试验装置

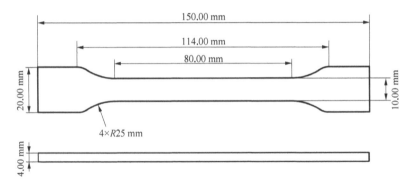

图 4‑50　材料的拉伸试验试件尺寸

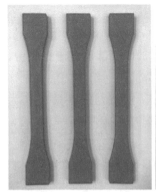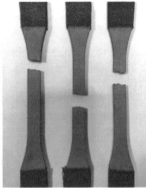

图 4‑51　PLA 材料拉伸试验

的 3 个标准试件,其应力-应变曲线如图 4-52 所示。测得的材料力学性能参数如表 4-6 所示。

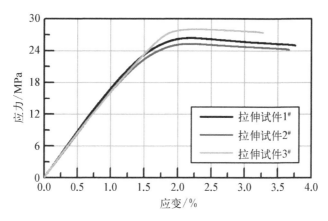

图 4-52　3D 打印用 PLA 材料应力-应变曲线

表 4-6　3D 打印用 PLA 材料拉伸试验结果

试 件 编 号	弹性模量/MPa	最大应力/MPa	最大应变/%
拉伸试件 1#	1 686.66	26.39	3.76
拉伸试件 2#	1 622.04	25.28	3.67
拉伸试件 3#	1 621.39	28.07	3.27
平均值	1 643.36	26.58	3.57

2) 负刚度余弦形曲梁中部受压试验

首先通过试验验证单条负刚度余弦形曲梁中点受压时的力-位移关系曲线,受压前后的变形及其力-位移曲线如图 4-53 所示。曲梁的参数为跨长 $l=90$ mm、拱高 $h=4$ mm、梁横截面厚度 $t=1$ mm 及面外厚度 $b=30$ mm。为防止压缩过程中曲梁的横向扩张,在其两侧延伸部分使用夹具进行加固。同时,建立相同尺寸的三维实体有限元模型进行仿真,材料参数按照上述材料试验结果选取。可以看出,有限元数值结果与试验值吻合得很好,但试验值在峰值区域更为光滑,这是由于在试验过程中,曲梁的两侧由于加工误差,屈曲过程不完全同步导致的。

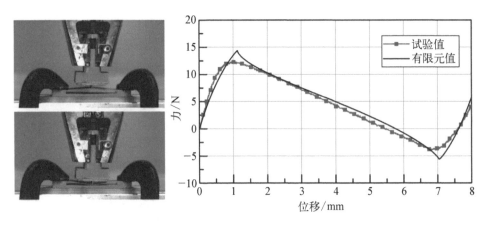

图 4-53　单条余弦形曲梁中点受压试验的变形与力-位移曲线

3）单向均匀负刚度超材料试件静力学试验

分别针对含一层、两层和四层胞元的单向均匀负刚度超材料模型进行试验，并与数值仿真结果进行比较。根据层数的不同设定试验机的最大压缩位移，使超材料模型内部余弦形曲梁全部发生屈曲，随后完成卸载。为研究横向约束对超材料模型力学特性的影响，在模型两端设置固定挡板，并用油脂润滑挡板与试件的接触面。所有曲梁参数均与图 4-53 试验中的相同，模型面外厚度均为 30 mm。

图 4-54 为含一层胞元的超材料模型在试验与有限元分析过程中的变形，添加两侧挡板时的结果及其力-位移关系曲线分别如图 4-55 与图 4-56 所示。

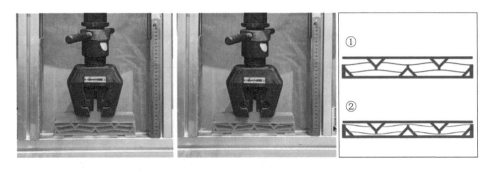

图 4-54　未约束横向位移时含一层胞元的单向均匀负刚度超材料模型的变形

未约束横向位移时，含两层胞元的单向均匀负刚度超材料模型在试验与有限元分析过程中的变形及其（加载与卸载）力-位移曲线分别如图 4-57 与图 4-58 所示。添加两侧挡板后的变形结果及其力-位移曲线则分别如与图 4-59 与图 4-60 所示。

图 4‑55　约束横向位移时含一层胞元的单向均匀负刚度超材料模型的变形

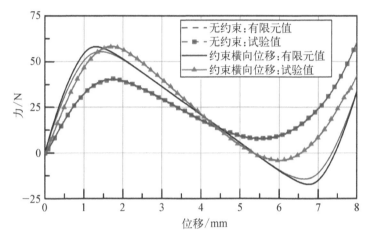

图 4‑56　含一层胞元的单向均匀负刚度超材料模型的力‑位移曲线

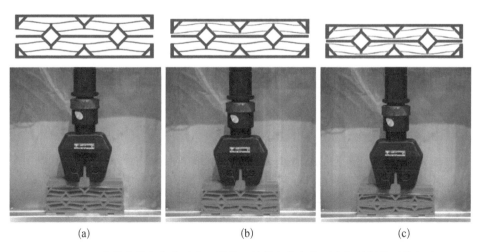

图 4‑57　未约束横向位移时含两层胞元的单向均匀负刚度超材料模型的变形

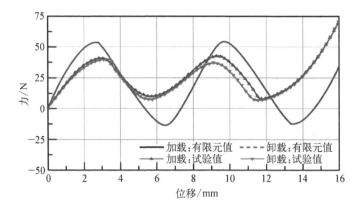

图 4-58   未约束横向位移时含两层胞元的单向均匀负刚度超材料模型的力-位移曲线

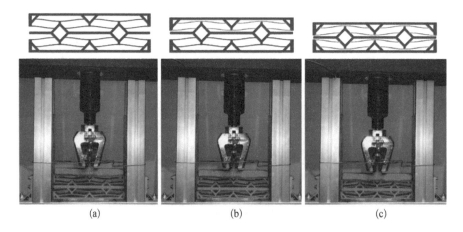

图 4-59   约束横向位移时含两层胞元的单向均匀负刚度超材料模型的变形

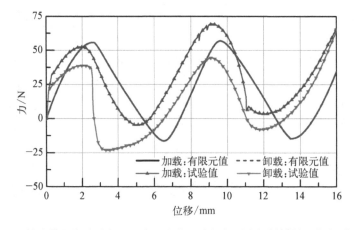

图 4-60   约束横向位移时含两层胞元的单向均匀负刚度超材料模型的力-位移曲线

　　图 4-61 与图 4-62 分别为不约束横向位移时,含四层胞元的单向均匀负刚度超材料模型在试验与有限元分析过程中的变形及其(加载与卸载)力-位移曲线。添加两侧挡板后的变形结果及其力-位移曲线则分别如图 4-63 与图 4-64 所示。

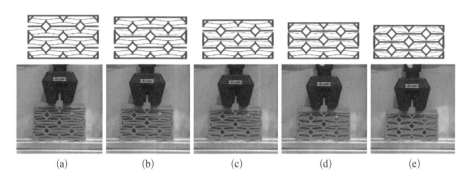

(a)　　　　　(b)　　　　　(c)　　　　　(d)　　　　　(e)

图 4-61　未约束横向位移时含四层胞元的单向均匀负刚度超材料模型的变形

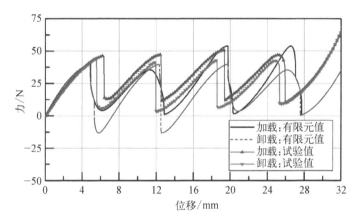

图 4-62　未约束横向位移时含四层胞元的单向均匀负刚度超材料模型的力-位移曲线

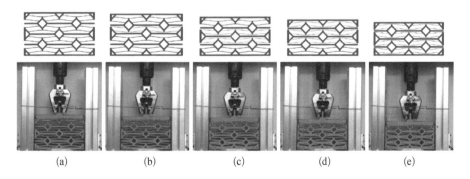

(a)　　　　　(b)　　　　　(c)　　　　　(d)　　　　　(e)

图 4-63　约束横向位移时含四层胞元的单向均匀负刚度超材料模型的变形

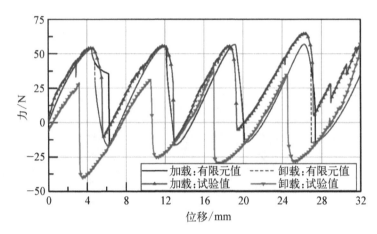

图 4-64 约束横向位移时含四层胞元的单向均匀负刚度超材料模型的力-位移曲线

以上对含一层、两层和四层胞元的单向均匀负刚度超材料模型的准静态力学试验结果表明,所设计的负刚度超材料的力学行为符合理论预期,呈现明显的负刚度及分层屈曲等特点,具有可行性。同时,采用的有限元数值分析方法的结果与试验结果基本一致,可作为分析同类别负刚度超材料准静态力学行为的方法。

在试验过程中发现,限制胞元的横向位移对其力学特性的影响显著,分别增大和减小了力-位移曲线上的峰值和谷值,更接近曲梁的设计值。此外,均匀单向负刚度超材料每个胞元层的屈曲顺序是随机的,受到制造误差或数值误差的影响,而非按某一方向依次屈曲。在图 4-63 中,有限元分析对应的胞元层屈曲顺序是(b)-(c)-(a)-(d),试验过程中则为(a)-(d)-(b)-(c);而在卸载过程中,其恢复顺序分别为(b)-(c)-(a)-(d)与(a)-(d)-(b)-(c),即尽管屈曲的顺序是随机的但是先屈曲的胞元层先恢复。

4) 单向梯度负刚度超材料试件静力学试验

利用同一试验方法研究了含四层胞元的单向梯度负刚度超材料模型的准静态力学特性,胞元中曲梁参数按照表中的第 1、第 3、第 5、第 7 层选取,模型面外厚度为 30 mm。图 4-65 与图 4-66 分别为未约束横向位移时,含四层胞元的单向梯度负刚度超材料模型的受压变形过程及其力-位移曲线。添加两侧挡板后的变形结果及其力-位移曲线则分别如图 4-67 与图 4-68 所示。

从试验结果可以看出,相比于均匀负刚度超材料,梯度负刚度超材料模型的胞元层从上到下依次屈曲,屈曲力临界值呈现明显的连续上升趋势,力学行为与理论预报结果一致。在两种边界条件的试验中,有元限数值分析结果与试验结

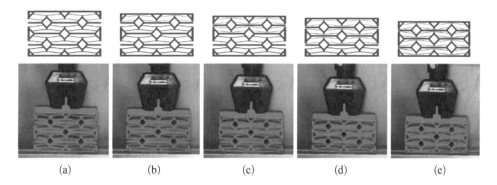

图 4-65　未约束横向位移时含四层胞元的单向梯度负刚度超材料模型的变形

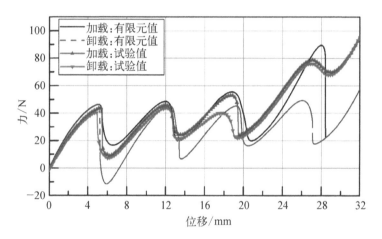

图 4-66　未约束横向位移时含四层胞元的单向梯度负刚度超材料模型的力-位移曲线

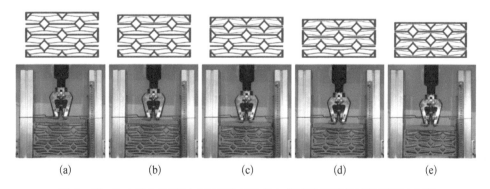

图 4-67　约束横向位移时含四层胞元的单向梯度负刚度超材料模型的变形

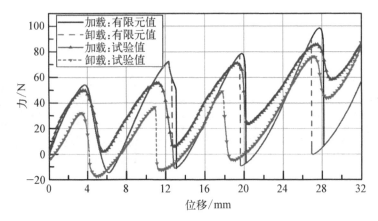

图 4-68　约束横向位移时含四层胞元的单向梯度负刚度超材料模型的力-位移曲线

果均吻合得比较好,证明了数值方法的有效性。限制胞元的横向位移对其力学特性的影响显著,分别增大和减小了力-位移曲线上的峰值和谷值,特别是第二个和第三个峰值,卸载路径与加载路径间的分离也更为清晰。

4.3.4.2　冲击动力学试验

此外,负刚度超材料的一个重要力学特性是可重复的大变形抗冲击动力学特性。该特性基于其准静态逐层屈曲行为,在受外部冲击力载荷时,超材料内部胞元发生屈曲,有效地吸收了冲击能量延长冲击作用时间,可以作为重要结构或设备的辅助保护材料。

本节设计了负刚度超材料模型的冲击动力学试验,研究单向均匀与单向梯度两种负刚度超材料的抗冲击性能。试验装置如图 4-69 所示,在滑块上放置

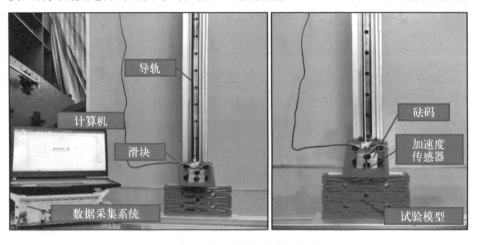

图 4-69　负刚度超材料冲击动力学试验装置

砝码与加速度传感器,沿垂直导轨自由向下滑动,滑块正下方为单向均匀/梯度负刚度超材料模型,模型底面与试验台黏接。导轨上标记有刻度,用于确定滑块的下落高度。滑块由细绳连接到导轨顶部的定滑轮上,在预设释放高度释放滑块,开始记录。加速度信号通过信号采集系统采集,利用摄像机记录滑块从释放到完成碰撞的整个过程。利用非线性有限元显式分析方法,按真实尺寸与工况模拟冲击过程,将数值计算结果与试验值进行比较。

在试验过程中,滑块被释放后自由下落到负刚度超材料试件上形成碰撞,超材料试件内部曲梁发生屈曲,滑块速度不断减小直至瞬时速度为零,随后向上反弹。图 4-70 为试验得到的两种超材料模型最大屈曲层数与滑块下落高度的关系,其中 U4 为均匀负刚度超材料模型,G4 为梯度负刚度超材料模型。

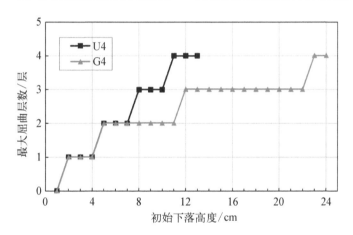

图 4-70　单向均匀/梯度负刚度超材料试件最大屈曲层数与滑块初始下落高度的关系

由图 4-70 可以看出,随着下落高度增加,负刚度超材料试件受压屈曲层数呈阶梯式增长。当下落高度小于或等于 7 cm 时,两个试件的屈曲层数相同,并且下落高度为 1 cm 时均未发生屈曲。当下落高度大于 8 cm 时,均匀负刚度超材料试件的屈曲层数开始大于梯度负刚度超材料试件的,由于输入的能量与初始下落高度成正比,这说明此例中梯度负刚度超材料试件吸能抗冲击性能优于均匀负刚度超材料试件。此外,从图中每个屈曲层数(1、2、3、4)对应的下落高度范围可以看出,均匀负刚度超材料每层胞元可以吸收的能量是相等的,而梯度负刚度超材料每层胞元吸收的能量则呈逐渐增加的趋势。根据负刚度超材料试件屈曲层数的不同,各取其中 1 个工况(即初始下落高度)给出试验过程中的冲击变形与加速度时间历程结果。

1) 单向均匀负刚度超材料冲击动力学试验

对于单向均匀负刚度超材料试件,选取 4 个典型的初始下落高度分别为

3 cm、6 cm、9 cm 和 12 cm。4 个试验工况下冲击过程中试件变形与滑块位置分别如图 4 - 71～图 4 - 74 所示。

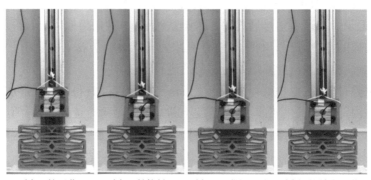

(a) 开始下落   (b) 开始接触   (c) 一层曲梁屈曲   (d) 滑块最大位移

图 4 - 71 $H_0 = 3$ cm 时单向均匀负刚度超材料试件冲击变形过程

(a) 开始下落   (b) 开始接触   (c) 一层曲梁屈曲   (d) 两层曲梁屈曲   (e) 滑块最大位移

图 4 - 72 $H_0 = 6$ cm 时单向均匀负刚度超材料试件冲击变形过程

(a) 开始下落 (b) 开始接触 (c) 一层曲
梁屈曲 (d) 两层曲
梁屈曲 (e) 三层曲
梁屈曲 (f) 滑块最大位移

图 4 - 73 $H_0 = 9$ cm 时单向均匀负刚度超材料结构冲击变形过程

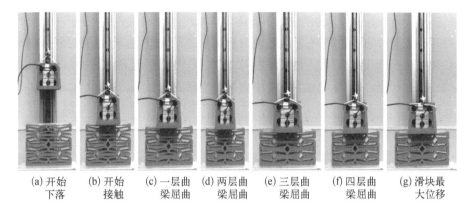

<table>
<tr><td>(a) 开始
下落</td><td>(b) 开始
接触</td><td>(c) 一层曲
梁屈曲</td><td>(d) 两层曲
梁屈曲</td><td>(e) 三层曲
梁屈曲</td><td>(f) 四层曲
梁屈曲</td><td>(g) 滑块最
大位移</td></tr>
</table>

图 4 - 74　$H_0 = 12$ cm 时单向均匀负刚度超材料结构冲击变形过程

对于有限元数值分析,仅给出各个工况下试件垂向变形最大时的变形与应力云图,滑块的下落高度依次为 3 cm、6 cm、9 cm 和 12 cm,如图 4 - 75 所示。

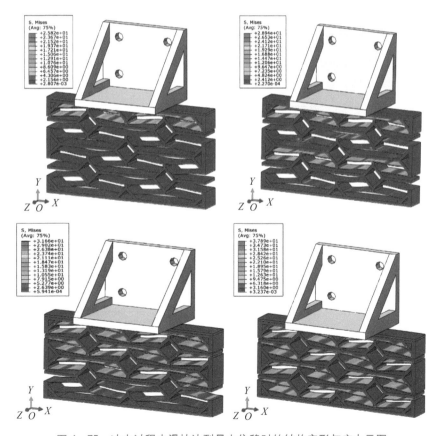

图 4 - 75　冲击过程中滑块达到最大位移时的结构变形与应力云图

图 4 - 76～图 4 - 77 为滑块与单向均匀负刚度超材料试件碰撞过程中的加速度时间历程响应曲线,并与有限元数值分析结果进行比较,由于原始数据中包含很多高频噪声成分,因此对数据进行了滤波处理。图中带标记的水平虚线为理论计算的屈曲力阈值,"×"标记处为试验中曲梁发生屈曲的时刻,下文中类似。

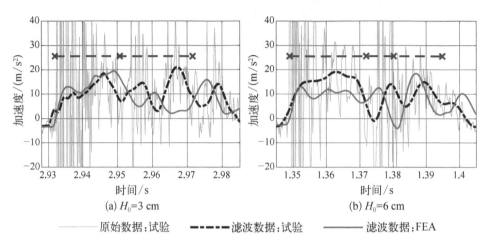

(a) $H_0=3$ cm (b) $H_0=6$ cm

———— 原始数据:试验   ─·─·─ 滤波数据:试验   ———— 滤波数据:FEA

图 4 - 76 滑块与单向均匀负刚度超材料试件碰撞过程中加速度时间历程响应曲线

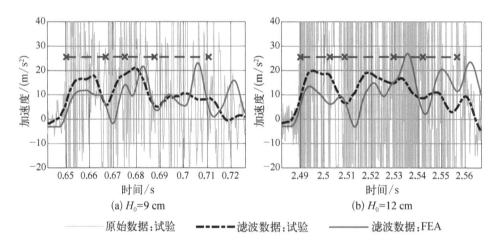

(a) $H_0=9$ cm (b) $H_0=12$ cm

———— 原始数据:试验   ─·─·─ 滤波数据:试验   ———— 滤波数据:FEA

图 4 - 77 滑块与单向均匀负刚度超材料试件碰撞过程中的加速度时间历程响应曲线

2) 单向梯度负刚度超材料冲击动力学试验

对于单向梯度负刚度超材料试件,选取 4 个典型初始下落高度 3 cm、8 cm、17 cm 和 24 cm。4 个试验工况下冲击过程中试件的变形与滑块的位置分别如图 4 - 78～图 4 - 81 所示。

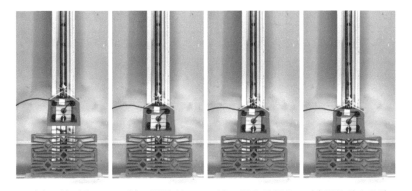

(a) 开始下落　　(b) 开始接触　　(c) 一层曲梁屈曲　　(d) 滑块最大位移

图 4‑78　$H_0 = 3\,cm$ 时单向梯度负刚度超材料结构冲击变形过程

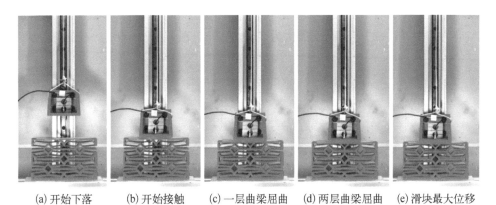

(a) 开始下落　　(b) 开始接触　　(c) 一层曲梁屈曲　　(d) 两层曲梁屈曲　　(e) 滑块最大位移

图 4‑79　$H_0 = 8\,cm$ 时单向梯度负刚度超材料结构冲击变形过程

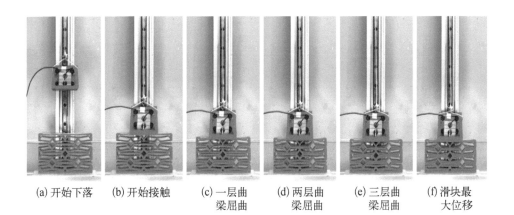

(a) 开始下落　　(b) 开始接触　　(c) 一层曲梁屈曲　　(d) 两层曲梁屈曲　　(e) 三层曲梁屈曲　　(f) 滑块最大位移

图 4‑80　$H_0 = 17\,cm$ 时单向梯度负刚度超材料结构冲击变形过程

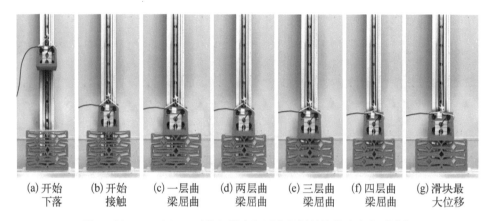

(a) 开始　　(b) 开始　　(c) 一层曲　(d) 两层曲　(e) 三层曲　(f) 四层曲　(g) 滑块最
　下落　　　接触　　　梁屈曲　　梁屈曲　　梁屈曲　　梁屈曲　　大位移

图 4 - 81　$H_0 = 24 \text{ cm}$ 时单向梯度负刚度超材料结构冲击变形过程

图 4 - 82 为有限元数值分析得到的各个工况下试件垂向变形最大时的变形与应力云图,滑块的下落高度依次为 3 cm、8 cm、17 cm 和 24 cm。

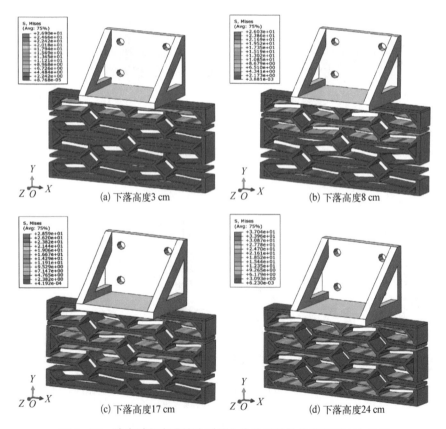

(a) 下落高度3 cm　　　　　　　　　(b) 下落高度8 cm

(c) 下落高度17 cm　　　　　　　　(d) 下落高度24 cm

图 4 - 82　冲击过程中滑块达到最大位移时的结构变形与应力云图

　　图 4 - 83～图 4 - 84 为滑块与单向梯度负刚度超材料试件碰撞过程中加速度时间历程响应曲线,并与有限元数值分析结果进行比较。

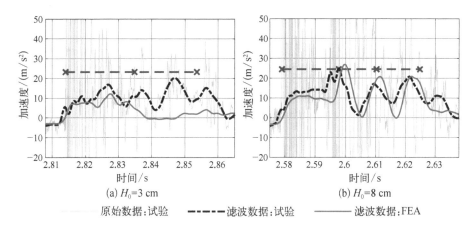

图 4 - 83　滑块与单向梯度负刚度超材料试件碰撞过程中的加速度时间历程响应曲线

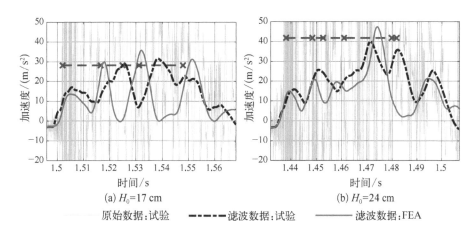

图 4 - 84　滑块与单向梯度负刚度超材料试件碰撞过程中的加速度时间历程响应曲线

　　由以上结果可以看出,在冲击载荷作用下,单向负刚度超材料胞元内曲梁发生逐层屈曲,有效地限制了冲击力的增长,起到缓冲吸能的作用。这一抗冲击机理来源于负刚度超材料的准静态受压特性,但相比准静态工况,冲击过程中由于惯性的作用在超材料内部存在曲梁层的震荡和屈曲的转换。当下落高度增加(即冲击速度增大)时,屈曲层数增加,有限元数值结果与试验结果吻合得很好。在所有曲梁层全部发生屈曲前,冲击力不超过屈曲力阈值,延长了冲击作用时间,可以作为重要结构或设备的辅助保护材料。单向梯度负刚度超材料相比单向均匀负刚度超材料屈曲力阈值更大,可以吸收更多的冲击能量。

4.4 二维双向正交负刚度超材料的力学特性

以简单正方二维双向负刚度超材料为例,研究其力学特性。超材料模型内部余弦形曲梁参数保持一致,即双向正交均匀负刚度超材料,如图 4 - 85 所示,计算模型共包含 4×4 个超材料胞元,曲梁参数为跨长 $l = 90$ mm、拱高 $h = 4$ mm 及梁横截面厚度 $t = 1$ mm,模型的面外厚度 $b = 1$ mm。

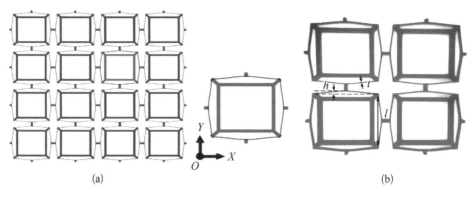

图 4 - 85 双向正交均匀负刚度超材料

4.4.1 准静态受压力学特性

利用研究单向负刚度超材料静力学特性的非线性有限元方法分析图 4 - 85 中双向正交均匀负刚度超材料在单轴和双轴压缩下的力学行为。如图 4 - 86 所

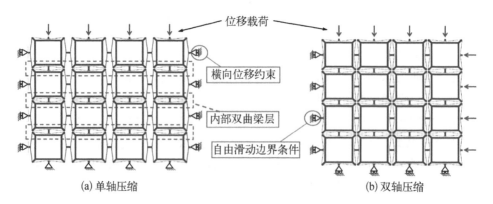

图 4 - 86 双向正交均匀负刚度超材料模型在压缩下的边界条件和变形模式

示,在超材料模型的一个或两个方向上施加强制位移载荷,从 0 线性增加至 $n \times 2h$,n 为模型内加载方向上的曲梁层数。输出分析过程中的位移和加载点反力。对于单轴压缩,在加载点的一端设置刚性固定边界条件,在另一方向的两侧限制节点的横向位移,并与不限制横向位移时进行比较。对于双轴压缩,两个位移载荷同时增加,在对侧节点分别设置自由滑动边界条件。图 4 - 86 中给出了单轴与双轴压缩时的最大变形,沿加载方向的所有曲梁层全部发生了屈曲。

图 4 - 87 为上述两个单轴压缩工况下的力-位移关系曲线,呈现典型的多层负刚度超材料力学特征,8 个力峰值分别对应 8 层余弦形曲梁的屈曲。在理想的情况下,屈曲力阈值应保持恒定,而在图 4 - 87 中则呈阶梯式增长。可以从变形过程中找到原因,前 6 个峰对应于 3 个内部的双曲梁层(图 4 - 86 中用虚线矩形标记),双曲梁层通过短直梁相互连接。这些梁在压缩过程中会发生轻微的面内旋转,导致曲梁扭曲并减小屈曲力阈值。在此设计中,曲梁的屈曲力设计值约为 0.49 N(限制其二阶屈曲模态),因此每层曲梁层的总力阈值应为 1.96 N,但由于发生扭曲和旋转,屈曲力的最大值减小到 1.36 N。在每个双层曲梁内,由于第一个曲梁屈曲前的短梁旋转幅度大于第二个曲梁屈曲前,因此待所有 3 个第一曲梁屈曲后(对应于第 1～第 3 个峰值),3 个第二曲梁才屈曲(对应于第 4～第 6 个峰值)。同时,对比两种边界条件下的力-位移曲线可以发现,限制横向位移分别增大和减小了力-位移曲线上的峰值和谷值,并且明显增加了模型的初始刚度。图 4 - 88 为单轴压缩下加载与卸载过程中完整的力-位移关系曲线,曲线内部封闭区域面积即为循环过程中耗散的能量。

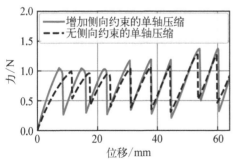

图 4 - 87　单轴压缩下沿加载方向的
支反力(增加侧向约束前后)

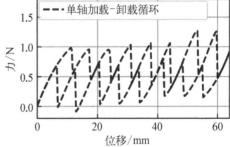

图 4 - 88　单轴压缩下的加载与卸载
过程中的力-位移曲线

双轴压缩下两个方向上的力-位移关系曲线如图 4 - 89 所示,其基本特征与单轴压缩时相似,但在初始的正刚度段之后是一个略向下倾斜的"平台区"。这个区域对应双向正交均匀负刚度超材料的另一种变形模式,即周期性的胞元旋转变形,如图4-90所示。胞元在开始受压变形后,由于细微的数值误差引起短梁的旋转,曲梁发生扭转变形,直至随着整体压缩的增加某一层曲梁的法向屈曲抵消了这种旋转效应,随后发生逐层屈曲。

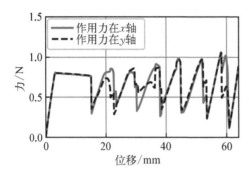

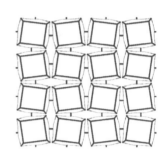

图4-89　双轴压缩下两个方向上的支反力　　　　　图4-90　双轴压缩下的局部旋转

对具有不同曲梁厚度的双向正交均匀负刚度超材料模型的进一步分析表明,这种变形模式并非偶然情况(见图4-91)。当增大曲梁的厚度时,其抗扭转刚度增大,因此该"平台区"不断缩短直至消失。在第3章中提到过,可以通过将两个或多个曲梁中点连接在一起消除面内扭转变形。在图4-92中给出了在原构型每条曲梁处添加第二条曲梁后的力-位移曲线,两条曲梁的参数相同,可以看出"平台区"不存在,对应的扭转变形模式也未出现。

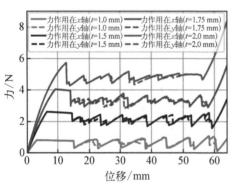

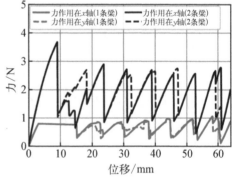

图4-91　双轴压缩下的支反力(具有　　　　　图4-92　双轴压缩下的支反力(原曲梁
　　　　　不同厚度的单个曲梁)　　　　　　　　　　　位置新增第二条曲梁)

类似的超材料变形模式在相关文献中已有研究,即由破坏的旋转对称性(broken rotational symmetry)引起的变形模式,例如圆形孔阵列的定向屈

曲[93-94]和修正的规则多孔格栅的屈曲[105,284]。在本书提出的双向负刚度超材料
设计中,这种变形模式以及力-位移曲线上的"平台区"作为超材料固有的特性,
在实际应用中可以进行针对性的设计。

4.4.2　冲击动力学特性

　　前面利用试验与有限元数值分析方法研究了单向负刚度超材料的抗冲击性
能,在冲击载荷作用下负刚度超材料胞元内曲梁发生逐层屈曲,有效地限制了冲
击力的增长,起到缓冲吸能的作用。

　　本节研究双向正交均匀负刚度超材料的动力学特性,超材料构件在两个方
向上同时受到冲击载荷。在各个方向上,加载方式与单向负刚度超材料相同,均
为带质量的方形刚体按某一初速度与超材料模型发生碰撞。刚体质量为 1 kg,
节点边界条件的设置与双向准静态压缩仿真中相同。刚体的初速度从 50 mm/s
递增至 350 mm/s,间隔为 25 mm/s,确保超材料模型内没有发生坍缩和触底。
为简便起见,仅研究两个轴上的冲击初速度相等时的情况。在刚体和超材料模
型之间设置了无摩擦且可分离的接触对。提取分析过程中冲击受力端对侧节点
上的支座反力,以及刚体质量块的位移,速度和加速度时间历程变化情况。

　　图 4 - 93 给出了冲击过程中质量块的速度-时间曲线,速度取绝对值,且利
用其初速度进行了归一化处理。在曲线上可以观察到一些小的波动,这是由于
曲梁层的整体屈曲及局部的梁振动引起的,说明负刚度超材料在冲击下的变形
受到惯性作用的影响,相比其准静态变形更为复杂。

　　在碰撞结束后质量块脱离超材料模型,速度不再增长,计算质量块的总动
能,并通过输入值进行归一化,结果如图 4 - 94 所示。在冲击速度较小时,无论

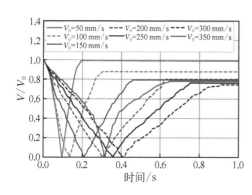

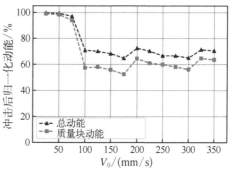

图 4 - 93　质量块的速度-时间曲线　　　图 4 - 94　质量块与超材料模型分离时的
　　　　　　　　　　　　　　　　　　　　　　　　　　动能与初始动能之比

是总动能与初始动能之比还是质量块动能与初始动能之比均大于 0.9 且波动不大；随着冲击速度增大，两者均明显减小且变化趋势一致，质量块动能与初始动能之比在 60% 附近波动，而总动能与初始动能之比则在 70% 附近，其余大部分能量则转化为应变能储存在超材料内部。

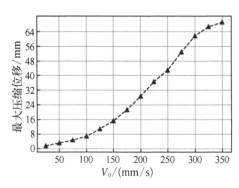

图 4 - 95　碰撞过程中质量块速度为零时 X 轴方向的压缩位移

图 4 - 95 为碰撞过程中质量块速度为零时超材料在 X 轴方向的最大压缩位移。可以看出，最大压缩位移随着质量块初速度的增加而增大，且增长的速率先变快后变慢。图中纵轴最小刻度为 8 mm，即单层余弦形曲梁屈曲的总位移，因此可以方便地读取对应冲击速度下发生屈曲的曲梁层数。

冲击过程中受力端对侧节点上的支反力时间历程曲线如图 4 - 96 所示，

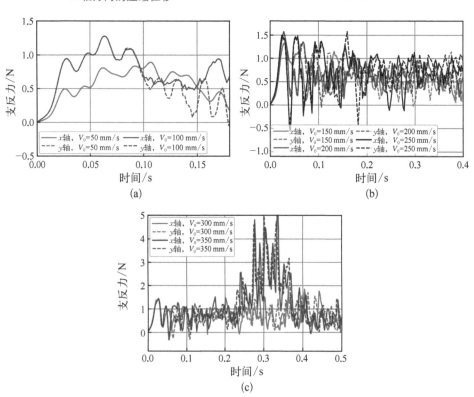

图 4 - 96　不同冲击速度下的两个方向上的冲击支反力时间历程曲线

按照初始冲击能量大小将其分为三类。第一类是冲击速度（即初速度）为 50 mm/s 和 100 mm/s 时，冲击过程中没有曲梁层发生屈曲。冲击力首先增大然后减小且最大值随着冲击速度的增大而增大，整个结构处于初始正刚度阶段，通过较小的弹性变形抵抗冲击，应变能与动能的交换是可逆的（见图 4 - 94 中的总动能与初始动能比曲线）。第二类是冲击速度为 150 mm/s、200 mm/s 和 250 mm/s 时，根据冲击速度的不同，有多个曲梁层发生屈曲，此时可以清楚观察到负刚度超材料的重要特性——尽管冲击速度和屈曲层数不断增加，但冲击力最大值仍未超过单层阈值。第三类是冲击速度为 300 mm/s 和 350 mm/s 时，超材料模型在所有曲梁层均发生屈曲后产生触底。此时输入动能过大而无法被超材料模型吸收，但冲击力在最初的 0.2 s 内仍保持在阈值以下，直到发生触底，从而起到了缓冲冲击载荷的作用。

4.5　三维三向正交负刚度超材料的力学特性

本节以简单立方三维三向负刚度超材料为例研究其力学特性。超材料模型内部余弦形曲梁参数保持一致，即三维三向正交均匀负刚度超材料，如图 4 - 97 所示，计算模型共包含 $3 \times 3 \times 3$ 个超材料胞元，曲梁参数为跨长 $l = 90$ mm、拱高 $h = 4$ mm、梁横截面厚度 $t = 1$ mm 及模型面外厚度 $b = 5$ mm，在胞元的侧面上，两个负刚度曲梁成 $90°$ 夹角，且在中点相互连接。

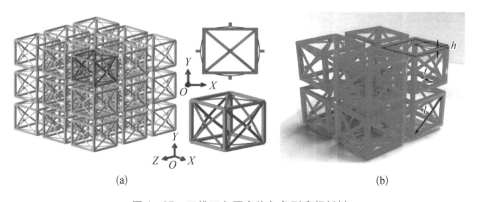

(a)　　　　　　　　　　　　　(b)

图 4 - 97　三维三向正交均匀负刚度超材料

4.5.1　准静态受压力学特性

与研究单向、双向正交均匀负刚度超材料时类似，利用非线性有限元方法分析图 4-97 中三向正交均匀负刚度超材料在单轴、双轴和三轴压缩下的准静态力学特性。将强制位移载荷施加到超材料模型外围节点上(即连接胞元间的短梁的末端),在其对侧节点上设置固定边界条件,分析并输出节点位移与支反力在对应轴上的分量。在单轴压缩分析中,限制外围节点在垂直于压缩方向的平面内的位移,并与不设置约束时的数据进行比较。在双轴或三轴压缩时,加载方向上的位移同步增加,由 0 线性增加至 $n \times 2h$,n 为模型内加载方向上的曲梁层数。

图 4-98~图 4-100 分别给出了单轴、双轴和三轴压缩工况下,三向正交均匀负刚度超材料模型在变形前和变形后的构型。在侧视图平面内双轴和单轴变形如图 4-101 所示。可以看出,超材料模型的整体变形呈周期性,最终加载方向上的所有余弦形曲梁层均发生屈曲,并且每个方向上的行为相互独立。

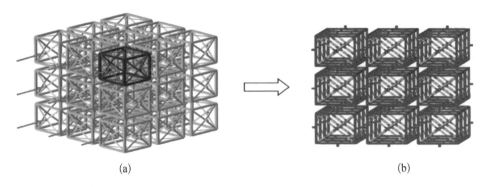

(a)　　　　　　　　　　　　　　(b)

图 4-98　单轴压缩工况下三向正交均匀负刚度超材料模型在变形前和变形后的构型

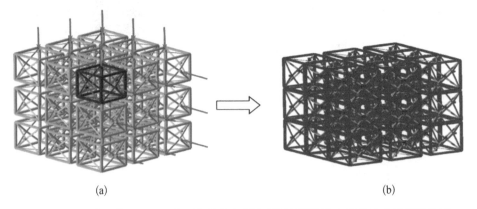

(a)　　　　　　　　　　　　　　(b)

图 4-99　双轴压缩工况下三向正交均匀负刚度超材料模型在变形前和变形后的构型

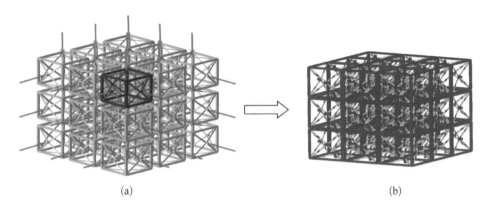

(a)　　　　　　　　　　　　　　　(b)

图 4 – 100　三轴压缩工况下三向正交均匀负刚度超材料模型在变形前和变形后的构型

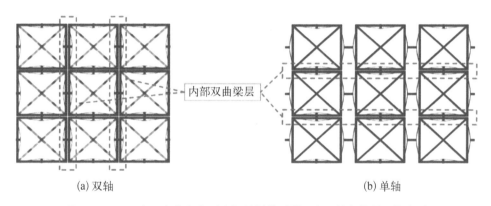

(a) 双轴　　　　　　　　　　　　　　(b) 单轴

图 4 – 101　三向正交均匀负刚度超材料模型平面内双轴与单轴压缩变形

　　计算得到的三向正交均匀负刚度超材料模型在单轴、双轴和三轴压缩下的力-位移关系曲线分别如图 4 – 102～图 4 – 104 所示。可以看出,三向正交均匀负刚度超材料也呈现出典型的多层负刚度超材料力学特征,曲线上力峰值的数目与加载方向上曲梁层数相等,力峰值的大小等于同一曲梁层上所有曲梁屈曲力临界值之和。与双向正交均匀负刚度超材料类似,连接胞元的短梁的旋转引起曲梁的扭转变形,改变了超材料内部双曲梁层(见图 4 – 101)的屈曲顺序,使得力峰值的大小呈阶梯式增长。曲梁层的屈曲顺序为两个内部双曲梁层内各有一层曲梁首先屈曲(对应第 1 个和第 2 个峰值),随后是双曲梁层内的第二层曲梁屈曲(对应于第 3 个和第 4 个峰值),最外层的两层曲梁最后发生屈曲(对应于第 5 个和第 6 个峰值)。

　　为了研究支撑框架刚度对三向正交均匀负刚度超材料力-位移关系的影响,

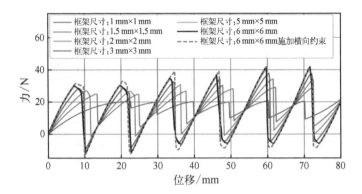

图 4‒102　单轴压缩下不同截面的支撑框架对应的力‒位移关系

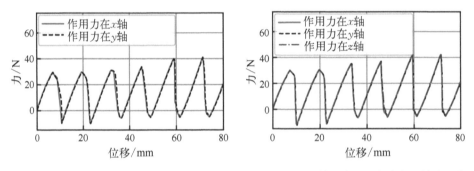

图 4‒103　双轴压缩下两个方向上的支反力　　图 4‒104　三轴压缩下三个方向上的支反力

图 4‒102 中比较了支撑框架梁横截面参数不同时的结果。支撑框架梁截面为正方形,边长分别取 1 mm、1.5 mm、2 mm、3 mm、5 mm 和 6 mm。可以看出,减小支撑框架梁的刚度会大幅降低超材料内曲梁层的屈曲力阈值,也降低了超材料的整体刚度(力‒位移曲线上正刚度段的斜率减小)。支撑梁横截面边长为 6 mm 时,支撑框架刚度足够大,不再对超材料整体力学特性产生影响。由于三向正交均匀负刚度超材料胞元内是两个曲梁交叉连接的,连接胞元的短梁的旋转比双向正交均匀负刚度超材料中要小,但仍影响内部曲梁层的屈曲变形,因此施加了横向约束后的屈曲力峰值大于未施加横向约束时。

从图 4‒103 和图 4‒104 可以看出,双轴压缩和三轴压缩时,每个方向上的力‒位移曲线重合,说明三向正交均匀负刚度超材料在不同方向上的变形相互独立。此外,力‒位移曲线上并未出现图 4‒89 中的"平台区",这是因为三向正交均匀负刚度超材料的胞元在三个正交轴上与毗邻单元连接,抗旋转刚度大,因此很难出现图 4‒90 中周期性旋转变形模式。

4.5.2　冲击动力学特性

利用非线性有限元瞬态动力学方法研究三向正交均匀负刚度超材料在冲击载荷作用下的力学特性,加载方式和边界条件与上节中研究双向正交均匀负刚度超材料时类似,负刚度超材料在三个正交轴上同时受到刚体质量块的冲击,质量块质量为 10 kg,冲击速度从 50 mm/s 递增至 500 mm/s,间隔为 50 mm/s。提取分析过程中冲击受力端对侧节点上的支反力,以及刚体质量块的位移,速度和加速度时间历程变化情况。

图 4-105 为冲击过程中质量块的速度-时间曲线,为了便于比较,速度取绝对值,且利用其初速度进行了归一化处理。图 4-106 为在碰撞结束后系统总动能以及质量块的总动能与初始动能之比。可以看出,三向负刚度超材料抗冲击动力学行为与双向负刚度超材料相似,这是由于所设计的负刚度超材料在其特征方向上的力学行为相互独立。冲击速度较大时,质量体动能比在 50% 附近波动,而总动能与初始动能之比则在 60% 附近,相比于双向负刚度超材料(见图 4-89),有更多的能量转化为应变能储存在三向负刚度超材料内部。

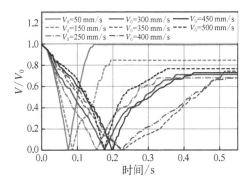
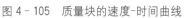
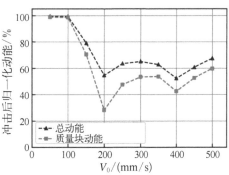

图 4-105　质量块的速度-时间曲线　　　图 4-106　质量块与超材料模型分离时动能与初始动能之比

图 4-107 为碰撞过程中质量块速度为零时超材料在 X 轴方向的压缩位移。可以看出,最大压缩位移随着初始速度的增加而增大,且增长的速度先变快后变慢,变化趋势与双向负刚度超材料相同。图中纵轴最小刻度为 8 mm,即单层余弦形曲梁屈曲的总位移,因此可以方便地读取对应冲击速度下发生屈曲的曲梁层数目。

冲击过程中受力端对侧节点上的支反力时间历程曲线如图 4-108 所示,结

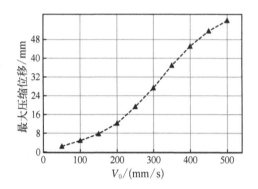

图 4 - 107　碰撞过程中质量块速度为零时 X 轴方向的最大压缩位移

合图 4 - 108 同样可以按照初始冲击能量大小将其分为三类。第一类是冲击速度为 50 mm/s 和 100 mm/s 时,冲击过程中没有曲梁层发生屈曲;第二类是冲击速度为 200 mm/s、300 mm/s 和 400 mm/s 时,根据冲击速度的不同,有多个曲梁层发生屈曲;第三类是冲击速度为 450 mm/s 和 500 mm/s 时,超材料模型在

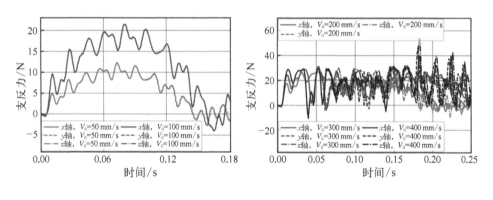

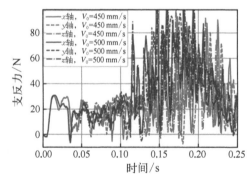

图 4 - 108　不同冲击速度下的三个方向上的冲击支反力时间历程曲线

所有曲梁层均发生屈曲后产生触底。尽管此时输入动能过大而无法被超材料模型吸收,但冲击力在最初的 0.2 s 内仍保持在阈值以下,直到发生触底,从而起到了缓冲冲击载荷的作用。

第 5 章

负刚度负泊松比超材料设计
及其力学性能分析

本章研究兼具负刚度与负泊松比特性的"双负"超材料设计方法,实现两种超颖特性的融合。给出二维和三维的一体化成型负刚度负泊松比超材料设计,其功能基元(胞元)由倾斜放置的余弦形曲梁与其支撑框架组成,胞元垂向受压时内部曲梁发生屈曲并产生横向收缩位移。Hewage 等[103]和 Rafsanjani 等[104]已提出过兼具负刚度负泊松比效应的超材料构型,与之相比,本书中的构型具有设计性强、质量轻和便于制造等优点。本章首先介绍"双负"超材料的胞元与结构宏观变形特点,然后基于局部对称性对胞元准静态大变形过程进行分析,以增量泊松比与增量等效弹性模量为指标,研究几何参数对于"双负"超材料力学特性的影响,并设计"双负"超材料准静态力学试验对有无限数值分析结果进行验证,最后研究负刚度负泊松比超材料在冲击载荷作用下的力学行为。

5.1 二维负刚度负泊松比超材料的设计及其力学特性

5.1.1 二维负刚度负泊松比超材料及其功能基元

将第 4 章中所设计的二维双向正交均匀负刚度超材料在平面内旋转,使原胞元的对角线平行于水平轴,即可得到如图 5-1 所示的另一种负刚度周期性超材料。该超材料可以看作由矩形胞元周期排布形成,每个胞元含四组倾斜对置的余弦形曲梁及其支撑框架,框架刚度远大于曲梁。为增强横向刚度,在框架水平两端点间额外增加了连接梁。垂向受压时,倾斜曲梁发生跃越屈曲,垂向刚度在屈曲过程中为负,又因为在水平方向表现为收缩变形,所以该超材料也具有负泊松比特性。在坐标系 XOY 内,泊松比计算公式为

$$\nu_{YX} = -\frac{\varepsilon_X}{\varepsilon_Y}, \quad \nu_{XY} = -\frac{\varepsilon_Y}{\varepsilon_X} \qquad (5-1)$$

式中，ε_X 为超材料横向应变；ε_Y 为超材料垂向应变。

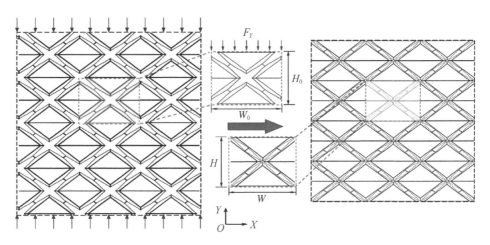

图 5-1　二维负刚度负泊松比超材料及其功能基元

5.1.2　"双负"胞元的泊松比与等效弹性模量

根据对称性，图 5-1 中"双负"胞元的静力学性能（泊松比与等效弹性模量）可通过含一条曲梁的 1/8 胞元模型得到，如图 5-2 所示。其中，BDC 段为曲梁，其余段为支撑结构。模型参数包括曲梁的跨长 l、拱高 h、梁横截面厚度 t，以及与水平轴的夹角 α。下文中，计算结果下标大写字母（如 X、Y）对应超材料与胞元整体坐标系（见图 5-1），下标小写字母（如 x、y）对应 1/8 模型局部坐标系，如图 5-2 所示。

利用有限元法研究胞元的静力特性，在短梁 A 端点设置简支边界条件，对 OFB 梁段施加垂直向下的强制位移 U_y，可得 OEC 对称面的水平位移 U_x 及压缩过程中支座上的支反力 RF_y。由于几何大变形的存在，水平位移及垂向支反力与垂向位移

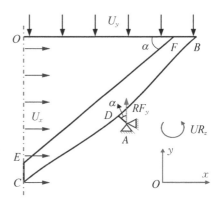

图 5-2　二维负刚度负泊松比超材料胞元的 1/8 模型

间的关系均呈强非线性,因此引入增量泊松比[103]

$$\nu_{YX} = -\frac{d\varepsilon_X}{d\varepsilon_Y} = -\frac{d\left[\ln\left(\dfrac{W}{W_0}\right)\right]}{d\left[\ln\left(\dfrac{H}{H_0}\right)\right]} = -\frac{H}{W} \cdot \frac{dW}{dH} \tag{5-2}$$

引入增量等效弹性模量,则有

$$E_Y = \frac{d\sigma_Y}{d\varepsilon_Y} = \frac{d\left(\dfrac{F_Y}{Ar}\right)}{d\left[\ln\left(\dfrac{H}{H_0}\right)\right]} = \frac{H}{bW^2}\left(W\frac{dF_Y}{dH} - F_Y\frac{dW}{dH}\right) \tag{5-3}$$

式中,H、$H_0 = 4\mid y_A \mid$ 分别为胞元的实际高度与初始高度;W、$W_0 = 4\mid x_A \mid$ 分别为胞元的实际宽度与初始宽度;F_Y 为胞元上垂向作用力(见图 5-1);$Ar = W \cdot b$ 为胞元垂向受压面积;b 为超材料的面外厚度。根据图 5-2 局部结构与图 5-1 中胞元的关系,有

$$\begin{cases} H = H_0 + 4U_y \\ W = W_0 - 4U_x \\ F_Y = -2RF_y \end{cases} \tag{5-4}$$

$$\begin{cases} dH = 4 \cdot dU_y \\ dW = -4 \cdot dU_x \\ dF_y = -2 \cdot dRF_y \end{cases} \tag{5-5}$$

代入式(5-2)和式(5-3)中即可得到增量泊松比与增量等效弹性模量。

根据图 5-1 中的位置关系,每层胞元允许的最大垂向压缩距离为

$$\mid U_{Y_{\max}} \mid = 2 \cdot (\mid y_A \mid - \mid y_C - y_A \mid) = 4(l_{AD} + h)\cos\alpha \tag{5-6}$$

则每条曲梁允许的最大垂向压缩距离为

$$\mid U_{y_{\max}} \mid = (l_{AD} + h)\cos\alpha \tag{5-7}$$

式(5-7)即为 OFB 梁段强制位移的最大值。

从有限元分析结果中提取变形过程中的 U_y、U_x 与 RF_y,即可按式(5-2)～式(5-5)计算胞元的增量泊松比与增量等效弹性模量。以参数 $l = 90$ mm、$h = 4$ mm、$t = 1$ mm、$b = 1$ mm、$\alpha = 45°$ 时为例,材料参数按照前文中的聚合物 PLA 测量数据,计算结果如图 5-3 所示。其中图 5-3(a)为垂向支反力 RF_Y、增量等效弹性模量 E_Y 及支座 A 处转角 UR_z 与垂向位移 U_Y 的关系曲线,图 5-3(b)为

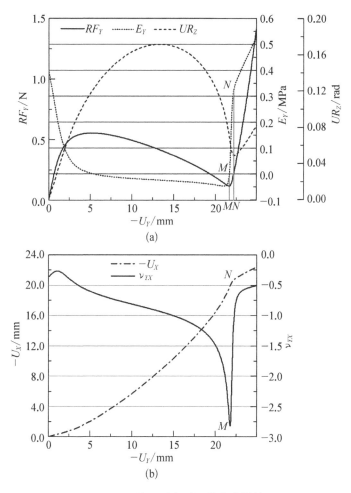

图 5 - 3　胞元垂向受压静力学特性

水平位移 U_X 及增量泊松比 ν_{YX} 与垂向位移 U_Y 的关系曲线。

从图 5 - 3(a)可以看出,随着垂向压缩变形的增加,垂向支反力变化趋势与正置曲梁的一致,均可划分为正刚度段、负刚度段和强化段。变形过程中,增量等效弹性模量与垂向支反力曲线的斜率呈正相关,当支反力取到极大值时,增量等效弹性模量降到零;当垂向位移达到 M 时,增量等效弹性模量等于零,支反力取到极小值。在强化段,增量等效弹性模量曲线上存在一个角点(横坐标为 N),在该点支座 A 处转角取极小值,转动方向发生改变,因此影响了梁的整体刚度。

由图 5 - 3(b)可知,水平方向变形始终表现为收缩($U_X > 0$),且收缩得越来越快(曲线斜率越来越大),曲线到达角点 N 后则变得缓和。增量泊松比始终小于零,极小值点在横坐标为 M 时取到,表明在该点单位垂向压缩引起的横向收缩最大,之后随着曲梁进入强化阶段,增量泊松比绝对值将迅速减小。

5.1.3 "双负"胞元中曲梁角度及厚度对其静力学特性的影响

保持曲梁的跨长 l、拱高 h、梁横截面厚度 t 不变,通过修改与水平轴的夹角(即曲梁倾斜角)α,研究其对负刚度负泊松比超材料胞元力学特性的影响,α 的取值分别为 $20°$、$30°$、$45°$、$60°$和 $70°$,如图 5-4 所示。分析得到其水平位移、增量泊松比、垂向支反力及增量等效弹性模量后,转换成对应胞元的结果,如图 5-5和图 5-6 所示。

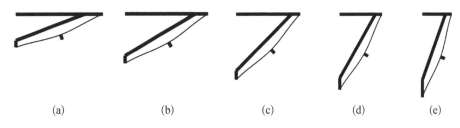

| (a) | (b) | (c) | (d) | (e) |

图 5-4　不同倾斜角 α 的倾斜曲梁对称模型

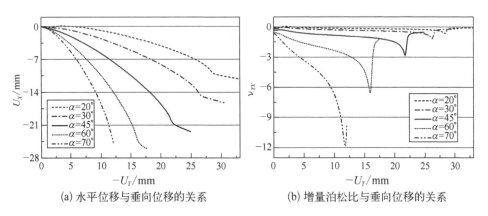

(a) 水平位移与垂向位移的关系　　(b) 增量泊松比与垂向位移的关系

图 5-5　不同倾斜角 α 的胞元垂向受压时的水平位移与增量泊松比

由图 5-5 可知,保持其他条件不变时,允许的最大垂向位移随曲梁倾斜角 α 的增大而减小,水平方向最大收缩则逐渐增大,但当角度增大到一定程度后(如 $\alpha=70°$),水平位移曲线的第二段不再出现。这是因为此时支座 A 处的转动方向不发生第二次改变,对应图 5-3 中横坐标 N 点之后的部分不再出现。对

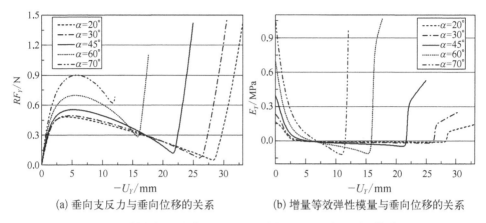

(a) 垂向支反力与垂向位移的关系　　　　(b) 增量等效弹性模量与垂向位移的关系

图 5-6　不同倾斜夹角 α 的胞元垂向受压时的垂向支反力与增量等效弹性模量

于增量泊松比,曲梁倾斜角 α 越大,其绝对值越大,即横向的收缩越明显,不同角度下其随垂向位移的变化趋势一致。从图 5-6 可以看出,曲梁倾斜角 α 越大,初始刚度越大,屈曲力临界值也越大,垂向位移的负刚度段也越短。对于增量等效弹性模量,随着曲梁倾斜角 α 的增大,正刚度段、负刚度段和强化段三个部分的绝对值均增加,正负刚度均加强。

　　保持几何构型不变,仅通过修改曲梁的梁横截面厚度 t 来改变曲梁自身刚度,研究其对负刚度负泊松比超材料胞元静力学特性的影响,t 的取值分别为 0.6 mm、0.8 mm、1.0 mm、1.2 mm 和 1.4 mm。得到一系列的水平位移、增量泊松比、垂向支反力及增量等效弹性模量,转换为胞元的结果,如图 5-7 和图 5-8 所示。

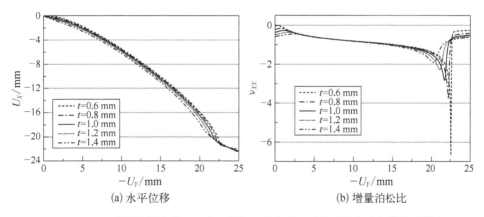

(a) 水平位移　　　　　　　　　　(b) 增量泊松比

图 5-7　不同曲梁的梁横截面厚度 t 的胞元垂向受压时的水平位移与增量泊松比

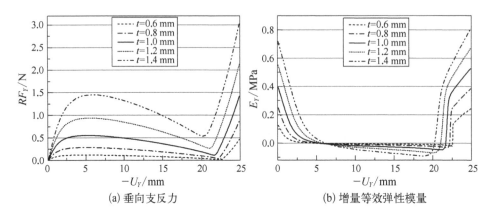

图 5-8 不同曲梁的梁横截面厚度 t 的胞元垂向受压时的垂向支反力与增量等效弹性模量

从图 5-7 和图 5-8 可以看出,保持其他条件不变时,改变梁的横截面厚度,对于水平位移的影响不大,同样对于增量泊松比,也仅影响峰值(绝对值)区域,随着厚度增加,增量泊松比最大值(绝对值)减小。同时,垂向支反力和增量等效弹性模量(绝对值)均呈现为增大的趋势。此外,增大梁的厚度导致关键点位置(M 点和 N 点)(见图 5-3)均提前。因此改变梁的横截面厚度可以在垂向和水平位移量(即超材料的宏观变形)保持不变的情况下,有效地调整其刚度特性。

5.1.4 "双负"胞元完全压缩时负泊松比效应

计算倾斜曲梁模型在垂向压缩达到最大[式(5-7)]时 OEC 对称面的水平位移,然后根据式(5-4)换算到整个胞元,即可得到完全受压胞元泊松比:

$$\nu_{YX\text{-ult}} = -\frac{\varepsilon_X}{\varepsilon_Y} = -\frac{\ln\left(1 + \dfrac{U_{X_{\max}}}{W_0}\right)}{\ln\left(1 + \dfrac{U_{Y_{\max}}}{H_0}\right)} \tag{5-8}$$

式中,$U_{Y_{\max}}$、$U_{X_{\max}}$ 分别为垂向压缩达到最大时的垂向位移与水平位移,均为负值;W_0、H_0 分别为胞元的初始宽度与初始高度(见图 5-9)。给出不同曲梁倾斜角 α 和曲梁横截面厚度 t 下的完全受压胞元泊松比计算结果,如图 5-10 所示。

由图 5-10 可以看出,曲梁倾斜角 α 和梁横截面厚度 t 的增加均导致泊松比减小。改变曲梁倾斜角对于泊松比的影响非常显著,在所给的参数范围内,泊

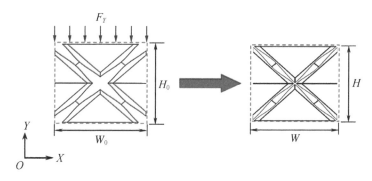

图 5 - 9　二维负刚度负泊松比超材料胞元的受压变形

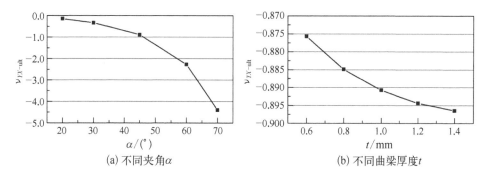

(a) 不同夹角 α　　　　　　　　　(b) 不同曲梁厚度 t

图 5 - 10　不同倾斜角、不同曲梁横截面厚度的胞元垂向完全压缩泊松比

松比值由 -0.15 减小至 -4.4；而改变梁横截面厚度时泊松比变化范围仅约为 0.03，且后者曲线向下凹，继续增加厚度对减小泊松比的作用将变弱。这是因为角度一定时，结构的基本构型保持不变，仅改变曲梁的横截面厚度不足以对泊松比产生很大影响。

5.1.5　负刚度与负泊松比效应的试验验证

为了验证负刚度负泊松比超材料设计的合理性以及有限元数值分析结果的准确性，利用 3D 打印制造试件，测量其单胞的泊松比以及受压力-位移曲线。单胞内曲梁倾斜角分别为 $20°$、$30°$、$45°$、$60°$ 和 $70°$。试验设备与试验方法与前述单向负刚度超材料准静态力学特性试验相同。单胞试件的面外厚度为 30 mm，单胞内曲梁横截面厚度为 0.8 mm，其余支撑梁横截面厚度为 3.2 mm，加载与卸载速度均为 2 mm/min，试验装置如图 5 - 11 所示。

测量压缩与拉伸过程中的力与位移，然后根据式 (5 - 8) 计算完全受压时的

图 5 - 11　负刚度负泊松比超材料胞元静力学试验装置

泊松比,同时按 1 : 1 试件尺寸建立有限元模型进行分析。试验值与仿真值的对比如表 5 - 1 所示,完全压缩时的泊松比与曲梁倾斜角的关系曲线如图 5 - 12 所示。

表 5 - 1　不同角度的负刚度负泊松比超材料胞元的变形与泊松比

曲梁倾斜角/(°)	初始高度 H_0/mm	初始宽度 W_0/mm	垂向位移 U_Y/mm	仿 真 值		试 验 值	
				U_X/mm	ν_{YX}	U_X/mm	ν_{YX}
20	90.4	156.4	22.7	7.7	−0.175	8.1	−0.183
30	110.7	151.1	21.6	11.5	−0.366	11.3	−0.357
45	135.2	135.2	17.3	15.5	−0.889	15.1	−0.865
60	151.1	110.7	15.0	21.0	−2.011	20.8	−1.989
70	156.4	90.4	8.0	13.3	−3.035	14.2	−3.260

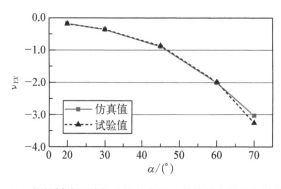

图 5 - 12　超材料胞元泊松比值的有限元数值仿真结果与试验结果

从表 5-1 与图 5-12 中可以看出,有限元数值仿真结果与试验结果非常接近,泊松比随着曲梁倾斜角的增加而减小,且减小得越来越快,整体呈一条光滑的凸曲线,与图 5-10 所得结论一致。在曲梁倾斜角较大时(如 70°),变形过程中曲梁间的相对扭转角度也较大,梁的扭转代替梁屈曲成为主要的变形形式,制造误差与数值误差对结果的影响比较显著,因此仿真值与试验值间存在一定差别。不同倾斜角的曲梁胞元的变形过程及力-位移曲线如图 5-13~图 5-22 所示。

从有限元数值仿真与试验结果的对比可以发现,所设计的超材料胞元具有明显的负泊松比效应,且数值仿真计算的泊松比与试验值吻合得很好。胞元在垂向受压过程中,曲梁体现出分层屈曲的特点,曲梁倾斜角越小,分层越明显。同时,内部多条曲梁的屈曲顺序是随机的,虽然受制造误差或数值误差的影响,

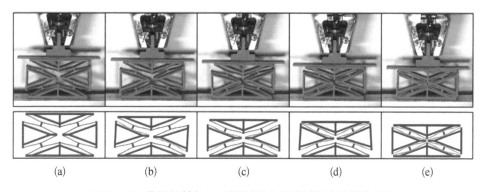

(a)　　　　　(b)　　　　　(c)　　　　　(d)　　　　　(e)

图 5-13　曲梁倾斜角为 20°时试验与仿真过程中的单胞变形

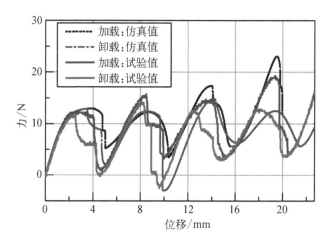

图 5-14　曲梁倾斜角为 20°时试验与仿真过程中的单胞的力-位移关系

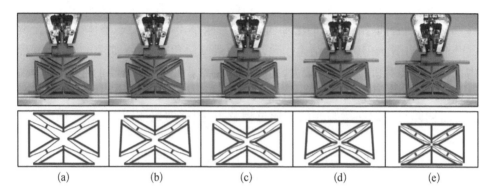

(a)　　　　　(b)　　　　　(c)　　　　　(d)　　　　　(e)

图 5 - 15　曲梁倾斜角为 30°时试验与仿真过程中的单胞变形

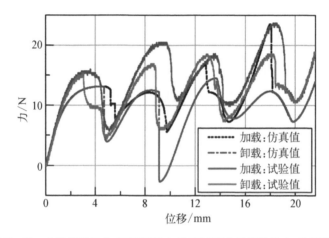

图 5 - 16　曲梁倾斜角为 30°时试验与仿真过程中的单胞的力-位移关系

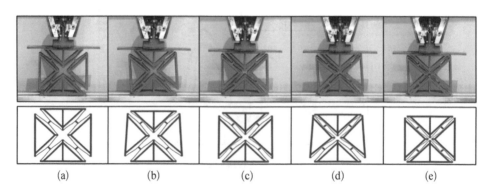

(a)　　　　　(b)　　　　　(c)　　　　　(d)　　　　　(e)

图 5 - 17　曲梁倾斜角为 45°时试验与仿真过程中的单胞变形

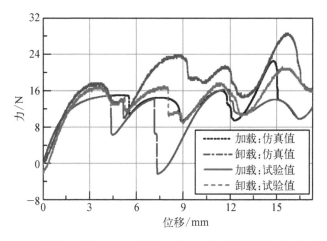

图 5－18　曲梁倾斜角为 45°时试验与仿真过程中的单胞的力-位移关系

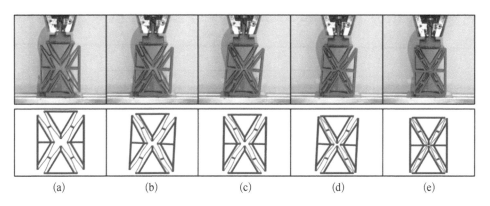

图 5－19　曲梁倾斜角为 60°时试验与仿真过程中的单胞变形

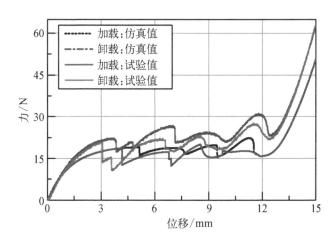

图 5－20　曲梁倾斜角为 60°时试验与仿真过程中的单胞的力-位移关系

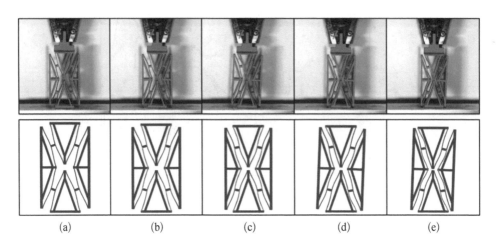

图 5-21　曲梁倾斜角为 70°时试验与仿真过程中的单胞变形

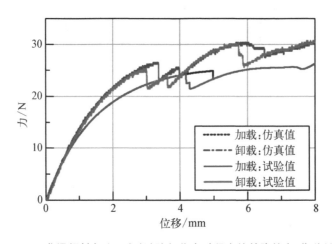

图 5-22　曲梁倾斜角为 70°时试验与仿真过程中的单胞的力-位移关系

但遵循左右两侧屈曲梁数目相等的规律。在由有限元分析给出的受压变形结果中,曲梁倾斜角为 20°、30°和 45°的 3 个胞元的变形左右对称,曲梁倾斜角为 60°和 70°的两个胞元则呈现整体扭转。在试验过程中,所有 5 个胞元均出现了整体扭转。屈曲次序的随机性导致了力-位移曲线上力峰值的位置和整体存在差异。随着曲梁倾斜角增大,屈曲时扭转角度增大,梁的扭转代替梁屈曲成为主要的变形形式,负刚度段越来越不明显。因此从负刚度效应的角度考虑,所设计的胞元曲梁倾斜角不应过大。

5.1.6　负刚度负泊松比超材料的抗冲击性能

以 5 层 4 列胞元构成的超材料平面结构为例,采用显式动力学方法研究其抗冲击性能。结构底部固定,上方跌落一质量为 10 kg 的刚性方形重物,约束重物的水平位移与面内转动自由度,但允许其在垂向自由反弹。设置重物在撞击结构前的初速度从 40 mm/s 开始逐渐增加,确保输入能量在结构的承载范围内(碰撞后结构内部不会发生胞元间碰撞或穿透),计算其在碰撞过程中的位移、速度、加速度响应。

利用上述分析工况,研究胞元中曲梁倾斜角 α 与曲梁横截面厚度 t 对该超材料平面结构抗冲击性能的影响,α 的取值分别为 $20°$、$30°$、$45°$、$60°$ 和 $70°$,t 的取值分别为 0.6 mm、0.8 mm、1.0 mm、1.2 mm 和 1.4 mm。其中不同曲梁倾斜角的超材料平面结构模型如图 5 - 23 所示。

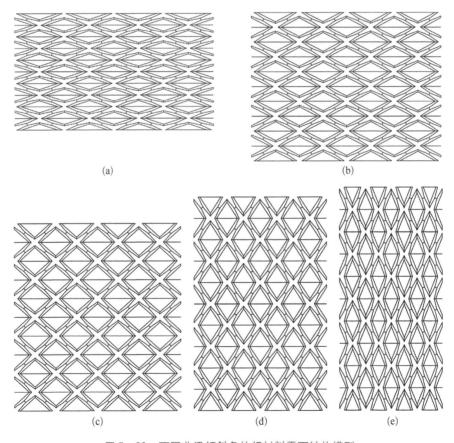

图 5 - 23　不同曲梁倾斜角的超材料平面结构模型

以参数 $l = 90$ mm、$h = 4$ mm、$t = 1$ mm、$b = 10$ mm、$\alpha = 45°$、$v_0 = 400$ mm/s 时为例,说明其作用过程,不同时刻的结构变形如图 5 - 24 所示。可以看出重物先下降,直至运动速度为零后开始向上反弹。在此过程中,能量被传递到超材料结构中,内部曲梁发生屈曲,同时横向尺寸也明显减小。

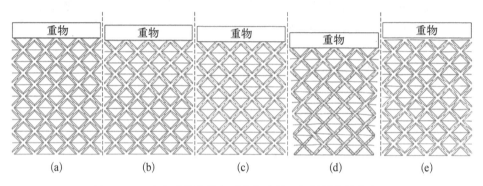

图 5 - 24   冲击过程中的负刚度负泊松比超材料的结构变形

针对上述不同的计算模型,逐渐增大其初始冲击速度,直到碰撞过程中最大变形达到结构最大容许值,即全部曲梁均发生屈曲。随着冲击速度的增加,得到的结构最大垂向位移与初始冲击动能的关系如图 5 - 25 所示,冲击结束后重物离开超材料结构时的动能与初始动能之比随初始冲击速度变化的曲线如图 5 - 26 所示。

由图 5 - 25 可以看出,随着冲击速度的增加,最大垂向压缩距离逐渐增加,更多的胞元发生屈曲,最大垂向压缩距离与冲击能量接近线性关系,只在接近结构吸能上限时曲线局部变得平缓。随着胞元内曲梁倾斜角度的增大,允许的最大垂向压缩距离与最大冲击速度均显著减小。在同一冲击速度时,曲梁倾斜角 α 越大,最大垂向压缩距离越小。胞元内曲梁倾斜角不变,增大曲梁横截面厚度,结构可以抵抗的冲击动能明显增加,且最大垂向变形(即最大垂向压缩距离)保持不变,这是由其几何构型决定的。

如图 5 - 26 所示,在冲击速度较小时,所有曲梁均未发生屈曲,重物动能比大于 0.9 且波动不大;随着冲击速度的增大,曲线出现明显的分离,曲梁倾斜角较小(或梁横截面厚度较小)的超材料结构的动能比开始下降,使动能比降低的冲击速度大小与几何参数(角度或厚度)有直接关系;冲击速度较大时,重物动能比曲线变得稳定,范围固定在 0.6～0.8 之间。因此,在曲线上的中高速区域,角度 α 越小,重物动能比越小;厚度 t 越小,重物动能比越小。此外,尽管减小梁横截面厚度 t 可以减小重物动能比,增加结构吸收的能量,但此时结构可以吸收的总能量则明显较少。

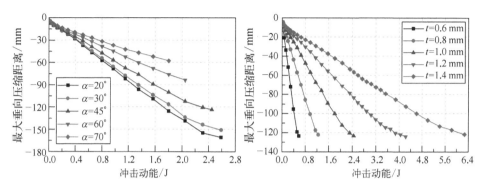

图 5-25 不同曲梁倾斜角 α 和不同曲梁横截面厚度 t 的
超材料结构碰撞后的最大垂向压缩距离

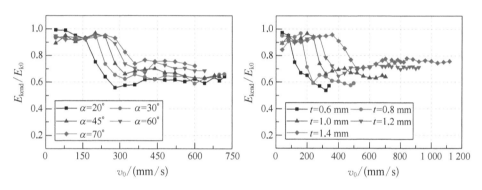

图 5-26 不同曲梁倾斜角 α 和不同曲梁横截面厚度 t 的超材料结构对应的重物动能比

5.2 三维负刚度负泊松比超材料设计及其力学特性

5.2.1 三维负刚度负泊松比超材料及其功能基元

相对于二维负刚度负泊松比超材料,三维负刚度负泊松比超材料的胞元构型是由空间梁组成的空间构型。在受压变形时,与载荷垂直的平面内两个方向上均表现为收缩,同时具有负泊松比效应,如图 5-27 所示。

与三维负刚度超材料类似,在图 5-27 中三维负刚度负泊松比超材料胞元由横截面积较大的支撑框架梁和厚度较薄的余弦形曲梁组成。胞元内共有上下各 4 个倾斜平面,每个倾斜平面内有两条中点连接的余弦形曲梁。在曲梁中点

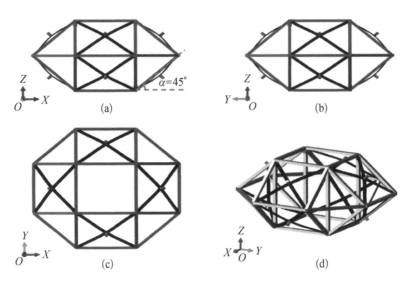

图 5‑27   以曲梁倾斜角 45°为例的三维负刚度负泊松比超材料胞元

上附有短的连接梁,胞元间通过连接梁相连接。受垂向(Z 轴)压缩载荷时,X轴和 Y 轴方向的曲梁发生屈曲,毗邻的胞元间距离减小,X 轴和 Y 轴方向同时呈现负泊松比效应。

如图 5‑28 所示为三维负刚度负泊松比效应超材料的局部视图,包含了 6 个相互连接的胞元。图中虚线范围内对应的是该超材料在 XYZ 空间直角坐标系中的最小周期性长方体区域,可作为研究超材料在 X 轴和 Y 轴泊松比效应的基本单位(以下简称"长方体胞元"),初始高度与初始宽度分别为 H_0 与 W_0。

需要指出的是,可以根据 3 个坐标轴方向的尺寸对三维负刚度负泊松比超材料进行进一步的设计与分类。例如,X 轴与 Y 轴方向的宽度不相等时,或者两个方向上的曲梁参数不同时,可针对这两个方向分别设计不同的负泊松比。本节中为了简便起见,仅讨论 X 轴与 Y 轴方向所有构件几何尺寸相同时的情形。

5.2.2   "双负"胞元的泊松比与等效弹性模量

三维负刚度负泊松比超材料的泊松比计算公式为

$$\nu_{ZX} = -\frac{\varepsilon_X}{\varepsilon_Z}, \quad \nu_{ZY} = -\frac{\varepsilon_Y}{\varepsilon_Z} \tag{5-9}$$

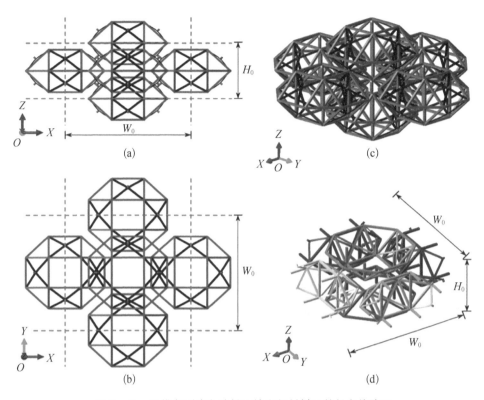

图 5-28　三维负刚度负泊松比效应超材料及其长方体胞元

式中，ε_X、ε_Y 分别为 X 轴与 Y 轴方向的应变分量；ε_Y 为垂向（Z 轴）应变。

　　与 5.1 节类似，利用长方体胞元的局部对称模型研究其力学性质，如图 5-29 所示。同时引入增量泊松比与增量等效弹性模量概念分别描述超材料的负泊松比与负刚度效应。该三维超材料的增量泊松比与增量等效弹性模量定义

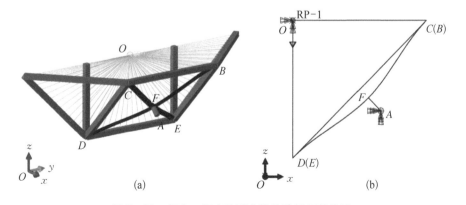

图 5-29　仅含一组余弦形曲梁的胞元局部模型

分别为

$$\nu_{ZX} = \nu_{ZY} = -\frac{d\varepsilon_X}{d\varepsilon_Z} = -\frac{d\left[\ln\left(\dfrac{W}{W_0}\right)\right]}{d\left[\ln\left(\dfrac{H}{H_0}\right)\right]} = -\frac{H}{W} \cdot \frac{dW}{dH} \tag{5-10}$$

和

$$E_Z = \frac{d\sigma_z}{d\varepsilon_z} = \frac{d\left(\dfrac{F_z}{Ar}\right)}{d\left[\ln\left(\dfrac{H}{H_0}\right)\right]} = \frac{H}{W^4 dH}(W^2 dF_Z - 2F_Z W dW) \tag{5-11}$$

$$= \frac{H}{W^3}\left(W\frac{dF_Z}{dH} - 2F_Z\frac{dW}{dH}\right)$$

式中,H、H_0 分别为长方体胞元的实际高度与初始高度;W、W_0 分别为长方体胞元的实际宽度与初始宽度;F_z 为长方体胞元上的垂向作用力;$Ar = W^2$ 为长方体胞元垂向受压面积。

利用有限元法分析图 5-29 中局部结构的静力特性,在短梁 A 端点设置简支边界条件,在 O 点上施加垂直向下的强制位移载荷 U_z 并通过设置 MPC 关联框架节点,求解 O 点水平位移 U_x 及压缩过程中的支反力 RF_z。

根据图 5-28 中长方体胞元与图 5-29 中局部结构的关系,有

$$\begin{cases} H = H_0 + 4U_z \\ W = W_0 - 4U_x \\ F_Y = -4RF_y \\ H_0 = 4 \mid z_A \mid \\ W_0 = 4 \mid x_A \mid + 2l_s \end{cases} \tag{5-12}$$

$$\begin{cases} dH = 4 \cdot dU_y \\ dW = -4 \cdot dU_x \\ dF_Y = -4 \cdot dRF_y \end{cases} \tag{5-13}$$

代入式(5-10)与式(5-11)中即可得增量泊松比与增量等效弹性模量。

每层长方体胞元允许的最大垂向压缩距离为

$$\mid U_{z_{max}} \mid = 2 \cdot (\mid z_A \mid - \mid z_D - z_A \mid) = 4(l_{AF} + h)\cos\alpha \tag{5-14}$$

则每条曲梁允许的最大垂向压缩距离为

$$| U_{z\max} | = (l_{AF} + h)\cos \alpha \qquad (5-15)$$

式(5-15)即为点 O 处强制位移的最大值。

5.2.3 "双负"胞元中曲梁角度对其静力学特性的影响

利用上述研究方法,研究胞元中曲梁倾斜角 α 对该超材料负刚度与负泊松比效应的影响, α 的取值分别为 20°、30°、45°、60° 和 70°。曲梁参数在所有模型中均保持一致,即跨长 $l = 90$ mm、拱高 $h = 4$ mm、曲梁横截面厚度 $t = 1$ mm、面外厚度 $b = 4$ mm。

通过计算得到的长方体胞元的垂向支反力 RF_Z、增量等效弹性模量 E_Z 与垂向位移 U_Z 的关系如图 5-30 所示,水平位移 U_X 及增量泊松比 ν_{ZX} 与垂向位移 U_Z 的关系如图 5-31 所示。

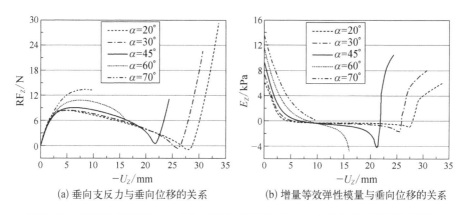

(a) 垂向支反力与垂向位移的关系　　　(b) 增量等效弹性模量与垂向位移的关系

图 5-30　不同曲梁倾斜角 α 的胞元垂向受压时的垂向支反力与增量等效弹性模量

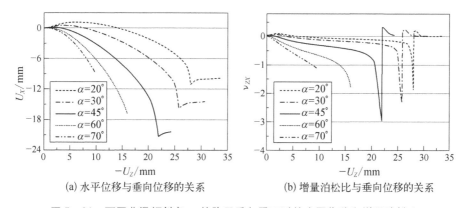

(a) 水平位移与垂向位移的关系　　　(b) 增量泊松比与垂向位移的关系

图 5-31　不同曲梁倾斜角 α 的胞元垂向受压时的水平位移和增量泊松比

由图 5-30 与图 5-31 可以看出,三维负刚度负泊松比超材料的静力学特性与二维的类似:垂向力随着压缩的进行分为明显的三段,即正刚度段、负刚度段与第二正刚度段;水平位移符号为负,收缩效应明显;增量泊松比与增量等效弹性模量均先减小后增大。同时,随着曲梁倾斜角 α 变大,容许的垂向压缩值不断减小。

尽管三维负刚度负泊松比超材料在某一垂向平面内(即 XOZ 或 YOZ 平面内)与 5.1 节中的二维构型相似,但曲梁的布置的不同,导致了其力学特性存在差异。在二维构型中,曲梁在其曲率平面内屈曲,而三维构型中曲梁则伴随屈曲发生面外的翻转。

三维构型与二维构型的差异有以下几个方面。首先,在图 5-30 中,曲梁倾斜角增大到 60°时,垂向力曲线不再具有第二正刚度段;曲梁倾斜角增大到 70°时,其负刚度段也消失,增量等效弹性模量也全部为正值,而在二维超材料中 5 个角度的胞元全部存在负刚度段[见图 5-6(a)]。其次,曲梁倾斜角为 20°与 30°时,最小垂向力小于零,表明结构呈现"双稳态"特征,而二维 5 个角度的胞元垂向力始终为正。最后,曲梁倾斜角为 20°、30°和 45°时,横向位移在变形过程中存在最小值,随后开始增大,即胞元在横向表现为扩张,对应增量泊松比为正,而二维的 5 个角度的胞元横向位移始终在减小[见图 5-5(a)]。

5.2.4 "双负"胞元完全压缩时的负泊松比效应

计算图 5-29 所示局部模型垂向压缩达到最大[式(5-15)]时 O 点的水平位移,然后根据式(5-12)换算到长方体胞元(见图 5-28),即可得到完全受压胞元泊松比:

$$\nu_{ZX\text{-ult}} = -\frac{\varepsilon_X}{\varepsilon_Z} = -\frac{\ln\left(1 + \dfrac{U_{x_{\text{ult}}}}{W_0}\right)}{\ln\left(1 + \dfrac{U_{z_{\text{ult}}}}{H_0}\right)} \tag{5-16}$$

式中,$U_{z_{\text{ult}}}$、$U_{x_{\text{ult}}}$ 分别为垂向压缩达到最大时的垂向位移与水平位移,收缩时位移符号为负,扩张时则为正;W_0、H_0 分别为长方体胞元的初始宽度与初始高度。给出不同曲梁倾斜角 α 下的完全受压胞元泊松比计算结果,如图 5-32 所示。此外,由于三维胞元的特殊性,在变形过程中横向位移 U_X 存在最小值(见图 5-31),此时结构相对于原始构型的泊松比利用式(5-17)计算,结果也绘制于图 5-32 中。

$$\nu_{ZX-\min} = -\frac{\varepsilon_X}{\varepsilon_Z} = -\frac{\ln\left(1+\dfrac{U_{X_{\min}}}{W_0}\right)}{\ln\left(1+\dfrac{U_{Z_{\min}}}{H_0}\right)} \tag{5-17}$$

式中，$U_{X_{\min}}$ 为变形过程中横向位移的最小值；$U_{Z_{\min}}$ 为此时的垂向位移最小值。

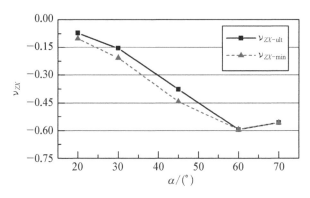

图 5-32　不同曲梁倾斜角 α 的胞元垂向完全压缩泊松比与最小泊松比

由图 5-32 可以看出，在曲梁倾斜角 α 小于 60° 之前，泊松比呈连续减小的趋势，继续增大 α，则泊松比也增大。相对于二维负刚度负泊松比超材料，三维构型的泊松比绝对值较小，这是由于三维胞元的横向构件中含有尺寸不变的中心框架，使其横向应变绝对值小于二维构型的。横向位移最小时的胞元泊松比曲线位于完全压缩泊松比曲线下方，说明此时胞元的横向收缩最为显著。同时，由于胞元进入了第二稳态，因此这一位置对三维负刚度负泊松比超材料的设计具有重要意义。值得注意的是，当曲梁倾斜角为 60° 与 70° 时，横向位移 U_X 在变形过程中单调减小，因此横向位移的最小值即为变形最终时刻的位移值，两种泊松比的曲线不再区分。

本章在负刚度超材料的基础上，设计了具有负刚度负泊松比效应的"双负"二维和三维超材料，实现了两种超常力学特性的融合。以增量泊松比与增量等效弹性模量为指标，研究了几何参数对于"双负"超材料力学特性的影响，并设计了"双负"超材料准静态力学试验进行验证。主要结论如下：

（1）通过有限元数值仿真和模型试验，验证了所设计的负刚度负泊松比超材料的可行性，负刚度和负泊松比效应明显，相比已有构型，其具有设计性强、质量轻、便于制造等特点。"双负"超材料保留了负刚度超材料良好的抗冲击吸能性，且因其不产生塑性变形的特点而可重复使用。

（2）"双负"超材料的负刚度和负泊松比效应可分别用增量等效弹性模量和

增量泊松比评价。胞元内倾斜曲梁与水平轴夹角决定了该超材料的几何构型，对泊松比的影响较大；胞元内曲梁横截面厚度则可以有效调节该超材料的刚度，对其抗冲击性能影响更大。有限元数值计算的完全受压时的泊松比与试验结果吻合得很好。

（3）所设计的三维"双负"超材料在垂直于受压方向的平面内两个正交轴上均呈现负泊松比效应，并且相互独立，可以根据需要针对这两个方向分别设计不同的负泊松比。在三维构型中，由于曲梁的交叉连接方式，曲梁伴随屈曲发生面外的翻转。当曲梁倾斜角较小时，水平位移存在最小值，此时相对于初始构型的泊松比值比完全压缩时更小。

第 *6* 章

可承载的弹性波带隙超材料
设计理论与方法

由于周期性的约束,各种不同类型弹性波在周期性结构中传播时具有统一性,均属于布洛赫波。这种波在某一特定的频率范围内无法在周期性结构中传播,频散关系被分成独立的能带结构,能带结构可以全面反映波的传输特性。振动弹性波是弹性常数周期分布的周期性结构中一种典型的布洛赫波[40]。任意泊松比超材料和基于余弦形曲梁序构的负刚度超材料都是典型的空间几何周期性分布结构,因此相关带隙特性及弹性波在这两类超材料结构中的传播具有各自的特点,在此基础上进行超材料带隙区间设计,对于船舶或海洋结构物的减振降噪创新设计具有重要价值[139-140]。

本章利用周期性结构带隙特性计算理论,对弹性波超材料中具有带隙且可承载的任意泊松比超材料(以下简称"可承载带隙超材料")进行研究,对其带隙特性进行计算分析及验证。在研究能带结构计算方法的基础上,运用优化理论设计在指定频段内具有完全带隙或方向带隙的超材料胞元结构,计算该超材料结构的频响特性,验证超材料的带隙区间设计结果。提出了功能基元(胞元)带隙优化导向的超材料设计方法。该方法以超材料功能基元为设计对象,通过调整任意泊松比超材料功能基元的设计参数,考虑承载性能,基于最优化理论搜寻在指定频段内具有最大频率禁带的超材料功能基元,而后将优化得到的超材料功能基元按布拉维序构理论序构为超材料结构,以达到可承载且在指定设计频段内具有预期减振降噪效果。研究中将具有不同带隙区间的超材料胞元组成带隙超材料胞元组后,发现了带隙叠加效应(也称"Yang‐Li"效应)。基于该效应,可以实现由不同胞元频带自由叠加组合而获得宽频(全频段)带隙的弹性波超材料。最后,对理论计算及优化设计所得的具有指定带隙的超材料采用3D打印技术进行制造,对其动力学特性进行测试,验证本章超材料带隙特性计算及设计方法的有效性。

6.1   含典型拓扑构型胞元的超材料带隙特性分析

超材料的带隙特性由能带结构反映,有限元法因其具有易于对复杂结构离散建模、计算效率高、收敛性好等优点被用于超材料的能带结构计算。Wang 等[285]在有限元软件 COMSOL 中采用平面应变单元离散方法计算了之字形点阵结构的能带结构。Casadei 等[286]采用平面应力单元离散二维周期性晶格结构胞元,研究了胞元的各向异性力学性质对波传播方向的影响。Huang 等[287]研究了不同有限元网格密度对超材料带隙特性计算的影响。Zhang 等[288]采用梁单元分析了手性负泊松比超材料的带隙特性及弹性波传播。An 等[289]使用铁木辛柯梁模型研究了局域共振型方形晶格的带隙产生机理。文献[290-291]基于有限元法,通过拓扑优化定向设计超材料的带隙特性。应用有限元法计算带隙超材料结构的能带结构时,一般假定超材料在横截面面外的特征尺寸为无穷大,将带隙超材料对应的三维结构力学问题简化为平面应变力学问题,用平面应变单元离散超材料胞元。该方法定义为等效平面应变法。若将三维超材料胞元的薄壁视为薄板,根据薄板筒形弯曲理论[292],则胞元可进一步简化为薄壁梁结构,求解胞元能带结构时用二维梁单元离散超材料胞元。该方法定义为等效梁元法。

上述两种方法用于超材料胞元拓扑构型优化设计时,会导致采用不同类型的拓扑基结构(骨架类拓扑基结构和连续体类拓扑基结构),其计算规模、计算精度和优化设计效率等差异较大,研究者难以判断何种方法精度高,尤其是对于三维超材料胞元,目前这方面的研究也是空白[293]。本章深入分析等效平面应变法与等效梁元法在带隙特性计算和拓扑优化等方面的优劣,包括计算精度和效率,为后续带隙超材料优化设计提供指导。

6.1.1   超材料胞元的典型拓扑构型及其几何参数

研究由四种典型拓扑构型胞元构成的负泊松比超材料的带隙特性,分别为内六角形、箭形、星形和旋转三角形,描述四种构型的几何特征参数如图 6-1 所示[206,294-296]。四种构型胞元的胞壁特征长度为 a_i 和 b_i,特征角为 θ_i,在 x 方向和 y 方向的长度分别为 L_x 和 L_y,壁厚为 $t_i(i=1,2,3,4)$。构型的几何关系及等效泊松比、相对密度如表 6-1 所示。

表 6-1 四种构型的几何关系及等效泊松比

拓扑构型	胞 元 尺 寸	等效泊松比 ν_{yx}	相 对 密 度
内六角形	$L_x = 2a_1\cos\theta_1$ $L_y = 2(b_1 - a_1\sin\theta_1)$	$-\dfrac{\left(\dfrac{b_1}{a_1} - \sin\theta_1\right)\sin\theta_1}{\cos^2\theta_1}$	$\rho_1^* = \dfrac{2t_1(2a_1 + b_1)}{L_x L_y}$
箭形	$L_x = 2a_2\sin\beta$ $L_y = b_2\sin\theta_2 - a_2\cos\theta_2$	$-\dfrac{1}{\tan\beta\tan\theta_2}$	$\rho_2^* = \dfrac{2t_2(a_2 + b_2)}{L_x L_y}$
星形	$L_x = 2\left[b_3 + \sqrt{2}a_3\sin\left(\theta_3 - \dfrac{\pi}{4}\right)\right]$ $L_y = 2\left[b_3 + \sqrt{2}a_3\sin\left(\theta_3 - \dfrac{\pi}{4}\right)\right]$	$\dfrac{\dfrac{(3 - 5\sin 2\theta_3)\zeta_3^3 a_3^3}{b_3^3} + \dfrac{2\zeta_3^3 a_3\sin 2\theta_3}{b_3}}{\dfrac{(5 - 3\sin 2\theta_3)\zeta_3^3 a_3^3}{b_3^3} + 2\left(1 + \dfrac{a_3}{b_3}\right)\zeta_3^3}$	$\rho_3^* = \dfrac{4t_3(2a_3 + b_3)}{L_x L_y}$
旋转三角形	$L_x = 2b_3\sin\left(\alpha + \dfrac{\theta_3}{2}\right) + 2a_3\sin\dfrac{\theta_3}{2}$ $L_y = -2a_3\cos\left(2\alpha + \dfrac{\theta_3}{2}\right)$	$\dfrac{b_4\cos\left(\alpha + \dfrac{\theta_4}{2}\right) + a_4\cos\dfrac{\theta_4}{2}}{\tan\left(2\alpha + \dfrac{\theta_4}{2}\right)\left[b_4\sin\left(\alpha + \dfrac{\theta_4}{2}\right) + a_4\sin\dfrac{\theta_4}{2}\right]}$	$\rho_4^* = \dfrac{4t_4(2a_4 + b_4)}{L_x L_y}$

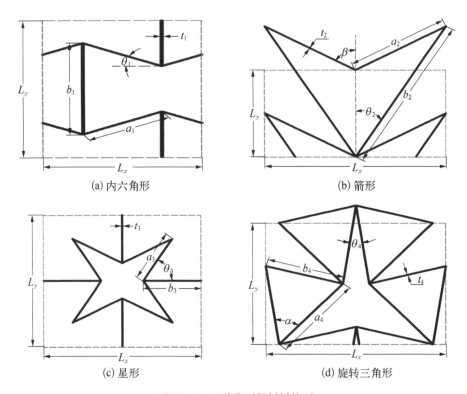

(a) 内六角形　　　　　　　　　　(b) 箭形

(c) 星形　　　　　　　　　　　　(d) 旋转三角形

图 6-1　四种典型超材料构型

在空间上周期性序构如图 6-1 所示的各胞元即可得到不同性能的超材料及其结构。定义一组二维矢量 $e_1 = L_x i$ 和 $e_2 = L_y j$（i 和 j 为 $x - y$ 平面内笛卡尔坐标系中的单位矢量）来描述超材料中胞元的空间位置，称这组二维矢量为正格子基矢。由这组基矢构成的空间称为正格子空间，它描述的是胞元空间位置的周期性。选定某一胞元作为坐标原点，则空间中任意胞元的位置可表示为

$$R_n = n_1 e_1 + n_2 e_2 \tag{6-1}$$

式中，n_1、n_1 均为正整数；R_n 为格矢。

超材料具有平移对称周期性，根据布洛赫定理，在超材料中传播的弹性波为布洛赫波。超材料胞元(0, 0)中的某一点（位置 r）的位移矢量 $u(r)$ 可表示为

$$u(r) = u_k(r) \mathrm{e}^{(\mathrm{i}k \cdot r)}, \ u_k(r) = u_k(r + R_n) \tag{6-2}$$

式中，k 为波矢；i 为虚数单位；$u_k(r)$ 为位移振幅矢量，是与结构具有相同平移对称性的周期函数。根据式(6-2)，胞元(n_1, n_2)中相对于胞元(0, 0)中 r' 点的位置矢量为 $r' = r + R_n$。将其代入式(6-2)可得该点的位移矢量 $u(r')$ 为

$$u(r') = u_k(r)e^{ik \cdot r}e^{ik \cdot (n_1 e_1 + n_2 e_2)} = u(r)e^{ik \cdot R_n} \tag{6-3}$$

由式(6-3)可知,弹性波在相邻胞元中传播时,其位移振幅是周期性变化的,且任一点处弹性波位移矢量等于胞元内相应一点的位移矢量乘以相位因子 $e^{(ik \cdot R_n)}$。所以对周期结构的弹性波传播问题可直接缩减至单个胞元。

根据布洛赫定理,弹性波特征值的极值多分布在不可约布里渊区的高对称点处,因此选取落在不可约布里渊区上的波矢就可以反映能带结构的带隙范围。为了阐明不可约布里渊区的概念,需引入倒易空间和不可约布里渊区的定义。在定义了正格子基矢的基础上,定义倒格子基矢 e_1^* 及 e_2^*,则其满足

$$e_i \cdot e_j^* = 2\pi\delta_{ij}, \quad i = 1, 2 \tag{6-4}$$

式中,δ 为克罗内克符号。由上式便可得到倒格子基矢:

$$e_1^* = \frac{2\pi}{L_x}i, \quad e_2^* = \frac{2\pi}{L_y}j \tag{6-5}$$

由倒格子基矢所确定的矢量空间称为倒易空间。波矢 k 可以通过倒格子基矢 e_1^*、e_2^* 表示,倒易空间亦称波矢空间。倒易空间与正格子空间同样具有周期性,它描述的是波矢 k 的周期性。在研究弹性波在周期结构中传播的频散关系可缩减在倒易空间的一个周期性代表区域里,这个区域称为第一布里渊区。运用旋转对称性对第一布里渊区进一步划分,得到的高对称区域即为不可约布里渊区。

本书采用有限元法通过求解超材料胞元的频散关系来获取超材料的带隙特性,各种构型的超材料胞元采用等效平面应变法和等效梁元法分别离散求解。

6.1.2　带隙计算的等效平面应变法

如图6-2(a)所示三维负泊松比带隙超材料结构,其为横截面内的内六角形蜂窝胞元进行周期性序构再沿长度方向延伸形成,面外特征尺寸(长度方向)远大于胞元胞壁长度。在分析这类结构的力学性能时通常将三维超材料结构简化为二维平面应变问题[见图6-2(b)]处理[285,297]。在平面应变问题中,应变-应力关系如下:

$$\begin{cases} \varepsilon_x = \dfrac{1-\nu^2}{E}\left(\sigma_x - \dfrac{\nu}{1-\nu}\sigma_y\right) \\[2mm] \varepsilon_y = \dfrac{1-\nu^2}{E}\left(\sigma_y - \dfrac{\nu}{1-\nu}\sigma_x\right) \\[2mm] \gamma_{xy} = \dfrac{2(1+\nu)}{E}\tau_{xy} \end{cases} \tag{6-6}$$

式中，σ_x、σ_y 和 τ_{xy} 为弹性体中任一点的应力分量；ε_x、ε_y 和 γ_{xy} 为弹性体中任一点的应变分量，下标为应力或应变的方向；E 和 ν 分别为弹性体材料的弹性模量与泊松比。将图 6-2(b) 所示平面应变结构的任意胞元采用平面应变单元离散，计算其带隙，这就是带隙计算的等效平面应变法。

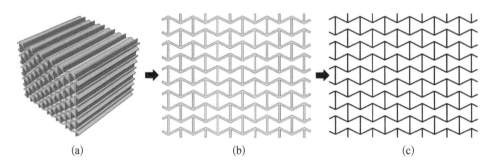

(a)   (b)   (c)

图 6-2   超材料结构的力学模型简化

6.1.3   带隙计算的等效梁元法

将超材料胞元的胞壁视为薄板，根据弹性力学中薄板弯曲的基本理论，薄板中任一点的应力-应变关系如下：

$$\begin{cases} \varepsilon_x = \dfrac{1}{E}(\sigma_x - \nu\sigma_y) \\[2mm] \varepsilon_y = \dfrac{1}{E}(\sigma_y - \nu\sigma_x) \\[2mm] \gamma_{xy} = \dfrac{2(1+\nu)}{E}\tau_{xy} \end{cases} \tag{6-7}$$

当薄板承受延长边无变化横向载荷时，薄板的弯曲为筒形弯曲（沿长边无曲率，沿短边有曲率）。若假设薄板长边尺寸为无限大，则三维问题可简化为二维平面应变问题。研究这类问题时，通常沿板的长边方向选单位宽度的板条梁 [见图 6-2(c)]。板条梁的两侧受到相邻板的约束不能自由变形，即 $\varepsilon_y = 0$，将其代入式(6-7)中，可得

$$\begin{cases} \sigma_x = \dfrac{E}{1-\nu^2}\varepsilon_x = E_1\varepsilon_x \\[2mm] E_1 = \dfrac{E}{1-\nu^2} \end{cases} \tag{6-8}$$

由式(6-8)可知,板条梁应变-应力关系与普通梁一致,但其杨氏模量由 E_1 代替。这种将超材料胞元离散为板条梁单元进行带隙计算的方法称为等效梁元法。

本书等效梁元法与文献[298-299]中带隙计算的常规等效梁元法有所不同。上述文献中胞元离散后的梁单元没有考虑两侧的约束,在计算时没有引入由 $\varepsilon_y = 0$ 产生的弹性模量修正项,其带隙计算与实际测量值存在较大误差,本书中的方法可以修正上述误差。

6.1.4　弗洛凯周期性边界条件

通过等效平面应变法或等效梁元法对胞元进行离散之后,在胞元上添加周期性边界条件即可求解超材料的频散关系。图 6-3 为某二维周期性结构的胞元,图中 u_i 为胞元内部节点位移矢量,u_l 和 u_r 为左边界和右边界节点位移矢量,u_t 和 u_b 分别为上边界和下边界节点位移矢量,位于胞元角点处节点用双下标表示,如 lb 为左下角节点。胞元节点位移矢量的动力学方程满足:

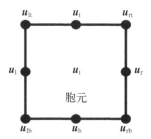

图 6-3　二维周期性结构的胞元

$$Du = f, \quad D = K - \omega^2 M \qquad (6-9)$$

式中,u 和 f 分别为胞元节点位移矢量和外力载荷矢量;K 和 M 为胞元结构的总刚度矩阵和总质量矩阵;ω 为圆频率。

根据布洛赫定理,在胞元边界上的节点位移矢量应满足如下关系:

$$u_r = e_1^{2\pi k_1} u_l, \quad u_t = e_1^{2\pi k_2} u_b \qquad (6-10)$$
$$u_{rb} = e_1^{2\pi k_1} u_{lb}, \quad u_{rt} = e_1^{2\pi(k_1+k_2)} u_{lb}, \quad u_{lt} = e_1^{2\pi k_2} u_{lb}$$

将式(6-10)用矩阵形式表示:

$$u = T\tilde{u} \qquad (6-11)$$

式中,T 为布洛赫缩减转换矩阵;$\tilde{u}$ 为经过缩减变换后胞元节点的位移矢量矩阵。将式(6-11)代入式(6-9)并在等式两端同时左乘以 T 的共轭转置矩阵 T^H,可得到缩减变换后的动力学方程:

$$\tilde{D}\tilde{u} = \tilde{f}, \quad \tilde{D} = T^H DT, \quad \tilde{f} = T^H f \qquad (6-12)$$

对于无衰减平面弹性波的自由振动,$f = 0$,上式可写作频域内的特征值问题:

$$\tilde{D}(k_1, k_2, \omega)\tilde{u} = 0 \qquad (6-13)$$

在给定任意波矢[k(k_1，k_2)的组合]下求解该特征值方程，可得到在某一特定波传播方向上周期性胞元的频散关系。通过扫略不可约布里渊区边界对应的波矢，可获得反映带隙特性的能带结构。

6.1.5 典型弹性波超材料的带隙特性对比

以上述四种含典型拓扑构型胞元的超材料为例，应用 ABAQUS 软件基于等效平面应变法和等效梁元法分别计算了其能带结构。四种胞元的几何特征参数及壁厚取值如表 6-2 所示。超材料的母材为 PLA，其杨氏模量 $E=1\,839\,\text{MPa}$，密度 $\rho=1\,210\,\text{kg/m}^3$，泊松比 $\nu=0.38$。图 6-4 为内六角形胞元分别采用平面应变单元和梁单元离散后的网格，其中平面应变单元为 CPE4 四边形单元，等效梁单元为 B21 二维梁单元。四种胞元的单元和节点数如表 6-3 所示，可见采用等效梁元法的胞元有限元模型规模约为采用等效平面应变法的胞元有限元模型规模的 50%。

表 6-2   四种构型胞元的几何尺寸及壁厚

胞 元 构 型	a_i/mm	b_i/mm	θ_i/(°)	t_i/mm
内六角形	50.00	50.00	25	2.00
箭形	50.00	25.00	25	2.00
星形	50.00	50.00	60	2.00
旋转三角形	50.00	50.00	15	2.00

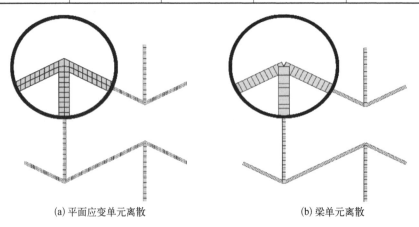

(a) 平面应变单元离散   (b) 梁单元离散

图 6-4   内六角形胞元的平面应变单元网格和梁单元网格

表 6-3　四种构型胞元有限元模型的网格密度

单位：个

构　　型	等效平面应变法		等效梁元法	
	单元数	节点数	单元数	节点数
内六角形	732	1101	375	376
箭形	978	682	306	307
星形	1 184	1 769	600	600
旋转三角形	1 272	1 830	600	599

图 6-5 为采用等效平面应变法和等效梁元法分别计算四种典型胞元的带隙所耗费的时间对比，由图 6-5 可知采用等效梁元法计算带隙的时间均少于采用等效平面应变法的，等效梁元法的计算效率约高 50%。

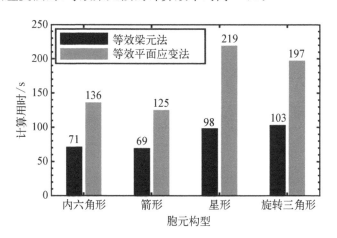

图 6-5　采用本文方法计算四种典型胞元能带结构的时间

图 6-6 为四种典型胞元分别应用等效平面应变法和等效梁元法计算得到的能带结构。由图 6-6 可知，等效平面应变法和等效梁元法计算的能带结构在低中频范围（0～600 Hz）内几乎吻合，随着频率的增大，等效平面应变法比等效梁元法计算的能带频率偏高。提取能带结构上 M 和 M' 点振型，可见在 600 Hz 以上，采用两种方法计算的能带结构在相同波矢的对应阶数其振型是一致的。

为了验证等效平面应变法和等效梁元法的计算精度，采用 3D 打印方法制

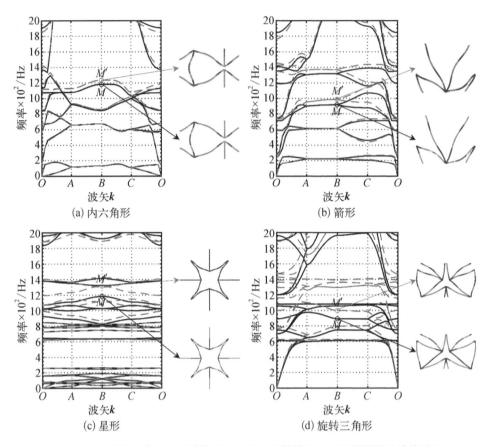

图 6-6   四种典型胞元采用等效平面应变法与等效梁元法的能带结构计算结果

作了星形负泊松比胞元序构的超材料结构试件,其胞元几何参数及能带结构如图 6-7 所示。由图 6-7 可知,采用等效梁元法计算得到的两条完全带隙的范围分别为 495 Hz~1 253 Hz 和 1 279~1 768 Hz;采用等效平面应变法计算得到的两条完全带隙的范围分别为 505~1 249 Hz 和 1 278~1 753 Hz。图 6-8 为试验所用超材料结构试件示意图,该试件由 4 个×4 个星形胞元及上、下面板组成,上、下面板厚度为 10 mm,试件在 z 方向的厚度为 100 mm。试件的母材为钛合金,其弹性模量为 125 GPa,密度为 4 440 kg/m³,泊松比为 0.33。动力学测试方法为悬吊力锤法,试验布置如图 6-9 所示,超材料结构试件的前、后面板中心位置处各安装一个加速度传感器,通过力锤敲击前面板获得试件的振动响应。试件前、后面板测点处振动加速度级如图 6-10 所示,参考加速度 $a_0 = 1 \times 10^{-6}$ m/s²。

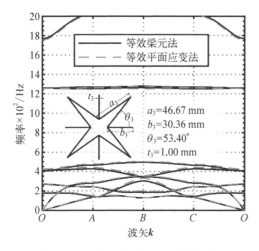

图 6-7　试验胞元几何参数及能带结构

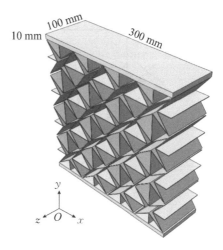

图 6-8　试件等轴侧视几何模型

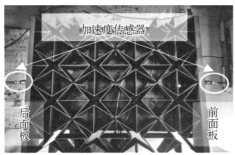

(a) 加速度传感器的安装位置

(b) 悬挂测试布置

图 6-9　带隙超材料动力学测试的悬吊法试验布置

由图 6-10 可知,在 514~1 882 Hz 范围内后面板测点的振动加速度级相对前面板测点的振动加速度级有明显的衰减,对比图 6-7 可知,这一范围对应超材料结构的两条带隙,需要说明的是,1 249~1 279 Hz 频段内能带结构计算表明不存在带隙。因此,等效梁元法所计算的带隙起始频率相对误差为(514-495)/517=3.70%、带隙终止频率相对误差(1 882-1 768)/1 882=6.06%;等效平面应变法所计算的带隙起始频率相对误差为(514-505)/517=1.74%,带隙终止频率相对误差为(1 882-1 753)/1 882=6.85%。

测量结果表明等效平面应变法和等效梁元法在 0~2 000 Hz 范围内带隙的计算精度相同,与试件测量结果的相对误差在 7%以内;在 600 Hz 以下中低频范围内,等效平面应变法带隙计算精度高于等效梁元法,与试件测量结果的相对误差在 2%以内。

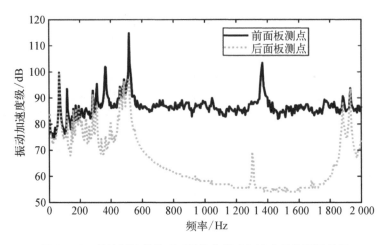

图 6 - 10　超材料试件前后面板均方振动加速度级的测量结果

6.2　带隙超材料承载能力的量化评价指标

超材料的承载能力可通过计算功能基元的单位体积应变能(应变能密度,对应结构的柔度)来度量。功能基元的应变能 U 和应变能密度 $\bar{U}$ 可表示为

$$U = \frac{1}{2} \iiint \boldsymbol{\sigma}_{ij} \boldsymbol{\varepsilon}_{ij} \, \mathrm{d}V \qquad (6 - 14)$$

$$\bar{U} = \frac{U}{V} \qquad (6 - 15)$$

式中,$\boldsymbol{\sigma}_{ij}$ 和 $\boldsymbol{\varepsilon}_{ij}$ 分别为应力和应变张量;V 为功能基元的体积。

通过功能基元来预测超材料结构的承载性能,施加在功能基元上的边界条件必须满足 Hill 能量守恒准则[299]。常用的边界条件有均匀拉伸边界、线性位移边界和周期性边界。Kwok 等[300] 的研究表明周期性边界条件能更加准确地预测超材料的力学性能,因此本书选取对功能基元施加周期性边界以实现对超材料承载性能的预测。二维情况下周期性边界可表示为

$$左、右边界:\begin{cases} \dfrac{u_\mathrm{r} - u_1}{L_x} = 1 + \lambda_x \\[2mm] \dfrac{(v_\mathrm{r} - v_1)}{L_y} = 0 \end{cases}$$

$$上、下边界：\begin{cases} \dfrac{u_\text{t} - u_\text{b}}{L_x} = 0 \\[3mm] \dfrac{(v_\text{t} - v_\text{b})}{L_y} = 0 \end{cases} \tag{6-16}$$

式中，u 和 v 分别为节点 x 方向和 y 方向的位移，下标 b、t、l 和 r 分别为节点位于上边界、下边界、左边界和右边界；λ_x 为施加在边界上的工程应变；L_x、L_y 分别为周期结构长度及宽度。周期性边界的实现可以通过在有限元 ABAQUS 软件中添加线性多点约束实现。

　　根据应变能理论，弹性体形变势能的增加等于外力所做的功，因此在对不同尺寸或类型功能基元施加相同的工程应变 λ_x 的情况下，功能基元的应变能越大说明其承受的外力越大，即功能基元的承载性能越好。也可以通过带隙超材料试件在指定位移下三点弯曲刚度的计算来衡量。

6.3　可承载指定频段带隙的超材料设计理论与方法

　　以各类拓扑构型的负泊松比超材料胞元为原始构型，以指定频段内频率禁带的带宽总和最大化为设计目标，通过调整负泊松比超材料胞元的几何参数，优化设计出具有指定带隙区间的超材料胞元，周期性序构该胞元得到的超材料结构即具有指定频段的减振降噪效果，此即为功能基元带隙设计法。功能基元的具体参数如图 6-11 所示。

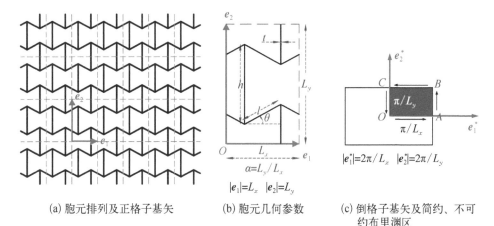

(a) 胞元排列及正格子基矢　　(b) 胞元几何参数　　(c) 倒格子基矢及简约、不可约布里渊区

图 6-11　带隙超材料

6.3.1　指定带隙频段的超材料尺寸优化设计方法

指定带隙频段的超材料尺寸最优化模型数学列式如下：

$$
\begin{cases}
\text{Find} & \alpha,\ \theta,\ t \\
\text{Maximize} & F = \sum \Delta\omega_n \max[\omega_n(\boldsymbol{k})] \geqslant f_1 \parallel \min[\omega_{n+1}(\boldsymbol{k})] \leqslant f_{\mathrm{u}} \\
& = \sum \{\min[\omega_{n+1}(\boldsymbol{k})] - \max[\omega_n(\boldsymbol{k})]\},\ \boldsymbol{k} \subseteq \boldsymbol{k}_{\mathrm{IB}} \\
\text{Subject to} & \alpha_1 \leqslant \alpha = \dfrac{L_y}{L_x} \leqslant \alpha_{\mathrm{u}}, \\
& -\arctan\alpha_{\mathrm{u}} \leqslant \theta \leqslant 0, \\
& t_1 \leqslant t \leqslant t_{\mathrm{u}}
\end{cases}
$$

$$(6-17)$$

式中，f_1 与 f_{u} 分别为指定频段的上限和下限频率；α_1 与 α_{u}、θ_1 与 θ_{u} 和 t_1 与 t_{u} 分别为胞元长宽比、特征角度以及壁厚的上下限取值；$\boldsymbol{k}_{\mathrm{IB}}$ 为波矢在不可约布里渊区边界上的取值。若频带设计为完全带隙，$\boldsymbol{k}_{\mathrm{IB}}$ 取满整个不可约布里渊区边界，若为方向带隙，$\boldsymbol{k}_{\mathrm{IB}}$ 则取某方向对应的不可约布里渊区边界。本章中所有带隙特性超材料的能带结构均采用 ABAQUS 软件计算。

取图 6-11 中内六角形超材料胞元为初始构型，图 6-11(b)中几何特征参数 $L_x = 200$ mm，胞元特征长宽比上下限取为 $\alpha_1 = 0.5$ 与 $\alpha_{\mathrm{u}} = 2$，胞元壁厚上下限取为 $t_1 = 0.5$ mm 与 $t_{\mathrm{u}} = 5$ mm，母材为 PLA，其弹性模量 $E = 1\,839$ MPa，密度 $\rho = 1.21 \times 10^3$ kg/m³，泊松比 $\nu = 0.38$。分别设计四个带隙频段 $1\,000 \sim 1\,250$ Hz、$1\,250 \sim 1\,500$ Hz、$1\,500 \sim 1\,750$ Hz 以及 $1\,750 \sim 2\,000$ Hz，采用多点启动优化算法对超材料在各频段内能带结构进行优化设计。优化计算的迭代收敛精度设置为 1%，优化结果如图 6-12～图 6-15 所示。图 6-12～图 6-15 中的分图(a)为优化后胞元几何参数，图 6-12～图 6-15 中的分图(b)为对应的能带结构，图 6-12～图 6-15 中的分图(c)为序构的超材料结构振动速度级，该图可验证优化后带隙区间的减振效果。胞元排列方式纵向与横向的胞元序列数目均为 12 个（即 $N_{\mathrm{c}} \times N_{\mathrm{r}} = 12$ 个 $\times 12$ 个），超材料结构采用简支边界条件，约束编号为 1 和 $N_{\mathrm{c}} + 2$ 的节点处的横向与纵向位移，上面板采用 $p = 1$ Pa 的单位均布载荷进行扫频激励。图 6-12～图 6-15 中的分图(c)为上、下面板的均方垂向振动速度级的频响曲线，参考速度 $v_0 = 5 \times 10^{-8}$ m/s，材料结构阻尼系数取 0.002。

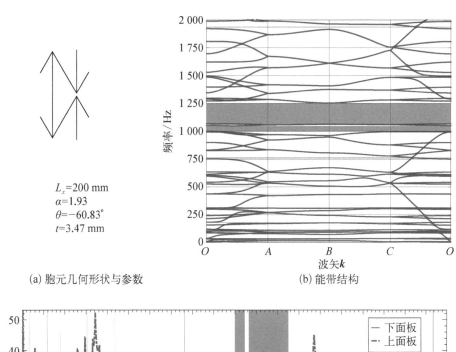

L_x=200 mm
α=1.93
θ=−60.83°
t=3.47 mm

(a) 胞元几何形状与参数　　　　　　　　　(b) 能带结构

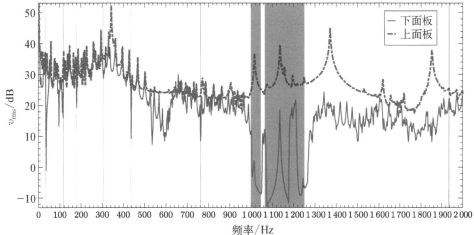

(c) 序列为12个×12个的超材料结构振动速度级

图 6 - 12　指定带隙 1 000～1 250 Hz 的优化构型 A

　　图 6 - 12 为指定带隙 1 000～1 250 Hz 工况的优化构型 A，由图 6 - 12(b)可知，优化设计后超材料具有两个完全带隙：1 000～1 045.8 Hz 与 1 064.8～1 250.4 Hz。由图 6 - 12(c)可知，该区间下面板振动速度级有较明显的减小。

　　图 6 - 13 为指定带隙 1 250～1 500 Hz 工况的优化构型 B，由图 6 - 13(b)可知，优化设计后超材料具有一个完整的完全带隙：1 259.7～1 493.5 Hz。由图 6 - 13(c)可知，该区间下面板振动速度级亦有较明显的减小。

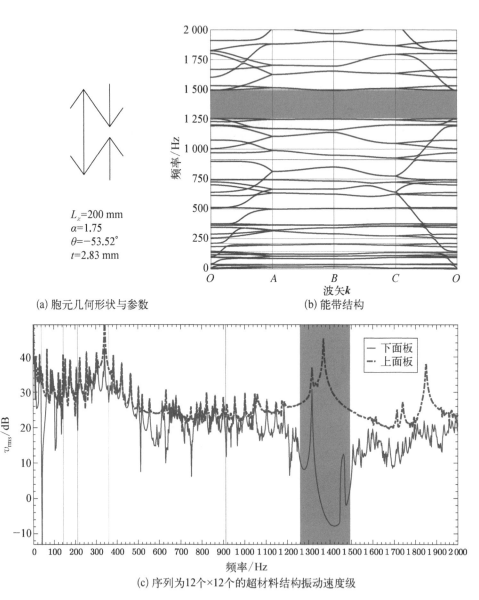

(a) 胞元几何形状与参数

$L_x=200$ mm
$\alpha=1.75$
$\theta=-53.52°$
$t=2.83$ mm

(b) 能带结构

(c) 序列为12个×12个的超材料结构振动速度级

图 6-13　指定带隙 1 000～1 250 Hz 的优化构型 B

图 6-14 为指定带隙 1 500～1 750 Hz 工况的优化构型 C,由图 6-14(b)可知,优化设计后超材料具有一个带隙:1 500～1 704.2 Hz。由图 6-14(c)可知,该区间下面板振动速度级有较明显的减小,且频段内没有共振峰值产生,减振效果明显。

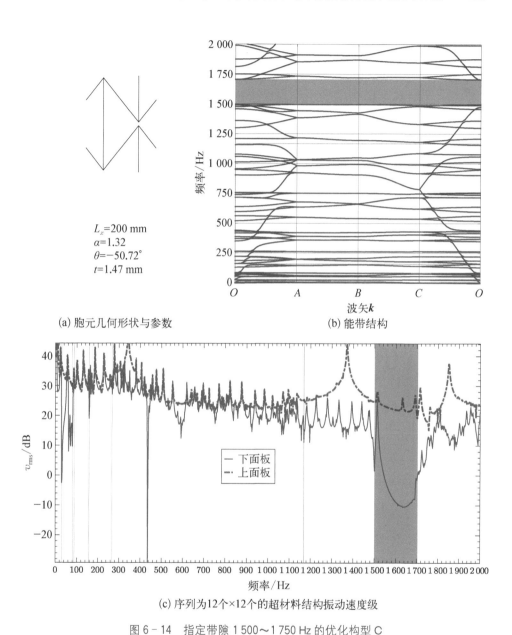

(a) 胞元几何形状与参数

L_x=200 mm
α=1.32
θ=−50.72°
t=1.47 mm

(b) 能带结构

(c) 序列为12个×12个的超材料结构振动速度级

图 6-14　指定带隙 1 500～1 750 Hz 的优化构型 C

　　图 6-15 为指定带隙 1 750～2 000 Hz 工况的优化构型 D,由图 6-15(b)可知,优化设计后超材料具有一个带隙:1 755.0～1 930.2 Hz。由图 6-15(c)可知,该区间下面板振动速度级亦有非常明显的减小。

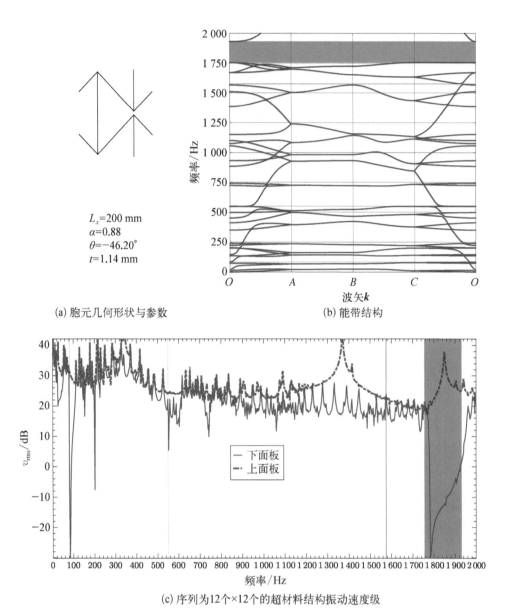

$L_x=200$ mm
$\alpha=0.88$
$\theta=-46.20°$
$t=1.14$ mm

(a) 胞元几何形状与参数

(b) 能带结构

(c) 序列为12个×12个的超材料结构振动速度级

图 6‑15   指定带隙 1 750~2 000 Hz 的优化构型 D

6.3.2   可承载且指定带隙频段的超材料尺寸优化设计方法

指定频段带隙及可承载超材料的优化设计模型数学表达式为

$$
\begin{cases}
\text{Find} & \alpha,\ \theta,\ t \\[2mm]
\text{Minimize} & Compliance = \dfrac{1}{2}\boldsymbol{U}^{\mathrm{T}}\boldsymbol{K}\boldsymbol{U} \\[2mm]
\text{Maximize} & F = \sum \Delta\omega_n \max[\omega_n(\boldsymbol{k})] \geqslant f_1 \parallel \min[\omega_{n+1}(\boldsymbol{k})] \leqslant f_u \\[2mm]
& \quad = \sum \{\min[\omega_{n+1}(\boldsymbol{k})] - \max[\omega_n(\boldsymbol{k})]\},\ \boldsymbol{k} \subseteq \boldsymbol{k}_{\mathrm{IB}} \\[2mm]
\text{Subject to} & \alpha_1 \leqslant \alpha = \dfrac{L_y}{L_x} \leqslant \alpha_u, \\[2mm]
& -\arctan\alpha_u \leqslant \theta \leqslant 0, \\[2mm]
& t_1 \leqslant t \leqslant t_u
\end{cases}
$$

$$(6-18)$$

式中,变量含义同式(6-17)。

6.3.3　Yang-Li 叠加效应及全频段带隙超材料的设计方法

根据上述优化列式进行优化计算,可以获得指定带隙频段的可承载超材料功能基元设计,但是很难依靠单一功能基元获得从 0～10 000 Hz 宽频带隙超材料。杨德庆与李清在零泊松比带隙超材料研究中通过试验测试发现了"带隙叠加效应"(以下简称"Yang-Li 叠加效应")。所谓 Yang-Li 叠加效应是指,采用不同带隙超材料的功能基元(胞元)进行周期性组合,组合后序构的超材料的带隙是单一功能基元构成的超材料带隙的叠加,带隙具有叠加效应。利用该效应,可以设计从 0～10 000 Hz 宽频段的带隙超材料。下面介绍 Yang-Li 叠加效应的数值及试验验证实例。

1) Yang-Li 叠加效应的数值及试验验证

首先通过振动数值计算验证 Yang-Li 叠加效应。设计了六种不同尺寸的星形功能基元(母材为 PLA),标记为 A、B、C、D、E 和 F 功能基元,其几何尺寸及序构的超材料的能带结构计算结果如下。

(1) 功能基元 A。

胞元及带隙(能带结构)计算结果如图 6-16 及图 6-17 所示。外廓尺寸为 100 mm,壁厚 0.8 mm,尖角处壁厚 0.9～5.4 mm。带隙范围为 21～30 Hz、33～131 Hz、134～154 Hz、225～237 Hz、240～411 Hz、424～606 Hz、937～1 013 Hz、2 424～2 665 Hz、2 743～2 781 Hz、2 782～2 834 Hz、4 284～4 940 Hz、5 083～5 268 Hz、5 269～5 880 Hz、6 023～6 145 Hz、6 245～6 580 Hz、6 651 Hz～6 700 Hz、6 836～7 349 Hz。

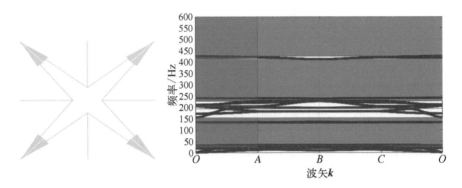

图 6-16　功能基元 A 的拓扑构型　　图 6-17　功能基元 A 的能带结构

（2）功能基元 B。

胞元及带隙（能带结构）计算结果如图 6-18 及图 6-19 所示。外廓尺寸为 80 mm，壁厚 0.819 981 mm。带隙范围为 71～107 Hz（方向带隙）、125～331 Hz、343～457 Hz、471～482 Hz、573～620 Hz、743～963 Hz、1 061～1 344 Hz、1 833～2 152 Hz、2 152～2 847 Hz、3 265～3 339 Hz、3 478～3 539 Hz、3 623～3 678 Hz、3 700～3 907 Hz、4 800～4 984 Hz、5 921～6 038 Hz、6 047～6 418 Hz、7 878～8 144 Hz、8 528～8 824 Hz、8 825～8 897 Hz。

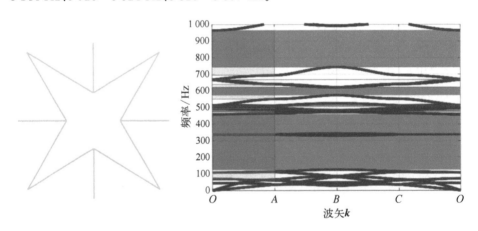

图 6-18　功能基元 B 的拓扑构型　　图 6-19　功能基元 B 的能带结构

（3）功能基元 C。

胞元及带隙（能带结构）计算结果如图 6-20 及图 6-21 所示。外廓尺寸为 50 mm，壁厚 0.861 401 mm。带隙范围 237～322 Hz（方向带隙）、370～1 096 Hz、1 166～1 433 Hz、1 864～1 935 Hz、2 389～3 207 Hz、3 605～4 131 Hz、4 196～4 399 Hz、5 858～7 207 Hz、7 208～7 891 Hz、9 292～9 683 Hz。

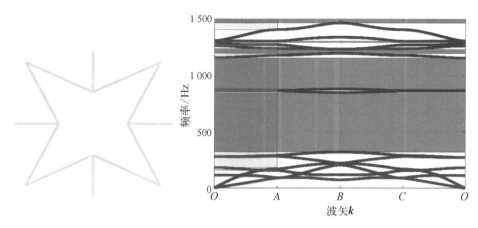

图 6‑20　功能基元 C 的拓扑构型　　　　图 6‑21　功能基元 C 的能带结构

（4）功能基元 D。

胞元及带隙（能带结构）计算结果如图 6‑22 及图 6‑23 所示。外廓尺寸为 50 mm，壁厚 0.819 981 mm。带隙范围 181～274 Hz（方向带隙）、320～845 Hz、877～1 154 Hz、1 463～1 579 Hz、1 895～2 448 Hz、2 700～3 279 Hz、3 404～3 578 Hz、4 762～5 430 Hz、5 440～6 049 Hz、7 744～7 753 Hz、8 629～8 789 Hz。

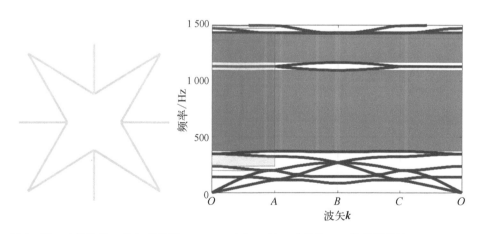

图 6‑22　功能基元 D 的拓扑构型　　　　图 6‑23　功能基元 D 的能带结构

（5）功能基元 E。

胞元及带隙（能带结构）计算结果如图 6‑24 及图 6‑25 所示。外廓尺寸 25 mm，壁厚 0.819 981 mm。带隙范围 762～1 204 Hz（方向带隙）、1 413～3 282 Hz、3 395～4 711 Hz、6 208～6 787 Hz、8 225～9 258 Hz。

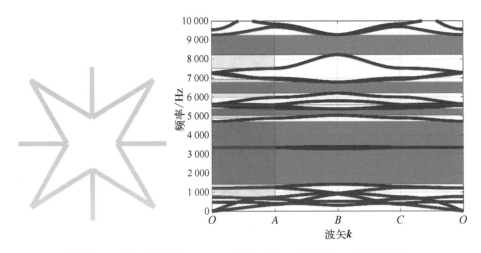

图 6‑24　功能基元 E 的拓扑构型　　　图 6‑25　功能基元 E 的能带结构

（6）功能基元 F。

胞元及带隙（能带结构）计算结果如图 6‑26 及图 6‑27 所示。外廓尺寸为 25 mm，壁厚 1.337 532 mm。带隙范围 1 970～2 477 Hz（方向带隙）、3 153～8 150 Hz、8 869～10 000 Hz。

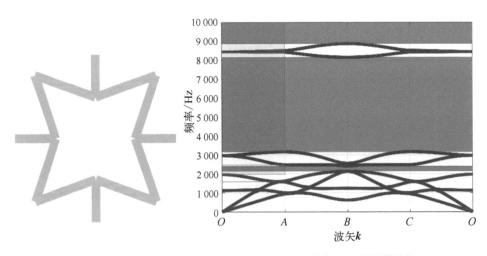

图 6‑26　功能基元 F 的拓扑构型　　　图 6‑27　功能基元 F 的能带结构

由功能基元 A～F 序构的带隙超材料结构的数值模型如图 6‑28 所示，每种功能基元按 3 个×3 个序构，整个结构长为 995 mm，宽为 320 mm，厚度为 100 mm，不同功能基元连接板的厚度为 1 mm，3D 打印样件如图 6‑29 所示。由组合功能基元序构的超材料结构带隙分布如图 6‑30 所示。通过对该超材料结构数值模型左侧施加 1 N 单位力(1～10 000 Hz)扫频激振,得到右侧的振动频响结果如图 6‑31 所示。从图 6‑31 上、下端面的振级可以看到,在 21～9 683 Hz 区

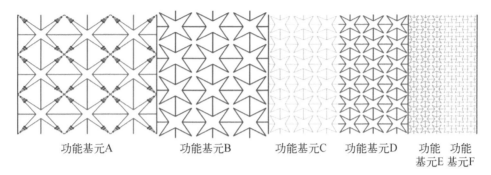

功能基元A　　　　　功能基元B　　　　　功能基元C　　　功能基元D　　功能 功能
　　　　　　　　　　　　　　　　　　　　　　　　　　　　　　　 基元E 基元F

图 6‑28　基于 Yang‑Li 叠加效应宽频带隙超材料结构数值模型

图 6‑29　基于 Yang‑Li 叠加效应宽频带隙超材料结构 3D 打印试件

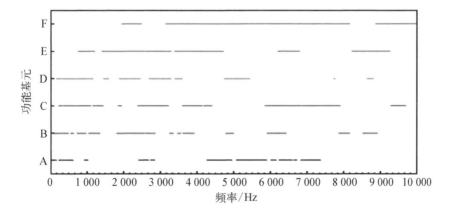

图 6‑30　基于 Yang‑Li 叠加效应宽频带隙超材料带隙分布(0～10 000 Hz)

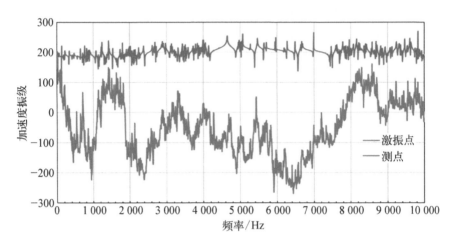

图 6‑31　基于 Yang‑Li 叠加效应宽频带隙超材料频响验证(0～10 000 Hz)

间,该超材料结构的带隙是由 A、B、C、D、E、F 功能基元构成的超材料的带隙叠加起来的,这一频率区间激振点与下端测点的振级落差均在 50 dB 以上,激振点处振动传递到下端面被完全隔绝。频响数值计算结果验证了 Yang‑Li 叠加效应的存在。

下面通过对三件钛合金零泊松比超材料试件的带隙测试试验,再次验证 Yang‑Li 叠加效应。该试验设计制造了功能基元分别是 A、B、C 的三个 8 个×4 个序构零泊松比超材料基座试件,胞元几何尺寸、能带和上、下端面振级响应计算结果如图 6‑32～图 6‑34 所示。功能基元 C 是功能基元 A 与功能基元 B 的组合。

试件 3 的能带结构及频响计算结果显示了带隙叠加效应。采用钛合金制作了试件 1～3[见图 6‑35(a)和图 6‑35(b)],母材弹性模量 $E=1.15\times10^5$ MPa,密度 $\rho=4.44\times10^3$ kg/m³,泊松比 $\nu=0.33$。试件 1～试件 3 上、下端面振级测试结果如图 6‑36～图 6‑38 所示。

试件 3 的上、下端面振级测试结果显示,其是由试件 1 和试件 2 的带隙叠加获得的,具有带隙叠加效应。

2) 功能基元序构数量对减振效果的影响

本节给出由 A～F 功能基元每种按 2×3 周期分布序构出的带隙超材料结构(见图 6‑39),整个结构长为 664 mm,宽为 320 mm,厚度为 100 mm,不同功能基元间连接板的厚度为 1 mm。对该超材料结构左侧施加 1 N 单位力(1～10 000 Hz)激振,计算得到最左、最右面板的频响结果如图 6‑40～图 6‑44 所示。

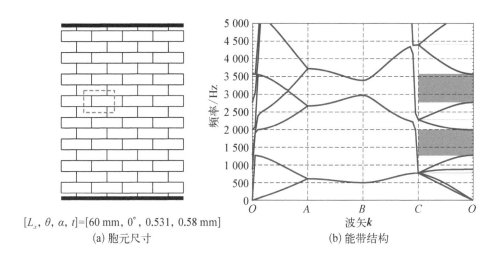

$[L_x, \theta, \alpha, t]=[60 \text{ mm}, 0°, 0.531, 0.58 \text{ mm}]$
(a) 胞元尺寸

(b) 能带结构

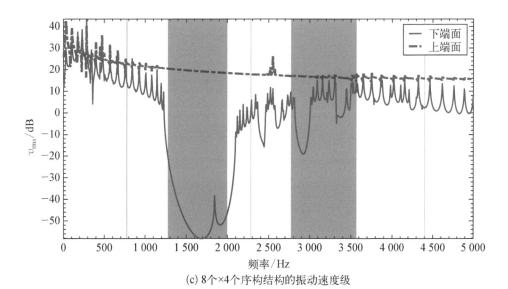

(c) 8个×4个序构结构的振动速度级

图 6 - 32　试件 1 功能基元 A 带隙 1 000～2 000 Hz

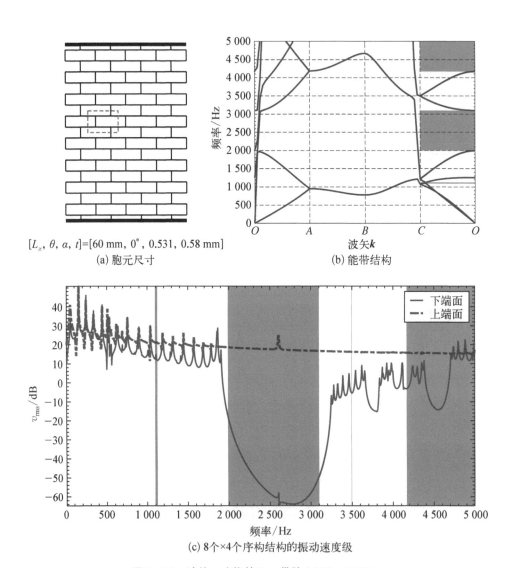

$[L_x,\ \theta,\ \alpha,\ t]$=[60 mm, 0°, 0.531, 0.58 mm]

(a) 胞元尺寸

(b) 能带结构

(c) 8个×4个序构结构的振动速度级

图 6 - 33　试件 2 功能基元 B 带隙 2 000～3 000 Hz

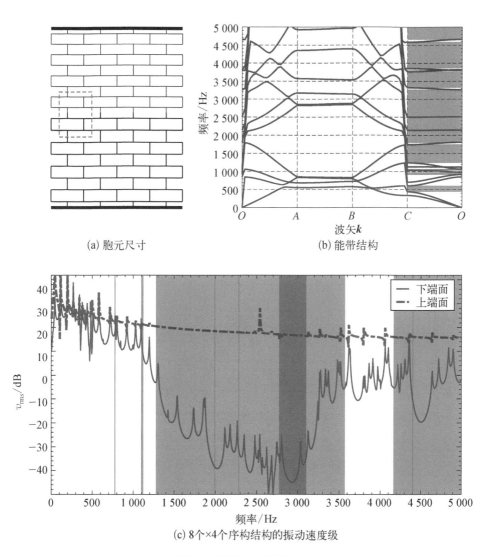

(a) 胞元尺寸　　　　　　　　(b) 能带结构

(c) 8个×4个序构结构的振动速度级

图 6‑34　试件 3 功能基元 C 带隙 2 000~3 000 Hz

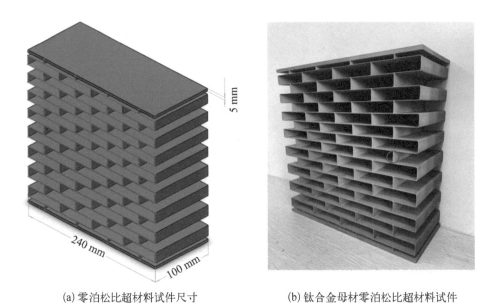

(a) 零泊松比超材料试件尺寸　　　　　(b) 钛合金母材零泊松比超材料试件

图 6 - 35　零泊松比超材料试件

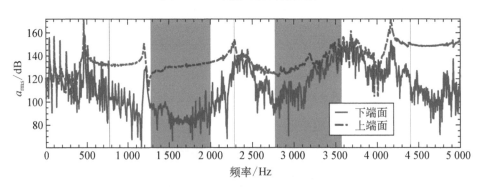

图 6 - 36　试件 1 上、下端面振级测试结果

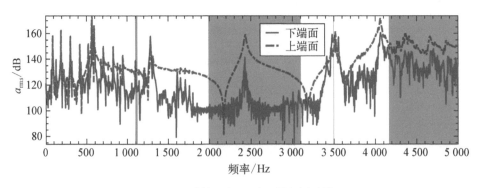

图 6 - 37　试件 2 上、下端面振级测试结果

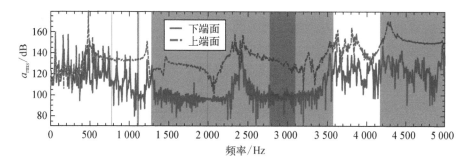

图 6－38　试件 3 上、下端面振级测试结果

图 6－39　超材料结构图(长度方向同类有两层相同功能基元)

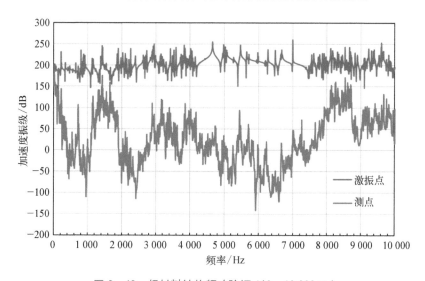

图 6－40　超材料结构频响验证 1(0～10 000 Hz)

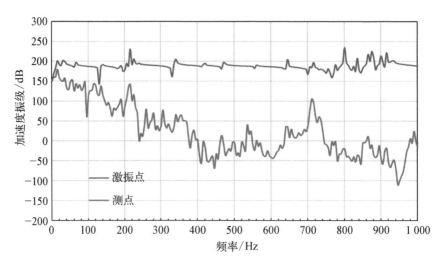

图 6-41　超材料结构频响验证 2(0～1 000 Hz)

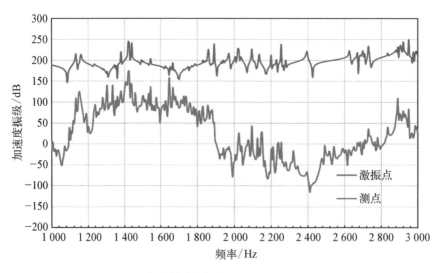

图 6-42　超材料结构频响验证 3(1 000～3 000 Hz)

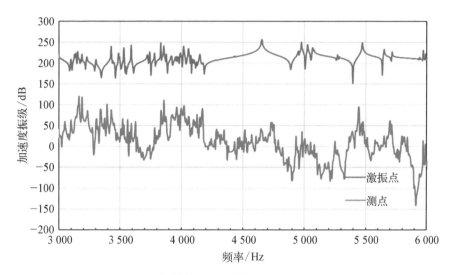

图 6-43　超材料结构频响验证 4(3 000~6 000 Hz)

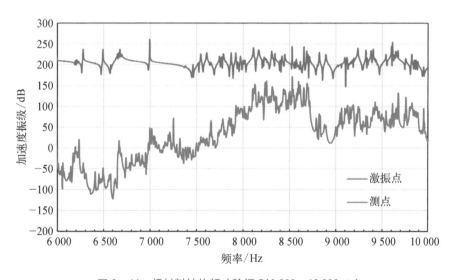

图 6-44　超材料结构频响验证 5(6 000~10 000 Hz)

对比了按 2×3 周期分布序构方式与 3×3 周期分布序构方式获得的带隙超材料结构在减振效果上的差异,振级落差计算结果如图 6-45~图 6-49 所示。计算表明,3×3 周期序构的超材料结构的减振效果优于 2×3 周期序构的超材料结构的减振效果,但若出于缩小减振结构尺寸的目的,2×3 周期序构的超材料结构的减振效果也可满足 99% 的减振需求。

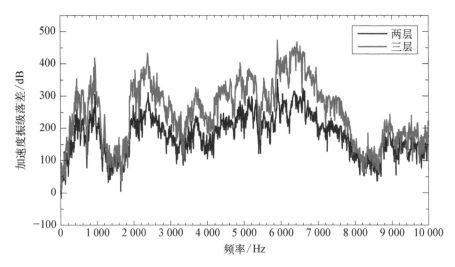

图 6 - 45　两层与三层功能基元序构结构的加速度振级落差对比(0~10 000 Hz)

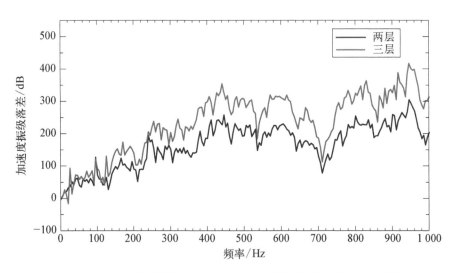

图 6 - 46　两层与三层功能基元序构结构的加速度振级落差对比(0~1 000 Hz)

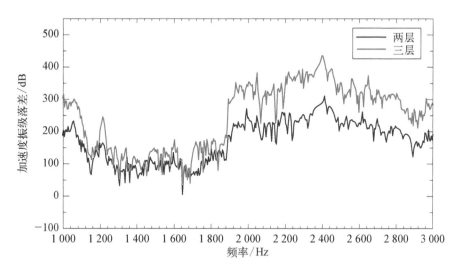

图 6‑47　两层与三层功能基元序构结构的加速度振级落差对比(1 000～3 000 Hz)

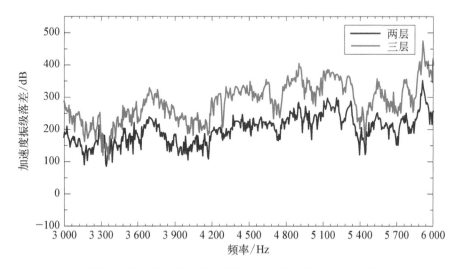

图 6‑48　两层与三层功能基元序构结构的加速度振级落差对比(3 000～6 000 Hz)

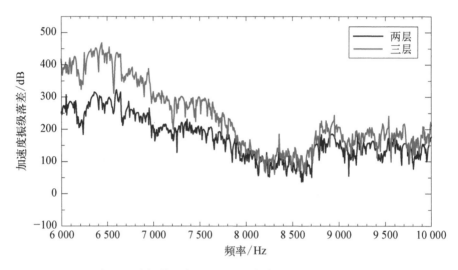

图 6-49   两层与三层功能基元序构结构的加速度振级落差对比(6 000～10 000 Hz)

3) 功能基元序构顺序对减振性能的影响

将上述六种功能基元 A、B、C、D、E 和 F 分为三组，a 组为 A+B，b 组为 C+D，c 组为 E+F。通过排列 a、b、c 三组，得到六种组合方式：a-b-c、a-c-b、b-a-c、b-c-a、c-a-b 和 c-b-a，其结构如图 6-50 所示。计算了功能基元不同排列顺序对减振效果的影响，结果如图 6-51～图 6-55 所示。

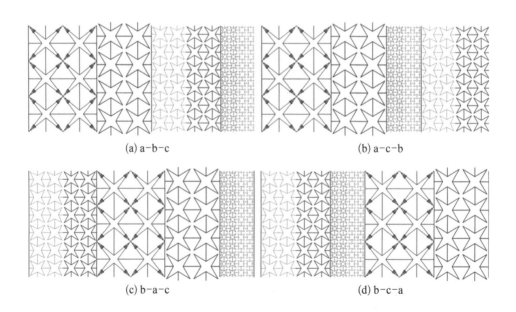

(a) a-b-c   (b) a-c-b

(c) b-a-c   (d) b-c-a

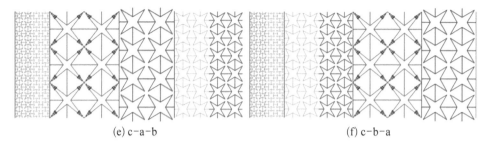

(e) c-a-b　　　　　　　　　　　　(f) c-b-a

图 6-50　带隙超材料结构的六种排列方式

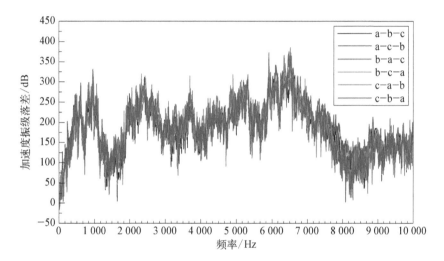

图 6-51　六种组合方式超材料结构的加速度振级落差 1(0～10 000 Hz)

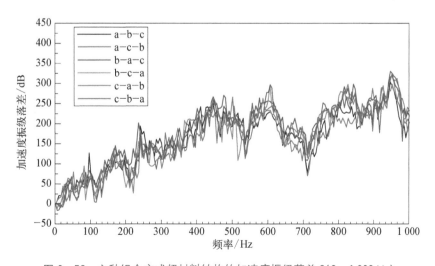

图 6-52　六种组合方式超材料结构的加速度振级落差 2(0～1 000 Hz)

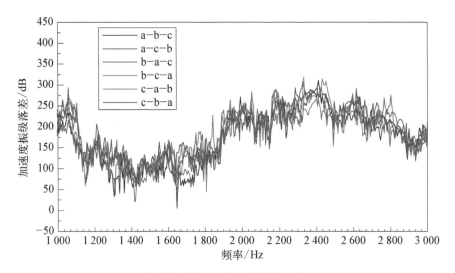

图 6-53　六种组合方式超材料结构的加速度振级落差 3(1 000~3 000 Hz)

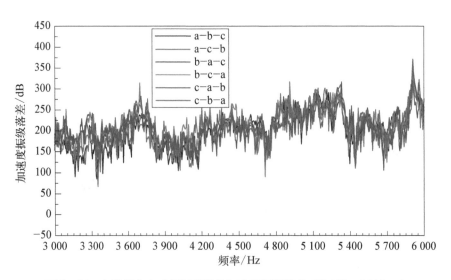

图 6-54　六种组合方式超材料结构加速度振级落差 4(3 000~6 000 Hz)

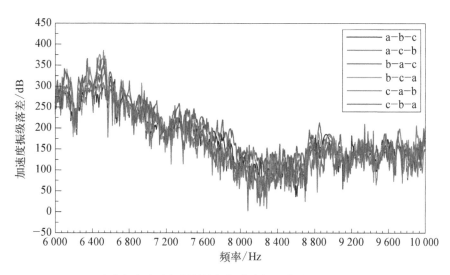

图 6 – 55　六种组合方式超材料结构加速度振级落差 5(6 000～10 000 Hz)

第 **7** 章

超材料梁与超材料板的力学和声学性能

利用超材料在宏观尺度内设计的梁、板和壳结构,称为超材料结构,超材料结构保留了超材料的可设计性、轻量化、结构形式决定结构性能等特点,同时由于尺度的放大,呈现良好的低频隔振以及承载等性能。国内外学者针对超材料梁,主要研究了其隔声、准静态受压、低速碰撞、高速穿透、空爆和水下爆炸等不同的力学性能[229-236]。本章对余弦形曲梁胞元虚构的宏观尺度负刚度超材料梁进行研究,探讨超材料胞元壁厚和中间隔板厚度以及分段布置对于梁的静力和动力学性能产生的影响。在参数分析基础上,设计了针对负刚度超材料梁的抗冲击性能优化模型,建立基于代理模型的优化流程,比较不同的试验设计法和拟合模型的拟合精度。选取一种误差最小的代理模型利用遗传算法进行优化求解,得到负刚度超材料梁的抗冲击性能最优设计。

鉴于非均质负泊松比超材料夹层板的隔声性能方面研究亟待补充,本章基于两种典型负泊松比胞元(内六角形与箭形),结合功能梯度材料设计理念,设计了混合或梯度变化负泊松比超材料夹层梁结构,并与常规均匀排列的负泊松比超材料夹层结构进行比较。典型混合或梯度负泊松比超材料夹层板梁为梯度方向垂直于板厚方向的内六角形胞元序构的超材料板梁与梯度方向平行于板厚方向的箭形胞元序构的超材料板梁,采用有限元法计算上述结构的静弯曲刚度和振动特性。得到精确的振动响应之后,结合二维瑞利积分公式从理论上计算超材料板梁在声波激励下辐射声场的分布情况及其声传递损失特性,并与常规均匀排列的负泊松比超材料夹层板梁进行比较。

7.1 负刚度超材料梁的静力学特性

利用单向负刚度超材料胞元(余弦形曲梁)设计了具有连续上、下面板的负刚度梁超材料,如图 7-1 所示。该负刚度超材料梁按照胞元周期性沿长度方向分为 6 个分段。根据余弦形曲梁特点,负刚度超材料梁内部存在两种不同厚度的板,即厚度较小的余弦形曲板和厚度较大的支撑隔板,在梁的中部有三层连续的厚板且平行于上、下面板。

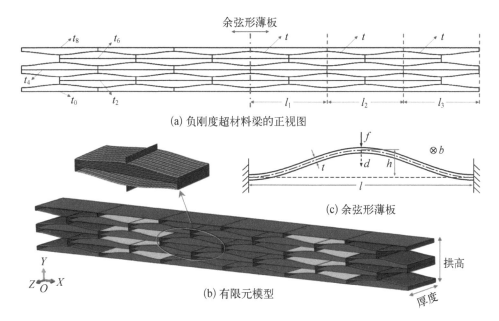

图 7-1　负刚度超材料梁的设计参数

为简化研究模型,对负刚度超材料梁的几何参数规定如下:

（1）6 个分段关于梁中点处横截面对称。

（2）梁横截面宽度与高度相等。

（3）所有余弦形薄板的拱高相同,厚度也相同。

（4）上、下面板及中间隔板的厚度沿梁的长度方向保持不变。

因此,该负刚度超材料梁的设计参数为每段余弦形薄板的跨长（l_1、l_2 和 l_3）与各隔板的厚度（t_0、t_2、t_4、t_6 和 t_8）,具体标识如图 7-1 所示。首先给定一组几何参数,建立负刚度超材料梁参考模型,研究其基本力学特性。独立的 3 个分段长度 $l_1 = l_2 = l_3 = 87$ mm,所有余弦形薄板的拱高 $h_{cp} = 4$ mm,厚度 $t_{cp} = 1$ mm,面板和中间层的厚度（t_0、t_2、t_4、t_6 和 t_8）均为 5 mm。参考模型的有限元网格采用四边形壳单元（S4R）离散,单元总数为 12 320 个,节点数为 13 473 个。

对于负刚度超材料结构,首先关注的是其在准静态载荷下的屈曲行为。本节利用有限元法研究所设计的负刚度超材料梁在其上表面中心受压时的静力学特性。梁模型利用四边形单元进行离散,下面板(Plate 0)两端刚性固定,在其上面板(Plate 8)的长度中心线上施加垂直向下的强制位移载荷,如图 7-2(a)所示,最大位移为 $0.8H$,H 为梁横截面高度。在计算过程中,考虑大变形和几何非线性,位移载荷由零均匀增至最大值。输出加载节点上的垂向位移与支反力时间历程结果,将所有加载节点上的垂直位移与支反力分别求和,得到负刚度梁受压的力-位移关系,如图 7-2(b)所示。

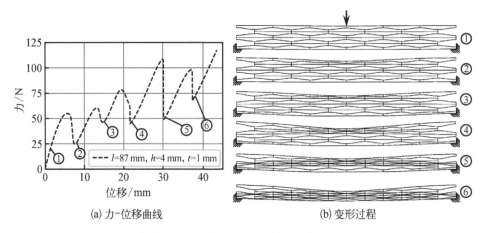

(a) 力-位移曲线　　　　　　　(b) 变形过程

图 7-2　负刚度超材料梁中点受压的力-位移曲线与变形过程

由图 7-2 可以看出,在受压过程中,负刚度梁内部的余弦形薄板逐步发生屈曲,因此力-位移曲线呈折线形。图 7-2(b)中的第①个状态为初始未变形构型,第②至第⑥个变形时刻对应多次屈曲发生后的"力恢复状态",已在力-位移曲线上标出。随着载荷的增大,最上面的余弦形薄板层首先弯曲,接着是靠近下面板两端部分的余弦形薄板。随后第②层和第③层余弦形薄板屈曲,且从中间的分段向两侧延伸,扩展到整个层。但并不是所有情况下该负刚度超材料梁都按此顺序变形,因为胞元几何尺寸的变化很容易改变局部刚度,这将在下文中探讨。在力-位移曲线上的 5 个峰值中,第 1 个峰值代表梁的初始构型的承载能力,称作临界力,对应的横坐标为临界位移,是评估其性能时两个重要的指标。该负刚度梁参考模型的临界力和临界位移分别为 54.77 N 和 5.82 mm。

7.1.1　隔板厚度变化对静力学性能的影响

采用非线性有限元法研究 5 组均匀尺寸下的负刚度超材料梁,所有模型的分段长度均为 $l_1 = l_2 = l_3 = 87$ mm。面板和中间层的厚度(t_0、t_2、t_4、t_6 和 t_8)

取值从 3 mm 到 7 mm 逐渐增加,默认值为 5 mm。图 7-3 中的 5 组曲线分别为改变其中某一厚度时负刚度超材料梁的压力-位移曲线。

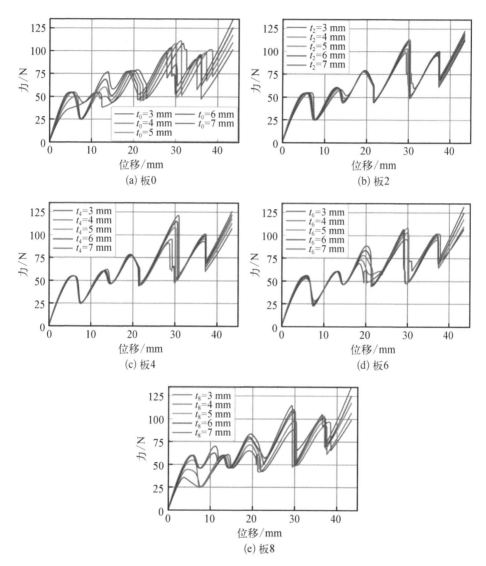

图 7-3　不同位置处板厚变化时负刚度超材料梁的力-位移关系

从图 7-3 可以看出,改变负刚度超材料梁上不同位置处板的厚度会影响力-位移曲线上特定位置的峰值,相应的屈曲位移或力的临界值会发生移动。这是因为局部的屈曲力(位移)阈值与相邻薄板的刚度有关。中间层的厚度(t_2、t_4 和 t_6)对前两个峰值影响很小,但会改变后三个峰值。上下两个面板的厚度变化会改变整个曲线并影响所有峰值。

7.1.2 分段长度变化对静力学性能的影响

如表 7-1 所示,选取 3 个不同的分段长度值(82 mm、87 mm 和 92 mm)进行组合,保证梁的总长度不变,共形成 6 个具有不等长分段的非均匀负刚度超材料梁,命名为 N1~N6。面板和中间层的厚度(t_0、t_2、t_4、t_6 和 t_8)均为 5 mm。研究它们在准静态受压时的力-位移关系,并将其与均匀长度情况进行比较(即 $l_1=l_2=l_3=87$ mm)。计算结果如图 7-4 所示。

表 7-1 具有不等长分段的非均匀负刚度超材料梁的参数

编号	负刚度超材料梁右半部分单层示意图		分段长度/mm		
	梁中点	梁右端	l_1	l_2	l_3
N1			82	87	92
N2			82	92	87
N3			87	82	92
N4			87	92	82
N5			92	82	87
N6			92	87	82

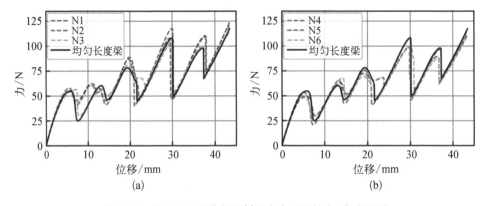

图 7-4 非均匀负刚度超材料梁中点受压的力-位移关系

由图 7-4 可以看出,N1~N6 负刚度超材料梁的力-位移关系总体变化趋势相同,但在每个峰值点处存在差异。N1 与 N2、N4 与 N6 较为相似。这表明刚度最大(长度最小)的分段所在位置对这组非均匀梁的力-位移关系有较大的影响。实际上,余弦形薄板层的屈曲顺序会随着分段布置的变化而变化。即使在相同的屈曲位置,分段长度不同也会导致不同的屈曲力阈值。

7.2 负刚度超材料梁的抗冲击性能

负刚度超材料梁在动态载荷下基于逐层屈曲的抗冲击吸能特性是重要的动力学性能指标。与静态或准静态过程不同,冲击载荷下结构响应通常在很短的时间内发生剧变,并且惯性的影响不可忽略。本节采用瞬态动力学分析有限元法,模拟负刚度超材料梁上面板受到一个半圆柱形刚体撞击的过程。刚体质量为 1 kg,与梁接触时具有一定的初速度。初始冲击速度从 500 mm/s 增加到 4 000 mm/s,间隔为 500 mm/s。在刚体和负刚度超材料梁间设置了无摩擦且可分离的接触对,负刚度超材料梁下面板两端节点刚性固定。求解并输出支座节点的支反力、刚体撞击物的位移、速度和加速度以及梁上表面的接触力,典型的冲击变形过程如图 7-5 所示。刚体撞击物在接触到负刚度超材料梁上表面后使其挠曲变形,接着梁内部的余弦形薄板逐步发生弯曲。随着初始动能被吸收,刚体撞击物的速度减小为零,接着开始向上反弹,负刚度超材料梁也逐渐恢复其原始构型。

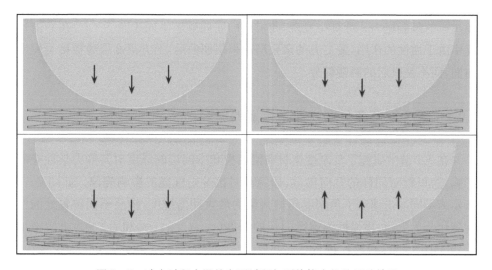

图 7-5 冲击过程中梁的变形过程与刚体撞击物的运动情况

首先计算负刚度超材料梁的参考模型。图 7-6 所示为不同初始冲击速度下的最大冲击挠度(maximal impact-induced deformation，MIID)，即刚体撞击物速度降至零时负刚度超材料梁上表面的挠度。最大冲击挠度反映了梁的抗冲击性能，在一定冲击速度下，较小的 MIID 表示冲击能量在较短的作用距离内被耗散。对于屈曲型负刚度结构，在冲击中过程中冲击力被限制在屈曲力阈值以下，远小于其他普通正刚度结构。

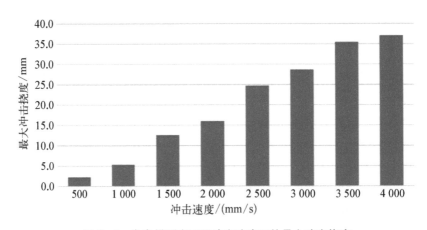

图 7-6　参考模型在不同冲击速度下的最大冲击挠度

从图 7-6 中可以看到，最大冲击挠度随着冲击速度的增大而增大。冲击动能被负刚度超材料梁传递与耗散，转化为应变能与梁自身的动能。最大冲击挠度不断增大，对应更多的余弦形薄板发生屈曲，直到所有层都参与并且输入能量超过梁的吸能能力。计算中发现，薄板层的屈曲顺序不同于图 7-2。在冲击过程中由于惯性的作用，最上方的余弦形薄板层屈曲后，上方第 2 层薄板接着发生屈曲，而不是底层的两端部分。

7.2.1　隔板厚度变化对抗冲击性能的影响

在 7.1 节中研究了负刚度超材料梁面板和中间层的厚度对其静力学性能的影响，这里针对同样的几何参数，研究其对抗冲击性能的影响规律。如图 7-7 所示为不同冲击速度下负刚度超材料梁的最大冲击挠度，按照不同位置处的厚度变化分为 5 组，横坐标为连续隔板的厚度(t_0、t_2、t_4、t_6 和 t_8)。为更清晰地表示 MIID 曲线，纵坐标进行了局部放大。

由图 7-7 可以看出，这些负刚度超材料梁在 5～6 mm 冲击挠度第一次发

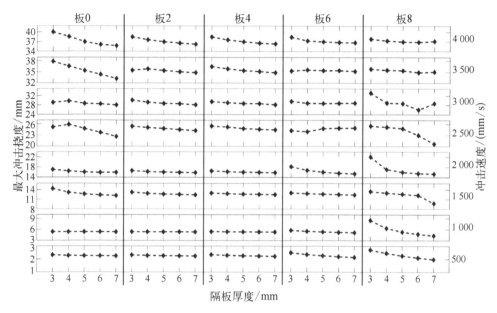

图 7-7　改变不同位置的隔板厚度时负刚度超材料梁的最大冲击挠度

生屈曲。由这一临界值可以判断,在冲击速度相对较小(如 500 mm/s)的情况下,没有余弦形薄板层会弯曲,负刚度超材料梁保持其初始形状。当输入能量随冲击速度增加时,更多的余弦形薄板层受压屈曲,最大冲击挠度增加。对于低冲击速度(如 500 mm/s 和 1 000 mm/s),只有上面板厚度变化对 MIID 有显著影响。冲击速度继续增大,MIID 对上、下面板厚度变化均较敏感。对于相对较高的冲击速度,所有 5 个面板都起着重要作用,尤其是下面板厚度。值得注意的是,负刚度超材料梁对冲击能量的吸收存在上限值,超出该上限时,负刚度超材料梁内部发生坍缩和触底,最终导致塑性破坏。由于本章主要研究其负刚度效应和弹性屈曲变形,暂不讨论梁的破坏模式。

当刚体速度降至零时,负刚度超材料梁中存储的应变能(strain energy, SE)如图 7-8 中的条形图所示。将负刚度梁内部结构分为四个区域:下面板(P0)、上面板(P8)、中间隔板(P2、P4、P6)和余弦形薄板层。不同区域中的应变能用不同颜色区分。图 7-8 中的每个分图的初始冲击速度不同,从 500 mm/s 增加到 4 000 mm/s,间隔为 500 mm/s。分图内则根据 5 个连续面板的厚度变化分为 5 个部分。

从图 7-8 中可以看出,大部分应变能集中于余弦形薄板中,并且随着冲击速度的增加,更多薄板层发生屈曲,应变能数值也不断增大。在低速情况下,余弦形薄板中的应变能随着下面板厚度的增加而增加,但随着上面板厚度的增加

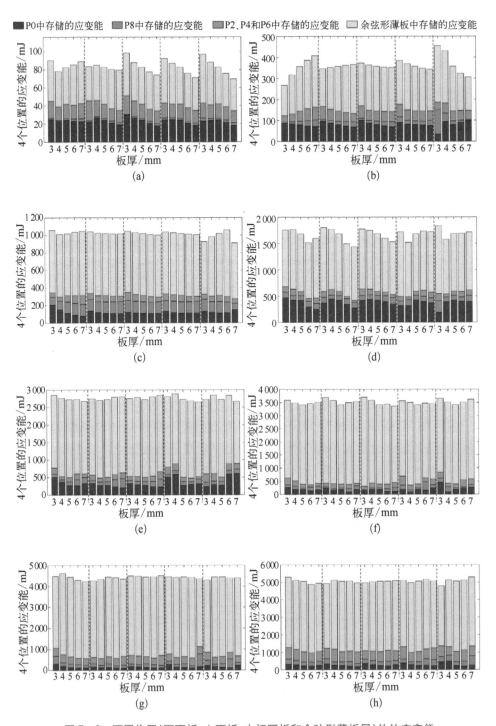

图 7 - 8　不同位置(下面板、上面板、中间隔板和余弦形薄板层)处的应变能

而减小[见图 7-8(b)]。对于中等速度和高速冲击,薄板层中的应变能无明显变化。在高速情况下,由于薄板层接近最大能量吸收能力,所以中间隔板中的应变能所占比例增加[见图 7-8(g)和图 7-8(h)]。在大多数情况下,下面板中的应变能(条形图中最下方的分块)对所有 5 个面板的厚度变化均敏感,原因是下面板两端刚性固定,拉伸应变能取决于其上方其他结构的整体刚度,是其内部主要的能量形式。此外,当刚体的速度降至零时,一部分输入能量会转换为梁结构的动能,另一部分则通过阻尼被耗散。但是应变能仍占据了总能量的绝大部分。

7.2.2　分段长度变化对抗冲击性能的影响

针对表 7-1 中具有不等长分段的非均匀负刚度超材料梁 N1~N6,研究其抗冲击性能,并与均匀长度参考模型进行比较,得到最大冲击挠度与冲击速度的关系如图 7-9 所示。为更清晰地进行比较,利用参考模型的最大冲击挠度对所

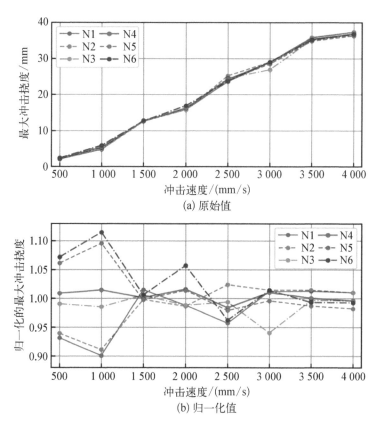

(a) 原始值

(b) 归一化值

图 7-9　非均匀负刚度超材料梁的最大冲击挠度与冲击速度的关系

有结果进行了归一化。

从图 7-9 中可以看出,归一化的最大冲击挠度与冲击速度间的关系可根据冲击速度大致分为三个区域,类似于图 7-7 中使用的分类。当速度低于 1 500 mm/s 时,N1、N2 和 N3 的最大冲击挠度小于均匀参考模型,这表明中心附近的局部刚度在低速冲击中起重要作用。当冲击速度大于 1 500 mm/s 但小于 3 500 mm/s 时,最大冲击挠度变化较大,所有曲线在波动中均穿过 1.00 水平线。总体来看,N1 和 N3 的最大冲击挠度较小,它们的共同特点是长度最大的余弦形薄板分段位于两端。当冲击速度大于 3 500 mm/s 时,曲线变得相对稳定,N5 具有最小的最大冲击挠度。

7.3　负刚度超材料梁抗冲击性能优化

根据参数分析,余弦形薄板分段长度(l_1、l_2 和 l_3)与连续面板厚度(t_0、t_2、t_4、t_6 和 t_8)的变化对于负刚度超材料梁的抗冲击性能影响显著,因此基于这两种独立变量提出一个优化模型,寻求负刚度超材料梁的最优抗冲击性能的设计参数。

7.3.1　负刚度超材料梁的抗冲击性能优化

选取两个优化目标函数(即冲击速度为 2 500 mm/s 时的最大冲击挠度和梁的总质量)分别基于参考模型的值进行无量纲化,然后利用权重系数 μ 与 $1-\mu$ 进行线性组合作为最优化目标。优化变量为余弦形薄板分段长度(l_1、l_2 和 l_3)与连续面板厚度(t_0、t_2、t_4、t_6 和 t_8)。由于长度与厚度变量的离散特性,优化问题利用离散算法进行求解[242-243],变量的间隔为 0.05 mm。优化的约束条件为梁的总长度保持不变,与参考模型相等,同时通过约束各面板厚度总和的上限来限制梁的总质量。优化问题的数学模型为

$$
\begin{cases}
\text{Min.} & \mu \dfrac{f_{\text{MIID}}}{\text{MIID}_0} + (1-\mu) \dfrac{f_{\text{m}}}{m_0} \\
\text{s.t.} & l_i \in \{82.00,\ 8.05,\ 82.10,\ \cdots,\ 91.95,\ 92.00\},\ i=1,\ 2,\ 3 \\
& t_i \in \{3.00,\ 3.05,\ 3.10,\ \cdots,\ 6.95,\ 7.00\},\ i=0,\ 2,\ 4,\ 6,\ 8 \\
& l_1 + l_2 + l_3 = 87 \times 3 = 261\ \text{mm} \\
& t_0 + t_2 + t_4 + t_6 + t_8 \leqslant 25\ \text{mm}
\end{cases}
$$

$$(7-1)$$

式中，$MIID_0$ 和 m_0 分别为最大冲击挠度和质量函数 f_m 的参考值，由前述负刚度超材料梁参考模型计算得到；权重系数 $\mu=0.5$；负刚度超材料梁的质量由下式计算：

$$f_m = w \cdot \begin{bmatrix} (t_0+t_4+t_8) \cdot l + 56 * h_{fr} * t_{fr} + \\ 8 \cdot t_{cp} \cdot \sum_{i=1}^{3}\left(l_i + \dfrac{\pi^2 h_{cp}^2}{4l_i}\right) + (t_2+t_6) \cdot (l-l_3) \end{bmatrix} \qquad (7-2)$$

式中，w 和 l 分别为负刚度超材料梁的横截面宽度和总长度；h_{fr} 和 t_{fr} 分别为垂向支撑板的高度和厚度。

7.3.2　优化代理模型与参数拟合

由于最大冲击挠度的求解是一个强非线性过程，很难利用直接的数学模型描述，因此可以借助"代理模型"方法来完成优化问题的求解。首先，需要确定一个代理模型在设计域内近似地拟合真实问题[301]，拟合点则通过试验设计（design of experiments，DOE）法进行采样。其次，采样点确定后代入实际问题获得这些点处的响应值。最后，进行代理模型的拟合与检验。通过引入代理模型，原优化问题被极大地简化，则可利用通用算法求得其最优解。

常用的 DOE 法包括全因子法、正交设计法、均匀设计法、中心复合法、拉丁超立方法、优化拉丁超立方法等。其中，优化拉丁超立方采样（optimal latin hypercube sampling，OLHS）是一种高效的采样方法[302-304]，与拉丁超立方采样（Latin Hypercube Sampling，LHS）相比，它对因素水平的组合进行了优化，确保每个因素的所有水平在设计空间内均匀分布。除了这些可在整个 N 维设计空间中使用的常规 DOE 法外，Wang 等还提出了一种二阶段差分进化算法（two-phase differential evolution algorithm，ToPDE）[305]。ToPDE 能够实现在 N 维约束空间内均匀地生成样本点，并且可以方便地处理线性/非线性和不等式/等式约束。

本书同时采用 OLHS 和 ToPDE 两种方法，各生成了 400 个均匀分布的拟合样本点。此外，为了评估整个设计域中代理模型的准确性，生成了 200 个独立于前 400 个点的检验点。得到拟合点和检验点后，利用程序脚本建立相应的负刚度超材料梁有限元模型，并完成冲击仿真过程的计算，得到其最大冲击挠度（见图 7-10）。

在分别得到拟合点和检验点上的真实响应后，选择了 3 类不同的代理模型进行拟合，即响应面模型（RSM）、克里金（Kriging）模型和径向基函数（RBF）模

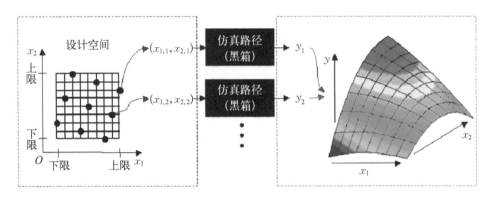

图 7 - 10　试验设计与代理模型的构造

型。其中,RSM 包含线性、二次和三次模型,而克里金模型可选高斯或指数型相关函数。因此,两种 DOE 法各对应 6 种不同的代理模型。在使用 400 个拟合点完成代理模型的拟合后,将 200 个检验点代入,检验其误差。最终针对 OLHS 和 ToPDE 两种方法各保留一个误差最小的拟合模型。在建立近似模型后,即可采用遗传算法(GA)求解式(7-1)中的优化问题,并对求得的最优解进行检验。完整的计算流程如图 7-11 所示。

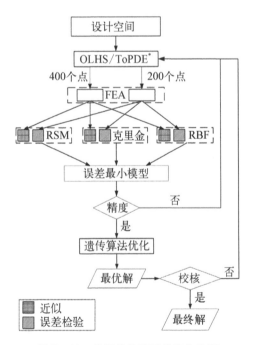

图 7 - 11　基于替代模型的优化流程

由于分段长度比面板厚度大一个数量级,因此在用于拟合或检验时,所有参数以及计算出的最大冲击挠度都应采用式(7-3)进行标准化处理:

$$x_i = \frac{t_i - t_{i\min}}{t_{i\max} - t_{i\min}} \tag{7-3}$$

式中,t_i 和 x_i 分别为标准化前和标准化后的几何参数及最大冲击挠度;$t_{i\min}$ 与 $t_{i\max}$ 分别为 t_i 的最小值和最大值。

选取 3 种不同的拟合误差用于评估代理模型的准确性,分别为标准化最大误差(maximum-error-normalized, MEN)、标准化平均误差(average-error-normalized, AEN)和标准化均方根误差(root-mean-square-error-normalized, RMSEN),计算式如下:

$$\text{MEN} = \frac{\max |y_i - \hat{y}_i|}{\max(y_i) - \min(y_i)} \tag{7-4}$$

$$\text{AEN} = \frac{\frac{1}{m} \sum_{i=1}^{m} |y_i - \hat{y}_i|}{\max(y_i) - \min(y_i)} \tag{7-5}$$

$$\text{RMSEN} = \frac{\sqrt{\frac{1}{m} \sum_{i=1}^{m} (y_i - \hat{y}_i)^2}}{\max(y_i) - \min(y_i)} \tag{7-6}$$

式中,m 为检验点的数目,取 200;$\hat{y}_i$ 为代理模型计算得到的最大冲击挠度响应;y_i 是由有限元分析获得的真实响应值。所有模型的误差计算结果比较如图 7-12 和表 7-2 所示。

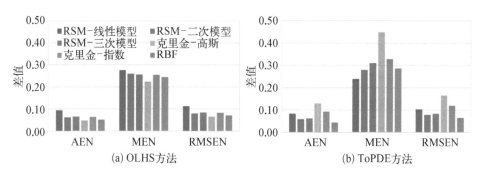

图 7-12　试验设计方法与代理模型的误差

表 7 - 2   不同试验设计方法与不同代理模型的误差

拟 合 模 型		OLHS			ToPDE		
		AEN	MEN	RMSEN	AEN	MEN	RMSEN
RSM	线性	0.095 0	0.276 3	0.113 6	0.084 3	0.239 6	0.103 6
	二次	0.063 5	0.260 0	0.081 0	0.060 2	0.280 5	0.079 2
	三次	0.065 8	0.256 3	0.083 8	0.063 0	0.310 1	0.083 4
克里金	高斯	0.048 8	0.225 3	0.066 9	0.131 3	0.450 3	0.167 4
	指数	0.065 0	0.255 6	0.083 3	0.093 3	0.328 6	0.120 2
RBF		0.052 9	0.245 7	0.071 7	0.044 6	0.286 3	0.065 6
误差许用标准		≤0.2	≤0.3	≤0.2	≤0.2	≤0.3	≤0.2

从图 7 - 12 可以看出,当使用 OLHS 方法时,具有最小误差的代理模型是具有高斯相关函数的克里金模型;对于 ToPDE 方法,最佳代理模型则是 RBF 模型。

7.3.3   优化结果

选取上述误差最小的两个代理模型,分别通过遗传算法求解式(7 - 1)中的优化问题,并对优化结果进行验证,结果如表 7 - 3 所示。

表 7 - 3   优 化 结 果

方 法		I	II
DOE		OLHS	ToPDE
拟合模型		克里金-高斯	RBF
目标函数值		0.868 6	0.860 9
MIID	优化结果值/mm	18.541 6	19.669 1
	验证值/mm	19.969 3	19.530 9
	误差/%	7.15	0.71

续　表

方　法	I	II
m/kg	0.993 5	0.932 2
l_1/mm	84.45	83.85
l_2/mm	87.85	88.25
l_3/mm	88.70	88.90
t_0/mm	3.90	3.00
t_2/mm	4.65	3.00
t_4/mm	3.90	3.00
t_6/mm	6.35	7.00
t_8/mm	6.05	6.90

从表 7 - 3 中可以看出，两个优化结果的优化目标值与验证值之间的误差分别为 7.15％ 和 0.17％，采用 ToPDE 方法时的误差更小。此外，结果 II 中最大冲击挠度的验证值和梁的总质量 m 均小于结果 I。因此结果 II 可作为本章负刚度超材料梁抗冲击的最优设计。分析两个优化结果可以看出，他们的共同特点是 l_2 与 l_3 接近且大于 l_1，而且靠近梁上表面的隔板厚度(t_6 和 t_8)明显大于其余 3 个隔板。图 7 - 13 为两个代理模型的拟合检验及其遗传算法优化迭代过程。

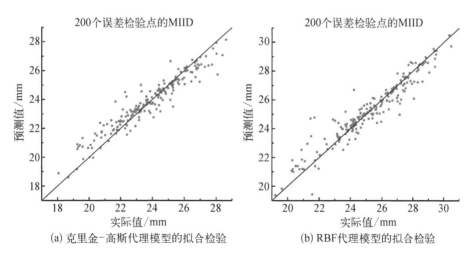

(a) 克里金-高斯代理模型的拟合检验　　　　(b) RBF代理模型的拟合检验

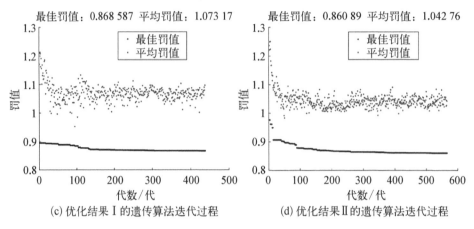

(c) 优化结果 I 的遗传算法迭代过程   (d) 优化结果 II 的遗传算法迭代过程

图 7 - 13   两个代理模型的拟合检验及其遗传算法优化迭代过程

7.4   负泊松比梯度变化的超材料夹层板梁的设计

采用两种典型的负泊松比胞元结构(内六角形与箭形)并借鉴功能梯度材料设计理念,设计了以下三种典型的超材料夹层板梁:泊松比梯度变化方向垂直于板厚方向的内六角形胞元序构的超材料夹层板梁、泊松比梯度变化方向平行于板厚方向的内六角形胞元序构的超材料夹层板梁以及泊松比梯度变化方向平行于板厚方向的箭形胞元序构的超材料夹层板梁。

7.4.1   负泊松比梯度变化方向垂直于板厚方向的内六角形胞元超材料夹层板梁

将内六角形超材料胞元沿板的厚度方向直接排列构成周期性序列(图 7 - 14 中虚线框标出),该序列中胞元几何形状完全一致,而每个不同的周期性序列其特征角度不必相同。当胞元在板厚方向高度相等时,各周期性序列可沿板长度方向不断排列最终构成负泊松比梯度变化方向垂直于板厚方向的混合梯度超材料板梁,如图 7 - 14 所示。图中同时标出了采用谱单元法计算时结构的节点与单元划分和连接细节,当两个方向胞元数目均确定后,整个结构节点与单元划分关系即固定,便于参数化地编程计算。

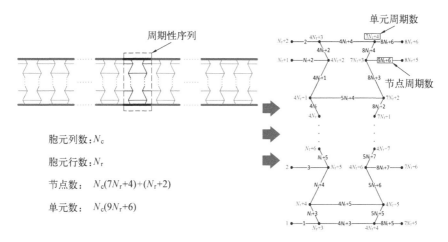

图 7-14　梯度方向垂直于板厚方向的超材料夹层板梁节点与单元划分及连接细节

7.4.2　负泊松比梯度变化方向平行于板厚方向的内六角形胞元超材料夹层板梁

将内六角形超材料胞元顺时针旋转 $90°$，当胞元在 x 方向长度相等时，各周期性序列沿板厚方向不断排列最终构成负泊松比梯度方向平行于板厚方向的六角形混合梯度超材料板梁，如图 7-15 所示。图中标出了采用谱单元法计算时

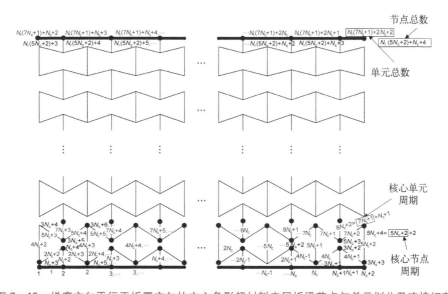

图 7-15　梯度方向平行于板厚方向的内六角形超材料夹层板梁节点与单元划分及连接细节

结构系统的节点与单元划分及连接细节。

7.4.3　负泊松比梯度变化方向平行于板厚方向的箭形胞元超材料夹层板梁

按箭形超材料胞元的排列方法,且规定箭形胞元在 x 方向长度相等,各相同几何形状的胞元沿板长度方向排列成周期性序列,然后各周期性序列沿板厚度方向不断排列,最终构成负泊柏比梯度方向平行于板厚方向的箭形混合梯度超材料夹层板梁,如图 7-16 所示。图中亦同时标出了计算时结构系统的节点与单元划分及连接细节。这里再次强调,上下两层不同几何形状箭形胞元的特征角度相互牵连,因此对于混合梯度型负泊松比箭形胞元序列,其混合梯度概念的实现过程比内六角形构型要复杂。

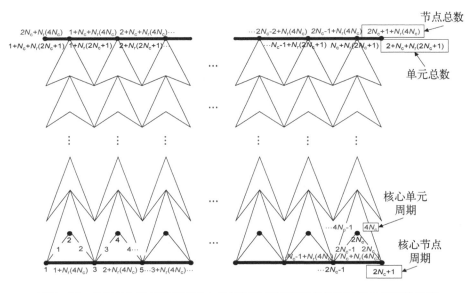

图 7-16　梯度方向平行于板厚方向的箭形夹层板梁节点与单元划分及连接细节

7.5　内六角形胞元超材料夹层板梁的力学与声学性能及设计

泊松比梯度变化方向垂直于板厚方向的六角形胞元超材料夹层板梁计算模型如图 7-17 所示。前三种构型(模型 1~模型 3)为常规超材料夹层板梁,夹层结构由具有相同几何形状的内六角形胞元组成。模型 1 是标准的正六角形超材料夹层板梁结构,其胞元泊松比为+1。模型 3 则是标准的内六角形超材料夹层板梁结构,其胞元泊松比为-1。模型 2 是内嵌矩形胞元的超材料夹层板梁结构,又称为格栅型,其胞元特征角度为 0°。后两种构型(模型 4～模型 5)为胞元梯度排列的梯度超材料夹层板梁结构,其夹层中胞元特征角度沿垂直于板厚方向梯度布置。若将模型 4 与模型 5 沿其各自长度两侧做周期性排列,则它们可归为同一种构型。由于这两种构型两侧边界条件不同,因此将它们区分为两种不同的构型。常规超材料夹层板梁结构将作为基准结构与梯度超材料夹层板梁结构进行对照。

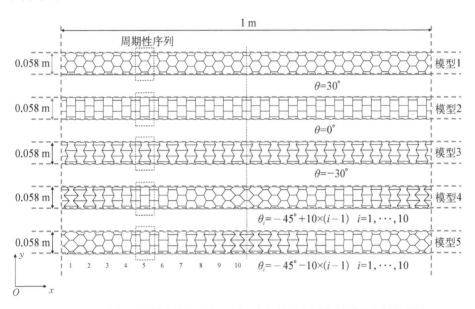

图 7-17　常规及其梯度方向垂直于板厚方向的六角形超材料夹层板梁结构

　　为保证结构性能的可比性,本节所有夹层板梁的总体尺度保持一致。超材料板梁具有相同的纵向长度 1 m,夹层由长度方向 20 个胞元与厚度方向 2 个胞元所组成,胞元的 x 方向尺寸为 50 mm,y 方向尺寸为 28.86 mm,每个构型具有相同的厚度 0.058 m。这些胞元形状梯度排列的夹层关于 y 轴对称,因此整个板梁中可设计的周期序列总数为 10 个。夹层板梁的宽度取为 0.232 m。

　　此外,整个超材料板梁结构的质量必须相等:上下面板厚度保持一致,均为 $t_s=2$ mm,则面板质量保证相等;调整夹层结构中所有胞元的统一厚度,以保证所有构型夹芯层的质量亦相等。夹芯层的质量可通过对它的相对密度 ρ^*/ρ_s 来调整。夹芯层中的胞元厚度 t_c 可由下式计算得到:

$$t_c = \cfrac{\cfrac{\rho^*}{\rho_s}}{\cfrac{1}{n}\displaystyle\sum_{i=1}^{n}\cfrac{\cfrac{h_i}{l_i}+2}{2l_i\cos\theta_i\left(\cfrac{h_i}{l_i}+\sin\theta_i\right)}} \qquad (7-7)$$

式中，n 为周期性序列的总数；i 为图 7-17 中描述的周期性序列所用的序号；θ_i、h_i 和 l_i 为每个周期性序列中单胞的特征尺寸。模型的构成材料为铝，其杨氏模量 $E_s = 71.9\ \text{GPa}$，泊松比 $\nu = 0.33$，密度 $\rho_s = 2\,700\ \text{kg/m}^3$。构型中上、下面板和超材料夹层的面密度分别为 21.6 kg/m 和 27.0 kg/m。

采用谱单元及声学计算理论所编程序计算图 7-17 中负泊松比梯度变化的超材料板梁（模型 4 与模型 5）的力学特性与声学特性，采用 ABAQUS 软件分别对这两种构型进行建模与数值模拟，对比两种方法的计算结果以验证自编程序的正确性。

7.5.1　力学特性

1）静力学特性计算结果

本节研究图 7-17 中所示五种构型的静力学特性，边界条件为上、下面板简支约束，约束上、下面板及面板末端节点在 x 方向和 y 方向的自由度。在上面板施加 $p = 1\ \text{Pa}$ 的单位均布静载荷，通过比较每一构型上面板中点处的挠度值来评估其静力学特性。由于每一构型的总质量均相等，则具有更小中点挠度值的超材料构型具有更好的刚度质量比性能。定义中点挠度与外载荷比值为 Δ，它可有效地表征结构的弯曲刚度。采用有限元法编程计算夹层板梁结构的中点挠度值，得到的中点挠度与外载荷比值 Δ 如图 7-18 所示，静力学位移响应如图 7-19 所示。

通过横向比较，对于常规模型，其弯曲刚度随相对密度的增加而增加。当纵向比较时，结构的中点挠度随着胞元特征角度 θ 的增大而减小。当夹层结构的相对密度较小时，改变胞元特征角度 θ 对弯曲刚度的影响更大。梯度模型的弯曲挠度曲线落在常规模型的弯曲挠度曲线之间。如图 7-18 所示，模型 5 比模型 4 具有更好的弯曲刚度，这表明将具有较大特征角度 θ 的序列向两侧排布可获得更大的静弯曲刚度。

2）固有频率计算结果

由于结构阻尼对结构固有频率的影响一般较小，因此在计算固有频率时将

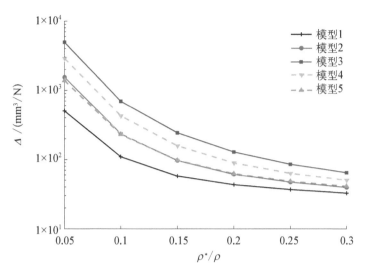

图 7 - 18　相对密度 0.05～0.3 的常规与梯度模型中点挠度与外载荷比值

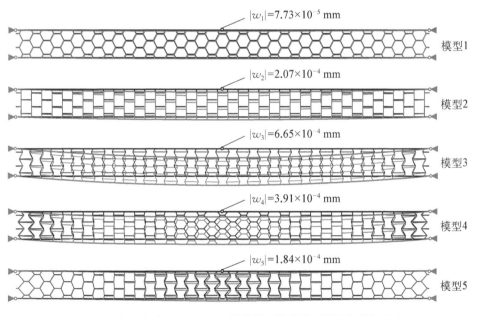

图 7 - 19　相对密度 $\rho^{*}/\rho_{s}=0.1$ 的常规与梯度模型的静力学位移响应

图 7 - 17 中的模型视为无阻尼的线弹性系统,计算板梁的固有频率时其边界条件与图 7 - 19 的相同。表 7 - 4 列出了常规与梯度模型的谱单元法(SEM)固有频率计算结果,收敛系数 $\varepsilon=1\times10^{-5}$,表 7 - 4 同时列出了基于 ABAQUS 的有限元法(FEM)得到的模型 4 的固有频率。采用有限元法计算固有频率时,每个

梁单元网格划分的尺寸为 2 mm,满足基于弹性波波长的网格划分要求。图 7 - 20 为参考模型的前 10 阶固有频率。

表 7 - 4　常规与梯度模型的前 10 阶固有频率

模 型	固有频率/Hz									
	第1阶	第2阶	第3阶	第4阶	第5阶	第6阶	第7阶	第8阶	第9阶	第10阶
1	124.12	243.26	379.36	514.85	650.55	785.14	918.65	1 050.47	1 180.55	1 308.28
2	75.76	150.59	230.70	311.11	393.21	477.08	563.21	652.02	743.92	839.03
3	42.20	85.06	130.57	178.45	229.63	284.55	343.73	407.45	475.98	549.44
4	54.48	137.30	198.59	292.17	359.76	458.48	534.21	640.42	723.39	834.75
4(FEM)	54.48	137.30	198.60	292.16	359.75	458.49	534.22	640.40	723.44	834.76
5	79.77	145.59	217.60	287.30	361.03	437.04	516.50	599.34	687.04	777.96

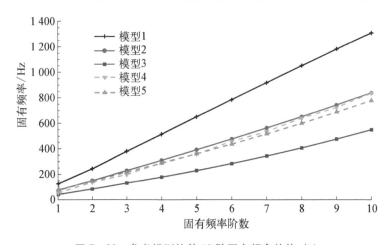

图 7 - 20　参考模型的前 10 阶固有频率趋势对比

表 7 - 4 表明采用谱单元法计算得到的结构固有频率与有限元法所得结果精确吻合,而其计算所需单元数目大大降低,显示了谱单元法在精确计算中高频结构特征值时的绝对优势。图 7 - 18 中固有频率的大小排序与图 7 - 19 中静力学性能的高低排序一致,低阶固有频率越高的模型其静力学刚度越大。结合表 7 - 4 与图 7 - 18 可知,对于常规均匀胞元板梁,其胞元特征角度越大,同阶数的固有频率就越大。对于梯度胞元板梁,其固有频率在没有事先仿真计算的情况

下很难预测。

图 7-21 描绘了参考模型的一些具有代表性的固有振型：包括它们的第 10 阶整体弯曲模态以及它们首次出现的非弯曲局部模态。对比图 7-21(a)中模型振动模态的相对半波波长,可发现梯度胞元混合模型的整体弯曲模态的相对曲率沿长度方向不断变化,而传统均匀胞元模型中整体弯曲模态的相对曲率则基本保持不变。另外,具有较小胞元特征角度周期性序列的相对曲率大于具有较大胞元特征角度的周期性序列的相对曲率。观察图 7-21(b)下面的两个固有振型,当具有较小胞元特征角度的周期性序列首先开始发生变形时,混合梯度模型的非弯曲模式开始显现。这些不均匀的机械行为以及在静力学特性中观察到的非均匀现象,可以归因于在超材料夹芯层内具有较小特征角度的胞元的弹性模量相对较低[197]。而对于常规均匀模型首次出现的局部模态,其夹芯层内的超材料胞元基本同时变形,如图 7-21(b)上面的三个固有振型所示。而由于该超材料板梁结构相对于水平轴并非完全对称,因此没有出现双层板结构整体的膨胀振动模态。

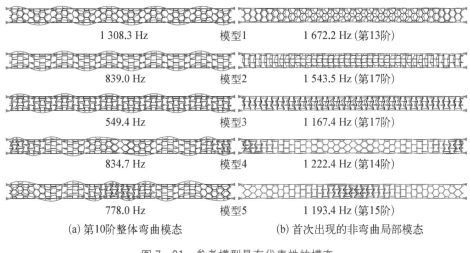

1 308.3 Hz	模型1	1 672.2 Hz(第13阶)
839.0 Hz	模型2	1 543.5 Hz(第17阶)
549.4 Hz	模型3	1 167.4 Hz(第17阶)
834.7 Hz	模型4	1 222.4 Hz(第14阶)
778.0 Hz	模型5	1 193.4 Hz(第15阶)
(a)第10阶整体弯曲模态		(b)首次出现的非弯曲局部模态

图 7-21　参考模型具有代表性的模态

3) 动力学响应计算结果

为进一步验证本书使用的谱单元法,选用模型 4 来计算考虑阻尼的线性弹性动力响应,边界条件与图 7-17 的相同。将 1 Pa 的均布载荷施加在下面板上模拟入射声压波。参考了文献[233]和文献[306]中的阻尼处理方法,将结构阻尼因子 $\eta=0.01$ 引入复数杨氏模量 $E^* = E_s(1+j\eta)$ 以计入阻尼的影响。比较了采用谱单元法和常规有限元法在 1～3 000 Hz 频率范围内两个特定点的动力学响应(见图 7-22)。

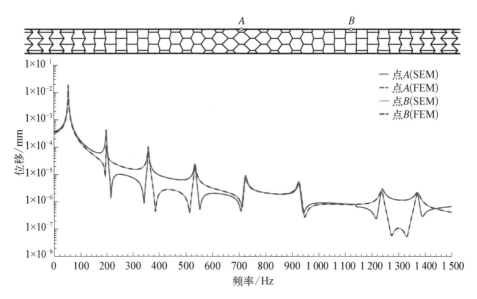

图 7 - 22　模型 4 上面板两个特定点的位移及动力学响应

图 7 - 22 表明,本书采用谱单元法计算得到的动力学响应与有限元法所得结果精确吻合。图 7 - 23 为采用谱单元法计算的超材料夹层结构在 20 000 Hz时的动力学响应。同样地,常规均匀模型的各周期性序列动变形相似,而混合梯度模型的各周期性序列由于其夹芯层的不均匀性产生了各不相同的动变形。

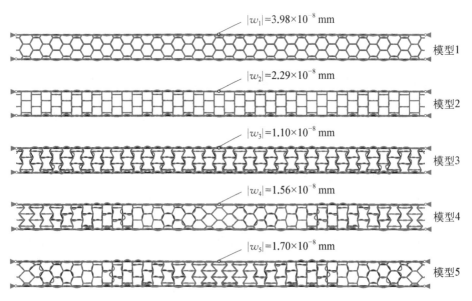

图 7 - 23　常规和梯度模型在 20 000 Hz 时的动力学响应

7.5.2 声学特性及隔声量优化设计

1) 声辐射计算结果

超材料夹层板梁的下面板入射简谐声压平面波。以模型 4 为例,下面板的振动能量通过夹层结构传递到上面板,上面板在流体域中产生振动与声辐射,如图 7-24 所示。夹层板仅在上、下面板的两端受到简支约束,两侧连接无限长的刚性障板。由于金属结构刚度远强于流体介质,经由夹芯层空气声腔路径传播的声能量对总辐射声功率的贡献可忽略不计,因此仅考虑声波通过结构路径的传播。本章流体介质为空气,其密度 $\rho_a = 1.2 \ \text{kg/m}^3$,声传播速度 $c_a = 343 \ \text{m/s}$。为简化起见,指定波入射角 $\alpha = 0°$ 进行后续研究。需说明,该假设排除了诸如吻合效应之类的高频声学相关现象,很难进行法向入射的夹层结构的声学测量,仅供理论上的研究。

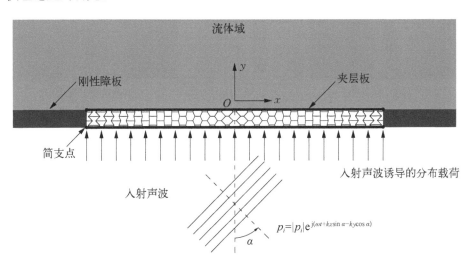

图 7-24 用障板固定的两侧自由简支超材料夹层板梁的声载荷和声辐射边界条件

为观察泊松比梯度变化内六角形超材料夹层板梁的声辐射特性,图 7-25 给出模型 5 由 MATLAB 编程与 ABAQUS 仿真分别计算得到的在 500 Hz、1 000 Hz 和 1 500 Hz 下声辐射云图,入射声波的声压幅值为 1 Pa。在超材料结构采用 Beam 单元模拟,单元类型为三节点平面二次梁单元(B22),声学介质采用壳单元模拟,单元类型为三节点线性二维声学三角形单元(AC2D3),刚性障板处为声阻抗无穷大的边界,其他流场边界处设置为 Sommerfeld 远场边界。图 7-25 中流体观察区域的范围为从 $x=0$ 到 $x=1$ 与从 $y=0$ 到 $y=1$ 的无量纲区间,超材料夹层结构位于 $y=0$ 直线上的 $x=0.25$ 和 $x=0.75$ 之间。由图 7-25 可知,编程计算所得结果与仿真计算所得结果声压最大值及声辐射云图分布高度吻合。

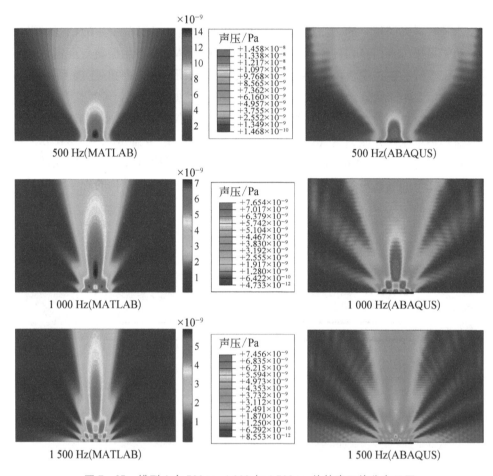

图 7-25　模型 4 在 500 Hz、1 000 与 1 500 Hz 处的声压值分布云图

本书采用 ABAQUS 仿真计算仅用于校验 MATLAB 编程的、采用谱单元法计算得到的振动与声学结果,因为有限元法在计算中高频动力学和声学问题时无法同时保证计算效率和计算精度,因此本书不采用 ABAQUS 有限元法进行大规模的优化计算,该矛盾可采用谱单元法有效规避。

2) 隔声量计算结果

常规均匀模型与混合梯度内六角形超材料夹层板梁结构模型从 1~1 500 Hz 的隔声量(STL)计算结果如图 7-26 所示。基于固有频率的计算结果,本节选取

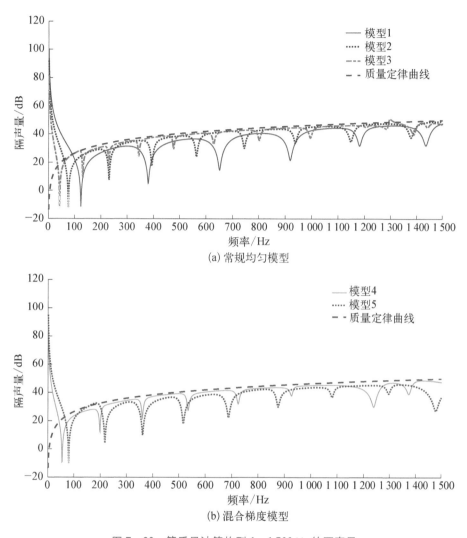

(a) 常规均匀模型

(b) 混合梯度模型

图 7-26　等质量计算构型 1~1 500 Hz 的隔声量

的隔声量频率区间可涵盖这些模型隔声曲线的刚度和共振控制区。隔声曲线的
趋势与表 7-4 列出的固有频率结果相对应。当模型拥有更大的静弯曲刚度时,
隔声曲线的首个波谷出现在更高的频率上,刚度控制区范围更宽,此后的隔声曲线
波谷与奇数阶振型相对应。对于常规均匀模型,胞元特征角度较大的六角形超材
料夹层结构波谷之间的间隔始终大于胞元特征角度较小的六角形超材料夹层结构
波谷之间的间隔。根据表 7-4,超材料板梁结构最左侧两波谷间的频率间隔为
88.4 Hz(模型 3)至 227.4 Hz(模型 1),且随着胞元特征角度的增大而增大。对于混
合梯度模型,尽管模型 4 的基频较低,但模型 4 的总波谷数目比模型 5 的要少。

由 MATLAB 编程与 ABAQUS 仿真计算得到的模型 4 的隔声曲线如图 7 – 27 所示,该结果验证了本章计算的超材料夹层板梁结构隔声特性的正确性。

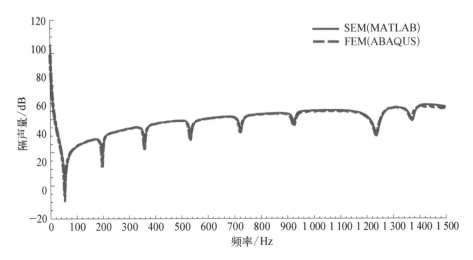

图 7 – 27　模型 4 的隔声曲线对比

图 7 – 28 为每个模型在 1~1 500 Hz 整个区间的平均隔声量值,以此作为评估其总体隔声性能的指标。平均隔声量定义为

$$f_{STL_0} = \frac{1}{f_2 - f_1}\int_{f_1}^{f_2} f_{STL}(f)\mathrm{d}f \tag{7-8}$$

式中,f_{STL_0} 为结构在频率区间 f_1 与 f_2 内的平均隔声量。显然透声量较少的模

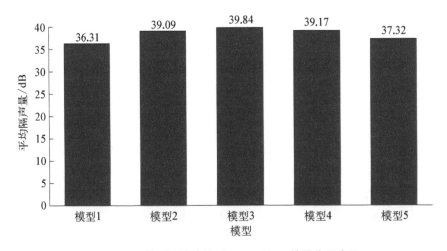

图 7 – 28　等质量计算构型 1~1 500 Hz 的平均隔声量

型的隔声量更大。在图 7-26 中计算并绘制了其质量定律曲线,其中结构面密度均为 $m_p = 26.4\,\mathrm{kg/m}$。由图 7-26 和图 7-28 可知,具有负泊松比效应的模型 3 的隔声性能明显好于模型 1,这与文献中的研究结果一致。另外,对于所有计算模型,它们的平均隔声量值的高低排序与其基频大小及弯曲挠度大小顺序相同。这表明更高的弯曲刚度与高隔声性能是矛盾的。超材料夹层结构的总质量仍然是结构在非共振频率处隔声量的决定因素,这与相关文献中的结果一致。混合梯度超材料构型多变的隔声曲线表明了采用混合梯度超材料进行性能设计的灵活性,这为在特定频域内具有高隔声性能的超材料结构的减振降噪设计提供了更多的选择。

　　3) 隔声量优化设计

　　本书对超材料夹层板梁开展的参数化建模及程序化计算非常便于进行结构减振降噪最优化设计。该设计方法通过对超材料各类设计参数的优化调整,直接计算整个超材料结构系统的振动或隔声性能,基于最优化理论搜寻在某一特定频段内具有最优声振性能的超材料结构。超材料夹层板梁隔声性能的优化设计数学列式为

$$\begin{cases} \text{Find} & \theta \\ \text{Minimize} & -f_{\mathrm{STL}_a}(\theta) = -\dfrac{1}{f_2 - f_1}\displaystyle\int_{f_1}^{f_2} f_{\mathrm{STL}}(\theta)\mathrm{d}f \\ \text{Subject to} & \theta_i^l \leqslant \theta_i \leqslant \theta_i^u \\ & -\omega_f(\theta) + \omega_{f_0} \leqslant 0 \end{cases} \tag{7-9}$$

式中,f_{STL_a} 为结构在频率区间 f_1 与 f_2 内的平均隔声量;θ_i^l 与 θ_i^u 为第 i 个周期性序列胞元角度的上下阈值;$\omega_f(\theta)$ 为设计构型基频;ω_{f_0} 为可允许的最小基频值。本节声学结构优化中每个设计变量的上下阈值均为 $-45°$ 和 $+45°$。在 $1\sim 1\,500\,\mathrm{Hz}$ 频率范围内针对指定的频点和频带工况执行优化。由于模型 2 的力学和声学性能居中,将它选作基准对比构型,根据表 7-4 可知模型 2 的基频为 $75.8\,\mathrm{Hz}$。

　　本优化设计采用全局优化算法中的多点启动算法(multi-start algorithm)搜索全局最优解,其计算流程描述如下:

　　(1) 优化计算系统自动将优化问题分配给多个进程或处理器,并在并行计算开始时随机生成一系列的设计变量起点。

　　(2) 从每个相应的起始点开始,独立运行每个局部优化求解程序。

　　(3) 将不同的局部最优解汇总组合成全局信息矢量。

（4）筛选出综合最优的优化结果。

本优化设计选择的局部求解器是基于梯度理论的顺序二次规划（SQP）算法。图 7-29 为该算法基本流程图。设置更多的启动点数量可促使局部最优不断逼近全局最优，但大大增加了计算成本。为此本节减少可设计参数的数目，设置 $\theta_{2i-1} = \theta_{2i}(i=1, \cdots, 5)$，这里特别说明，本节不限制夹芯层严格梯度排列（实际上是混合排列），意在充分发掘混合胞元超材料结构声学优化设计的潜力。每种工况设置 100 个启动点，局部求解器的迭代收敛精度设置为 1%，以此兼顾优化计算的效率和合理性。

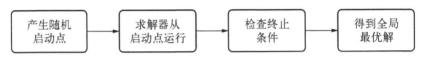

图 7-29 多点启动算法的计算流程

（1）单频点工况。

本工况选择在 950 Hz 处，该频率靠近基准模型的某共振频率。图 7-30 为优化后的常规均匀和混合梯度模型隔声曲线、构型及其迭代曲线，各构型的基本特性参数如表 7-5 所示。优化设计得到的超材料模型与基准模型在计算频点处的隔声量如图 7-30(a)所示。

表 7-5 单频点 950 Hz 工况优化设计构型的特性参数

模　型	$[\theta_1(\theta_2), \theta_3(\theta_4), \theta_5(\theta_6), \theta_7(\theta_8), \theta_9(\theta_{10})]/(°)$	f_0/Hz	f_{STL_a}/dB	f_{STL_o}/dB	$\Delta/(\text{mm}^2/\text{N})$
基准模型	$[0, 0, 0, 0, 0]$	75.76	40.84	39.10	206.62
优化后的常规均匀模型	$[8.11, 8.11, 8.11, 8.11, 8.11]$	86.79	44.24	38.59	157.58
优化后的混合梯度模型	$[-24.09, 13.82, 13.42, 42.43, 9.76]$	75.86	45.08	38.89	198.16

常规均匀超材料夹层板梁优化后的隔声量增量约为 3.4 dB，混合超材料夹层板梁优化后的隔声量增量约为 4.24 dB（比常规结构提高了 24.7% 的优化效果），说明混合超材料夹层板梁的隔声量优化设计比常规超材料夹层板梁更加有效。由于本节选取的单频点工况 950 Hz 尚未达到图 7-21(b)中该类构型的非弯曲局部模态出现的最低频率，因此本节单频点优化始终基于结构的整体弯曲

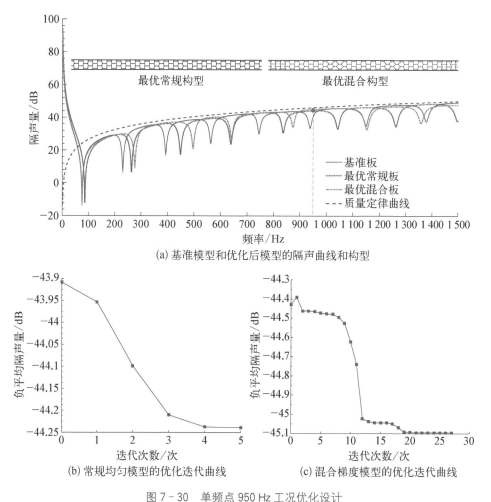

图 7 - 30　单频点 950 Hz 工况优化设计

模式,优化结果仅达到了结构振动共振峰错峰的效果,胞元芯层内胞元的局部共振似乎尚未出现。

（2）窄频带工况。

本工况选在 700～800 Hz 频率区间内,基准模型的隔声曲线在此区间内存在明显的隔声量波谷。计算频点间隔取 10 Hz。图 7 - 31 为优化后的常规均匀和混合梯度模型的隔声曲线、构型及迭代曲线,各构型的基本特性参数如表 7 - 6 所示。

与基准模型隔声曲线相比,常规均匀超材料优化模型在计算区间内的平均隔声量提升了 2.57 dB,而混合超材料模型平均隔声量提升了 3.1 dB（比常规结构提高了 20.6% 的优化效果）。由图 7 - 31（a）可知,两种优化构型在指定优化频率区间内均达到了避振错峰的优化效果。

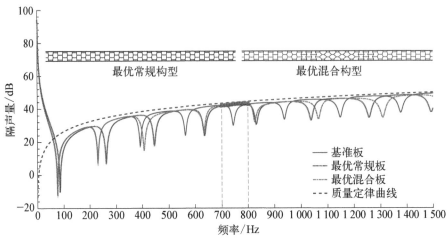

(a) 基准模型和优化后模型的隔声曲线和构型

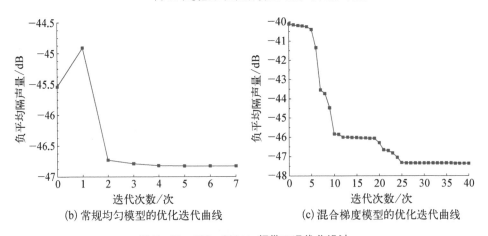

(b) 常规均匀模型的优化迭代曲线　　　(c) 混合梯度模型的优化迭代曲线

图 7‑31　700~800 Hz 频带工况优化设计

表 7‑6　频带 700~800 Hz 工况优化设计构型的特性参数

模　型	$[\theta_1(\theta_2), \theta_3(\theta_4), \theta_5(\theta_6), \theta_7(\theta_8), \theta_9(\theta_{10})]/(°)$	f_0/Hz	$f_{\text{STL}_a}/\text{dB}$	$f_{\text{STL}_o}/\text{dB}$	$\Delta/(\text{mm}^2/\text{N})$
基准模型	$[0, 0, 0, 0, 0]$	75.76	44.26	39.10	206.62
优化后的常规均匀模型	$[7.84, 7.84, 7.84, 7.84, 7.84]$	86.41	46.83	38.59	158.97
优化后的混合梯度模型	$[6.04, -5.57, 20.84, -24.48, 43.10]$	77.03	47.36	38.86	197.12

（3）宽频带工况。

本工况选取在相对较宽的 200～1 400 Hz 频率区间内,此频段内基准模型的隔声曲线有 7 个由共振导致的隔声量波谷。计算频点间隔取 30 Hz。最优化构型的几何与性能参数均列在表 7－7 中。该表验证了最优化解满足优化设计的约束条件。最优化构型的隔声曲线、构型及迭代曲线均如图 7－32 所示。

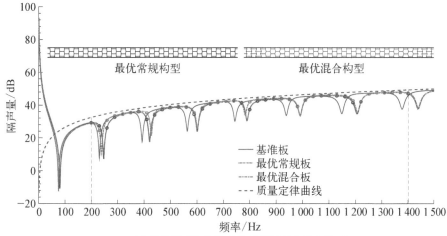

(a) 基准模型和优化后模型的隔声曲线和构型

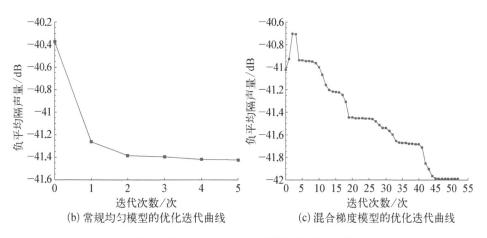

(b) 常规均匀模型的优化迭代曲线　　　(c) 混合梯度模型的优化迭代曲线

图 7－32　200～1 400 Hz 频带工况优化设计

根据表 7－7,常规均匀与混合超材料夹层结构最优化构型在指定宽频带内的平均隔声量比基准模型在指定宽频带内的平均隔声量分别提高了 0.52 dB 与 1.09 dB(比常规结构提高了 109.6％的优化效果)。此外,两个最优化构型在计算频带内均少了 1 个共振频率。

表 7‑7 频带 200～1 400 Hz 工况优化设计构型的特性参数

模 型	$[\theta_1(\theta_2)$，$\theta_3(\theta_4)$，$\theta_5(\theta_6)$，$\theta_7(\theta_8)$，$\theta_9(\theta_{10})]/(°)$	f_0/Hz	$f_{\text{STL}_8}/\text{dB}$	$f_{\text{STL}_0}/\text{dB}$	$\Delta/(\text{mm}^2/\text{N})$
基准模型	$[0，0，0，0，0]$	75.76	40.90	39.10	206.62
优化后的常规均匀模型	$[4.22，4.22，4.22，4.22，4.22]$	81.35	41.42	38.80	179.25
优化后的混合梯度模型	$[-20.40，-17.61，8.65，11.55，2.49]$	75.76	41.99	39.21	205.30

混合泊松比六角形超材料夹层板梁结构可通过增材制造的方式获得,图 7‑33 所示为图 7‑31 中混合模型的缩比模型,3D 打印模型的比例尺为 1∶5,模型的面外高度为 200 mm。该 3D 打印模型验证了本节设计的混合泊松比六角形超材料夹层板梁结构的可制造性。

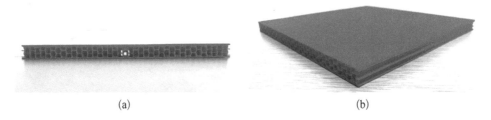

(a)   (b)

图 7‑33 通过增材制造方法打印的混合包构型的缩比模型

(4) 隔声性能优化结果。

从频点和频带优化结果中可知,通过设置更多的胞元特征角度设计变量可获得更优的隔声效果,在指定的频点和频段工况下混合泊松比超材料比常规均匀泊松比超材料的优化效果分别提高了 24.7%、20.6% 以及 109.6%。另外,根据表 7‑5 至表 7‑7,最优的混合超材料比最优的常规均匀超材料具有更好的总隔声性能。在指定优化频率下,优化后的超材料结构虽然的确比基准构型隔声量更大,但它们的隔声曲线均无法超越质量定律曲线,这进一步表明了质量是超材料夹芯结构的隔声量在优化计算频段内的主要控制因素。内嵌夹层的局部共振现象应有产生高于质量定律隔声量的潜力,但该现象始终未能出现,这可归因于相对较高的结构刚度以及相对较低的计算频率范围。将表 7‑5 至表 7‑7 中列出的优化后板梁的力学和声学性能与模型 1 至模型 5 的性能相比后,发现对于具有恒定质量的常规均匀超材料夹层结构,较高的静弯曲刚度往往会引起较大的基频和在刚度和共振区域内较低的隔声性能,这与文献中的结论相一致。

7.6 箭形胞元超材料夹层板梁结构力学与声学性能及设计

负泊松比梯度变化方向平行于板厚方向的箭形胞元超材料夹层板梁模型如图 7-34 所示,每个板梁长度均为 2 m,超材料芯层由长度方向 40 个与高度方向 5 个箭形胞元组成。单胞水平方向长度 $L_x=50$ mm,胞元长宽比 $\alpha=0.2$,y 方向的长度 $L_y=10$ mm。由于位于最顶层的箭形胞元特征角度 $\theta_2^{(i)}$ 的不同将导致每个构型的总厚度有一定程度上的变化。本优化设计规定胞元特征角度 $\theta_2^{(i)}>\arctan(1/5\alpha)$,尽可能减少每个板梁构型总厚度之间的差异。设计中各构型胞元的特征角度 $\theta_2^{(i)}$ 在 $45°\sim65°$ 之间变化以避免单元重叠,且超材料板梁结构的厚度范围为 $51.7\sim65$ mm。

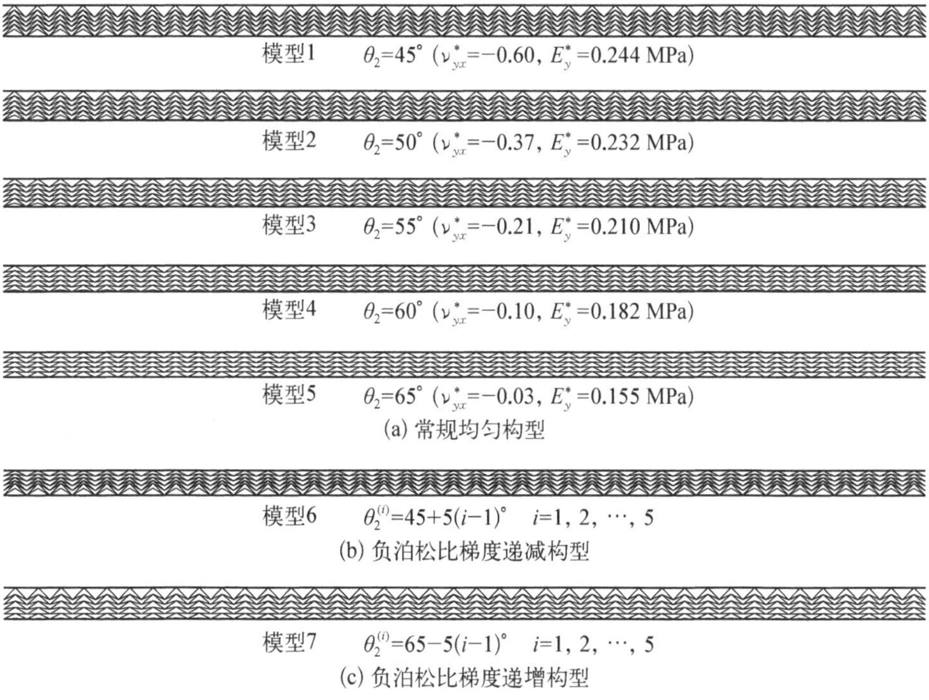

模型1 $\theta_2=45°$ ($\nu_{yx}^*=-0.60$, $E_y^*=0.244$ MPa)

模型2 $\theta_2=50°$ ($\nu_{yx}^*=-0.37$, $E_y^*=0.232$ MPa)

模型3 $\theta_2=55°$ ($\nu_{yx}^*=-0.21$, $E_y^*=0.210$ MPa)

模型4 $\theta_2=60°$ ($\nu_{yx}^*=-0.10$, $E_y^*=0.182$ MPa)

模型5 $\theta_2=65°$ ($\nu_{yx}^*=-0.03$, $E_y^*=0.155$ MPa)

(a) 常规均匀构型

模型6 $\theta_2^{(i)}=45+5(i-1)°$ $i=1, 2, \cdots, 5$

(b) 负泊松比梯度递减构型

模型7 $\theta_2^{(i)}=65-5(i-1)°$ $i=1, 2, \cdots, 5$

(c) 负泊松比梯度递增构型

图 7-34 箭形胞元超材料结构模型

为保证每个构型具有相同的质量,上、下面板厚度统一为 $t_s=2$ mm。调整图 7-34 中每个夹层中超材料胞元的厚度以保证它的质量与基准模型相等,夹层相对密度统一设为 0.1。结构材料为铝,杨氏模量 $E_s = 71.9\ \text{Gpa}$,泊松比 $\nu = 0.33$,密度 $\rho_s = 2\,700\ \text{kg/m}^3$。因此所有研究构型的面密度均为 $m_p = 48.6\ \text{kg/m}$。

图 7-34(a)中的五个构型即为常规均匀箭形超材料夹层板梁结构。箭形胞元结构的力学性能参数($\mid \nu_{yx}^* \mid$ 和 E_y^*)如图 7-35 所示,其特征角度在 45°~65°之间变化。由图 7-35(a)可知,这两组力学性能参数均随着胞元特征角度的减小而降低。此处规定,负泊松比的大小指的是其绝对值的大小。因此,本研究中箭形胞元负泊松比越大,其等效弹性模量就越大。此外,图 7-34(b)和图 7-34(c)中构型为梯度箭形负泊松比超材料夹层板梁结构,梯

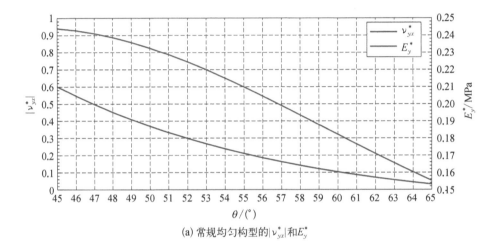

(a) 常规均匀构型的$\mid \nu_{yx}^* \mid$和E_y^*

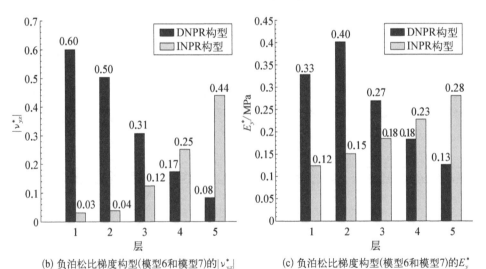

(b) 负泊松比梯度构型(模型6和模型7)的$\mid \nu_{yx}^* \mid$ (c) 负泊松比梯度构型(模型6和模型7)的E_y^*

图 7-35 力学性能参数

度递增和梯度递减的胞元特征角度序列 $\theta_2^{(i)}$ 可分别构成沿板厚方向负泊松比梯度递减(decreasing NPR)和负泊松比梯度递增(increasing NPR)的超材料夹层板梁结构。图 7－35(b)和图 7－35(c)为梯度构型各层胞元的负泊松比与等效弹性模量,等效弹性模量随梯度的变化趋势基本与负泊松比的变化趋势一致。

7.6.1　力学特性

1) 静力学特性计算结果

本节研究箭形超材料板梁结构的静力学特性,边界条件为完全简支约束,约束板梁两侧末端所有节点在 x 和 y 方向的自由度。上面板施加 $p=1\,\mathrm{Pa}$ 的单位均布静载荷,通过比较每一构型的上面板中点处的挠度值来评估静力学特性。本节仍定义中点挠度与外载荷比值为 Δ,表征结构的弯曲刚度。采用有限元法编程计算夹层板梁结构的中点挠度值,由此得到的中点挠度与外载荷比值 Δ 如图 7－36 所示,与此同时所获得的静力学最大位移响应如图 7－37 所示。结果表明对于常规均匀模型,箭形胞元特征角度越小,负泊松比越大,其弯曲刚度越大。对于混合梯度模型,负泊松比梯度递增模型比梯度递减模型刚度更大,且本例中的负泊松比梯度递增模型的刚度优于所有常规均匀模型。

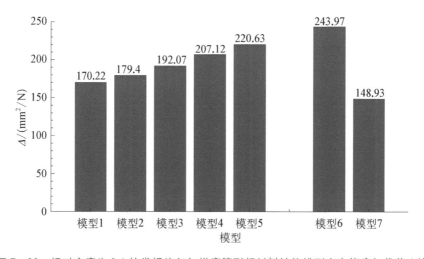

图 7－36　相对密度为 0.1 的常规均匀与梯度箭形超材料结构模型中点挠度与载荷比值

2) 固有频率计算结果

采用 Wittrick－Williams(以下简称"W－W")算法分别计算图 7－34 中各

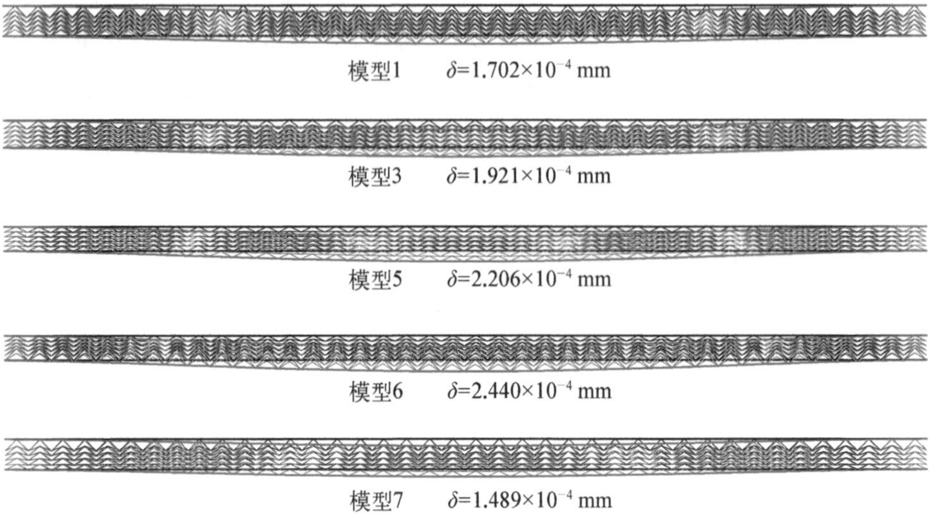

模型1 $\delta=1.702\times10^{-4}$ mm

模型3 $\delta=1.921\times10^{-4}$ mm

模型5 $\delta=2.206\times10^{-4}$ mm

模型6 $\delta=2.440\times10^{-4}$ mm

模型7 $\delta=1.489\times10^{-4}$ mm

图 7 - 37　相对密度 $\rho*/\rho_s=0.1$ 的常规均匀与梯度箭形
超材料结构模型的静力学最大位移响应

构件的固有频率，其边界条件与静力学分析时的边界条件相同，计算结果如
表 7 - 8 和图 7 - 38 所示。

表 7 - 8　常规均匀与梯度箭形超材料模型的固有频率

模　型	固有频率/Hz									
	第 1 阶	第 2 阶	第 3 阶	第 4 阶	第 5 阶	第 6 阶	第 7 阶	第 8 阶	第 9 阶	第 10 阶
1	88.8	210.5	357.8	516.1	677.5	784.2	836.4	910.0	923.1	928.0
2	86.6	210.6	364.3	532.4	706.7	856.6	881.2	1 049.6	1 129.2	1 153.1
3	83.7	207.3	363.5	536.9	718.7	885.3	904.1	1 081.8	1 255.4	1 333.3
4	80.6	201.9	357.0	530.6	713.6	882.0	902.6	1 080.9	1 257.4	1 326.9
5	77.8	194.6	342.3	503.4	581.2	615.7	666.1	667.3	719.9	816.7
6	74.4	182.5	317.9	467.5	623.9	781.5	870.3	937.1	1 087.5	1 179.9
7	94.5	230.2	395.0	565.8	729.2	823.6	878.1	969.4	1 003.0	1 023.0

对于常规均匀模型 1～模型 5，结构基频随箭形胞元负泊松比的降低而减

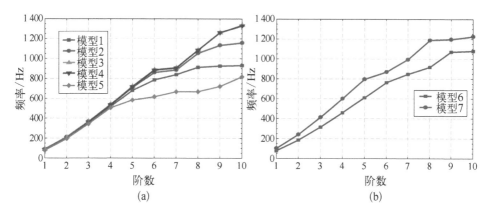

图 7-38　参考模型的前 10 阶固有频率趋势对比

小,这与其较低的弹性模量 E_y^* 有关[见图 7-35(a)],与板厚之间的微小差异也有一定的关系。特别地,对于常规均匀超材料夹层板梁结构模型 1~模型 3,它们第 4 阶以上的固有频率随负泊松比的降低而增大,表明超材料夹层板梁结构的静力学参数无法完全反映其高阶的动力学行为。而对于梯度构型,绝大多数模型 7 的固有频率高于同阶的模型 6 的固有频率,这主要是由于它们在板厚上的差距造成的。

图 7-39 为几个箭形负泊松比超材料模型的代表性模态,图 7-39(a)为第 3 阶整体模态,而图 7-39(b)为首先出现的局部模态。结合图 7-38,局部模态开始出现的频率反映在图中曲线斜率突变的地方。

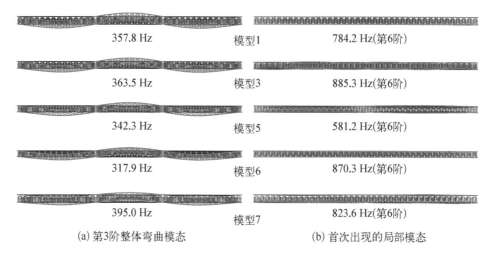

357.8 Hz	模型1	784.2 Hz(第6阶)
363.5 Hz	模型3	885.3 Hz(第6阶)
342.3 Hz	模型5	581.2 Hz(第6阶)
317.9 Hz	模型6	870.3 Hz(第6阶)
395.0 Hz	模型7	823.6 Hz(第6阶)

(a) 第3阶整体弯曲模态　　　　　　　　(b) 首次出现的局部模态

图 7-39　箭形胞元超材料模型的模态

7.6.2 声学特性及隔声量优化设计

1) 声辐射计算结果

如图 7 - 40 所示,在超材料夹层板梁结构的下面板处施加简谐平面声波,箭形超材料夹层板梁结构两端所有节点均采用简支约束,两侧连接无限尺度的刚性障板。

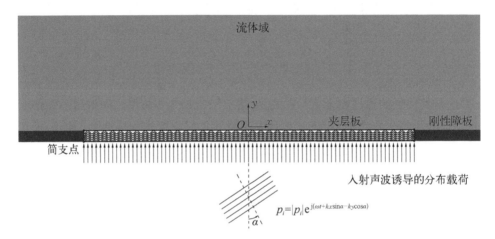

图 7 - 40   用障板固定的两侧自由简支箭形超材料夹层板梁结构的声载荷和声辐射边界条件

为观察夹层板梁结构的声辐射特性,选取代表模型 6 分别计算其在 500 Hz、1 000 Hz 和 1 400 Hz 下的声压分布云图,如图 7 - 41 所示。流体介质为空气,其密度 $\rho_a = 1.2\ \mathrm{kg/m^3}$,声传播速度 $c_a = 343\ \mathrm{m/s}$。入射声压幅值 $p = 1\ \mathrm{Pa}(94\ \mathrm{dB})$,参考声压值为 20 μPa。在图 7 - 41 中,声压观测区域分布在 $-0.5 \leqslant x \leqslant 0.5$,$0 \leqslant y \leqslant 1$ 的无量纲区域内,而超材料夹层板梁结构则分布在 $y = 0$ 直线上的 $-0.1 \leqslant x \leqslant 0.1$ 范围内。

2) 隔声量计算结果

隔声曲线计算区间选为 1~1 500 Hz,它覆盖了结构隔声曲线的刚度和共振区域。如图 7 - 42 所示,本节选取常规均匀内六角形负泊松比超材料夹层板梁结构与箭形超材料的隔声性能作对比[图 7 - 42(a)为模型 8,图 7 - 42(b)为模型 9]。

模型 8 和模型 9 与本节的箭形负泊松比超材料夹层板梁结构具有相同的 40 个×5 个的胞元排列布置、2 000 mm×50 mm 整体尺度以及 $m_p = 48.6\ \mathrm{kg/m}$ 的面密度。

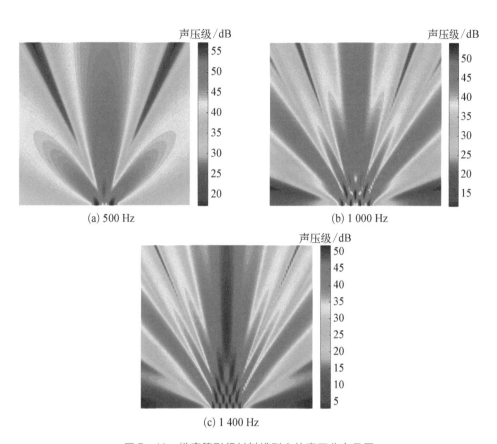

(a) 500 Hz

(b) 1 000 Hz

(c) 1 400 Hz

图 7 - 41　梯度箭形超材料模型 6 的声压分布云图

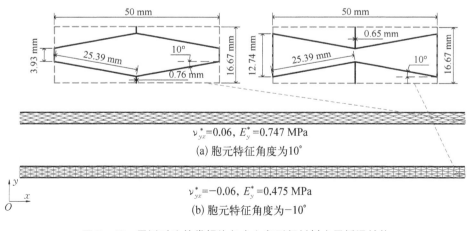

$\nu_{yx}^* = 0.06$, $E_y^* = 0.747$ MPa

(a) 胞元特征角度为 10°

$\nu_{yx}^* = -0.06$, $E_y^* = 0.475$ MPa

(b) 胞元特征角度为 -10°

图 7 - 42　用以对比的常规均匀内六角形超材料夹层板梁结构

图 7 - 43(a)～图 7 - 43(c)给出 1～1 500 Hz 范围内模型 1～模型 9 的隔声曲线及其质量定律曲线。图 7 - 43(a)与图 7 - 43(b)中箭形超材料夹层板梁结构的低频隔声曲线的各低谷与表 7 - 8 中的奇数阶模态相对应。选取等效弹性模量 E_y^* 评估板梁结构的刚度[197]，尽管箭形胞元的等效弹性模量比内六角形胞元的小，但箭形超材料夹层板梁结构的面内弯曲刚度更大且模态密度更小。图 7 - 43(d)给出了模型 1～模型 9 各个构型整个频段内的平均隔声量。对于常规均匀箭形超材料夹层板梁结构，胞元特征角度 θ_2 越小，负泊松比越大，其总隔声性能越好。对于梯度箭形超材料夹层板梁构型，模型 6 的总隔声性能强于模

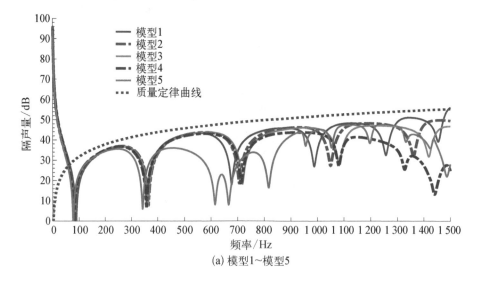

(a) 模型1～模型5

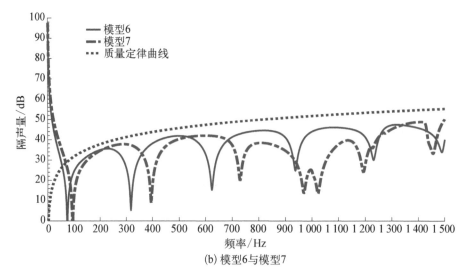

(b) 模型6与模型7

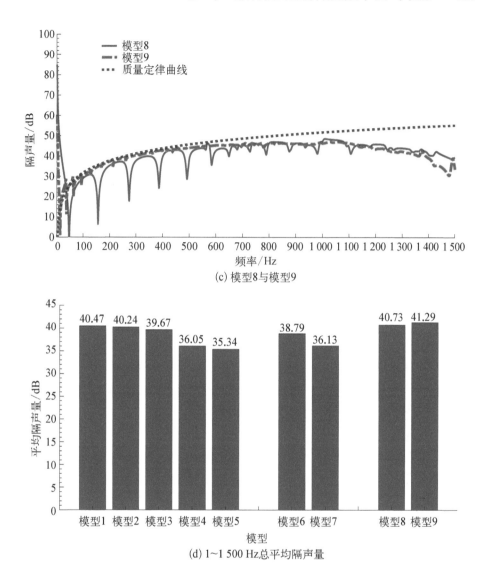

(c) 模型8与模型9

(d) 1~1 500 Hz总平均隔声量

图 7‐43　隔声曲线

型 7 的[见图 7‐43(b)],并且模型 6 与模型 7 隔声曲线的形状与其最底层胞元的特征角度 θ_2 所对应的常规均匀箭形超材料夹层结构的隔声曲线形状相似。在图 7‐43(c)中,内六角形负泊松比超材料夹层板梁模型 9 的平均隔声能力高于模型 8,这与上一节中的研究结论一致。此外,尽管模型 8 和模型 9 隔声能力比箭形超材料好,但它们的固有频率远低于箭形超材料构型的。以上结果表明,箭形超材料夹层板梁结构具有可期的隔声性能并拥有比内六角形超材料夹层板梁结构更高的静弯曲刚度。

3）隔声量优化设计

箭形超材料夹层板梁隔声量声学优化设计数学列式为

$$
\begin{cases}
\text{Find} & \theta_2 \\
\text{Minimize} & -f_{\mathrm{STL_a}}(\theta_2; f_1, f_2) = -\dfrac{1}{f_2 - f_1}\displaystyle\int_{f_1}^{f_2} f_{\mathrm{STL}}(\theta_2)\mathrm{d}f \\
\text{Subject to} & \theta_2^{\mathrm{L}} \leqslant \theta_2 \leqslant \theta_2^{\mathrm{U}} \\
& \pm(\theta_2^{(i+1)} - \theta_2^{(i)}) \leqslant 0 \\
& \pm(\theta_2^{(i)} - \theta_2^{(i+1)}) \leqslant \beta, \quad i = 1, 2, \cdots, N_r - 1 \\
& f_0(\theta_2) - f_0 \geqslant 0
\end{cases}
\tag{7-10}
$$

式中，θ_2^{L} 和 θ_2^{U} 为设计变量 θ_2 的上下阈值；$f_{\mathrm{STL_a}}(\theta_2)$ 为优化计算 f_1 至 f_2 频率区间内的平均隔声量；$f_0(\theta_2)$ 为优化构型的基频；f_0 则为允许的最小基频；β 为避免构型重叠的设计变量间隙。设计变量下限值设置为 $\theta_2^{\mathrm{L}} = 45°$，上限值为 $\theta_2^{\mathrm{U}} = 65°$，设计变量间隙 $\beta = 10°$。第二个和第三个约束条件限定了箭形超材料构型的梯度排列形式，正号代表递减 θ_2（负泊松比递增），反之负号代表递增 θ_2（负泊松比递减）。选取力学与声学性能居中的模型 3 作为优化基准模型，其基频 $f_0 = 83.7\ \mathrm{Hz}$，平均隔声量为 39.67 dB。仍采用多点启动全局优化算法，启动点个数为 100，设计变量及收敛条件的数值精度均为 1×10^{-3}。

（1）单频点工况。

本工况选择在 1 400 Hz 频率处，该频点靠近基准模型隔声曲线的某共振频率。图 7-44(a)比较了基准模型与优化后梯度模型的隔声曲线，图 7-44(b)给

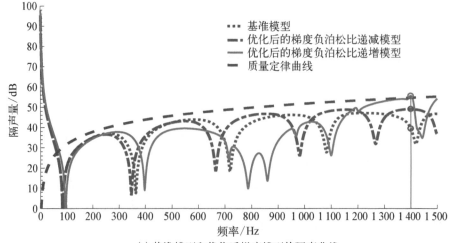

(a) 基准模型和优化后梯度模型的隔声曲线

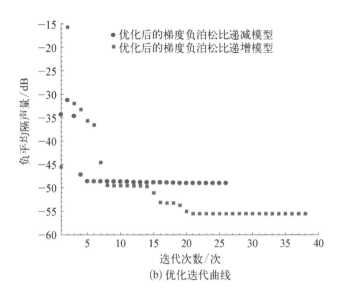

(b) 优化迭代曲线

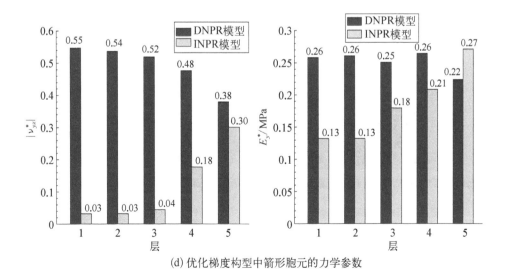

优化后的梯度负泊松比递减模型

优化后的梯度负泊松比递增模型

(c) 优化梯度模型的形状

(d) 优化梯度构型中箭形胞元的力学参数

图 7-44　频点 1 400 Hz 工况优化设计

出了优化迭代曲线,优化梯度模型的形状如图 7 - 44(c)所示,图 7 - 44(d)计算了各层梯度箭形负泊松比胞元的力学参数。表 7 - 9 列出了优化后构型的基本力学和声学特性参数。

表 7 - 9　1 400 Hz 工况基准与优化设计构型的特性参数

模　　型	$\theta_2/(°)$	f_{STL_a}/dB	f_0/Hz	f_{STL_0}/dB
基准模型	[55.00, 55.00, 55.00, 55.00, 55.00]	39.37	83.72	39.67
优化的梯度负泊松比递减模型	[45.98, 46.53, 46.53, 49.00, 51.03]	49.09	83.99	40.24
优化的梯度负泊松比递增模型	[64.91, 64.91, 56.90, 54.96, 45.09]	55.61	95.27	37.68

优化后的梯度负泊松比递减模型可将隔声量提升 9.72 dB,而优化后的梯度负泊松比递增模型可将隔声量提升 16.24 dB,前者比后者的优化效果提升了 67.1%。图 7 - 45 为图 7 - 44 中优化构型在 1 400 Hz 处的动力学响应及声压分布云图。由图 7 - 44(a)以及图 7 - 45(b)可知,优化后梯度负泊松比递增模型在 1 400 Hz 处产生局部振动,其隔声量超越了质量定律曲线。由动力学响应图可知,靠近板梁结构底部的箭形负泊松比胞元吸收了大部分的振动能量,因此优化后的梯度负泊松比递增模型能够更有效地降低声波透射。

声压级/dB

$\delta=1.82\times10^{-7}$ mm

(a) 优化后的梯度负泊松比递减模型

$\delta=1.96\times10^{-6}$ mm

(b) 优化后的梯度负泊松比递增模型

图 7 - 45　1 400 Hz 工况动态响应与声压分布云图

(2) 宽频带工况。

本工况选取 1 000～1 500 Hz 的宽频带进行隔声量优化,频率间隔为 20 Hz。

优化构型的信息如图 7-46 所示,其基本性能参数如表 7-10 所示。与基准构型相比,优化后的梯度负泊松比递减构型在计算频段内的平均隔声量增加了 2.51 dB,而优化后的梯度负泊松比递增构型的平均隔声量增加了 5.03 dB,前者相比于后者的隔声量优化效果提升了 100.4%。

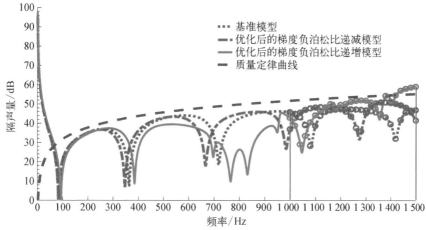

(a) 基准模型和优化后梯度模型的隔声曲线

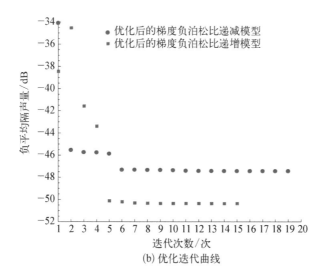

(b) 优化迭代曲线

优化后的梯度负泊松比递减模型

优化后的梯度负泊松比递增模型

(c) 优化梯度模型的形状

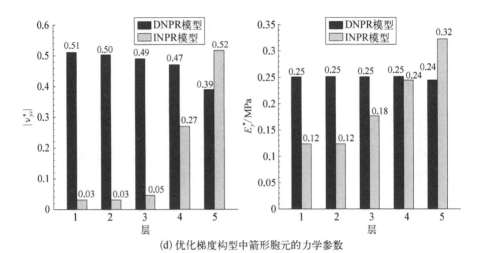

(d) 优化梯度构型中箭形胞元的力学参数

图 7‑46   1 000～1 500 Hz 频带工况优化设计

表 7‑10   1 000～1 500 Hz 工况基准与优化设计构型的特性参数

模　　型	$\theta_2/(°)$	$f_{\mathrm{STL_d}}/\mathrm{dB}$	f_0/Hz	$f_{\mathrm{STL_0}}/\mathrm{dB}$
基准模型	[55.00, 55.00, 55.00, 55.00, 55.00]	45.36	83.72	39.67
优化的梯度负泊松比递减模型	[46.71, 47.14, 47.14, 48.31, 51.53]	47.87	83.73	40.16
优化的梯度负泊松比递增模型	[65.00, 65.00, 55.51, 46.78, 46.25]	50.39	92.91	38.31

　　设计的梯度负泊松比箭形胞元超材料夹层板梁可通过增材制造的方式获得,图 7‑47 所示为梯度负泊松比递减模型的半个缩比模型,3D 打印模型的比例尺为 1∶5,模型的面外高度为 200 mm。该 3D 打印模型亦验证了本节设计的梯度负泊松比箭形超材料夹层板梁结构的可制造性。

(a)　　　　　　　　　　　　　　　　(b)

图 7‑47   通过增材制造方法获得的梯度负泊松比递减构型的缩比模型

（3）结果对比与讨论。

由单频点和频带工况优化结果，梯度负泊松比递增箭形超材料夹层板梁比负泊松比梯度递减结构可获得更好的隔声性能，单频点工况前者的优化效果比后者提升了 6.52 dB(67.1%)，宽频带工况前者的优化效果比后者提升了 2.52 dB(100.4%)。由图 7 - 44(d)和图 7 - 46(d)可知，在梯度负泊松比递增模型中靠近流体区域的箭形负泊松比胞元具有较大的 $|\nu_{yx}^*|$ 和较小的 E_y^*，反之亦然。对于两种工况，优化后的梯度负泊松比递增模型均具有超越质量定律的声学设计潜力，在一定程度上牺牲了总平均隔声量。具有较大负泊松比的均匀箭形负泊松比超材料夹层板梁拥有较好的隔声性能，因此，将具有较大负泊松比的箭形胞元靠近流体区域布置确实可提高其获得更高隔声量的潜力。此外，根据各个模型的隔声曲线可以发现，在超材料夹层板梁最底层的箭形负泊松比胞元是其隔声曲线形状的主要控制因素，而梯度递增超材料夹层板梁模型将负泊松比相对较小的胞元布置在结构最底层，其整个频段内的平均隔声量因此受到了一定制约。

第 *8* 章

超材料夹层圆环结构的设计与分析

本章从超材料胞元的负泊松比组合序构出发,以梯度混合为设计特征,考虑梯度夹层圆环结构,分为沿径向梯度负泊松比递减圆环和梯度负泊松比递增圆环。比较两类混合梯度构型及常规均匀构型的承载及声振性能。本章隔声性能计算仍采用平面二维瑞利积分公式,对超材料夹层圆环的声学边界设计是满足这一公式的应用条件的。采用由圆心指向圆周的周向发射的声波作为夹层圆环结构的声学激励,通过调整其梯度夹芯层中超材料胞元的几何特性,灵活调控和改变超材料夹层圆环结构的力学和声学性能。通过最优化方法设计梯度负泊松比序列,改变超材料夹层结构中的超材料胞元的几何形状,增强其在不同指定频率范围内的隔声性能。本章旨在通过对混合梯度超材料夹层圆环结构中超材料胞元的负泊松比序列,进行人工减振降噪设计,探索超材料夹层圆环结构的应用。

8.1　梯度负泊松比超材料夹层圆环的结构设计

内六角形胞元超材料夹层圆环结构包括内外面板以及其中的超材料夹层结构。图 8-1 为梯度内六角形胞元负泊松比超材料夹层圆环结构的几何设计及其胞元细节。图中,N_c 和 N_r 分别代表超材料沿周向和径向的总个数,R_0 为圆环内径,φ 为周期序列的圆心角,t_f 为面板厚度,i 为沿径向胞元序列编号,R_i 为径向胞元的特征半径,θ_i、h_i、l_i、t_i、L_{xi} 以及 L_{yi} 为第 i 个胞元的特征几何参数。

由于相邻胞元沿径向圆周长度的变化导致 l'_i 和 l_i、θ'_i 和 θ_i 并不完全相等。但当周期序列圆心角 φ 足够小且圆环内径 R_0 足够大时,有 $l'_i \approx l_i$,$\theta'_i \approx \theta_i$。此外,为减少设计参数,设定 $l'_i \sin\theta'_i = l_i \sin\theta_i$。因此,胞元内部的几何关系可写为

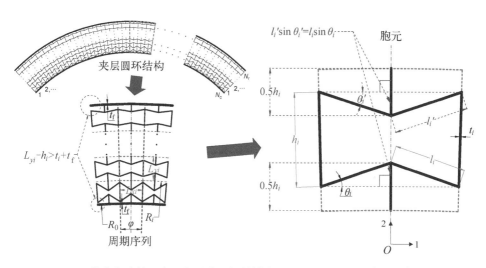

图 8-1　梯度负泊松比内六角形胞元超材料夹层圆环结构几何设计及其胞元细节

$$
\begin{cases}
l_i \cos \theta_i = (R_i + 0.5h_i + l_i \sin \theta_i) \tan \dfrac{\varphi}{2} \\[2mm]
L_{yi} = h_i \cos \dfrac{\varphi}{2} + 2(0.5h_i + l_i \sin \theta_i)
\end{cases}
\tag{8-1}
$$

$$
\begin{cases}
L_{yi} = \alpha L_{xi} \\[2mm]
L_{xi} = 2R_i \tan \dfrac{\varphi}{2} = 2\Big(R_0 + \displaystyle\sum_{n=1}^{i-1} L_{yn}\Big) \tan \dfrac{\varphi}{2}
\end{cases}
\tag{8-2}
$$

式中,对于给定的 R_0、φ、α 和 θ_i,式(8-2)中 h_i 和 l_i 可通过求解二元一次线性方程组获得。由式(8-2)可进一步推导出:

$$
\frac{L_{x(i+1)}}{L_{xi}} = \frac{2(R_i + L_{yi}) \tan \dfrac{\varphi}{2}}{2R_i \tan \dfrac{\varphi}{2}} = \frac{2\Big(R_i + 2\alpha R_i \tan \dfrac{\varphi}{2}\Big) \tan \dfrac{\varphi}{2}}{2R_i \tan \dfrac{\varphi}{2}} = 1 + 2\alpha \tan \dfrac{\varphi}{2} = 1 + 2\beta
$$

$$
\tag{8-3}
$$

式中,β 为胞元形状系数。当 $L_{x(i+1)}/L_{xi} \to 1$(即 $2\beta \to 0$)时,图 8-1 的超材料夹层圆环结构中超材料胞元的几何形状与标准内六角形胞元等效,它们的力学性能参数同样也相等。这里假定,当胞元形状系数 $\beta \leqslant 5\%$ 时,上述等效近似成立。因此,标准内六角形胞元的力学特性计算公式可沿用到满足近似等效条件的夹层圆环结构内嵌的超材料胞元上。特别指出,由于梯度胞元由横向排布改为沿圆环径向排布,此处需重新定义局部坐标轴,如图 8-1 中的右下角的坐标系 1~2,方向 2 始终沿圆环径向。由此在图 8-1 的局部坐标系 1~2 下,周向排布胞元的力学参数如下:

$$\nu_{21}^* = \frac{\left(\dfrac{h_i}{l_i} + \sin\theta_i\right)\sin\theta_i}{\cos^2\theta_i} \tag{8-4}$$

$$\frac{E_2^*}{E_s} = \left(\frac{t_i}{l_i}\right)^3 \frac{\left(\dfrac{h_i}{l_i} + \sin\theta_i\right)}{\cos^3\theta_i} \tag{8-5}$$

$$\frac{G_{12}^*}{E_s} = \left(\frac{t_i}{l_i}\right)^3 \frac{\left(\dfrac{h_i}{l_i} + \sin\theta_i\right)}{\left(\dfrac{h_i}{l_i}\right)^2 \left(1 + 2\dfrac{h_i}{l_i}\right)\cos\theta_i} \tag{8-6}$$

基于可变负泊松比序列逆向设计超材料夹层圆环结构的基本思路有如下几方面:

(1) 由 $\beta \leqslant 5\%$ 选定胞元长宽比 α 和周期序列圆心角 φ,并根据 $|\theta| < \arctan\alpha$ 确定胞元特征角度 θ 取值范围,避免单元重叠。

(2) 根据选定的胞元长宽比 α 与已确定的 θ 取值范围,确定胞元负泊松比 ν_{21} 可达到的取值范围。

(3) 根据指定的负泊松比-层数函数关系事先确定每层胞元负泊松比。

(4) 再次由 ν_{21}^* 通过迭代计算确定每层胞元特征角度 θ_i 的具体取值。

(5) 通过式(8-2)确定构型的其他几何参数,获得最终的超材料夹层圆环的结构。

因此,每个特殊指定的负泊松比-层数函数关系都对应着唯一的超材料夹层圆环结构构型。图 8-2 示出了内六角形超材料夹层圆环结构单元的划分细节。当确定了设计结构沿周向和径向的总个数 N_c 和 N_r 时,可直接得到超材料夹层圆环结构的节点总数与单元总数。由于程序计算中采用谱单元法,因此结构划分方式可始终保持图 8-2 中的划分方法,并无须随计算频率的增加而加密网格划分。

本章中胞元长宽比 $\alpha = 1$,胞元特征角度为负值,由胞元不重叠条件 $|\theta_i| < \arctan\alpha$ 可得本章中胞元特征角度取值范围 $|\theta_i| < 45°$。当 $\alpha = 1$ 时,θ 与 ν_{21}^* 取值的对应关系可通过迭代计算得到,如图 8-3(a)所示。其他参数(胞元无量纲厚

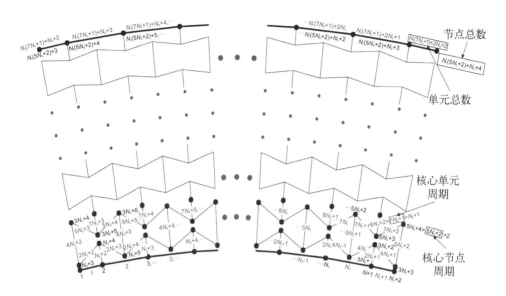

图 8-2　内六角形超材料夹层圆环结构单元划分细节

度 t/L_x、等效无量纲弹性模量 E_2^*/E_s、等效无量纲剪切模量 G_{12}^*/E_s)可在规定了超材料的相对密度 $\rho^*/\rho_s = 0.1$ 后计算得出。如图 8-3 所示,所有四个参数均随着负泊松比从 -1 增长到 0 而递增,这表明具有较小负泊松比的内六角形超材料胞元具有更强的静力学性能。

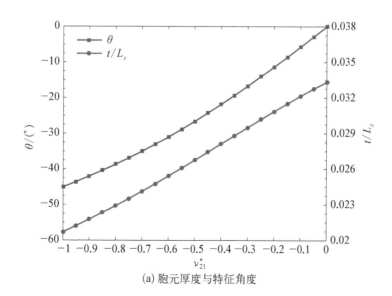

(a) 胞元厚度与特征角度

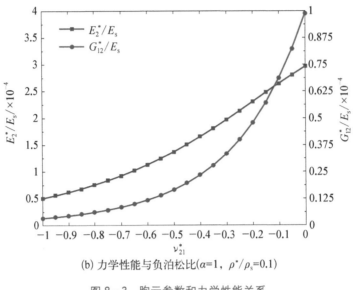

(b) 力学性能与负泊松比($\alpha=1$，$\rho^*/\rho_s=0.1$)

图 8-3 胞元参数和力学性能关系

图 8-4 所示为内六角形负泊松比超材料夹层圆环结构。图 8-4(a)由具有相同特征角度的内六角形负泊松比胞元构成的超材料圆环结构定义为常规均匀超材料夹层圆环结构，模型 1 至模型 4 的夹层具有同一负泊松比 ν_{21}^*。与之相对，图 8-4(b)中由具有不同(梯度)负泊松比的内六角形胞元构成的超材料夹层圆环结构即为梯度超材料夹层圆环结构，其负泊松比与层数之间的函数关系也在图中示出。模型 1 至模型 4 为常规均匀超材料模型。模型 5、模型 7 与模型 9 为梯度负泊松比递增构型，而模型 6、模型 8 与模型 10 为梯度负泊松比递减构型。此外，它们的负泊松比与层数之间的函数关系定义为中心对称型，并且模型 5 与模型 6、模型 7 与模型 8、模型 9 与模型 10 之间的函数关系分别为单线型、单阶型与两阶型。此处，"阶"表示连续几层胞元相等的负泊松比值在负泊松比-层数函数图中反映为"台阶"状。特别地，当圆环内径 R_0 趋于无穷大时，该构型将

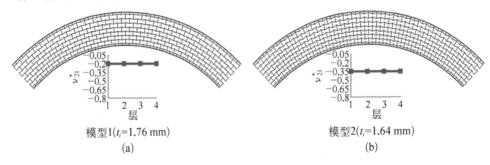

模型1($t_i=1.76$ mm)　　　　　模型2($t_i=1.64$ mm)

(a)　　　　　　　　　　　(b)

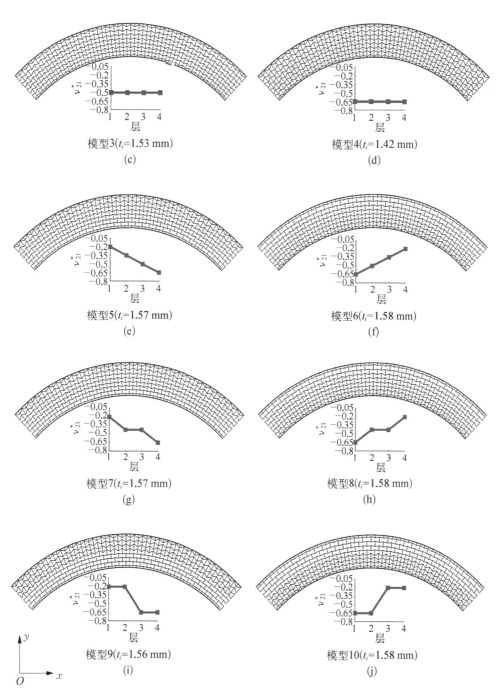

图 8-4　等质量等尺度的内六角形胞元负泊松比超材料夹层圆环结构

注：函数图描绘了负泊松比与层数之间的关系。

退化为内六角形胞元序构的超材料夹层板梁,此时图 8 - 4(b)中每组对比构型实际上为同一构型。

　　此处规定,本章所有构型的总体尺度与胞元排布数目均相等,其内径 R_0 均为 1 000 mm,周期序列圆心角 φ 均为 3°,夹层圆环结构中周向和径向的胞元总个数 N_c 和 N_r 均相同,$N_c=30$ 且 $N_r=4$。对于恒定的胞元长宽比 α,根据式(8-4)可得胞元形状系数 $\beta=2.62\%$,因此,构型满足胞元力学特性近似假定的成立条件。此外,设计的圆环形超材料夹芯层的总厚度为 226.5 mm,结构外径 R_{Nc} 为 1 226.5 mm。另外,内外面板的总质量保证相同,其厚度统一规定为 $t_f=$ 5 mm,通过调整胞元整体厚度保证超材料夹层的总质量相等。本章通过限定整个夹层结构的相对密度 ρ^*/ρ_s 来控制其总质量。超材料夹层中胞元的统一厚度 t_i 可由下式计算得到:

$$t_i = \left(\frac{\rho^*}{\rho_s}\right) \frac{\frac{1}{2}N_c\varphi\frac{\pi}{180}(R_{Nc}^2 - R_0^2)}{L_{core}} \tag{8-7}$$

式中,L_{core} 为所有超材料夹芯层中组成胞元的梁单元的总长度,每个构型胞元厚度已标注在图 8 - 4 中。研究中模型的构成材料为铝,杨氏模量 $E_s=71.9$ GPa,泊松比 $\nu=0.33$,密度 $\rho_s=2\,700$ kg/m³,超材料夹层结构的相对密度 $\rho^*/\rho_s=0.1$,故夹层结构的等效密度 $\rho^*=270$ kg/m³。则内外面板的面密度为 47.2 kg/m²,超材料夹层结构的面密度为 107.0 kg/m²。特别地,胞元厚度与面板厚度需保证协调否则会出现厚度重叠,如图 8 - 1 中的圆形区域所示。因此,本章胞元特征角度 θ 的取值范围缩小 $|\theta|<36.9°$,则有 $|\nu_{21}^*|<0.75$。故本章中胞元负泊松比取值限定在 $-0.65\sim-0.2$。

8.2　梯度负泊松比超材料夹层圆环结构的力学特性

8.2.1　静力学特性

　　本节研究各参考构型的静力学性能。构型两端所有节点均采用简支约束。沿圆周方向分布的 $q=1$ Pa 单位均布静载荷作用于圆环内表面。根据上节中构型等质量条件,具有较小的内外面板平均垂向位移的构型拥有较好的刚度质量比。此处,用平均垂向位移与压力载荷比值 $\Delta=\delta/q$ 来评价结构静弯曲刚度。

通过有限元法计算得到各参考模型的静力学评价参数 Δ 如图 8 - 5 所示,而图 8 - 6 则描绘了其中的代表模型(模型 5 与模型 6)的静位移响应。

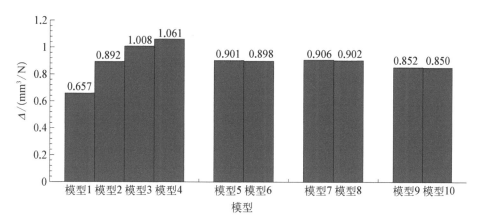

图 8 - 5　参考模型的平均垂向位移与压力载荷比值 Δ

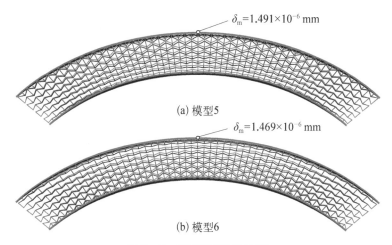

(a) 模型5

(b) 模型6

图 8 - 6　代表模型的静变形

注:δ_{m}表示外面板中点垂向位移绝对值。

对于等质量的常规均匀模型,其静力学评价参数 Δ 随着胞元负泊松比的增大而增大,与相关文献一致[197-198,306]。因此,模型 1 是所有模型中静力学性能最好的模型。而对于梯度模型,它们的静力学性能均差于模型 1,大部分强于模型 2,而均强于模型 3 与模型 4。梯度负泊松比递增模型的静力学评价参数 Δ 略大于梯度负泊松比递减模型。除它们构型之间胞元壁厚的微小差异之外(见图 8 - 4),这还归因于梯度负泊松比递减模型中具有较大负泊松比的胞元靠近载荷处,内面板附近结构相对较软[见图 8-3(b)],故而能够吸收能量传递路径上更多的应变能。因此,静力学计算结果表明,对于本章所设计的超材料夹层圆环结构,更好的静力学性能可通过将具有较大负泊松比的胞元排布在靠近载荷的位置。下文中静力学评价参数 Δ 将继续用以评价模型的静弯曲性能。

8.2.2 振动特性

计算图 8-4 中模型的固有频率时将模型视作无阻尼的线性弹性系统,构型边界条件均采用简支约束。表 8-1 列出了基于谱单元 W-W 算法计算得到的常规与梯度模型的固有频率,用户定义收敛系数 $\varepsilon=1\times10^{-5}$,表 8-1 中同时列出了基于 ABAQUS 的有限元法计算得到的模型 5 的固有频率。采用有限元法计算固有频率时,每个梁单元网格划分的尺寸规定为 2 mm,满足有限元动力学计算对网格划分的要求。图 8-7 给出前 10 阶固有频率。

表 8-1 常规与梯度超材料夹层圆环模型的固有频率

模　型	固有频率/Hz									
	第1阶	第2阶	第3阶	第4阶	第5阶	第6阶	第7阶	第8阶	第9阶	第10阶
1	54.74	87.56	128.87	165.73	209.11	249.74	296.00	339.06	349.90	388.68
2	41.87	67.45	100.02	130.26	166.38	201.62	241.60	266.65	280.69	320.32
3	32.62	53.21	80.02	105.95	137.37	169.04	199.97	207.01	240.65	246.32
4	25.90	43.06	66.08	89.31	117.78	147.20	154.26	180.94	188.19	213.36
5	39.30	63.15	93.67	121.40	154.03	184.96	217.65	221.34	252.92	265.45
5(FEM)	39.30	63.15	93.67	121.39	154.03	184.96	217.65	221.34	252.92	265.46
6	36.65	59.49	89.21	121.40	151.90	186.60	225.40	240.84	266.15	285.11
7	39.12	62.92	93.45	121.25	154.05	185.25	218.64	222.42	253.97	270.35
8	36.63	59.45	89.14	117.49	151.78	186.43	225.08	239.17	265.78	286.23
9	39.71	63.75	94.38	122.06	154.42	184.86	218.54	226.20	251.18	262.04
10	36.78	59.70	89.50	117.91	152.29	187.02	226.48	251.99	266.85	289.59

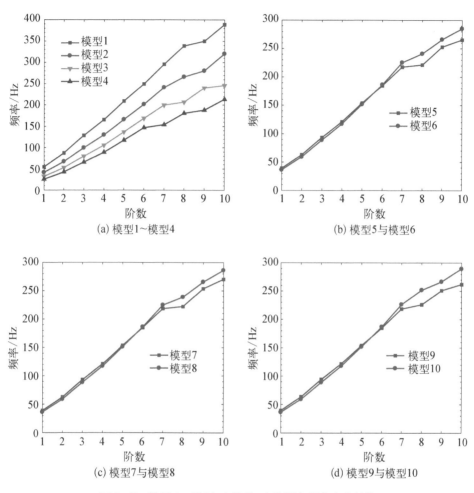

(a) 模型1～模型4　　　　　　　　(b) 模型5与模型6

(c) 模型7与模型8　　　　　　　　(d) 模型9与模型10

图 8-7　模型 1～模型 10 的前 10 阶固有频率变化趋势

　　由图 8-7 可知,对于常规均匀胞元模型(模型 1～模型 4),每个模型同一阶的固有频率随其胞元负泊松比的增大而减小。这一结果可归因于具有较大负泊松比的内六边形胞元,其等效弹性模量值 E_2^*/E_s 或剪切模量值 G_{12}^*/E_s 是较小的,如图 8-3(b)所示,与相关文献研究结果一致。而对于梯度模型,梯度负泊松比递增模型(模型 5、模型 7 和模型 9)的前 4 阶固有频率大于梯度负泊松比递减模型(模型 6、模型 8 和模型 10),超过前 4 阶固有频率后的规律反之,这与以上常规均匀超材料模型的固有频率规律有所差异。

　　图 8-8 给出了一些代表模型的典型模态及其相应的固有频率。构型整体的振动模态对应整体振动固有频率,其他则对应局部振动的固有频率。图 8-8

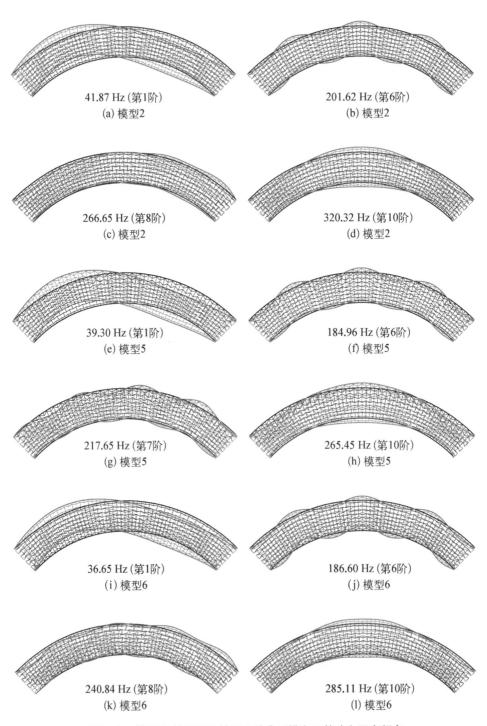

41.87 Hz(第1阶)
(a) 模型2

201.62 Hz(第6阶)
(b) 模型2

266.65 Hz(第8阶)
(c) 模型2

320.32 Hz(第10阶)
(d) 模型2

39.30 Hz(第1阶)
(e) 模型5

184.96 Hz(第6阶)
(f) 模型5

217.65 Hz(第7阶)
(g) 模型5

265.45 Hz(第10阶)
(h) 模型5

36.65 Hz(第1阶)
(i) 模型6

186.60 Hz(第6阶)
(j) 模型6

240.84 Hz(第8阶)
(k) 模型6

285.11 Hz(第10阶)
(l) 模型6

图 8-8   模型 2、模型 5 和模型 6 的典型模态及其响应固有频率

最左侧两列整体弯曲模态中超材料夹层圆环结构以弯曲梁的形式发生变形,最右列为夹层结构发生整体的膨胀振动变形,左数第三列则为最先出现的夹层结构内嵌的超材料胞元扭曲变形的局部振动模态。在每个振型图中,与具有较大负泊松比胞元相邻的面板具有较大的相对曲率。因此,常规均匀与梯度构型的振动模态特征随其胞元排布任意变化,梯度构型能够产生更加灵活的结构振动变形形式。

8.2.3　动力学响应

动力学响应计算时的结构边界条件同 8.2.2 节,圆环内面板施加 $p=1\,\mathrm{Pa}$ 的均布的简谐单位压力载荷。引入复模量 $E^*=E_\mathrm{s}(1+\mathrm{j}\eta)$ 代入结构阻尼,其中结构阻尼系数取 $\eta=1\times10^{-3}$。图 8-9 比较了分别采用 SEM 和 FEM 计算得到的模型 5 特征节点处从 $1\sim1\,500\,\mathrm{Hz}$ 的垂向位移振动响应,有限元计算网格划分方式同 8.2.2 节。图 8-9 计算结果表明两种计算方法的动态响应计算结果精确吻合。

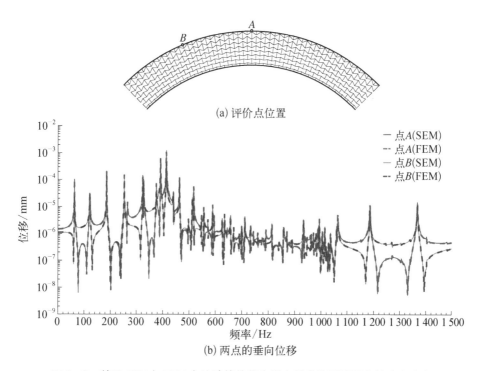

(a) 评价点位置

(b) 两点的垂向位移

图 8-9　基于 SEM 与 FEM 方法计算的代表混合梯度构型模型 5 的动态响应

8.3　梯度负泊松比超材料夹层圆环结构的声学特性

如图 8-10 所示,内六角形胞元序构的负泊松比超材料夹层圆环结构(以模型 5 为例)在内面板处承受圆柱形入射声波。超材料夹层圆环布置在两个夹角为 90°的无限长的刚性障板之间。振动从内面板经由超材料夹层芯层传递到外面板,超材料夹层圆环结构通过外面板向流体区域辐射声能量,结构两侧所有节点均为简支约束。声学计算仅考虑声波通过结构路径的传播。

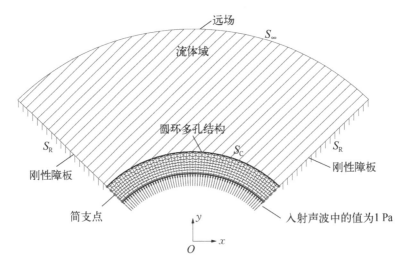

图 8-10　用障板固定的两侧自由简支超材料夹层圆环结构的声载荷和声辐射边界条件

入射声功率 W_i 为

$$W_i = \frac{|p_i|^2 N_c \varphi R_0}{2\rho_a c_a} \tag{8-8}$$

式中,$N_c\varphi R_0$ 为入射面面板长度;流体介质为空气,其密度 $\rho_a = 1.2 \text{ kg/m}^3$,声速取 $c_a = 343 \text{ m/s}$。

8.3.1　声辐射特性

图 8-11 给出梯度负泊松比超材料夹层圆环模型 5 的声辐射特性计算结果,展示了由 MATLAB 编程与 ABAQUS 仿真计算得到的在 500 Hz、1 000 Hz

和 1 500 Hz 时声辐射云图,入射声波的声压幅值为 1 Pa,流场观测区域选在结构外面板至远场半径为 3 000 mm 圆边界,此处 ABAQUS 单元及边界条件设置相同。由图 8 - 11 对比可知,由编程计算与仿真计算得到的声压最大值与声辐射云图分布结果高度吻合,验证了本章圆环结构平面声辐射计算的精确性。此处采用声压值云图以方便精确对比,而下文云图则采用声压级云图,参考声压为 20 μPa。

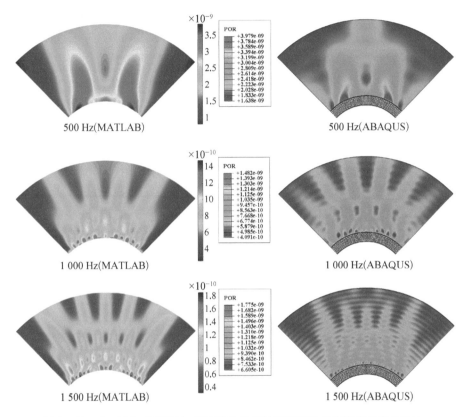

图 8 - 11　由 MATLAB 编程与 ABAQUS 仿真计算得到的代表模型 5 在 500 Hz、
　　　　　1 000 Hz 与 1 500 Hz 处的声压值分布云图

8.3.2　隔声量分析

大直径圆壳隔声曲线主要有两个具有主导性的波谷,隔声曲线第一个明显的降低是在圆壳结构的环频率 f_r 处,它仅与壳结构的半径与弹性波纵波传递速度有关。对于本章中总尺度一致的圆环结构,其理论上的圆环频率 f_r 可由以下公式计算得出[307]:

$$f_r = \frac{\sqrt{\dfrac{E_s}{\rho_s}(1-\nu^2)}}{2\pi R_{N_c}} \tag{8-9}$$

根据式(8-9),本文构型近似的圆环频率 $f_r = 709.4$ Hz。与平板结构隔声特性类似,圆柱壳结构隔声曲线中的第二个明显降低出现在临界频率 f_{cr} 处,此时圆周弯曲波波数与模态数除以圆周半径所得数值相等。当频率低于 f_r 时,隔声曲线基本由结构刚度所控制,该区间即为刚度控制区。在频率区间 f_r 与 f_{cr} 内,圆柱壳结构的隔声量主要符合质量定律,并且直至频率增加到两倍的 f_r,圆柱壳结构的隔声量始终遵循与其等质量平板的质量定律,该区间即为质量控制区[308-311]。根据无限长薄板的质量定律,代入面密度 $m_p = 107.0$ kg/m² 即可得到其近似的质量定律曲线。当频率超过 f_{cr} 时,隔声曲线将继续由圆柱壳的刚度控制并伴随着临界频率 f_{cr} 处明显的隔声量低谷,该区间称作吻合区域。本章隔声量计算区域选在 $1\sim1\,500$ Hz,该区间上限近似为两倍的圆环频率 f_r。故所考虑的结构隔声量评价区间包括刚度控制区与质量控制区,而更高频区域的临界频率特性暂不考虑。

本章研究的常规均匀与混合梯度的内六角形胞元序构的超材料夹层圆环的隔声量计算结果如图 8-12 所示,其中包括质量定律曲线。从总体趋势上看,隔声曲线首先呈总体的下降趋势,然后在圆环频率 f_r 处开始上升,某些构型隔声量的最小值点在图 8-12 中已标出。模型的圆环频率基本出现在 $400\sim500$ Hz 区间内,低于计算所得理论圆环频率 709.4 Hz,该现象主要是由于超材料夹芯层的存在以及结构两端简支约束的边界条件所导致[309]。

通过寻找图 8-12 中隔声曲线的最低点,图 8-13 间接筛选出了一些代表模型的圆环频率,该频率附近的声压分布与动力学响应也一并示出。圆环频率 f_r 出现时负泊松比超材料夹层圆环结构外面板同时膨胀和收缩,其原因是圆壳的弯曲力与薄膜力发生耦合作用从而导致整个结构具有最小阻抗而产生高辐射效率[310-311]。结合图 8-5 结果比较可知,具有较好静弯曲性能的模型普遍拥有较大的圆环频率 f_r 及刚度控制区内更大的隔声量值。由图 8-12 可知,对于胞元负泊松比较小的常规均匀超材料夹层圆环结构,它与梯度负泊松比递增结构同样具有相对较好的静力学刚度,因而在刚度控制区具有较高的隔声量。但是,当计算频率超过圆环频率 f_r 时,胞元负泊松比较大的常规均匀超材料夹层圆环结构与梯度负泊松比递减结构在质量控制区内的隔声性能更强。由MATLAB编程与ABAQUS仿真计算得到的模型 4 的隔声曲线如图 8-14 所示,该结果验证了本章计算超材料夹层的板梁结构隔声量计算的正确性。图 8-15 列出了本章研究的等质量超材料夹层圆环构型在 $1\sim1\,500$ Hz 内的平均隔声量。

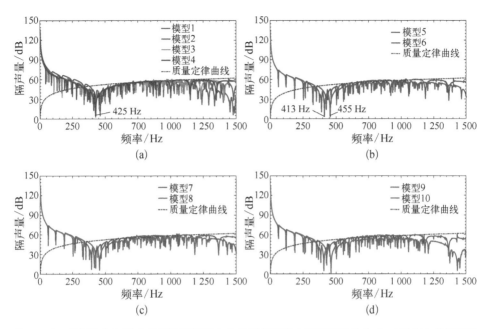

图 8‑12 常规均匀与混合梯度的等质量内六角形超材料夹层圆环结构在 1～1500 Hz 的隔声量

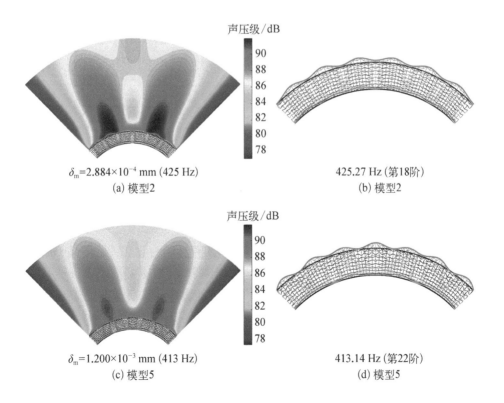

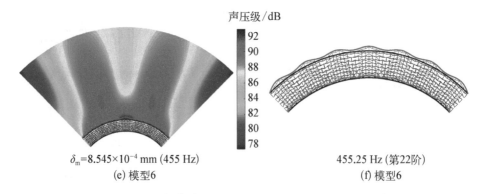

声压级/dB

$\delta_m = 8.545 \times 10^{-4}$ mm (455 Hz)
(e) 模型6

455.25 Hz (第22阶)
(f) 模型6

图 8-13　靠近环频率处模型 2、模型 5、模型 6 的声压及环频率模态

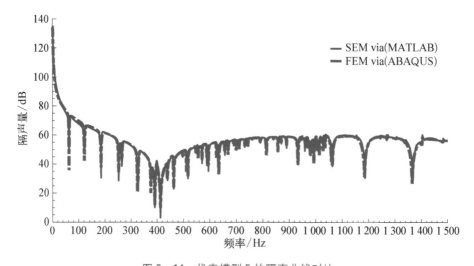

图 8-14　代表模型 5 的隔声曲线对比

　　在大于圆环频率 f_r 的频段内具有更大平均隔声量值的构型拥有更大的总隔声量均值,即更好的总隔声性能,这是由于所研究频段内质量控制区的带宽为刚度控制区(小于圆环频率 f_r 的频段)带宽的两倍以上。与图 8-15 比较可知,具有较好静弯曲性能的模型其隔声性能较差,两种性能一般来讲始终是矛盾的,胞元负泊松比较大的常规均匀超材料夹层圆环模型拥有更好的隔声性能,这与文献中研究结果一致[200]。后三组构型平均隔声量的对比结果表明,梯度负泊松比递增的超材料夹层圆环模型的隔声量高于梯度负泊松比递减模型。隔声量关于每层胞元负泊松比的敏度如图 8-16 所示,图中每层胞元负泊松比的绝对值(层 1 至层 4)从 0.2 等间距递增至 0.65,而其他层的负泊松比恒定为 0.2。图 8-16 结果表明,靠近构型外面板两层的负泊松比绝对值与平均隔声量正相

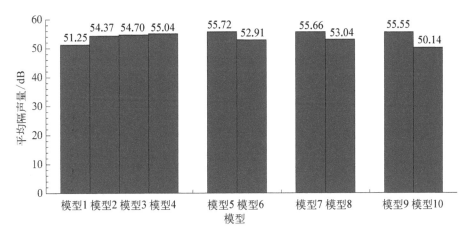

图 8-15　等质量超材料构型在 1～1 500 Hz 的平均隔声量

关,而最靠近内面板一层的泊松比与平均隔声量负相关,这进一步证实了在本章研究频段内,梯度负泊松比递增的超材料夹层圆环模型的隔声性能要优于梯度负泊松比递减模型。

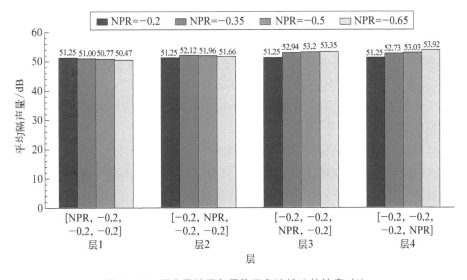

图 8-16　隔声量关于每层胞元负泊松比的敏度对比

8.4　梯度负泊松比超材料夹层圆环结构的声学优化设计

具有高声振性能的超材料夹层圆环结构的优化问题定义如下:

$$
\begin{cases}
\text{Find} & \left[\nu_{21}^{*}, \dfrac{\rho^{*}}{\rho_{s}}\right] = \left[\nu_{21}^{*}(1), \nu_{21}^{*}(2), \cdots, \nu_{21}^{*}(N_{r}), \dfrac{\rho^{*}}{\rho_{s}}\right] \\[2mm]
\text{Minimize} & F = -f_{\mathrm{STL\text{-}a}}\left(\nu_{21}^{*}, \dfrac{\rho^{*}}{\rho_{s}}; f_{1}, f_{2}\right) = -\displaystyle\int_{f_1}^{f_2} f_{\mathrm{STL}}\left(\nu_{21}^{*}, \dfrac{\rho^{*}}{\rho_{s}}\right) \mathrm{d}f \\[2mm]
\text{Subject to} & -0.7 \leqslant \nu_{21}^{*}(i) \leqslant -0.1 \\[2mm]
& 0.05 \leqslant \dfrac{\rho^{*}}{\rho_{s}} \leqslant 0.1 \\[2mm]
& \Delta(\nu_{21}^{*}) - \Delta_{0} \leqslant 0 \\[2mm]
& \pm\left[\nu_{21}^{*}(i+1) - \nu_{21}^{*}(i)\right] \leqslant 0, \ (i=1, \cdots, N_{r}-1)
\end{cases}
$$

$$(8-10)$$

式中,ν_{21}^{*} 为胞元负泊松比序列;$f_{\mathrm{STL\text{-}a}}$ 为计算频段 f_1 至 f_2 内的平均隔声量;定义 $\Delta(\nu_{21}^{*})$ 为优化模型的平均垂向位移与压力载荷比值,而 Δ_0 为基本模型的 Δ 值, 以此约束优化结构的静力学性能。此外,可对超材料夹层圆环结构的相对密度 ρ^{*}/ρ_{s} 进行调整以达到轻量化设计的目的。优化设计中,胞元负泊松比序列 ν_{21}^{*} 中各元素的取值范围为 $-0.7\sim-0.1$,而相对密度 ρ^{*}/ρ_{s} 的取值范围为 $0.05\sim 0.1$。式(8-10)中的最后一个约束限制了胞元负泊松比的梯度排布,其中负号代表负梯度泊松比递减模型,正号表示负梯度泊松比递增模型。本章优化在单频点和频带工况下进行。此处优化基准模型选择研究频段平均隔声性能最优的构型,即模型5,其平均隔声量为 $55.72\ \mathrm{dB}$,$\Delta=0.901\ \mathrm{mm^3/N}$。本节优化参数设置继续采用多点启动全局优化算法,启动点个数为100,设计变量及收敛条件的数值精度均为 1×10^{-3}。

梯度负泊松比超材料夹层圆环结构的声振优化设计计算包括三个工况:一个单频点工况和两个频带工况。此外,同时执行了常规均匀超材料夹层圆环结构在这三个工况下的声振优化设计,以此验证是否存在某个无须引入梯度概念就可达到最优效果的更简单的常规均匀超材料构型。均匀超材料夹层圆环结构的优化结果将以表格数据的形式给出。

8.4.1 隔声量优化设计

1) 单频点工况

本工况根据基准构型模型5的隔声曲线,计算频率选取在 $1\ 186\ \mathrm{Hz}$ 处,此处正好是模型5的某个共振频率。图8-17(a)为优化后的梯度负泊松比构型与基准构型的隔声曲线,图8-17(b)~图8-17(c)分别为梯度负泊松比递减与梯度

负泊松比递增模型的优化迭代曲线。为提高单频点声学优化的计算精度,迭代
收敛系数为 1×10^{-5},且编程计算中的高斯积分提升为 7 阶积分公式。与基准
模型的 1 186 Hz 频点隔声量相比,梯度负泊松比递减和梯度负泊松比递增超材
料优化构型的隔声量增量分别为 28.15 dB 和 34.88 dB,而常规均匀优化模型的
隔声量增量为 28.00 dB,为三者中最低。表 8-2 同时验证了三个优化模型完全
满足优化计算的约束条件。图 8-18 为在频点 1 400 Hz 处基准与梯度优化构型
的动态响应与声压分布云图。图中两种梯度构型中靠近内面板两层的负泊松比
胞元随着内面板振动,内部胞元的局部振动吸收了大部分振动能量,因此两个优

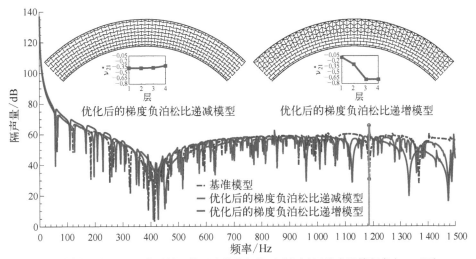

(a) 基准模型和优化后模型的隔声曲线与构型形状(小圆代表计算频率点,下同)

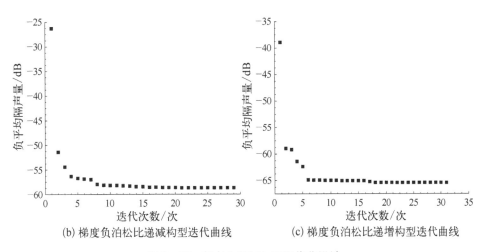

(b) 梯度负泊松比递减构型迭代曲线　　(c) 梯度负泊松比递增构型迭代曲线

图 8-17　频点 1 186 Hz 工况优化设计

化构型均有效地提高了超材料夹层圆环结构在该频点处的隔声能力。

表 8-2 频点 1 186 Hz 工况基准与梯度优化模型的基本特征参数

模　型	ν_{21}^*	ρ^*/ρ_s	f_{STL_a}/dB	$\Delta/$ (mm^3/N)	f_0/Hz	$f_{STL_o}/$ dB
基准模型	$[-0.200, -0.350,$ $-0.500, -0.650]$	0.100	30.55	0.901	39.30	55.72
优化的梯度负泊松比递减模型	$[-0.376, -0.376,$ $-0.368, -0.318]$	0.097	58.70	0.901	35.27	53.98
优化的梯度负泊松比递增模型	$[-0.100, -0.286,$ $-0.691, -0.691]$	0.087	65.43	0.815	39.95	54.34
优化的常规均匀模型	$[-0.359, -0.359,$ $-0.359, -0.359]$	0.099	58.55	0.901	41.01	54.19

声压级/dB

$\delta_m=1.174\times10^{-5}$ mm (1 186 Hz)　$\delta_m=2.689\times10^{-7}$ mm (1 186 Hz)　$\delta_m=1.668\times10^{-7}$ mm (1 186 Hz)
(a) 基准模型　　　　　(b) 优化后的梯度负　　　　　(c) 优化后的梯度负
泊松比递减构型　　　　　泊松比递增构型

图 8-18 频点 1 400 Hz 工况基准与梯度优化构型的动态响应与声压分布云图

2) 窄频带工况

窄频带工况选择相对较窄的频带范围(1 000~1 100 Hz),计算频率间隔为 10 Hz,本工况的优化计算信息如图 8-19 所示。

表 8-3 列出了本工况基准与优化后的梯度优化模型的基本特征参数,表明优化构型均已满足约束条件。与基准模型计算频段内的隔声量相比,梯度负泊松比递减和梯度负泊松比递增超材料优化构型的隔声量增量分别为 0.41 dB 和 1.63 dB,而常规均匀优化模型的隔声量增量仅为 0.32 dB。

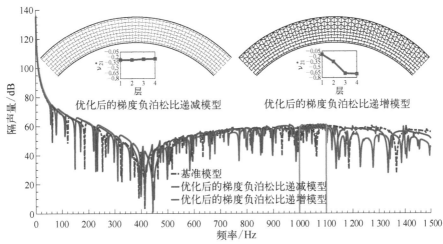

(a) 基准模型和优化后模型的隔声曲线与构型形状

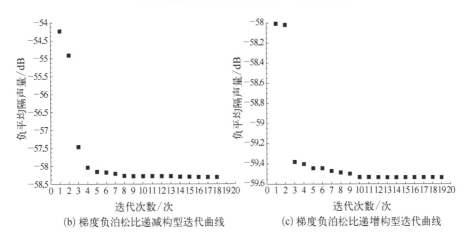

(b) 梯度负泊松比递减构型迭代曲线   (c) 梯度负泊松比递增构型迭代曲线

图 8-19 窄频带 1 000~1 100 Hz 工况优化设计

表 8-3 窄频带 1 000 至 1 100 Hz 工况基准与梯度优化模型基本特征参数

模　型	ν_{21}^*	ρ^*/ρ_s	f_{STL_a}/dB	$\Delta/(mm^3/N)$	f_0/Hz	f_{STL_o}/dB
基准模型	$[-0.200, -0.350,$ $-0.500, -0.650]$	0.100	57.90	0.901	39.30	55.72
优化的梯度负泊松比递减模型	$[-0.279, -0.279,$ $-0.259, -0.251]$	0.100	58.31	0.779	48.31	54.13

续　表

模　型	ν_{21}^{*}	ρ^{*}/ρ_{s}	$f_{\mathrm{STL_a}}/\mathrm{dB}$	$\Delta/$ $(\mathrm{mm^3/N})$	f_0/Hz	$f_{\mathrm{STL_o}}/$ dB
优化的梯度负泊松比递增模型	[−0.150, −0.357, −0.684, −0.700]	0.094	59.53	0.884	35.61	55.97
优化的常规均匀模型	[−0.276, −0.276, −0.276, −0.276]	0.099	58.22	0.795	47.28	54.27

3）宽频带工况

本工况选择相对较宽的频带范围（600～1 500 Hz），该频段基本涵盖了整个质量控制区，计算频率间隔为 30 Hz。本工况的优化计算信息如图 8-20 所示，表 8-4 列出了本工况基准与优化后梯度优化模型的基本特征参数，表明优化构型均已满足约束条件。声振优化计算结果表明，常规均匀与梯度负泊松比递减超材料构型在计算频率区间内的平均隔声水平均无法超过基准模型的隔声水平，而梯度负泊松比递增超材料优化构型的隔声量增量可达到1.14 dB。这里特别指出，优化构型的相对密度始终保持在其上限 $\rho^{*}/\rho_{s}=$ 0.1 处，这一现象很大程度上与这一宽频计算区间完全覆盖了质量控制区有关。

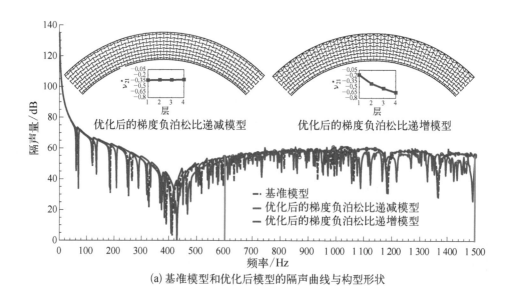

(a) 基准模型和优化后模型的隔声曲线与构型形状

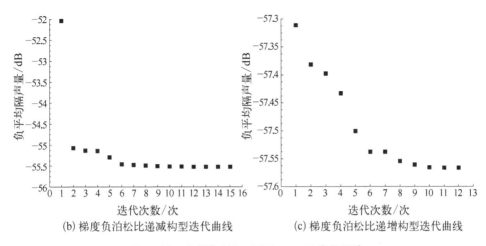

(b) 梯度负泊松比递减构型迭代曲线　　　　(c) 梯度负泊松比递增构型迭代曲线

图 8‑20　宽频带 600～1 500 Hz 工况优化设计

表 8‑4　宽频带 600～1 500 Hz 工况基准与梯度优化模型的基本特征参数

模　型	ν_{21}^{*}	ρ^{*}/ρ_{s}	f_{STL_a}/dB	$\Delta/$ (mm^3/N)	f_0/Hz	$f_{STL_0}/$ dB
基准模型	[−0.200，−0.350，−0.500，−0.650]	0.100	56.43	0.901	39.30	55.72
优化的梯度负泊松比递减模型	[−0.335，−0.328，−0.328，−0.318]	0.100	55.51	0.865	43.50	54.47
优化的梯度负泊松比递增模型	[−0.175，−0.411，−0.543，−0.649]	0.100	57.57	0.901	38.61	56.10
优化的常规均匀模型	[−0.359，−0.359，−0.359，−0.359]	0.996	55.15	0.901	41.08	54.51

　　本章设计的梯度负泊松比内六角形超材料夹层圆环结构可通过增材制造的方式获得,图 8‑21 所示为图 8‑20 中梯度负泊松比递增模型的缩比模型, 3D 打印模型的比例尺为 1∶10,模型的面外高度为 141.4 mm。该 3D 打印模型验证了本章设计的梯度负泊松比内六角形超材料夹层圆环结构的可制造性。

(a)

(b)

图 8 - 21　通过增材制造方法获得的图 8 - 20 中梯度负泊松比递增构型的缩比模型

8.4.2　隔声机理探讨

　　优化后的梯度负泊松比递增模型比优化后的梯度负泊松比递减模型能够阻隔更多的辐射声能量,三种优化工况的优化效果分别提升了 6.73 dB、1.22 dB 与 2.06 dB,且优化后的梯度负泊松比递增模型比基准模型与优化后的梯度负泊松比递减模型具有更好的总频段隔声性能。特别指出,在三种工况下均无法通过优化获得比梯度构型隔声效果更优的常规均匀构型。

　　梯度负泊松比递增模型普遍比梯度负泊松比递减模型隔声效果更好。在梯度负泊松比递增模型夹芯层中,与流体区域相邻的胞元具有较大负泊松比 ν_{21}^* 以及较小的等效剪切模量 G_{12}^*/E_s,而靠近内面板的胞元反而具有较大的等效弹性模量,可提供静弯曲刚度。此外,优化后的梯度负泊松比递增模型具有较小胞元厚度 t,因此其等效模量值可能比同等厚度下的力学属性小。与文献的结果相类似,胞元负泊松比较大的常规均匀超材料夹层构型由于其较小的等效剪切模量 G_{12}^*/E_s 获得了更好的隔声性能,而等效剪切模量与胞元方向无关。因此,梯度负泊松比递增模型能够获得相对更高的隔声曲线,图 8 - 16 中隔声量关于每层胞元负泊松比的敏度对比同样证实了这一结论。因此,胞元的等效剪切模量 G_{12}^*/E_s 是内六角形负泊松比超材料夹层圆环结构隔声性能的决定性因素,而负泊松比序列可作为一种超材料结构梯度化设计的参数化力学指标。

第 9 章

超材料圆柱壳的力学与声学性能

双层圆柱壳是水下航行器如潜艇、鱼雷和深潜器等的典型结构形式,潜艇上动力设备舱中动力机械的振动会引起潜艇壳体的振动,并向周围水域辐射噪声,是潜艇结构噪声的主要来源,其隔振及声辐射性能直接影响潜艇的声隐身性能。双层圆柱壳结构的水下振动和声辐射问题一直是国内外学者关注及研究的焦点,将高性能超材料用于圆柱壳结构是提高该类结构强度、刚度及声学性能的新途径之一。超材料圆柱壳主要分为两类,第一类是横截面为超材料芯夹层环形结构的圆柱壳,第二类则是平面周期性超材料进行弯折形成闭合圆形的轻质圆柱壳。本章给出轻量化、减振降噪性能优良的负泊松比及负刚度超材料(肋板)双层圆柱壳设计示例,计算分析不同功能胞元壁厚、特征角度以及胞元层数下超材料双层圆柱壳的力学及声学性能。

9.1 声振耦合动力学方程的有限元列式

船舶与海洋结构物的振动必须考虑周围流体介质与船体结构的耦合影响,其动力学方程中应包含附连水质量项和水动力载荷项。船舶与海洋结构物在时域内声振耦合动力学方程的有限元形式为[7,13-16]

$$\begin{bmatrix} \boldsymbol{M}_{\mathrm{s}} & 0 \\ -\rho_{\mathrm{f}}\boldsymbol{K}_{\mathrm{c}}^{\mathrm{T}} & \boldsymbol{M}_{\mathrm{f}} \end{bmatrix} \begin{bmatrix} \ddot{\boldsymbol{u}} \\ \ddot{\boldsymbol{p}} \end{bmatrix} + \begin{bmatrix} \boldsymbol{C}_{\mathrm{s}} & 0 \\ 0 & \boldsymbol{C}_{\mathrm{f}} \end{bmatrix} \begin{bmatrix} \dot{\boldsymbol{u}} \\ \dot{\boldsymbol{p}} \end{bmatrix} + \begin{bmatrix} \boldsymbol{K}_{\mathrm{s}} & \boldsymbol{K}_{\mathrm{c}} \\ 0 & \boldsymbol{K}_{\mathrm{f}} \end{bmatrix} \begin{bmatrix} \boldsymbol{u} \\ \boldsymbol{p} \end{bmatrix} \begin{bmatrix} \boldsymbol{F}_{\mathrm{s}} \\ \boldsymbol{F}_{\mathrm{f}} \end{bmatrix} \qquad (9-1)$$

式中,ρ_{f} 为流体密度;$\boldsymbol{N}_{\mathrm{f}}$ 为流体有限元的形函数矩阵;$\boldsymbol{M}_{\mathrm{s}}$、$\boldsymbol{C}_{\mathrm{s}}$ 和 $\boldsymbol{K}_{\mathrm{s}}$ 分别为船体质量矩阵、船体阻尼矩阵和船体刚度矩阵;$\boldsymbol{M}_{\mathrm{f}}$、$\boldsymbol{C}_{\mathrm{f}}$ 和 $\boldsymbol{K}_{\mathrm{f}}$ 分别为流体介质的质量矩阵、流体介质的阻尼矩阵和流体介质的刚度矩阵;$\boldsymbol{u}$ 为船体振动节点位移矢量;$\boldsymbol{p}$ 为流体的节点动压力矢量;$\boldsymbol{K}_{\mathrm{c}}$ 为流体与船体耦合作用矩阵;$\boldsymbol{F}_{\mathrm{s}}$ 为船体结构外载荷

矢量(螺旋桨、主机振动、轴系等振动载荷);F_f 为流体外载荷矢量(波浪、风、海流等)。

流体质量矩阵 $M_f = \dfrac{1}{c^2}\iiint\limits_{\Omega} N_f^T N_f dV + \dfrac{1}{g}\iint\limits_{S_F} N_f^T N_f dS$,是由流体可压缩性引起的质量矩阵和流体自由液面波动引起的质量矩阵之和,c 为流体中声速,当流场静止时不存在第二项。流体刚度矩阵 $K_f = \iiint\limits_{\Omega} \nabla N_f^T \nabla N_f dV$,其中,$\nabla$ 为那勃勒算子。流体阻尼矩阵 $C_f = \iint\limits_{S_F} \rho_f A N_f^T N_f dS$,对应面 S_F 的阻抗边界条件,表示无黏无旋流体产生的阻尼效应,其中,A 为流固耦合边界法向导纳矢量,$Ap = j\omega v_n$,v_n 为法向振速。流体与结构耦合作用矩阵 $K_c = -\iint\limits_{S_I} N_S^T n N_f dS$,其中,$N_f$ 为流体有限元的形函数矩阵,N_S 为结构有限元的形函数矩阵,n 为流固耦合面上离散单元的法向矢量。Ω、S、S_I、S_F 分别是流体域、流体域表面、流固交界面及流体自由表面。模型示例如图 9-1 所示。

船舶与海洋结构物在频域内声振耦合动力学方程的有限元形式为:

$$\left(\begin{bmatrix} K_s & K_c \\ 0 & K_a \end{bmatrix} + j\omega \begin{bmatrix} C_s & 0 \\ 0 & C_a \end{bmatrix} - \omega^2 \begin{bmatrix} M_s & 0 \\ -\rho_f K_c^T & M_a \end{bmatrix}\right) \begin{bmatrix} u \\ P \end{bmatrix} = \begin{bmatrix} F_s \\ F_a \end{bmatrix} \quad (9-2)$$

式中,声学流体质量阵 $M_a = \dfrac{1}{c^2}\iiint\limits_{\Omega} N_a^T N_a dV + \dfrac{1}{g}\iint\limits_{S_F} N_a^T N_a dS$;$N_a$ 为流体域形函数矩阵;声学流体刚度矩阵 $K_a = \iiint\limits_{\Omega} \nabla N_a^T \nabla N_a dV$;声学流体阻尼矩阵 $C_a = \iint\limits_{S_F} \rho_f A N_a^T N_a dS$;声与结构耦合作用矩阵 $K_c = -\iint\limits_{S_I} N_S^T n N_a dS$。

若流体为不可压缩流体,则体积模量 $K \to \infty$,因此声速 $c \to \infty$,当流体非处于自由表面时 $M_f = 0$,忽略流体阻尼作用,流体压力中没有脉动项仅有静压力项,则方程化为流固耦合方程:

$$(M_s - \rho_f K_c^T)\ddot{u} + C_s \dot{u} + K_s u + (K_c + K_f)p = 0 \quad (9-3)$$

流体域采用声学边界元离散而结构采用有限元离散的声振耦合振动数值分析模型(见图 9-2)。

对于单频声场,声学波动方程[式(2-40)]有如下解析解:

$$\iint_S \left[p(r_q) \frac{\partial G(r_p, r_q)}{\partial n} - G(r_p, r_q) \frac{\partial p(r_q)}{\partial n} \right] dS(r_q) = \begin{cases} p(r_p) & r_p \in E \\ 0.5 p(r_p) & r_p \in S \\ 0 & r_p \in I \end{cases}$$

$$(9-4)$$

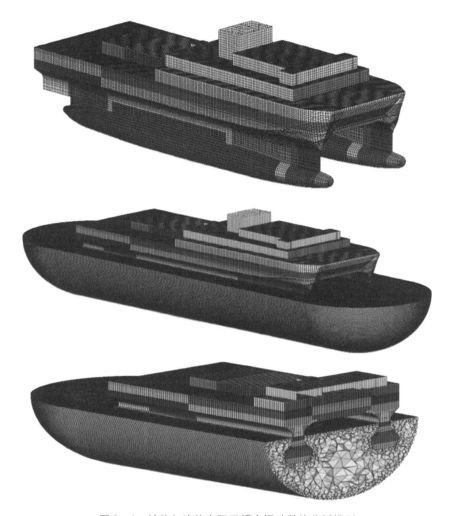

图 9 - 1　结构与流体有限元耦合振动数值分析模型

式中，r_p 和 r_q 为观测点的位置；$G(r_p, r_q) = \dfrac{\mathrm{e}^{-\mathrm{j}kR}}{4\pi R}$ 为格林函数；$R = |r_p - r_q|$；E、

S、I 分别表示位于结构外部、表面及内部；n 为结构表面的外法线矢量；k 为波数。

利用边界元法对上述方程进行离散，可得

$$P_f = [\boldsymbol{A}]P_s + [\boldsymbol{B}]P'_{s, n} \tag{9-5}$$

$$[\boldsymbol{C}]P_s = [\boldsymbol{D}]P'_{s, n} \tag{9-6}$$

将式(9-6)代入式(9-5)，可得声源表面 S 外声场上的声压：

$$P_f = ([\boldsymbol{A}][\boldsymbol{C}]^{-1}[\boldsymbol{D}] + [\boldsymbol{B}])P'_{s, n} \tag{9-7}$$

图 9-2　双体船的结构有限元与流体边界元耦合振动数值分析模型

对于单频声场,类比势流理论以及声速度势方程,可以将质点振速写为

$$v_{\mathrm{f}} = ([E][C]^{-1}[D] + [F])v'_{\mathrm{s, n}} \qquad (9-8)$$

结合式(9-7)及式(9-8),结构外表面 S 上节点 i 的法向声强为

$$I^i_{\mathrm{n, s}} = \frac{1}{2}Re[P^i_{\mathrm{n, s}} \cdot (v^i_{\mathrm{n, s}})^*] \qquad (9-9)$$

对结构外表面法向声强做面积积分可得辐射声功率 W_{s} 为

$$W_{\mathrm{s}} = \iint_s I_{\mathrm{n, s}}\mathrm{d}S = \frac{1}{2}\iint_s Re[P_{\mathrm{s}}(v_{\mathrm{n, s}})^*]\mathrm{d}S \qquad (9-10)$$

当结构受到多点激励力 F_{s} 时,该激励对结构的输入功率 W_{m} 为

$$W_{\mathrm{m}} = \frac{1}{2}\sum Re[F_{\mathrm{s}} \cdot \dot{u}] \qquad (9-11)$$

式中,$\dot{u}$ 为对应激励点力所在位置的质点速度。激励力 F_{s} 对结构的辐射效率 η 为

$$\eta = \frac{W_{\mathrm{s}}}{W_{\mathrm{m}}} \qquad (9-12)$$

9.2　负泊松比超材料双层圆柱壳的设计

　　本节给出含负泊松比超材料肋板的双层圆柱壳结构设计,它是由内壳、外壳以及环向负泊松比超材料肋板构成,是将常规双层圆柱壳中环向实肋板用环向超材料肋板替换后得到的。常规双层圆柱壳结构与含负泊松比超材料肋板双层圆柱壳结构的有限元模型如图 9 - 3 所示。模型中材料的弹性模量为 210 GPa,泊松比为 0.3,密度为 7 850 kg/m³,数值模型的两端取简支边界条件,采用四边形网格离散,内部基座采用常规对开型基座,基座面板高度为 600 mm,振源的质心相对于基座上面板高度为 400 mm。

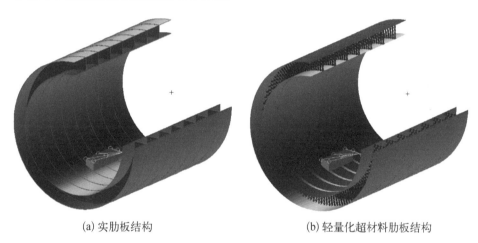

(a) 实肋板结构　　　　　　　　　　　　　(b) 轻量化超材料肋板结构

图 9 - 3　两种双层圆柱壳结构有限元模型的对比

　　圆柱壳结构中可设计的参数包括内外壳的厚度、超材料肋板的宽度、肋板间距、超材料胞元层数、胞元壁厚、胞元旋转角度及材料类型等。考虑具体设计工况以及减振降噪相关规范等因素,本书对上述设计变量进行调整。

　　常规双层圆柱壳结构外形尺寸长 $L = 9.6$ m,内壳半径 $r = 3.5$ m,外壳半径 $R = 4.3$ m,内外圆柱壳的厚度均取 $H = 10$ mm,实肋板间距 $D = 1.2$ m,实肋板厚度 $h = 10$ mm。含负泊松比超材料肋板双层圆柱壳结构设计中,用环向超材料肋板替换常规结构中环向实肋板,其余设计参数保持不变,环向超材料肋板宽度为 d,超材料肋板结构示意图如图 9 - 4(a)所示。对于 $d = 60$ mm 超材料肋板,相比替换前实肋板,肋板质量减轻 65.6%,整体结构质量较替换前减少 9.56%。本章研究超材料肋板双层圆柱壳在空

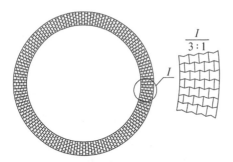
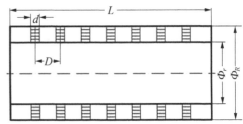

(a) 轻量化含负泊松比超材料肋板双层
圆柱壳结构剖面图

(b) 轻量化含负泊松比超材料肋板双层
圆柱壳结构剖面图

图 9-4　轻量化含负泊松比超材料肋板双层圆柱壳结构

图 9-5　3D 打印含负泊松比超材料
肋板实体缩比模型

气中静、动力学及声学性能,
空气中声速为 340 m/s,密度
为 1.225 kg/m³。

采用 3D 增材制造方法对
含负泊松比超材料肋板进行制
造,实体缩比模型如图 9-5
所示。

采用 3D 增材制造方法对
含负泊松比超材料肋板双层圆
柱壳进行制造,实体缩比模型
如图 9-6 所示。

图 9-6　3D 打印含负泊松比超材料肋板双层圆柱壳实体缩比模型

9.3　负泊松比超材料肋板双层圆柱壳的力学与声学性能

9.3.1　超材料结构参数对双层圆柱壳静力学性能的影响

考虑常规肋板双层圆柱壳结构的设计要求,在保证含超材料肋板双层圆柱壳结构质量不超过常规结构的质量前提下,改变超材料肋板宽度 d,计算分析外壳承受 0.1 MPa 径向均布外压时结构最大应力与位移,计算结果如表 9 - 1 所示。

表 9 - 1　不同超材料环肋宽度下双层壳结构的静力学分析结果

结　　构	超材料肋板宽度/mm	环肋最大位移/mm	外表面最大位移/mm	内表面最大位移/mm	环肋最大应力/MPa
轻量化超材料肋板双层圆柱壳结构	40	0.482	0.900	0.330	26.8
	60	0.467	0.901	0.346	26.6
	80	0.460	0.902	0.354	26.4
	100	0.455	0.903	0.359	26.1
	140	0.449	0.905	0.363	25.0
常规肋板双层圆柱壳结构	10（肋板宽度）	0.203	0.904	0.203	17.5

在此基础上取超材料肋板宽度为 60 mm 的双层圆柱壳结构,改变超材料肋板的胞元壁厚并保持不同层数下超材料肋板总质量不变,得到不同胞元层数下负泊松比超材料肋板胞元壁厚的设计参数如表 9 - 2 所示。而结构静力学计算分析结果如表 9 - 3 所示。

表 9 - 2　负泊松比超材料肋板胞元壁厚的设计参数

胞元层数/层	3	4	6	10
超材料肋板胞元壁厚/mm	3.501	3.000	2.315	1.565

表 9-3　不同胞元层数下双层圆柱壳结构静力学计算结果

结　构　类　型	胞元层数/层	环肋最大位移/mm	外表面最大位移/mm	内表面最大位移/mm	环肋最大应力/MPa
轻量化超材料肋板双层圆柱壳结构	3	0.437	0.901	0.357	23.6
	4	0.467	0.901	0.346	26.6
	6	0.549	0.898	0.300	26.5
	10	0.725	0.894	0.150	30.1
常规肋板双层圆柱壳结构	—	0.203	0.904	0.203	17.5

由表 9-1 与表 9-3 可知,超材料肋板双层圆柱壳结构的总体刚度较常规肋板双层圆柱壳结构刚度小,导致其最大位移与最大应力均较常规肋板双层圆柱壳结构大,但数值在可接受的范围。其刚度减弱主要表现为常规肋板双层圆柱壳结构的实肋板被多孔的负泊松比超材料肋板所替换。外表面的最大位移发生在环肋处,内表面的最大位移发生在内壳与环肋连接处;对于超材料环肋双层壳结构,环肋最大位移发生在超材料环肋与外壳连接处。常规双层壳结构的最大位移发生在环肋与内壳连接之处。随着超材料肋板宽度的增加,超材料环肋最大位移以及最大应力呈现递减趋势;随着胞元层数的增多,内表面和外表面最大位移均呈递减趋势,而超材料环肋最大位移则呈递增趋势。

9.3.2　超材料结构参数对双层圆柱壳动力学性能的影响

设计负泊松比超材料肋板的主要目的是减弱设备经基座、结构内壳向结构外壳传递的振动,保证良好的振动和声隐身性能。而其中决定振动性能的主要特性是径向模态。不同超材料肋板宽度 d 下双层圆柱壳一阶径向振动模态以及不同胞元层数下一阶径向振动的固有频率如表 9-4 及表 9-5 所示。从表中可以看出,当环肋总质量不变时,随胞元层数增多(同时胞元壁厚需随之减小),双层圆柱壳结构的一阶固有频率逐渐降低,双层圆柱壳结构的整体刚度减小。随着超材料肋板宽度的增加,双层圆柱壳结构的固有频率逐渐增大,但其变化幅度对胞元层数及肋板宽度的变化并不敏感。与常规肋板双层圆柱壳结构相比,含超材料肋板双层圆柱壳结构的一阶固有频率明显减小。

表 9 – 4　不同胞元层数下超材料肋板双层圆柱壳结构固有频率

超材料肋板双层圆柱壳结构	胞元层数/层				常规肋板双层圆柱壳结构
	3	4	6	10	
一阶径向固有频率/Hz	15.764	15.488	15.237	14.854	66.53

表 9 – 5　不同超材料肋板宽度下超材料双层圆柱壳结构固有频率

4 层胞元超材料肋板双层圆柱壳结构	负泊松比超材料肋板宽度/mm				
	40	60	80	100	140
一阶径向固有频率/Hz	15.536	15.488	15.75	15.839	15.979

　　径向 4 层蜂窝、肋板宽度为 60 mm 时双层圆柱壳结构主要振动模态如图 9 – 7 所示,计算结果中有较多振型如图 9 – 7(h)所示,主要是双层壳间的蜂窝结构振动模态。

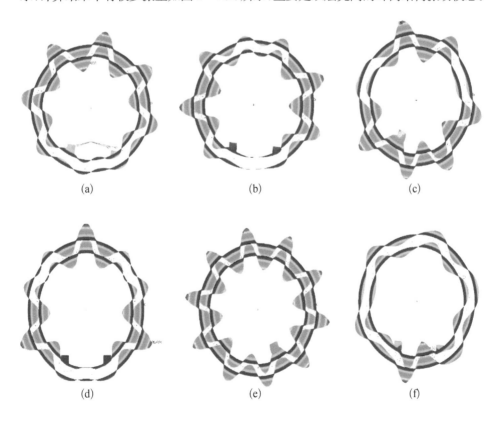

(a)　　　　　　　　　　(b)　　　　　　　　　　(c)

(d)　　　　　　　　　　(e)　　　　　　　　　　(f)

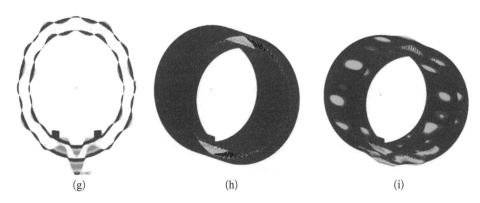

(g)　　　　　　　　　(h)　　　　　　　　　(i)

图 9-7　含超材料肋板的双层圆柱壳结构振动模态

在设备质心处施加 $1\sim500\,\mathrm{Hz}$ 幅值为 $1\,\mathrm{kN}$ 的垂向简谐激振力,对含超材料肋板双层圆柱壳结构的声振性能进行研究。圆柱壳减振性能评估采用振级落差来衡量,其表达式为式(9-15)。考虑到超材料肋板结构位于双层圆柱壳结构的内外壳之间,为研究肋板替换所带来的差异,位于内外壳的加速度评价点的选取如图 9-8 所示。由于底部基座受到激振,故在圆柱壳底部评价点的选取较为密集,而其余评价点的选取考虑结构对称性以 $45°$、$90°$、$135°$、$180°$ 均布。

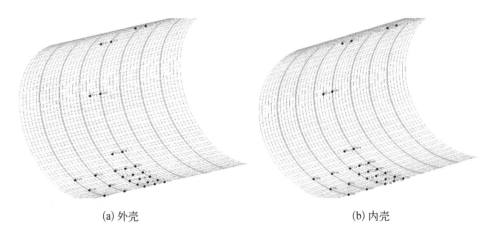

(a) 外壳　　　　　　　　　　　　(b) 内壳

图 9-8　评价点分布示意图

各评价点的加速度级为

$$L_{ai} = 20\lg\left(\frac{a}{a_0}\right)\ (i=1,\,2,\,3,\,\cdots,\,n) \tag{9-13}$$

平均振动加速度级为

$$L_a = 10\lg\Big(\frac{1}{n}\sum_{i=1}^{n}10^{L_{ai}/10}\Big)\tag{9-14}$$

内外壳之间的振级落差为

$$L_p = L_{a\,\mathrm{inner}} - L_{a\,\mathrm{outer}}\tag{9-15}$$

　　含超材料肋板双层圆柱壳振动及常规双层圆柱壳结构的加速度响应云图如图 9-9 所示。可以看出,超材料肋板双层圆柱壳结构的最大振动加速度响应位于超材料肋板处,超材料肋板双层圆柱壳结构的内壳的振动强度高于外壳,其振动能量主要被超材料肋板所吸收,且振动主要集中在结构底部。而实肋板双层圆柱壳结构的最大振动加速度响应位于内壳,振动通过实肋板传递至外壳,几乎无衰减现象,且振动分散于底部结构较大范围。

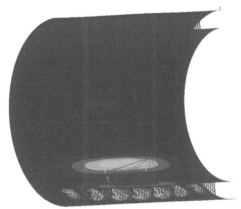
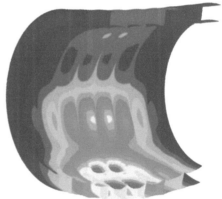

(a) 4层胞元60 mm宽超材料肋板双层圆柱壳结构　　　　(b) 实肋板双层圆柱壳结构

图 9-9　10 Hz 双层圆柱壳振动加速度响应云图

　　内外壳的振动加速度级如图 9-10 所示,超材料肋板在不同宽度及不同胞元层数下的振级落差如图 9-11 及图 9-12 所示。

　　由图 9-10(a)、图 9-10(c)可知,低频域常规双层壳结构内壳的振级较超材料肋板双层壳结构的振级小,其主要原因在于实肋板被超材料环肋板替换后,整体刚度减小。随着激振频率的增大,两种结构的内壳振级接近。从图 9-10(b)、(d)可知,40 Hz 以上超材料双层壳结构外壳的振级较常规实肋板双层壳结构存在明显减弱,这有助于降低水下辐射噪声,提高双层壳结构的声隐身性能。

　　由图 9-11、图 9-12 可知,常规双层圆柱壳结构在整个频段的隔振效果不明显,振级落差约为 2 dB。超材料肋板双层圆柱壳结构在 0~20 Hz 时,超材料肋板宽度的改变对振级落差的影响不明显,幅度约为 2 dB;胞元层数对振级落差

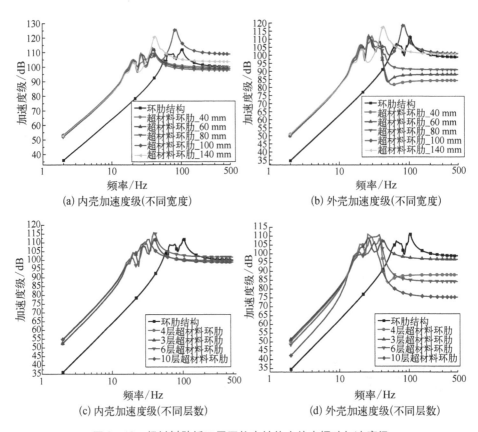

(a) 内壳加速度级(不同宽度)

(b) 外壳加速度级(不同宽度)

(c) 内壳加速度级(不同层数)

(d) 外壳加速度级(不同层数)

图 9-10 超材料肋板双层圆柱壳结构内外壳振动加速度级

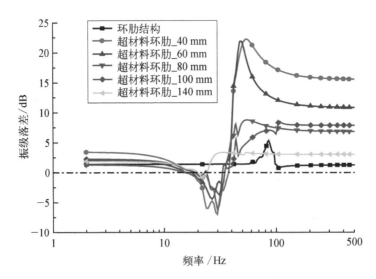

图 9-11 不同超材料肋板宽度下内外壳间的振级落差

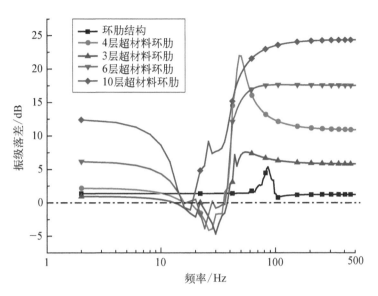

图 9-12　不同胞元层数下内外壳间的振级落差

的影响比较明显,10 层胞元结构振级落差为 12.5 dB,3 层胞元结构振级落差为 0.9 dB。在 20～40 Hz,超材料肋板的替换未起到减振作用;在 40～500 Hz,振级落差对超材料肋板宽度及胞元层数的参数敏感。10 Hz、40 Hz 和 100 Hz 时不同胞元层数和肋板宽度下振级落差如图 9-13 所示。在三个频率下,实肋板双层圆柱壳结构的振级落差分别为 1.37 dB、1.39 dB 以及 1.32 dB。图 9-13 表明,无论在低还是在高频域,超材料肋板双层圆柱壳结构的振级落差较实肋板结构有显著增加,在某些频段内超材料肋板的替换对双层圆柱壳结构的隔振有着显著作用。

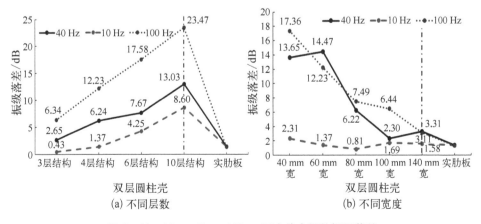

图 9-13　10 Hz、40 Hz、100 Hz 下内外壳间的振级落差

　　为了进一步分析内外壳之间肋板结构形式及设计参数对振动传递率的影响,计算对比了不同设计参数下超材料肋板双层圆柱壳结构与常规实肋板双层圆柱壳结构的振动传递率。此处振动传递率的定义是外壳与内壳振动加速度响应之比,根据上述分析结果,内外壳振动方向均取径向,结果如图 9-14 及图 9-15 所示。从图 9-14 与图 9-15 可以看出,超材料肋板的存在能更好地降低双层圆柱壳体结构壳间的振动传递率,这主要是因为负泊松比超材料环肋能

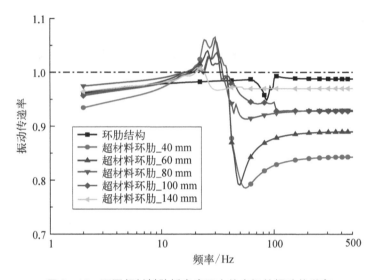

图 9-14　不同超材料肋板宽度下内外壳间的振动传递率

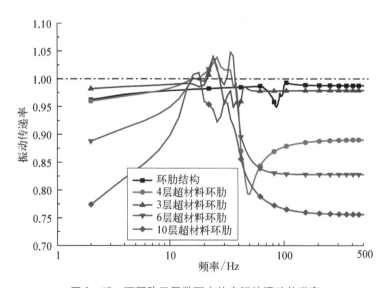

图 9-15　不同胞元层数下内外壳间的振动传递率

更好地吸收振动能量。

9.3.3　超材料结构参数对双层圆柱壳声学性能的影响

由克希荷夫公式可知,双层圆柱壳结构的辐射声场与双层圆柱壳壳体外表面振动速度存在一定联系,而外壳的振动强度在某种意义上又受制于双层圆柱壳内壳振动强度以及径向振动波传递通道处肋板的插入损失大小。使用Virtual. Lab Acoustics 软件中边界元法,计算了超材料肋板双层圆柱壳结构的辐射声场,超材料双层圆柱壳结构及常规双层圆柱壳结构的辐射声压云图比较如图 9-16 所示。

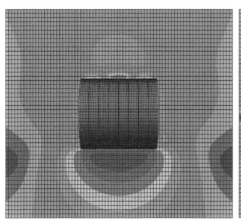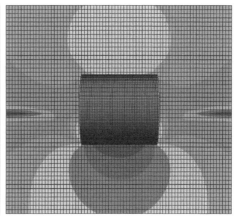

(a) 4层60 mm宽超材料肋板双层圆柱壳结构　　　　(b) 实肋板双层圆柱壳结构

图 9-16　10 Hz 下双层圆柱壳辐射声压云图

不同设计参数下超材料肋板双层圆柱壳结构的辐射声功率级频率响应曲线如图 9-17～图 9-18 所示。

由图 9-17 和图 9-18 可知,在 0～40 Hz,超材料肋板双层圆柱壳结构与实肋板双层圆柱壳结构的声辐射差异较小;在 40 Hz 之后,拥有 100 mm 肋板宽度以及拥有 140 mm 肋板宽度的超材料肋板双层圆柱壳结构辐射声功率级基本高于实肋板结构,而对于其余宽度的超材料肋板结构,拥有较为良好的降噪性能,辐射声功率级较常规双层圆柱壳有 10～20 dB 的衰减;在相等肋板总质量下,不同胞元层数的超材料肋板结构的声辐射性能存在明显差异,这是由于胞元层数及夹角导致胞元负泊松比改变,从而改变了径向振动波的传递特性及插入损失。

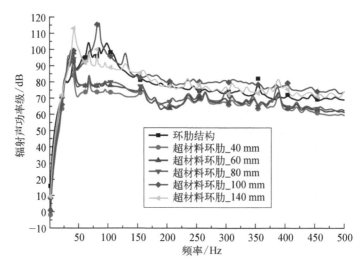

图 9-17   不同超材料肋板宽度下外壳的辐射声功率级

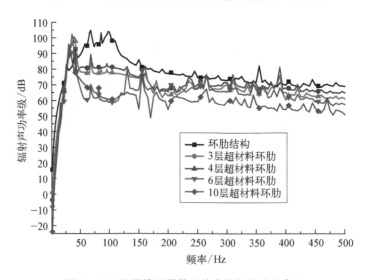

图 9-18   不同胞元层数下外壳的辐射声功率级

表 9-6 给出了在不同层数胞元下的负泊松比。负泊松比的绝对值大小随层数呈现逐渐递减的趋势。

表 9-6   负泊松比超材料的胞元负泊松比值

胞元层数/层	3	4	6	10
泊松比	−0.408 1	−0.346 3	−0.292 6	−0.154 0

　　由图 9 - 16 可看出,超材料肋板双层圆柱壳结构的声辐射相较实肋板双层圆柱壳结构更为集中,超材料肋板双层圆柱壳结构主要辐射区域位于激励源附近,而实肋板双层圆柱壳结构除了在激励源存在较大辐射噪声外,在激励源的另一侧也存在一定程度辐射。表 9 - 7 和表 9 - 8 给出了在 10 Hz、40 Hz 和 100 Hz 时不同胞元层数和肋板宽度下超材料肋板双层圆柱壳结构与实肋板结构的辐射声功率级。可以看出该设计方案下,10 Hz 时辐射声功率级有 5～26 dB 的减小,100 Hz 时辐射声功率级有 7～43 dB 减小。

表 9 - 7　10 Hz、40 Hz、100 Hz 时不同胞元层数下超材料肋板双层圆柱壳结构与实肋板结构的辐射声功率级/dB

频　　率		辐射声功率级/Hz		
		10	40	100
超材料肋板双层圆柱壳的胞元层数/层	3	33.21	93.86	81.51
	4	38.4	100.87	77.94
	6	28.52	88.06	59.06
	10	24.27	79.37	60.79
实肋板		51.94	90.92	103.79

表 9 - 8　10 Hz、40 Hz、100 Hz 时不同肋板宽度下超材料肋板双层圆柱壳结构与实肋板结构的辐射声功率级/dB

频　　率		辐射声功率级/Hz		
		10	40	100
超材料肋板宽度/mm	40	34.45	89.52	73.96
	60	38.4	100.87	77.94
	80	36.99	99.14	79.73
	100	45.56	99.36	96.72
	140	46.87	105.34	88.86
实肋板		51.94	90.92	103.79

不同设计参数下超材料肋板双层圆柱壳结构的辐射效率频率响应曲线如图 9-19～图 9-20 所示。从图 9-19、图 9-20 可以看出,在低频段,超材料肋板双层圆柱壳结构的辐射效率明显小于实肋板双层圆柱壳结构,从而保证在超材料双层圆柱壳结构的振动高于实肋板结构的情况下,其辐射声功率级仍存在 5 dB 左右降低。而在高频段,两种双层圆柱壳结构的声辐射效率不存在明显的改变。

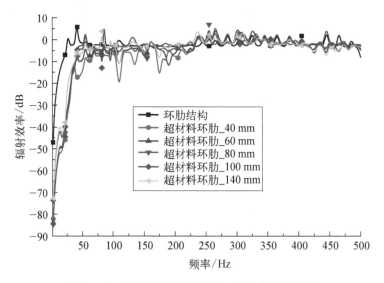

图 9-19　不同超材料肋板宽度下外壳的辐射效率

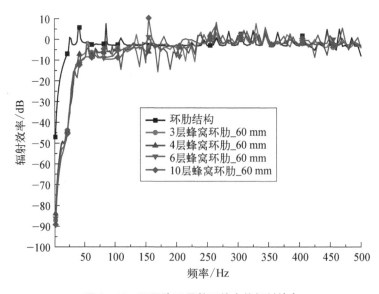

图 9-20　不同胞元层数下外壳的辐射效率

9.4　含零泊松比超材料环肋的双层圆柱耐压壳设计

为承受巨大的静水压力,潜艇、深潜器以及深海管道等结构大都采用球形及圆柱形耐压壳结构,以保证结构的刚度和强度,提高整体结构的可靠性,如图 9-21 所示。

图 9-21　潜艇中的双层圆柱壳结构

双层圆柱壳结构在保证艇体长度方向布置空间基础上,将静水压力通过内外壳间环肋与纵骨进行传递。传统圆柱壳的环肋结构大都采用实肋板形式,这种结构将外壳所受载荷与变形直接传递给内壳,导致内壳也受静水压力影响发生较大的收缩变形,影响内部的空间布置与设备的正常运转。

零泊松比的横向不变形特性主要体现在胞元受单向载荷时,横向两侧产生相同方向和大小的位移,当其序构为圆环形式时就体现为整个横向胞元壁所在层的旋转,即部分压缩变形能转化成了内壳整体旋转能,从而降低内壳的压缩变形。

因此,基于零泊松比超材料水下耐压壳开展研究,将常规耐压壳中传统实肋板替换为超材料环肋,分析其壳体变形性能,对其振动与噪声性能进行探究。

9.3 节对负泊松比超材料肋板双层圆柱壳进行了研究,其研究重点是负泊松比超材料对轻量化和减振降噪性能的影响。本节参照该双层圆柱壳,设计总长

$L=4.95$ m,内壳半径 $r=3.5$ m,外壳半径 $R=4.26$ m 的双层圆柱壳进行研究。

提取最大柔度目标函数模型设计的零泊松比构型,序构为内外壳之间的环肋,如图 9-22 所示。序构过程中需要对单胞构型进行一个小角度旋转以便顺利序构到圆柱壳中,本章所序构的结构中一个单胞的周期旋转角度为 6°。

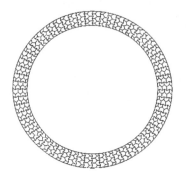

图 9-22 零泊松比超材料
环肋双层圆柱壳

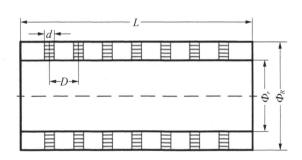

图 9-23 圆柱壳结构各尺寸示意图

建立该结构的有限元模型。其中内壳厚度为 10 mm,外壳厚度为 30 mm,超材料壁厚 10 mm,超材料宽度 $d=150$ mm,环肋间距 $D=1$ m,如图 9-23 所示。

同时建立常规实肋板双层圆柱壳模型作为对比,其几何尺寸与超材料耐压壳相同,实肋板环肋厚度为 10 mm,肋板间距 $D=1$ m。两种双层圆柱耐压壳的有限元模型如图 9-24 所示。两种有限元模型均由四边形板单元组成,网格基本尺寸为 50 mm。

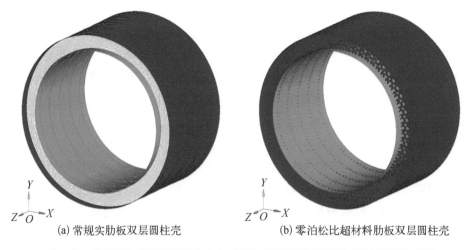

(a) 常规实肋板双层圆柱壳　　　　(b) 零泊松比超材料肋板双层圆柱壳

图 9-24 常规实肋板双层圆柱壳与零泊松比超材料肋板双层圆柱壳有限元模型

9.4.1　超材料与常规材料双层圆柱壳的耐压性能分析

　　对图 9‐25 所示的常规实肋板双层圆柱壳和零泊松比超材料双层圆柱壳的外壳施加 1 MPa 均布法向压力（相当于 100 米潜深处水压力）。为避免边界效应，选取双层圆柱壳中部环肋上内外壳八等分点作为环肋内外壳总体位移的评价点，如图 9‐25 所示。

　　对两种模型进行静力线性分析，并提取各自中部环肋处对应于图 9‐25 所示评价点的径向收缩位移，结果如表 9‐9 所示。

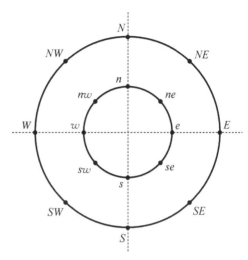

图 9‐25　双层圆柱壳静力学评价点位置

表 9‐9　不同材料双层圆柱壳的静力承压性能

耐压壳	评价点位移	N/n	NE/ne	E/e	SE/se	S/s	SW/sw	W/w	NW/nw	平均值
常规实肋板耐压壳	内壳/mm	1.58	1.58	1.59	1.56	1.57	1.54	1.56	1.56	1.57
	外壳/mm	1.73	1.73	1.74	1.71	1.72	1.69	1.72	1.70	1.72
	内外壳比值	0.913	0.913	0.914	0.912	0.913	0.911	0.907	0.918	0.913
零泊松比超材料耐压壳	内壳/mm	0.885	0.817	0.889	0.740	0.841	0.755	0.842	0.782	0.819
	外壳/mm	2.69	2.73	2.69	2.69	2.65	2.64	2.65	2.69	2.68
	内外壳比值	0.329	0.299	0.330	0.275	0.317	0.286	0.318	0.291	0.306

　　计算得到两种模型结构的 Von Mises 应力分布云图如图 9‐26 所示。常规实肋板耐压壳最大应力为 172.1 MPa，出现在内壳与实肋板连接处；零泊松比超材料耐压壳最大应力为 161.5 MPa，最大应力均匀分布在整个外壳上。

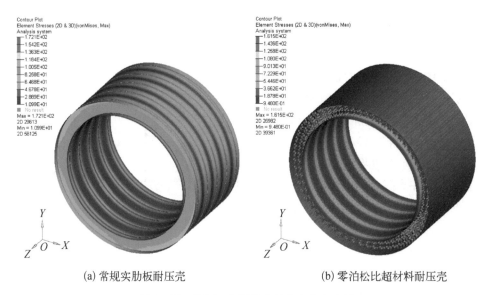

(a) 常规实肋板耐压壳　　　　　　　　(b) 零泊松比超材料耐压壳

图 9-26　不同双层圆柱壳的应力分布云图

　　模型中常规实肋板耐压壳的质量为 47.02 t,零泊松比超材料耐压壳质量为 49.45 t。相较于常规实肋板耐压壳,零泊松比超材料耐压壳不仅能有效降低内壳变形的绝对值和相对值,而且降低了耐压壳的应力水平,付出的代价仅是增重 5% 左右。

9.4.2　超材料功能基元壁厚对双层圆柱壳耐压性能的影响

　　9.4.1 节中超材料壁厚为 10 mm 的零泊松比超材料耐压壳的质量有所增加。本节研究零泊松比超材料壁厚对耐压壳静力学性能的影响,通过降低超材料功能基元壁厚实现轻量化。将零泊松比超材料耐压壳静力学分析模型中超材料功能基元的壁厚分别修改为 5 mm、10 mm、15 mm 并进行计算,各模型中部环肋处对应图 9-25 中所示评价点的径向位移结果如表 9-10 所示。三者的应力分布与图 9-26(b)类似,超材料壁厚为 5 mm、10 mm、15 mm 的耐压壳体最大应力依次为 161.6 MPa、161.5 MPa 和 161.0 MPa;质量依次为 44.59 t、49.45 t 和 54.30 t。

　　计算结果可知,超材料功能基元壁厚对耐压壳结构中应力影响较小,减小超材料功能基元壁厚能减小内壳的整体变形量,进一步实现双层圆柱耐压壳的轻量化。

表 9‑10　不同功能基元壁厚的圆柱壳耐压性能

耐压壳	评价点位移	N/n	NE/ne	E/e	SE/se	S/s	SW/sw	W/w	NW/nw	平均值
超材料壁厚为 5 mm	内壳/mm	0.337	0.240	0.348	0.161	0.315	0.269	0.307	0.204	0.273
	外壳/mm	2.84	2.88	2.85	2.86	2.82	2.80	2.81	2.84	2.84
	内外壳比值	0.119	0.083	0.122	0.056	0.112	0.096	0.109	0.072	0.096
超材料壁厚为 10 mm	内壳/mm	0.885	0.817	0.889	0.740	0.841	0.755	0.842	0.782	0.819
	外壳/mm	2.69	2.73	2.69	2.69	2.65	2.64	2.65	2.69	2.68
	内外壳比值	0.329	0.299	0.330	0.275	0.317	0.286	0.318	0.291	0.306
超材料壁厚为 15 mm	内壳/mm	1.37	1.38	1.37	1.36	1.35	1.24	1.35	1.36	1.35
	外壳/mm	2.50	2.52	2.50	2.50	2.48	2.49	2.48	2.50	2.50
	内外壳比值	0.548	0.548	0.546	0.548	0.544	0.498	0.544	0.544	0.540

综上所述,零泊松比超材料耐压壳相较于传统实肋板耐压壳在轻量化、抗压变形以及结构强度等方面具备一定的优势,便于模块化制造。

9.4.3　零泊松比超材料耐压壳内壳的抗变形机理

基于相同位置的评价点,给出常规实肋板耐压壳及三种壁厚的零泊松比超材料耐压壳内壳的周向位移,如表 9‑11 所示,表中正负分别表示沿周向逆时针和顺时针的位移。零泊松比超材料环肋将外壳承受的部分压缩变形能转化为内壳的整体旋转位能,从而降低内壳的压缩变形。

表 9‑11 中计算结果表明,在承受静水压力时,常规实肋板耐压壳内壳周向几乎没有旋转位移,能量全部转化为内壳的压缩变形能,因此内壳压缩变形大。零泊松比超材料环肋发生较大周向位移,将外壳承受的部分压缩变形能转化为内壳的整体旋转位能,从而降低了内壳的压缩变形量。零泊松比耐压壳的超材料壁厚越薄,内壳旋转越大,则转化成内壳整体旋转位能的能量越多,内壳压缩

表 9-11 不同圆柱耐压壳内壳的周向位移

耐压壳	内壳周向位移/mm								
	N/n	NE/ne	E/e	SE/se	S/s	SW/sw	W/w	NW/mw	平均值
常规实肋板	4.38×10^{-3}	4.26×10^{-3}	2.64×10^{-3}	-1.12×10^{-3}	-9.50×10^{-4}	-1.50×10^{-3}	2.64×10^{-4}	4.69×10^{-3}	1.58×10^{-3}
壁厚为 5 mm 的超材料环肋	-4.96×10^{-1}	-5.17×10^{-1}	-5.35×10^{-1}	-5.49×10^{-1}	-5.47×10^{-1}	-5.36×10^{-1}	-5.07×10^{-1}	-4.98×10^{-1}	-5.23×10^{-1}
壁厚为 10 mm 的超材料环肋	-1.93×10^{-1}	-2.18×10^{-1}	-2.41×10^{-1}	-2.53×10^{-1}	-2.45×10^{-1}	-2.25×10^{-1}	-1.97×10^{-1}	-1.87×10^{-1}	-2.20×10^{-1}
壁厚为 15 mm 的超材料环肋	-9.82×10^{-2}	-1.06×10^{-1}	-1.18×10^{-1}	-1.20×10^{-1}	-1.19×10^{-1}	-1.07×10^{-1}	-9.99×10^{-2}	-9.31×10^{-2}	-1.08×10^{-1}

变形就越小。这就是零泊松比耐压壳可以实现大潜深耐压性能的机理。

9.5 含零泊松比超材料环肋的双层圆柱耐压壳的振动与声学性能

9.5.1 双层圆柱耐压壳的振动数值分析模型

进一步模拟实际潜艇与深潜器中设备对壳体的激振响应,在图 9-23 及图 9-24 所示的常规/超材料肋板双层圆柱耐压壳有限元模型中增加基座模型。基座长度为 2 m,横跨两个肋位,基座的腹板厚度为 10 mm,腹板高度为 600 mm,面板宽度为 200 mm,面板厚度为 30 mm,肘板厚度为 10 mm。通过 MPC 单元在基座面板上方 400 mm 高度处施加 10~200 Hz 幅值为 10 N 的激励力,如图 9-27 所示。

为探讨双层圆柱耐压壳的动力学响应,对图 9-27 所示的两种双层圆柱耐压壳模型指定外壳为湿表面,设定海水密度与无穷大的吃水深度,模拟计算双层圆柱耐压壳完全浸没在水下的振动响应。为研究超材料结构壁厚对双层圆柱耐压壳振动噪声性能的影响,同样对零泊松比超材料结构圆柱壳中壁厚分别为 5 mm、10 mm、15 mm 的三种模型进行建模和计算。

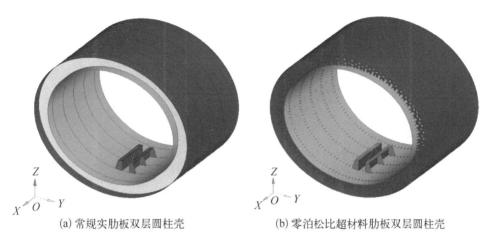

(a) 常规实肋板双层圆柱壳　　　　　　(b) 零泊松比超材料肋板双层圆柱壳

图 9 - 27　双层圆柱耐压壳的振动响应计算有限元模型

9.5.2　双层圆柱耐压壳的振动响应计算

在双层圆柱耐压壳的内外壳左右对称处选取总共 20 个评价点输出振动响应。以常规实肋板双层圆柱壳为例,如图 9 - 28 中的白点所示,其中内壳的每一个评价点都对应着外壳的一个评价点。

以常规实肋板双层圆柱壳和功能基元壁厚为 10 mm 的零泊松比超材料双层圆柱壳为例,给出两者在 63 Hz 下的振动速度响应云图剖面(见图 9 - 29)。

从振动形式上看,常规实肋板双层圆柱壳会通过实肋板带动整个内外壳发生振动,零泊松比双层圆柱壳则是在基座附近的较小范围内发生振动,且传递至外壳的振动衰减很大。

进一步量化对振动衰减的评价,通过内外壳评价点的振动速度来表征内外壳整体的振动情况,如内壳在频率 i 下的平均振动速度幅值为

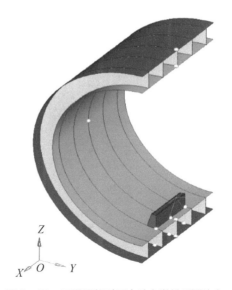

图 9 - 28　双层圆柱耐压壳动力学模型评价点

注:截取一半的圆柱耐压壳。

(a) 常规实肋板双层圆柱壳

(b) 零泊松比超材料双层圆柱壳

图 9-29　63 Hz 下双层圆柱壳的振动速度响应云图

$$V_i = \frac{1}{N} \sum_{j=1}^{N} v_i^j \qquad (9-16)$$

式中，v_i^j 为内壳评价点 j 在频率 i 处的速度幅值；N 为内壳评价点数目。

得到内外壳各个频率下的振动速度幅值后，通过式(9-16)计算内外壳间在频率 i 处的速度振级落差，并绘制各圆柱壳模型的速度振级落差曲线，如图 9-30 所示。而内外壳平均振级如图 9-31 所示。

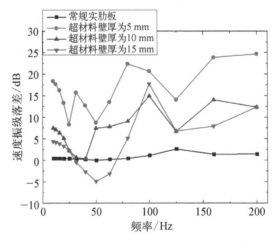

图 9-30　不同双层圆柱壳的内外壳速度振级落差

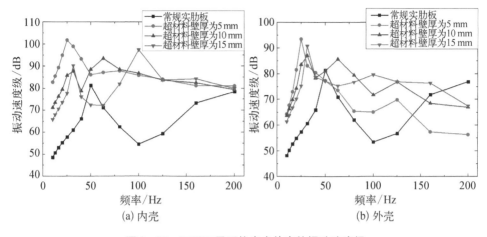

图 9-31　不同双层圆柱壳内外壳的振动速度级

$$\text{VLD}^{i} = 20\lg\left(\frac{V_{\text{in}}^{i}}{V_{\text{out}}^{i}}\right) \tag{9-17}$$

式中，V_{in}^{i} 和 V_{out}^{i} 分别为内外壳在频率 i 处的振动速度幅值。

从图 9-30 中的曲线可知，零泊松比超材料双层圆柱壳在隔振方面有着良好的性能。常规实肋板双层圆柱壳直接将内壳振动传递给外壳，速度振级落差几乎为零；而零泊松比超材料双层圆柱壳能将振动幅值有效削减，随着超材料功能基元壁厚的减小，其速度振级落差会增大。

虽然零泊松比超材料环肋有着良好的隔振性能，但实肋板具有更高的刚度，故其在承受振动载荷时，能让内外壳尽可能作为一个整体承受载荷。因此在振动响应绝对幅值上常规实肋板双层圆柱壳要小于零泊松比超材料双层圆柱壳，这体现在两者内外壳的振动速度级上，如图 9-31(b) 所示。零泊松比双层圆柱壳振动响应绝对幅值上的降低可以通过设计超材料带隙的方式进行解决，后期作者已经开展了相关研究，取得显著效果。

在低频域（10～60 Hz），随着不同结构参数双层圆柱壳整体刚度的增加，外壳整体振动速度级依次减小，在其一阶共振峰频率处振级变化规律开始紊乱。常规实肋板双层圆柱壳外壳的振动速度级在所有类型圆柱壳的一阶固有频率处最小。在 160 Hz 以后，常规实肋板外壳的振动速度级开始超过零泊松比超材料双层圆柱壳的，可知零泊松比超材料环肋在 160 Hz 后减振效果很好。实际应用时可考虑实肋板与零泊松比环肋混合交替使用。

9.5.3　零泊松比超材料双层圆柱耐压壳的水下辐射噪声

　　建立双层圆柱壳水下辐射噪声边界元数值计算模型如图 9 - 32 所示。为模拟潜艇或深潜器浸没在水下的状态,选取整个外壳为边界元网格,声功率计算流场为包裹整个圆柱壳的球面,无须设置反对称边界面。

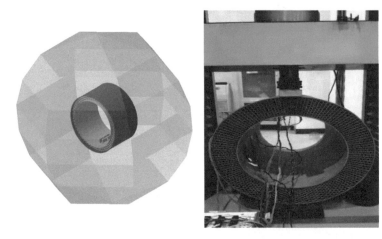

图 9 - 32　零泊松比超材料双层圆柱壳声学边界元模型及金属 3D 打印件

　　向声学计算软件导入各圆柱壳外壳的表面振速,计算不同壁厚超材料双层圆柱壳及实肋板双层圆柱壳在 10～200 Hz 的水下辐射噪声声功率级,如图 9 - 33 和表 9 - 12 所示。

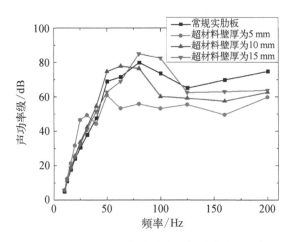

图 9 - 33　不同双层圆柱壳的水下辐射噪声声功率级

表 9 - 12 不同双层圆柱壳的水下辐射噪声声功率级

频率 /Hz	水下辐射噪声声功率级/dB			
	常规实肋板	超材料壁厚为 5 mm	超材料壁厚为 10 mm	超材料壁厚为 15 mm
10	5.02	5.84	5.46	5.86
12.5	11.00	12.78	11.65	11.94
16	17.73	21.53	18.77	18.86
20	23.99	31.86	25.69	25.42
25	30.56	46.75	33.82	32.59
31.5	37.99	49.61	42.46	41.11
40	47.64	44.51	54.73	51.76
50	69.05	61.23	74.85	62.99
63	71.62	53.61	78.02	69.18
80	79.97	56.15	76.68	85.16
100	73.58	53.56	60.43	82.71
125	65.16	55.78	59.37	62.72
160	69.91	49.77	57.62	63.09
200	74.84	59.97	62.78	64.00
合成声功率级	82.75	65.83	81.62	87.26

不同双层圆柱壳水下辐射噪声声功率计算结果表明,零泊松比超材料环肋对降低圆柱壳水下辐射噪声有较明显的效果。其中超材料壁厚越小,降噪效果越明显;若超材料壁厚过大,反而会增大水下辐射噪声水平。

结合图 9 - 31(b)的结果可知,虽然零泊松比超材料双层圆柱壳外壳的振动水平比实肋板双层圆柱壳更大,但零泊松比超材料双层圆柱壳的振动峰值出现在较低的频率(25 Hz 左右),该频率下振动峰值对水下辐射噪声影响有限。图 9 - 33 表明,在相应频率处的噪声虽然也出现了峰值,但峰值较小,因而实现了圆柱壳整体噪声水平降低的目的。

9.6   负刚度超材料圆柱壳及其力学和声学性能

利用第 4 章的双向负刚度超材料构型,设计了具有隔声和抗冲击效用的多功能负刚度超材料圆柱壳。研究其准静态大变形行为,为抗冲击性能提供依据,然后以声传输损失为指标,利用声振耦合动力学方程研究其隔声性能,并与等质量和等尺寸的常规六角蜂窝和内六角形负泊松比超材料夹芯圆柱壳进行比较。最后分析胞元内曲梁厚度和质量块对于圆柱壳隔声性能的影响,并以频段内声传递损失为目标对圆柱壳构型进行优化设计。

9.6.1   负刚度超材料圆柱壳的设计

如图 9 - 34 所示,将双向正交负刚度超材料胞元绕某一点旋转排列,可形成宏观负刚度超材料圆柱壳,原超材料胞元的两个正交轴分别对应圆柱壳结构的径向与周向。为了适合其圆形轮廓,胞元内部框架由矩形变为等腰梯形,对边的曲梁长度也不再相等。曲梁的几何尺寸由圆柱壳内外径、径向胞元个数、周向胞元个数及胞元内框架尺寸决定。胞元内曲梁分为径向曲梁与周向曲梁两类(见图 9 - 34)。圆柱壳受径向压缩时,周向曲梁产生挠曲变形,为径向结构向内收缩提供了空间。为简化计算,采用 1/4 对称模型进行分析。

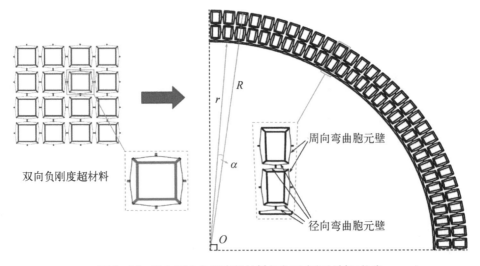

图 9 - 34   双向正交负刚度超材料与负刚度超材料圆柱壳

在确定圆柱壳内部曲梁几何尺寸时,要确保其发生屈曲时最大应力不超过材料的强度极限。负刚度超材料圆柱壳的材料为 PLA。为降低模型参数的复杂度,引入两个几何参数比值,分别为曲梁拱高长度比 $P=h/l$ 与拱高厚度比 $Q=h/t$。对于所有曲梁,P 为常值,Q 则分别对周向曲梁和径向曲梁取值,记为 Q_c 与 Q_r。

首先确定一个参考模型以研究负刚度超材料圆柱壳的基本力学特性,取圆柱壳外径 $R=1\,150$ mm、内径 $r=1\,000$ mm,参数 $P=0.045\,2$、$Q_c=4.0$、$Q_r=4.0$,胞元对应圆心角 $\alpha=3°$,框架梁厚度为 8 mm。其余参数如表 9-13 所示。参考模型的有限元网格采用平面二节点梁单元(B21)离散,共包含 14 553 个单元和 14 166 个节点,每条余弦形曲梁均划分了 32 个单元。

表 9-13　圆柱壳参考模型几何参数

单位:mm

参　数	周　向	径向第1层 (最外层)	径向第2层	径向第3层	径向第4层 (最内层)
曲梁跨长 l	62.261	42.900	42.396	39.136	52.660
曲梁拱高 h	2.813	1.938	1.915	1.768	2.379
曲梁厚度 t	0.703	0.484	0.479	0.442	0.595

9.6.2　负刚度超材料圆柱壳径向受压静力学特性分析

利用有限元分析研究负刚度超材料圆柱壳在径向受压时的静力学特性。将圆柱壳内表面上的节点固定,各外表面节点上施加强制径向位移载荷,载荷幅值为使所有曲梁层发生屈曲的位移。位移首先由零均匀增加至幅值,随后又减小为零,分别模拟缓慢加载与卸载的过程。输出分析过程中加载点的位移与支反力的时间历程结果。圆柱壳的最大变形与胞元的变形过程以及对应的力-位移曲线如图 9-35 所示。其中,力-位移曲线是周向 30 组胞元上计算结果的平均值。

由图 9-35 可知,圆柱壳径向受压的力-位移曲线呈现典型的折线形,其上升段与下降段分别对应结构的正刚度与负刚度区。曲线上的四个峰值分别对应四层曲梁的屈曲力临界值,并按照从小到大的顺序排列。此外,四个谷值均小于

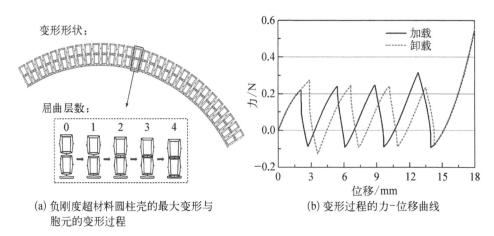

(a) 负刚度超材料圆柱壳的最大变形与　　　　　(b) 变形过程的力-位移曲线
　　胞元的变形过程

图 9-35　圆柱壳的变形及力-位移曲线

零,说明结构在四层曲梁处均存在稳态。区别于双向正交负刚度超材料,该圆柱
壳在径向受压时,径向力-位移关系受到周向曲梁刚度的影响,其余特性则与一
般负刚度结构类似。

　　负刚度超材料圆柱壳准静态径向受压分析给出了其在受压时的力学特性,
证明了该设计的可行性。由于负刚度结构的抗冲击吸能特性来源于其内部曲梁
的逐层屈曲,因此所设计的负刚度超材料圆柱壳具备一般负刚度结构的抗冲击
吸能能力,在受到整体或局部的冲击载荷时能够有效延长冲击作用时间,吸收冲
击能量,起到防护作用。

9.6.3　负刚度超材料圆柱壳隔声性能分析

　　基于屈曲的负刚度结构(buckling-based negative stiffness structure)一般
被设计用于抗冲击防护等领域,其初始正刚度可以被利用。本节基于线性与小
变形假设,研究所提出的负刚度超材料圆柱壳的隔声性能。一般情况下声波载
荷非常小,不足以导致结构的屈曲。由于负刚度圆柱壳内部含有强度差异悬殊
的两种不同的梁,因此探究其是否具备比一般蜂窝板或蜂窝结构更优良的隔声
性能是有意义的。

　　负刚度超材料圆柱壳隔声性能通过计算和比较圆柱壳两侧的入射和传递声
功率来评估。对于隔声应用场景,为了获得均匀连续的外部结果,外面板应是连
续的,因此负刚度超材料作为夹芯圆柱壳的芯层。

　　利用有限元法对负刚度超材料圆柱壳隔声性能进行分析,建立的有限元模型如图 9-36 所示。在圆柱壳外面板之外划分一个扇形区为流体(空气)域,对应材料属性为空气:密度为 $\rho_a = 1.2\ \text{kg/m}^3$,声速 $c_a = 343\ \text{m/s}$ 以及体积模量 $\kappa = 141\ 179\ \text{Pa}$。在扇形空气域两侧为刚性障板,声波无法传播。空气域的外径为 3.5 m,外圆周处设置无反射边界条件。空气域网格尺寸从 0.01 m 增加至 0.05 m,利用三节点二维声学单元(AC2D3)离散,共包含 34 028 个单元和 17 290 个节点。圆柱壳两端节点处为简支边界条件。在圆柱壳内表面施加大小为 1 Pa 的均布压力作为输入载荷,以模拟入射声波。

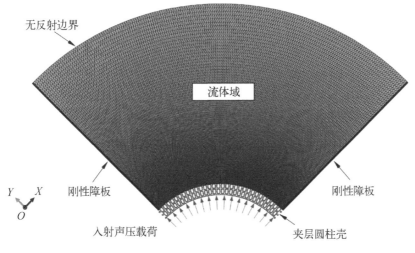

图 9-36　负刚度超材料圆柱壳隔声性能分析模型

　　结构的稳态动力学响应利用直接法求解,求解范围为 $1 \sim 1\ 000\ \text{Hz}$。传递声功率由结构-流体耦合面上的节点处声压计算得到。由于内部结构的刚度相对较大,空气声对总辐射声功率对的影响可以忽略[312-313],因此只计入结构的贡献。

　　声传递损失(sound transmission loss,STL)被广泛作为衡量夹层板/多孔结构板声学性能的指标[198,314]。声传递损失单位为分贝(dB),表达式如下:

$$\Delta_{\text{STL}}(\omega) = 10\lg\left(\frac{W_i}{W_t}\right) \tag{9-18}$$

式中,W_i 和 W_t 分别为沿着圆柱壳内外表面的入射声功率与传递声功率。两种声功率均由沿该表面 S 的积分得到:

$$W = \frac{\int |p|^2 \mathrm{d}S}{2\rho_a c_a} \tag{9-19}$$

式中，ρ_a 为空气密度；c_a 为空气中的声速；p 为某一点处的声压。在有限元分析中，积分可以转化为沿着表面所有计算节点的声压的函数的代数和。

由于圆柱壳两侧节点为均匀分布，且两侧传播介质相同，式(9-18)可简化为

$$\Delta_{\text{STL}}(\omega) = 10\lg\left(\frac{p_i^2}{p_t^2} \cdot \frac{r}{R}\right) \approx 10\lg\left(\frac{p_i^2}{p_t^2}\right) \tag{9-20}$$

式中，r 和 R 分别为圆柱壳的内径和外径；p_i 和 p_t 分别是入射侧与传出侧节点的均方根声压值。式中第二项 $10\lg(r/R)$ 对声传递损失的影响较小，故忽略不计。p_i 和 p_t 的计算式为

$$p_i^2 = \frac{1}{M}\sum_{k=1}^{M} p_k^2, \quad p_t^2 = \frac{1}{N}\sum_{k=1}^{N} p_k^2 \tag{9-21}$$

式中，p_k 为沿着面板第 k 个节点处的声压值；M 和 N 分别为圆柱壳入射侧和传出侧的面板节点总数。本书输入声压为单位载荷，因此内表面上所有节点处声压值均为 1 Pa。

利用上述声学分析方法对负刚度超材料圆柱壳的参考模型进行计算，得到的声传递损失随频率变化的曲线如图 9-37 所示，其基本趋势与常规蜂窝夹层板类似[197]。曲线上的谷值与圆柱壳振动的固有频率相一致。在这些频率处，声传递损失较小，即传递声功率更大。以其中 9 个谷值为例，给出该频率下的辐射声压云图，以及对应的圆柱壳振动模态，如图 9-38 所示。

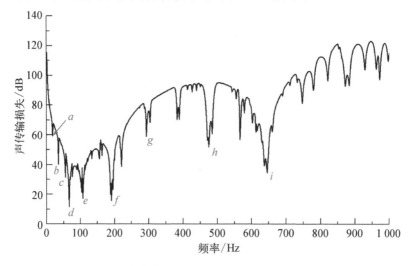

图 9-37　圆柱壳参考模型在 1~1 000 Hz 频段内的声传递损失

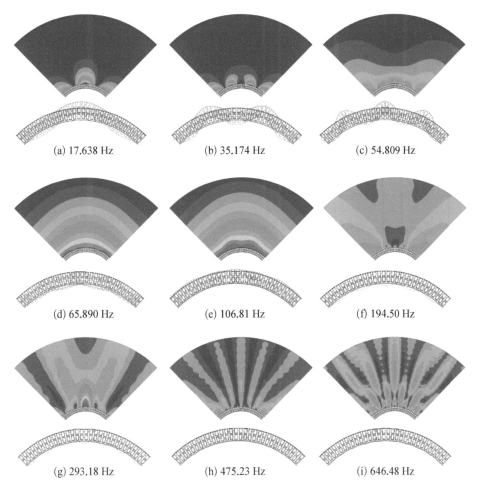

(a) 17.638 Hz　　　　(b) 35.174 Hz　　　　(c) 54.809 Hz

(d) 65.890 Hz　　　　(e) 106.81 Hz　　　　(f) 194.50 Hz

(g) 293.18 Hz　　　　(h) 475.23 Hz　　　　(i) 646.48 Hz

图 9 - 38　声传递损失谷值处的声压云图与对应的圆柱壳振动模态

由图 9 - 37 与图 9 - 38 可以看出,前 3 个声传递损失谷值(a、b 和 c)对应于圆柱壳的前 3 个奇数阶整体弯曲模态,模态半波数分别为 1、3 和 5。这是因为入射波垂直于圆柱壳内表面,关于其中心线对称,因此当载荷频率与奇数阶固有频率一致时发生共振。第 4 个谷值(d)是整个频段内声传递损失的最小值,它对应的振动模态也是对称整体模态,如图 9 - 38(d)所示,沿周向共有 4 个半波且每个半波同步地向外或向内振动。在文献中这种固有频率被称作"环频率"(ring frequency),是由于圆柱壳的弯曲力与表面力耦合导致的[315-316]。后 5 个模态则均为局部模态,共振发生在面板或内部的胞元中。

利用前述声学分析方法同样研究了面板间夹层为常规蜂窝超材料时圆柱壳的隔声性能,并与负刚度超材料圆柱壳结果进行比较。常规蜂窝超材料夹芯圆柱壳的整体尺寸(外径 R 与内径 r)以及总质量均与负刚度圆柱壳保持一致,周向蜂窝胞元间圆心角为 3°。面板厚度与蜂窝胞元壁厚相等,由圆柱壳总质量计算得到。如图 9-39 所示,六角形蜂窝胞元角度 θ 分别取 $-30°$、$-15°$、0、$15°$ 和 $30°$。本书中为简便起见,将这 5 个蜂窝超材料圆柱壳分别记为 Neg 30、Neg 15、Rect、Pos 15 和 Pos 30 模型。首先给出 Neg 30、Neg 15、Rect 等 3 个圆柱壳模型的声传递损失曲线,如图 9-40 所示。其余两个模型 Pos 15 和 Pos 30 的结果

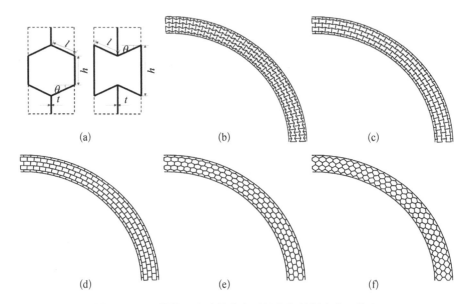

图 9-39　不同胞元角度的六角形蜂窝超材料夹芯圆柱壳

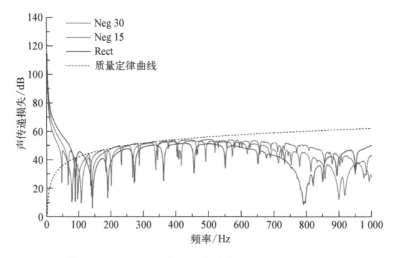

图 9-40　Neg 30、Neg 15 和 Rect 蜂窝超材料圆柱壳的声传递损失

则与负刚度超材料圆柱壳参考模型结果一起展示(见图 9-41)。值得注意的是为了匹配圆柱壳的弧形轮廓,六角形蜂窝胞元的胞元壁均进行了小角度旋转,原垂向蜂窝壁[在图 9-41(a)中长度用 h 标记]均指向圆柱壳截面的圆心。因此,胞元夹角并不严格等于其名义值 θ。

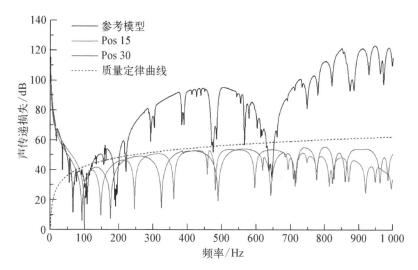

图 9-41　Pos 15 和 Pos 30 蜂窝超材料圆柱壳与负刚度超材料圆柱壳的声传递损失

在图 9-40 与图 9-41 中,给出了 1~1 000 Hz 范围内的质量定律曲线。在中高频区,声传递损失曲线主要受质量影响,即质量控制区域,声传递损失可按平面波穿过无限长薄板的公式进行计算:

$$\Delta_{\text{STL}}(\omega) = 10\lg\left[1 + \left(\frac{m_{\text{p}}\omega\cos\alpha}{2\rho_{\text{a}}c_{\text{a}}}\right)^2\right] \approx 20\lg(m_{\text{p}}f) - 42 \qquad (9-22)$$

式中,m_{p} 为单位面积平板的质量;$\omega = 2\pi f$ 为圆频率;α 为入射角度;ρ_{a} 为介质密度,c_{a} 为介质中的声速,此处介质为空气。由于垂直入射时 $\alpha = 0$,可对该表达式进行简化。

由图 9-40 与图 9-41 中可以看出,常规蜂窝超材料夹芯圆柱壳的声传递损失曲线具有类似的形状,且在中高频区域均与质量定律曲线很接近。蜂窝胞元角度越大(代数值),共振谷值之间的间隔也越大,相同频率区间内的谷值点越少,这与蜂窝平板的研究结果是一致的。对于负刚度超材料圆柱壳,其声传递损失曲线在频率 200 Hz 以上的区域均优于常规蜂窝超材料夹芯圆柱壳,最大值可达 120 dB。

为了说明负刚度超材料相对于等厚度常规蜂窝超材料在隔声性能上的优

势,将原参考模型胞元改为等壁厚,即曲梁与支撑框架的(面内)厚度相等,而总质量保持不变,计算其声传递损失曲线,结果如图 9‑42 所示。该曲线表现出与常规蜂窝超材料夹芯圆柱壳相同的特性,即在 100~300 Hz 范围内接近质量定律曲线。在大部分频段上,其隔声性能均弱于非等壁厚的负刚度超材料圆柱壳。表明负刚度超材料圆柱壳优良的隔声性能得益于其径向(即声波的传播方向)的刚度不连续性。

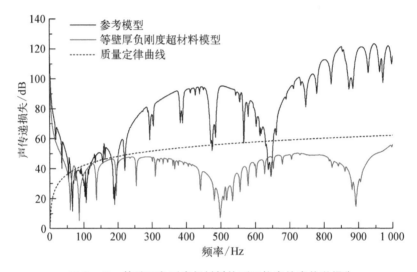

图 9‑42　等壁厚负刚度超材料构型圆柱壳的声传递损失

与常规蜂窝超材料夹芯圆柱壳相比,在低频区域(本节中取 100 Hz 以下)负刚度圆柱壳并未表现出更好的隔声性能。这是由于负刚度圆柱壳的整体刚度偏小,且在低频区域最小值前已存在 3 个共振谷值。在低频区域,声传递损失曲线主要由结构的刚度控制,阻尼和质量的影响则相对较弱。负刚度超材料圆柱壳的整体刚度明显小于其余的蜂窝圆柱壳,这可以从下文中对其整体振动固有频率的对比中看出。如图 9‑43 所示为负刚度圆柱壳参考模型与 5 个常规蜂窝圆柱壳在 1~150 Hz 频段内声传递损失曲线下方的面积,也可表征该频段内平均声传递损失的大小关系。负刚度圆柱壳优于 Neg 30 与 Pos 30 蜂窝圆柱壳,但表现不如 Neg 15、Rect 及 Pos 15。

6 个不同超材料圆柱壳的整体弯曲固有频率如表 9‑14 所示,括弧中的数字代表整体模态中的半波数,R 则表示环频率。可以看出,随着胞元角度增加(代数值),蜂窝超材料夹芯圆柱壳刚度增大,对应某一模态的频率值也增大。事实上,为了保证总质量相等,蜂窝壁的厚度也随角度的增大而增大。对于 Pos 30

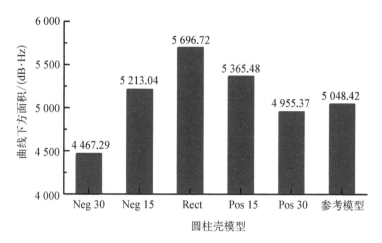

图 9‑43　不同圆柱壳 1～150 Hz 频段内声传递损失曲线下方的面积

圆柱壳,其弯曲刚度较大,在频率为 91.853 Hz 时存在含一个半波的整体弯曲模态,这与平板的振动类似,且未出现独立的环频率。对于其他 4 个蜂窝圆柱壳,环频率出现在第 3 阶和第 5 阶(参考平板的命名方式)完全模态之间。对于负刚度超材料圆柱壳,环频率则出现在第 7 阶弯曲模态之后。

表 9‑14　不同圆柱壳对应于声传递损失谷值的前 5 阶固有频率

单位:Hz

价数	参考模型	Neg 30	Neg 15	Rect	Pos 15	Pos 30
1	17.638(3)	46.280(3)	66.437(3)	89.131(3)	99.136(3)	91.853(1)
2	35.174(5)	78.531(R)	107.52(R)	142.04(R)	147.64(R)	175.31(3)
3	54.809(7)	96.407(5)	139.48(5)	189.44(5)	246.29(5)	325.13(5)
4	65.890(R)	136.26(7)	200.27(7)	272.64(7)	360.03(7)	490.24(7)
5	—	182.63(9)	267.17(9)	362.30(9)	482.15(9)	644.08(9)

9.6.4　负刚度超材料圆柱壳隔声性能的参数分析

1) 胞元内曲梁厚度对隔声性能的影响

对于负刚度超材料圆柱壳,在其外形不变时,胞元内曲梁的厚度可作为设计变量。通过调整其厚度,可改变圆柱壳的刚度。本节中分别针对周向和径向两类曲梁的厚度,研究其对负刚度超材料圆柱壳隔声性能的影响。拱高厚度比 $Q=h/t$ 作为改变曲梁厚度的参数,分别对周向曲梁和径向曲梁取值,记为 Q_c 与 Q_r。考虑到曲梁的强度,Q 的上下限分别取为 6.0 和 2.0。仅改变 Q_c 时,得到的声传递损失曲线如图 9-44 所示。仅改变 Q_r 时,声传递损失曲线则如图 9-45 所示。

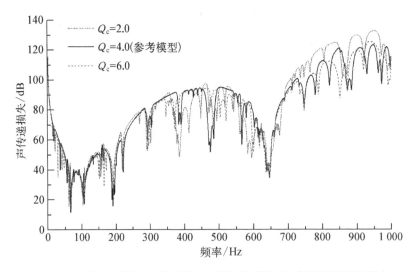

图 9-44 胞元内周向曲梁厚度对负刚度超材料圆柱壳隔声性能的影响

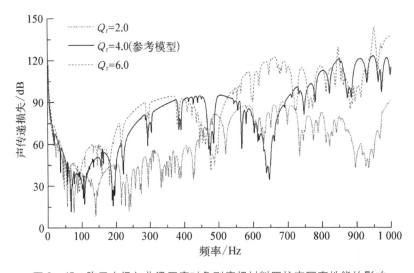

图 9-45 胞元内径向曲梁厚度对负刚度超材料圆柱壳隔声性能的影响

　　由图 9 - 44 与图 9 - 45 可知,相比于改变周向曲梁厚度,改变径向曲梁厚度对圆柱壳隔声性能的影响更为明显。这是由于后者对圆柱壳在声波传递方向上的刚度起决定性作用。改变曲梁厚度,曲梁厚度越小,共振频率也越小,谷值向左迁移,但低频区域上包络线以及环频率位置则基本不变。在 400～600 Hz 范围内,周向曲梁厚度较小时($Q_c=6.0$),声传递损失较大;在 700～1 000 Hz 范围内,周向曲梁厚度较大时($Q_c=2.0$),声传递损失较大。减小径向曲梁厚度,声传递损失在大部分频段内均有提升。在 480 Hz 频率附近,$Q_r=6.0$ 时存在一个明显的谷值区域,这是由于此时局部共振主要发生在径向曲梁上,而其他两个模型的共振则位于周向曲梁与内面板处。其他两个模型也存在相同的谷值区,分别在 650 Hz 和 900 Hz 频率附近。

2) 胞元内置质量块对隔声性能的影响

　　除了改变胞元内曲梁的厚度之外,还可以通过在胞元中心空腔内置入质量块的方式改变圆柱壳的隔声性能[135,317],如图 9 - 46 所示。由于所设计的负刚度超材料圆柱壳参考模型在径向由两层胞元组成,共有 3 种添加质量块的方式,即全部置于外层、全部置于内层和分配于两层中。为简便起见,第 3 种方式为内外层均匀分布。置入质量块的总质量设置为原圆柱壳总质量(记为 m_0)的 1/10、1 倍和 10 倍。分别计算这些模型的声传递损失曲线,与参考模型比较,结果如图 9 - 47、图 9 - 48 和图 9 - 49 所示。

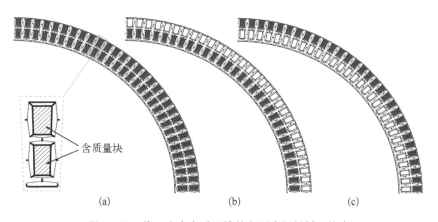

含质量块

(a)　　　　　　(b)　　　　　　(c)

图 9 - 46　胞元中含有质量块的负刚度超材料圆柱壳

　　由以上结果可知,随着质量块总质量的增加,声传递损失可以大幅提高。当加入质量块的总质量为 $10m_0$ 时,最大声传递损失可达 180 dB。所有模型在 1～1 000 Hz 频段内的平均声传递损失如表 9 - 15 所示。可以看出,小质量模型的结果接近于参考模型值(81.77 dB),而中等质量和大质量模型的声传递损失则

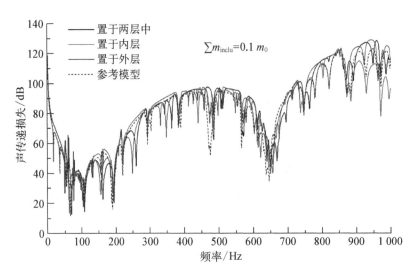

图 9 - 47　质量块总质量为 $0.1m_0$ 的负刚度超材料圆柱壳的声传递损失

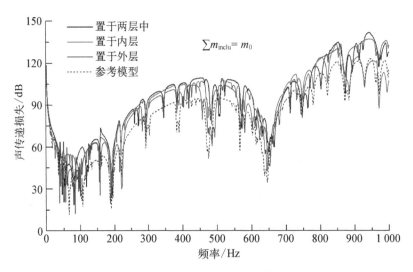

图 9 - 48　质量块总质量为 m_0 的负刚度超材料圆柱壳的声传递损失

明显高于参考值。仅将质量块置于内层胞元时,在低中频区域(400 Hz 以下)具有更少的共振谷值,而在 400~1 000 Hz 频段内,仅将质量块置于外层胞元时共振谷值更少,曲线更平滑。如图 9 - 49 所示,在 3 个大质量模型中,将质量块均布于内外胞元层中时结果最优。此外,质量块的加入改善了 30~100 Hz 频段内的隔声性能,该频段内参考模型的表现弱于常规蜂窝超材料夹芯圆柱壳。这些结果表明,在胞元内置入质量块可以有效改变圆柱壳的声振性能。

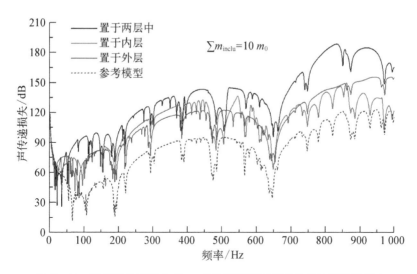

图 9 - 49　质量块总质量为 $10m_0$ 的负刚度超材料圆柱壳的声传递损失

表 9 - 15　含有质量块的负刚度圆柱壳在 1~1 000 Hz 频段的平均声传递损失

单位：dB

质量块位置	小质量 ($\sum m_{inclu} = 0.1m_0$)	中等质量 ($\sum m_{inclu} = m_0$)	大质量 ($\sum m_{inclu} = 10m_0$)
置于两层中	83.96	94.22	132.71
置于内层	82.58	92.00	109.77
置于外层	83.65	90.39	110.84
参考模型	81.77		

9.6.5　负刚度超材料圆柱壳隔声性能优化

以胞元内曲梁厚度和胞元内质量块的分布为独立变量,建立优化数学模型,实现针对特定频段内隔声性能的负刚度超材料圆柱壳优化设计。厚度变量包括 1 个周向曲梁厚度和 4 个径向曲梁厚度,厚度取值的上下限与参数分析相同,即由 $2.0 \leqslant Q_i = h_i/t_i \leqslant 6.0$ ($i=1,2,3,4,5$) 决定。置入质量块的总质量等于原参考模型质量 m_0,质量的分布由内层质量块的总质量与 m_0 之比 λ 决定。优化

问题的数学模型为

$$
\begin{cases}
\text{Find} & \boldsymbol{t} = \{t_1,\, t_2,\, t_3,\, t_4,\, t_5\}^{\mathrm{T}},\, \lambda \\
\text{Minimize} & -f_{\mathrm{STL_a}}(\boldsymbol{t},\, \lambda) = -\dfrac{1}{\omega_2 - \omega_1}\displaystyle\int_{\omega_1}^{\omega_2} f_{\mathrm{STL}}(\omega;\, \boldsymbol{t},\, \lambda)\mathrm{d}\omega \\
\text{s.t.} & t_{\min} \leqslant t_i \leqslant t_{\max},\, i = 1,2,3,4,5 \\
& m(\boldsymbol{t}) = m_0 \\
& 0 \leqslant \lambda \leqslant 1
\end{cases}
\tag{9-23}
$$

式中，$\boldsymbol{t}$ 为曲梁厚度矢量；$f_{\mathrm{STL_a}}$ 为 $\omega_1 \sim \omega_2$ 频段内的平均声传递损失；$t_{\min}$ 与 $t_{\max}$ 分别为曲梁厚度变化的下限和上限，$m(\boldsymbol{t})$ 表示负刚度超材料圆柱壳不计入质量块时的总质量。

采用遗传算法求解式（9-23）中的优化问题。由于设计变量为厚度，具有离散特性，采用可处理离散问题的遗传算法[243]。厚度变化间隔为 0.001 mm，质量比 λ 的间隔为 1%。由于算法具有普适性，可根据实际需要调整变量间隔。优化求解的流程如下：

步骤 1：确定变量的边界与约束条件，由遗传算法产生一个初始随机种群。

步骤 2：基于初始种群的个体，利用 Python 参数化脚本创建一系列圆柱壳有限元模型。

步骤 3：求解这些模型，然后编写脚本分别提取各模型的平均声传递损失值。

步骤 4：调用优化算法，评估种群的适应度，通过筛选、交叉和变异产生下一代种群。

步骤 5：根据终止条件判断是否应该终止。如果是，则停止计算；否则循环步骤 2～步骤 4 的操作。

首先选取的声传递损失优化频段是 185～200 Hz，频率计算间隔为 1 Hz。在该频段内，原参考模型存在几个连续的共振谷值，隔声性能较差。优化结果如表 9-16 所示，优化模型与原参考模型的声传递损失曲线如图 9-50 所示。

从图 9-50 可以看出，相比参考模型，优化模型在 185～200 Hz 频段内的平均声传递损失提高了 36.54 dB，提升 121.8%。频段内声传递损失曲线由连续多个谷值转变为光滑向上凸，说明通过优化可以针对某一频段有效提高其隔声性能。

表 9‑16　两个频段的优化结果

模型类别	频率范围/Hz	t /mm	λ/%	平均声传递损失/dB		平均声传递损失的提升/%
				优化前	优化后	
参考模型		[0.703, 0.484, 0.479, 0.442, 0.595]				
优化模型 1	185～200	[0.621, 0.329, 0.516, 0.705, 0.870]	18	30.01	66.55	121.8
优化模型 2	35～105	[0.646, 0.466, 0.821, 0.695, 0.419]	99	39.37	54.73	39.0

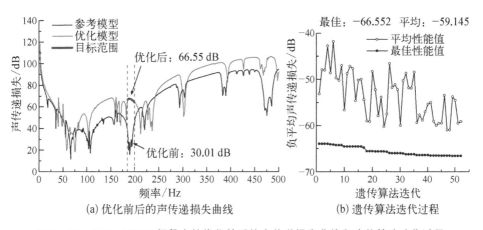

(a) 优化前后的声传递损失曲线　　　　(b) 遗传算法迭代过程

图 9‑50　185～200 Hz 频段内的优化前后的声传递损失曲线和遗传算法迭代过程

第 2 个声传递损失优化频段为 35～105 Hz,在该频段内,参考模型声传递损失曲线存在多个共振谷值,隔声性能弱于常规蜂窝超材料夹芯圆柱壳。通过前面的参数分析已经发现质量块的加入可以有效改善其隔声性能。通过进一步的多参数优化可以在质量块总质量比较小的情况下实现这一目的。最终得到的优化结果如表 9‑16 所示,优化模型与原参考模型的声传递损失曲线如图 9‑51 所示。

优化模型的声传递损失曲线表明,在优化频段内,除 45 Hz 附近的谷值外,优化模型的声传递损失要明显大于原参考模型,且在区间左侧频率更小的区域也未弱化隔声性能。频段内的平均声传递损失提高了 15.36 dB,提升 39.0%。

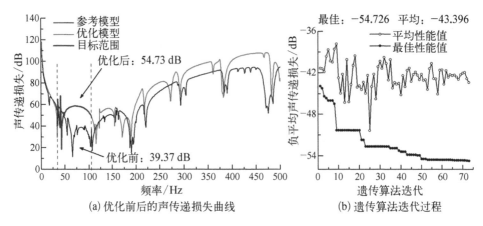

(a) 优化前后的声传递损失曲线   (b) 遗传算法迭代过程

图 9‑51   35～105 Hz 频段内的优化前后的声传递损失曲线和遗传算法迭代过程

两个优化解均在目标频段之外增大了圆柱壳的声传递损失，表明本书所设计的负刚度超材料圆柱壳不仅与常规蜂窝超材料夹芯圆柱壳相比具有较好的隔声性能，同时也具有很强的可设计性，通过加入质量块和对参数的优化可有效提升其性能。

第 **10** 章

超材料舰艇的振动与声学设计和性能分析

　　潜艇属于大型水下目标,其辐射噪声是被动声呐探测、跟踪的信号,降低潜艇水下辐射噪声是提高其声隐身性能及作战能力的重要手段。潜艇在低速巡航时的主要辐射噪声来源于艇上各种机械设备、管路系统产生的机械振动辐射到水中产生的噪声,包括主推进电机、柴油机、发电机组或辅机等的振动通过基座传递至船体,船体振动向周围流体辐射声波。流场压力脉动反过来对结构的振动产生影响,形成反馈的声-结构相互作用,即声固耦合问题。潜艇结构振动与水介质相互作用是强耦合问题,无法被忽略。本章利用负泊松比超材料环肋在减振降噪方面的优良性能,将其应用于潜艇动力设备舱舱段的结构设计,对比常规实肋板结构,负泊松比超材料肋板结构既能降低因动力设备引起的振动与噪声,又能使结构质量降低。

10.1　潜艇水下辐射噪声分析流程

　　采用声固耦合模式下结构有限元与声学间接边界元法,潜艇低频域水下辐射噪声及艇体振动速度和振动加速度的计算流程如图 10-1 所示。声固耦合分析模式下结构有限元(FEM)＋流体声学间接边界元(IBEM)耦合算法的主要步骤为:首先求解艇体结构"干"模态下振动固有特性,之后求解声固耦合模式下结构有限元＋流体声学间接边界元的耦合动力学方程,得到水下声辐射声场(声压及声功率)及船体振动响应。

10.1.1　声学间接边界元方程

　　潜艇结构内外壳间存在流固耦合,其建模较为复杂。图 10-2 所示为双层壳

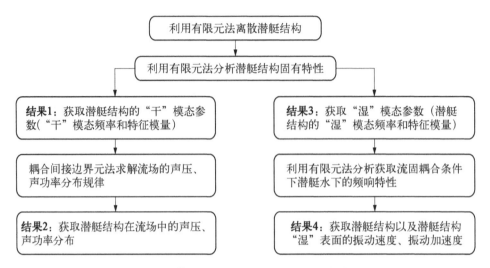

图 10-1   潜艇艇体振动与水下辐射噪声计算流程

结构/流体域，Γ_1、Γ_2 和 Γ_3 分别表示潜艇结构和内外部流场的交界面，结构内外均有流体域，其中 Σ_2 表示外部无限流场，Σ_2 表示内部有限流场。对于无黏且可压缩流体，在线性小扰动的情况下，流体域中各场点的声压 p 满足亥姆霍兹方程：

$$\mathbf{V}^2 p + k^2 p = 0 \qquad (10-1)$$

式中，$\mathbf{V}^2$ 为拉普拉斯算子；$k=\omega/c$ 为波数；ω 为流体介质运动圆频率；c 为声波在流体介质中传播速度。

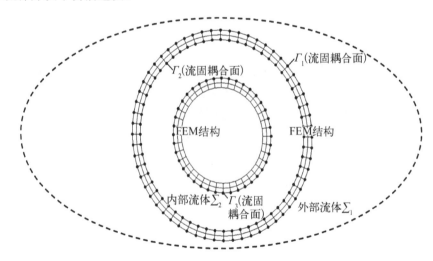

图 10-2   潜艇水下声振计算模型示意图

在结构浸水外表面处,流体压力的法向梯度与法向振动速度 v_n 满足:

$$\frac{\partial p}{\partial n} = -\mathrm{i}\omega\rho v_n \tag{10-2}$$

式中,ρ 为流体密度。

利用格林公式可将式(10-1)转化为振动结构边界上的亥姆霍兹积分方程:

$$C(X)p(X) = \int_{\Gamma_Y} \left(\frac{\partial G(X,Y)}{\partial n_Y} \cdot p(Y) - G(X,Y)\frac{\partial p(Y)}{\partial n_Y} \right) \mathrm{d}\Gamma_Y \tag{10-3}$$

式中,Y 表示振动结构表面(源点);X 表示流体域中计算点(场点)。

对于无限域,$G(X,Y) = \mathrm{e}^{-\mathrm{i}kr}/4\pi r$ 为 Y 的基本解,r 为 X 与 Y 之间的矢径。$C(X)$ 为影响系数,它与 Y 及结构表面的光滑度相关。

间接边界元由直接边界元推导所得,它以结构表面声压差 μ(双层势)和声压梯度差 σ(单层势)为未知变量,将式(10-3)分别应用于边界表面两侧的内场问题和外场问题,即可得声场域内任意点的声压:

$$p(X) = \int_{\Gamma_Y} \left(\frac{\partial G(X,Y)}{\partial n_Y} \cdot \mu(Y) - G(X,Y)\sigma(Y) \right) \mathrm{d}\Gamma_Y \tag{10-4}$$

$$\sigma(Y) = \frac{\partial p(Y_1)}{\partial n_{Y_1}} - \frac{\partial p(Y_2)}{\partial n_{Y_2}} \tag{10-5}$$

$$\mu(Y) = p(Y_1) - p(Y_2) \tag{10-6}$$

假设结构表面满足诺伊曼边界条件,由式(10-4)~式(10-6),可得边界条件与未知变量的关系表达式为

$$-\mathrm{i}\omega\rho v_n(X) = \frac{\partial p(X)}{\partial n_X} = \int_{\Gamma_Y} \left(\frac{\partial^2 G(X,Y)}{\partial n_Y \partial n_X} \cdot \mu(Y) - \frac{\partial G(X,Y)}{\partial n_X}\sigma(Y) \right) \mathrm{d}\Gamma_Y \tag{10-7}$$

定义泛函[336]:

$$F(\mu) = 2\int_{\Gamma_X} \mathrm{i}\omega\rho v_n(X)\mu(X)\mathrm{d}\Gamma_X + \int_{\Gamma_X}\mu(X)\left(\int_{\Gamma_Y} \frac{\partial^2 G(X,Y)}{\partial n_Y \partial n_X} \cdot \mu(Y)\mathrm{d}\Gamma_Y \right)\mathrm{d}\Gamma_X \tag{10-8}$$

由于式(10-8)中的泛函 $F(\mu)$ 具有奇异性,可通过式(10-9)改善:

$$F(\mu) = 2\int_{\Gamma_X} \mathrm{i}\omega\rho v_n(X)\mu(X)\mathrm{d}\Gamma_X +$$

$$\iint\limits_{\Gamma_X \Gamma_Y} \{k^2 (n_X \cdot n_Y) \mu_X \mu_Y -$$

$$[\nabla_X \mu_X \times \mu_X][\nabla_Y \mu_Y \times \mu_Y]\} G(X, Y) \mathrm{d}\Gamma_Y \mathrm{d}\Gamma_X \qquad (10-9)$$

采用边界元在声固边界对式(10-9)进行离散,利用变分原理可得到系统方程,从而可通过系统方程的求解得到结构表面的声压差 μ,然后利用式(10-4)可求出流场中任意点的压力。

以三结点三角形线性边界单元在流体固体耦合边界上对式(10-9)进行数值离散,最终可得到如下形式表达式:

$$F(\mu) = \boldsymbol{\mu}^{\mathrm{T}} \boldsymbol{Q}(\omega) \boldsymbol{\mu} + 2\mathrm{i}\omega\rho \boldsymbol{\mu}^{\mathrm{T}} \boldsymbol{A} v_{\mathrm{n}} \qquad (10-10)$$

式中,$\boldsymbol{\mu}$ 为结构表面结点未知变量压力差矢量;$\boldsymbol{Q}(\omega)$ 为间接边界元的对称影响矩阵;$\boldsymbol{A}$ 为结构表面流体单元面积矩阵。矩阵 $\boldsymbol{Q}(\omega)$,$\boldsymbol{A}$ 中的单元具体表达式如下:

$$\boldsymbol{Q}^{\mathrm{e}} = \iint\limits_{\Gamma_Y^j \Gamma_X^i} \{k^2 (n_X \cdot n_Y) \boldsymbol{N}_X \boldsymbol{N}_Y^{\mathrm{T}} - [n_X \times \nabla \boldsymbol{N}_X][n_Y \times \nabla \boldsymbol{N}_Y^{\mathrm{T}}]\} \cdot G(r_X, r_Y) \mathrm{d}\Gamma_Y^j \mathrm{d}\Gamma_X^i$$

$$(10-11)$$

$$\boldsymbol{A}^{\mathrm{e}} = \int\limits_{\Gamma_X^i} \boldsymbol{N} \boldsymbol{N}^{\mathrm{T}} \mathrm{d}\Gamma_X^i \qquad (10-12)$$

利用变分原理,可得间接边界元表达式:

$$\boldsymbol{Q}(\omega) \boldsymbol{\mu} = -\mathrm{i}\omega\rho \boldsymbol{A} v_{\mathrm{n}} \qquad (10-13)$$

根据式(10-13)求出结构表面声压差 μ 后,可由式(10-4)求得任意点的声压值。

10.1.2　潜艇水下辐射噪声分析的声固耦合动力学方程

考虑流体与结构振动的耦合影响时,结构振动方程有限元形式为

$$(-\omega^2 \boldsymbol{M} + \mathrm{i}\omega\boldsymbol{C}_{\mathrm{d}} + \boldsymbol{K}) \boldsymbol{u} = \boldsymbol{F}_{\mathrm{f}} + \boldsymbol{F}_{\mathrm{s}} \qquad (10-14)$$

式中,$\boldsymbol{M}$ 为结构质量矩阵;$\boldsymbol{C}_{\mathrm{d}}$ 为阻尼矩阵;$\boldsymbol{K}$ 为结构刚度矩阵;$\boldsymbol{u}$ 为结构单元节点位移矢量;$\boldsymbol{F}_{\mathrm{f}}$ 为作用在结构表面上流体动压力矢量;$\boldsymbol{F}_{\mathrm{s}}$ 为作用在结构上的外激励矢量。

潜艇外壳两侧均有流体介质时(如压载水舱满舱时),流体动压力可以表

示为

$$F_f = -T \cdot A\mu \tag{10-15}$$

式中，T 为方向余弦转换矩阵；A 为结构表面流体单元面积矩阵；μ 为结构表面处流体节点压力差矢量。

假设结构做简谐振动，结构振动速度 v 与加速度 a 满足关系 $a = \mathrm{i}\omega v$。

式(10-15)中流体动压力项可以转化为

$$F_f = -T \cdot A\mu = -\omega^2 \rho T \cdot AQ^{-1}A \cdot T^T\mu \tag{10-16}$$

低频振动时可以忽略流体的阻尼效应，则流体动压力最终可转化为结构附加质量效应项：

$$M_a = -\rho Re(T \cdot AQ^{-1}A \cdot T^T) \tag{10-17}$$

根据前面推导可知，可压缩流体中附加质量矩阵 M_a 与频率有关。

代入式(10-17)中附加质量矩阵 M_a 的表达式，水下结构流固耦合作用下动力学方程有限元形式为

$$\{-\omega^2[M - \rho Re(T \cdot AQ^{-1}A \cdot T^T)] + \mathrm{i}\omega C_d + K\}\mu = F_s \tag{10-18}$$

对应的广义特征值问题为

$$\{-\omega^2[M - \rho Re(T \cdot AQ^{-1}A \cdot T^T)] + K\}\mu = 0 \tag{10-19}$$

求解上述广义特征问题，即可求得浸水结构的固有频率和振型。

10.2　含负泊松比超材料构件的潜艇结构设计及性能

10.2.1　尾部机舱的常规材料肋板与超材料肋板设计

考虑图 10-3 所示某常规双层壳潜艇模型，潜艇总长为 137.5 m，型宽为 16.3 m，尾翼布局为十字形。

考虑潜艇潜航工况，使用 MSC Patran 软件建立潜艇结构有限元模型以及与艇体外壳相接触流体的湿表面网格，如图 10-4 所示。潜艇结构有限元模型主要采用四边形壳单元离散，模型共有 51 297 个单元，艇体材料均为钢（普通钢材 Q235），密度为 7 850 kg/m³，材料弹性模量为 210 GPa，泊松比为 0.3。有限元

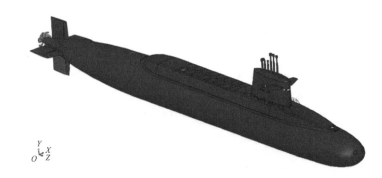

图 10‑3　某型潜艇的三维模型图

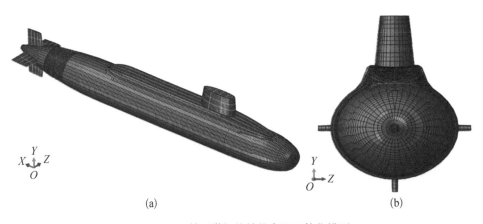

(a)　　　　　　　　　　　　　　　　　　(b)

图 10‑4　某型潜艇的结构有限元简化模型

建模时对潜艇结构进行了一定简化,忽略螺旋桨、扶栏、潜艇围壳上的桅杆天线以及传感器等构件。

负泊松比蜂窝超材料结构独特的拉胀现象,对应的高空隙率、优良减振特性和低相对密度,使潜艇结构轻量化成为可能,使用中也可以避免严重的各向异性,使整体结构具有较高比强度和比刚度。本书研究中对于超材料的运用,主要针对潜艇动力设备舱段结构,具体做法是将动力设备舱舱段双层壳间的常规材料肋板替换为负泊松比超材料肋板,图 10‑5 为实肋板下潜艇结构及等质量 10 mm 胞元壁厚超材料肋板下潜艇结构有限元模型半剖图。通过超材料肋板耗能特性,削弱内壳振动向外壳的传递,达到既降低因动力设备引起的振动与噪声,又使艇体结构质量降低的目的。

图 10‑6 所示为超材料肋板截面图,胞元为内六角形,内外壳间超材料肋板设置有 4 层胞元,超材料肋板厚度为 10 mm,环向旋转角度为 6.66°。

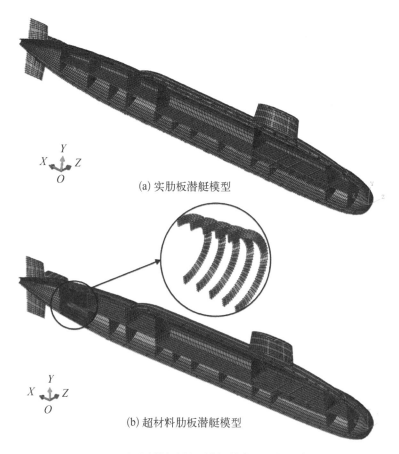

(a) 实肋板潜艇模型

(b) 超材料肋板潜艇模型

图 10-5　各类材料肋板下潜艇的有限元模型半剖图

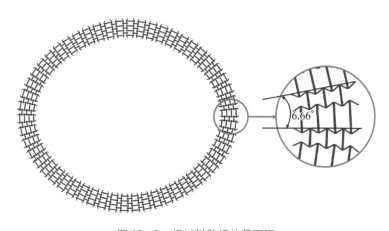

图 10-6　超材料肋板的截面图

对应不同胞元壁厚的超材料胞元泊松比数值如表 10-1 所示,6 mm 胞元壁厚超材料肋板的质量相对于实肋板减少了 14.8 t。

表 10-1 不同胞元壁厚下超材料胞元泊松比

胞元壁厚/mm	泊 松 比
6	−0.536 9
8	−0.591 4
10	−0.668 2

10.2.2 含负泊松比超材料构件的潜艇力学性能分析

1) 潜艇静力学性能分析

使用负泊松比超材料肋板后,需要评估潜艇结构的强度。针对不同胞元壁厚负泊松比超材料肋板,考虑潜艇承受 100 m 水深均布静水压力(1 MPa 流体外压力),在该静水压力作用下机舱舱段最大静变形(即静位移)及结构应力计算结果如表 10-2 所示。对负泊松比超材料肋板而言,其最大应力均发生在负泊松比环肋与外壳的交接处。

表 10-2 不同肋板型式下的潜艇静位移及应力

潜艇肋板型式	静位移/mm	应力/MPa
实肋板	3.93	76.1
10 mm 胞元壁厚负泊松比超材料肋板	7.17	108
8 mm 胞元壁厚负泊松比超材料肋板	11.9	144
6 mm 胞元壁厚负泊松比超材料肋板	18.5	201

从表 10-2 可以看出,负泊松比超材料肋板潜艇结构的静变形和应力有明显增大,但都小于普通钢材(Q235)的屈服强度。负泊松比超材料肋板艇体结构相对于实肋板艇体结构其刚度存在一定程度的减弱。

2) 潜艇动力学性能分析

表 10-3 给出不同参数和型式下对应的潜艇"干"模态特性。

表 10-3　不同肋板型式下的潜艇"干"模态固有频率

单位：Hz

潜艇肋板型式	"干"模态对应的固有频率及振型		
	一阶垂向弯曲	一阶水平弯曲	二阶垂向弯曲
10 mm 胞元壁厚负泊松比超材料肋板	4.147	6.178	8.783
8 mm 胞元壁厚负泊松比超材料肋板	4.151	6.182	8.784
6 mm 胞元壁厚负泊松比超材料肋板	4.154	6.187	8.784
实肋板	4.151	6.192	8.816

　　负泊松比超材料肋板潜艇对应的"干"模态振型图如图 10-7 所示。计算表明，机舱局部区域肋板型式的变化对潜艇结构整体低阶固有频率影响不大，负泊松比超材料肋板胞元壁厚变化对潜艇结构整体振动模态无明显影响。

　　针对不同肋板设计下的潜艇动力学有限元模型，采用源汇法进行结构振动频响计算。施加幅值为 1 kN 的垂向激振力作为频响分析时的虚拟载荷，激振力施加位置作用在主机基座机脚，载荷频率范围为 1~80 Hz。采用模态叠加法计

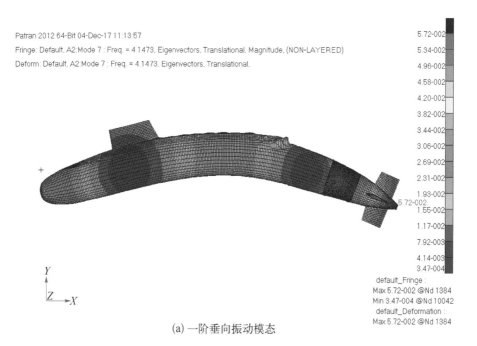

Patran 2012 64-Bit 04-Dec-17 11:13:57
Fringe: Default, A2:Mode 7 : Freq. = 4.1473, Eigenvectors, Translational, Magnitude, (NON-LAYERED)
Deform: Default, A2:Mode 7 : Freq. = 4.1473, Eigenvectors, Translational.

5.72-002
5.34-002
4.96-002
4.58-002
4.20-002
3.82-002
3.44-002
3.06-002
2.69-002
2.31-002
1.93-002
1.55-002
1.17-002
7.92-003
4.14-003
3.47-004

default_Fringe :
Max 5.72-002 @Nd 1384
Min 3.47-004 @Nd 10042
default_Deformation :
Max 5.72-002 @Nd 1384

(a) 一阶垂向振动模态

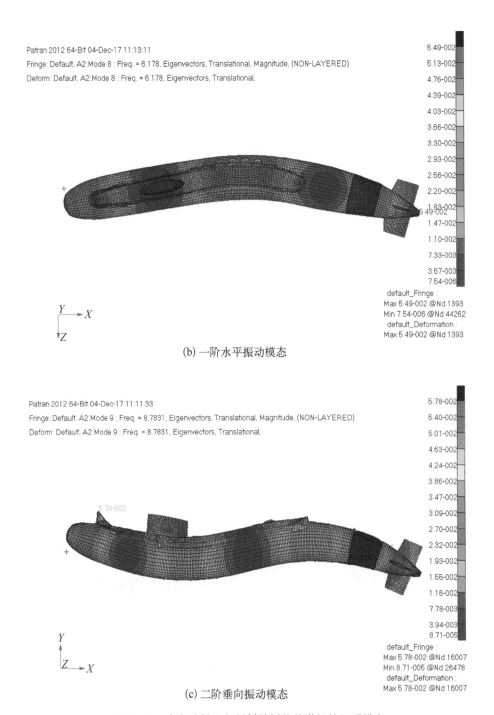

(b) 一阶水平振动模态

(c) 二阶垂向振动模态

图 10 - 7 含负泊松比超材料肋板构件潜艇的"干"模态

算响应,计算中潜艇"湿"模态截取前 10 000 阶,模态阻尼系数取 1%,前 10 000 阶模态对应的固有频率已超过计算上限频率 80 Hz,兼顾了计算精度及计算效率。

　　负泊松比超材料肋板位于耐压内壳和外壳之间,为研究肋板替换导致的动力学性能差异,本研究中艇体振动主要评价点选取在底部。考虑结构的对称性,仅取一侧,外壳评价点和耐压壳的排列形式一致,耐压壳评价点布置如图 10 - 8 所示。

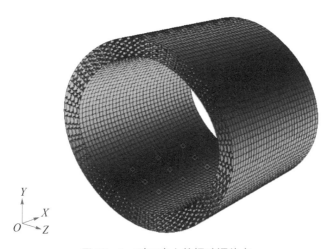

图 10 - 8　耐压壳上的振动评价点

各评价点处加速度级为

$$L_{ai} = 20\lg\left(\frac{a_i}{a_0}\right) \quad i = 1,\ 2,\ 3,\ \cdots,\ n \qquad (10-20)$$

式中,参考加速度 $a_0 = 10^{-6}$ m/s^2。

　　多个评价点的平均振动加速度级为

$$L_a = 10\lg\left(\frac{1}{n}\ \sum_{i=1}^{n} 10^{\frac{L_{ai}}{10}}\right) \qquad (10-21)$$

　　采用振级落差来衡量减振性能评估,内外壳振级落差为

$$L_p = L_{ainner} - L_{aouter} \qquad (10-22)$$

　　不同胞元壁厚负泊松比超材料肋板潜艇以及实肋板潜艇在主机机舱处对应的外壳和耐压壳(内壳)振动加速度级计算结果如图 10 - 9 所示。

　　从图 10 - 9(a)、图 10 - 9(b)可知,在 1～40 Hz 区间,实肋板潜艇机舱舱段耐压壳的振动加速度级更小。本书设计的负泊松比超材料肋板的减振作用主要

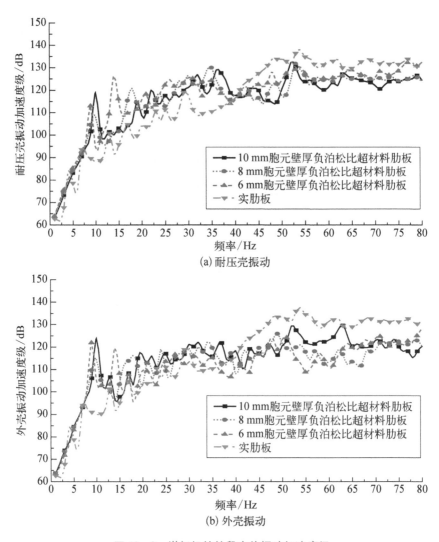

(a) 耐压壳振动

(b) 外壳振动

图 10 - 9   潜艇机舱舱段壳体振动加速度级

体现在 40~80 Hz 频段,负泊松比超材料的应用能够明显地减少该频段的振动
强度。其减振主要机理在于负泊松比超材料的多孔吸能特性及低刚度特性。尽
管超材料肋板对某些频段的减振性能是有副作用的,但可以对其进行减振设计,
通过设计负泊松比超材料的孔隙率、胞元壁厚、胞元角度、相对密度和胞元拓扑
构型,实现预定低频频段的减振。

不同胞元壁厚超材料肋板潜艇、实肋板潜艇机舱舱段耐压壳与外壳之间加
速度振级落差曲线如图 10 - 10 所示。

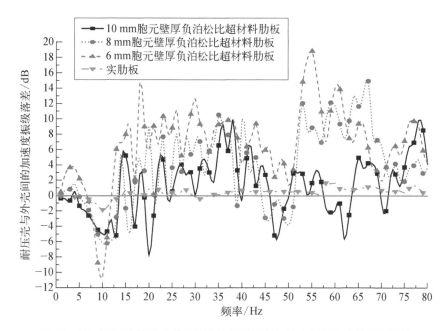

图 10 – 10　不同肋板型式潜艇机舱舱段耐压壳与外壳间的加速度振级落差

由图 10 – 10 可知,潜艇尾部机舱段实肋板结构下耐压壳与外壳间的加速度振级落差在 1～80 Hz 频段上基本处于 −2～2 dB 之间上下波动,表明实肋板几乎没有隔振性,潜艇耐压壳内部机械设备的振动能量通过实肋板几乎全部传递至潜艇外壳,进而向潜艇外部水域辐射能量,实肋板只起承力构件的作用。

负泊松比超材料肋板结构在 1～80 Hz 频段上存在较大加速度振级落差,尤其是在 12.5～80 Hz 绝大多数频段。负泊松比超材料肋板的存在导致在 55 Hz 时 6 mm 胞元壁厚的负泊松比超材料肋板最多可达到 20 dB 的隔振效果。随着超材料肋板胞元壁厚的减小,其耐压壳与外壳之间的加速度振级落差逐渐增大,对应的隔振性能随之提升,潜艇结构也更加轻量化,但结构刚度有所下降。因此可以考虑实肋板与负泊松比超材料肋板交替布置,这样既能保证潜艇结构的安全性,又能在一定程度上降低结构振动强度。

考虑到潜艇潜航工况下常用主机的一阶垂向激振频率约为 18 Hz,动力设备舱段在 18 Hz 激振力下对应加速度振级落差级如表 10 – 4 所示,可见负泊松比超材料结构在加速度振级落差上优势明显。研究表明,可以通过对负泊松比超材料的优化设计满足指定低频频段较好的隔振性能,并实现结构的轻量化。

表 10 - 4　18 Hz 时肋板的加速度振级落差级

单位：dB

肋 板 型 式	加速度振级落差
实肋板	0.28
10 mm 胞元壁厚负泊松比超材料肋板	2.81
8 mm 胞元壁厚负泊松比超材料肋板	4.8
6 mm 胞元壁厚负泊松比超材料肋板	14.78

10.2.3　含负泊松比超材料构件潜艇的水下辐射噪声分析

根据图 10 - 1 计算流程图及 10.1 节介绍的声固耦合分析模式下结构有限元＋流体声学间接边界元耦合计算法，对潜艇水下辐射噪声进行计算。传播介质为海水，其密度为 1 025 kg/m³，水中声速为 1 450 m/s，所施加载荷及结构模态阻尼与潜艇振动响应计算时一致。

考虑到结构湿表面速度响应是影响水中声辐射的重要参数，计算与水接触的潜艇湿表面均方振速级如图 10 - 11 所示。此参数下 10 mm 胞元壁厚负泊松

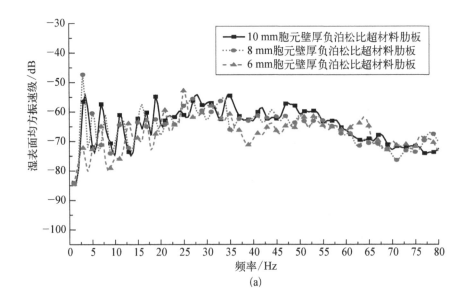

(a)

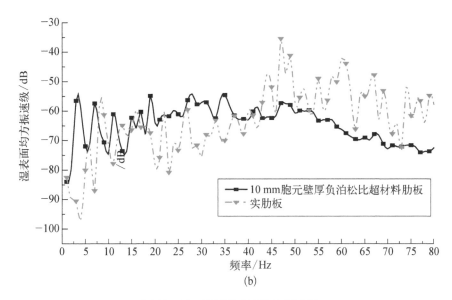

(b)

图 10 - 11　潜艇湿表面均方振速级

比超材料肋板结构在 15～20 Hz 附近有更小的湿表面均方振速级,可以根据需求对负泊松比超材料的胞元参数进行设计,以满足主机不同振动激励频谱特性,保证结构安全性及隔振性能。

图 10 - 12 所示为 1 Hz 时 10 mm 胞元壁厚负泊松比超材料肋板、8 mm 胞元壁厚负泊松比超材料肋板、6 mm 胞元壁厚负泊松比超材料肋板以及实肋板潜艇水下声辐射云图。图 10 - 13 为 18 Hz 对应的潜艇辐射声压场计算云图。可见在较低频域潜艇结构近场声压数值及辐射指向性有一定相似性,此时使用负泊松比超材料肋板对潜艇辐射声压无明显影响,板厚变化对潜艇辐射声压的影响也极小。

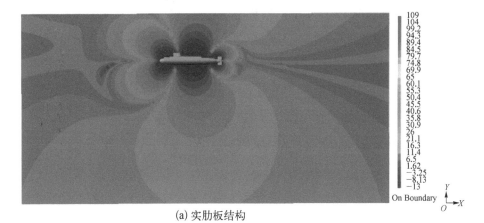

(a) 实肋板结构

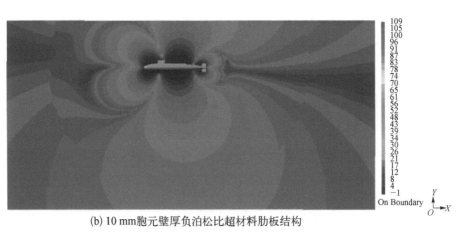

(b) 10 mm胞元壁厚负泊松比超材料肋板结构

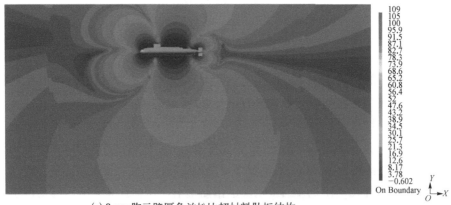

(c) 8 mm胞元壁厚负泊松比超材料肋板结构

(d) 6 mm胞元壁厚负泊松比超材料肋板结构

图 10-12 1 Hz 时不同肋板结构的声压频率响应

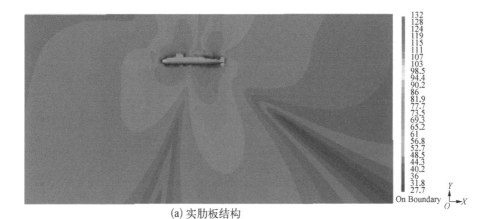

(a) 实肋板结构

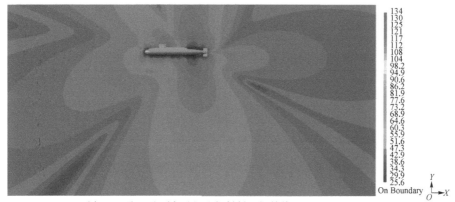

(b) 10 mm胞元壁厚负泊松比超材料肋板结构

(c) 8 mm胞元壁厚负泊松比超材料肋板结构

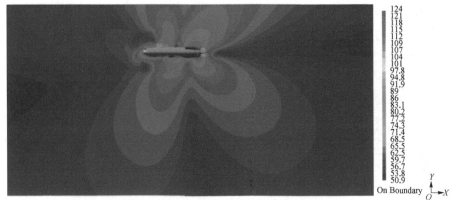

(d) 6 mm 胞元壁厚负泊松比超材料肋板结构

图 10 - 13　18 Hz 时不同肋板结构的声压频率响应

由图 10 - 13 及表 10 - 5 可知,在相同质量前提下,主机机舱舱潜段附近声场的声压级降低了 4 dB。当胞元壁厚减小至 8 mm 时,负泊松比超材料肋板潜艇的近场声压级为 134 dB,比实肋板下潜艇近场声压级大了 2 dB;6 mm 胞元壁厚负泊松比超材料肋板潜艇的近场声压级为 124 dB。

表 10 - 5　18 Hz 下不同潜艇肋板型式下的潜艇近场声压级

单位:dB

潜艇肋板型式	近场声压级
实肋板	132
10 mm 胞元壁厚负泊松比超材料肋板	128
8 mm 胞元壁厚负泊松比超材料肋板	134
6 mm 胞元壁厚负泊松比超材料肋板	124

图 10 - 14 所示为潜艇远场场点 1~80 Hz 辐射声功率级频率响应曲线。

从图 10 - 14(a)可见,在 1~10 Hz 频段,其辐射声功率级随着超材料肋板胞元壁厚的减小而呈现出降低趋势;在 10 Hz 以上频段存在一定频率依赖,可以在确定所需主机主要工作频段之后再选择合适的超材料肋板胞元壁厚。

图 10 - 14(b)与图 10 - 11(b)有着相似的趋势。从图 10 - 14(b)可知,对比实肋板及 10 mm 胞元壁厚的负泊松比超材料肋板的辐射声功率性能可见,在

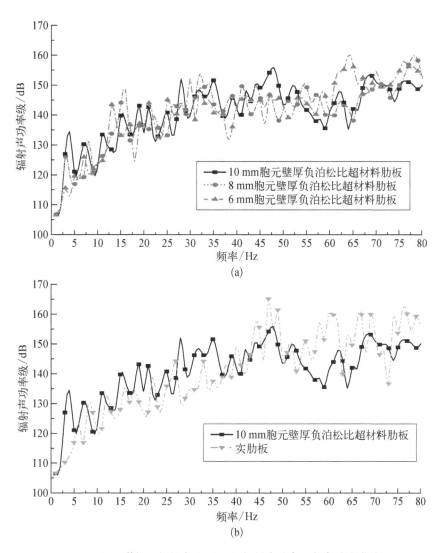

图 10 - 14　潜艇远场场点 1~80 Hz 辐射声功率级频率响应曲线

40 Hz 以下负泊松比超材料肋板潜艇的辐射声功率级约有 5 dB 的放大;在 40 Hz
到所计算的上限 80 Hz 频段内,负泊松比超材料肋板能够显著减弱潜艇水下辐
射声功率级,最大可达到 18 dB,可见此参数设计下超材料声辐射性能的优越性
主要体现在 40~80 Hz 频段,结合图 10 - 9(b)及图 10 - 11(b)可以看出主要因
为在 1~40 Hz 频段实肋板潜艇外壳的振动加速度级明显小于负泊松比超材料
肋板结构潜艇的。1~80 Hz 频段 1/3 倍频程下辐射总声功率级如图 10 - 15
所示。

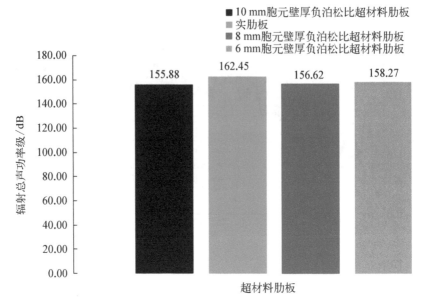

图 10 - 15　潜艇辐射总声功率级对比

从图 10 - 15 可知,实肋板潜艇辐射总声功率级最高;随着负泊松比超材料肋板胞元壁厚的减小,总合成辐射声功率级逐渐增大,此时可以根据实际情况,考虑适当牺牲部分声功率性能以满足潜艇整体结构的轻量化目标;或出于对整体结构安全性的考虑,牺牲结构的轻量化要求,降低辐射总声功率级。

潜艇水下辐射噪声指向性按照空间取向的不同可分为垂直指向性和水平指向性,具体指向性是距离潜艇某一参考点等距离处测得的单频和宽带辐射噪声级与舷角之间的关系,如图 10 - 16 所示。

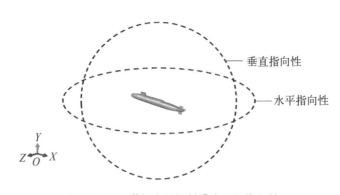

图 10 - 16　潜艇水下辐射噪声空间指向性

　　在工作频率 18 Hz,以潜艇尾部为中心周围 10 m 处的声压指向性如图 10-17 所示。由于潜艇总长为 137.5 m,图中所示 165°~205°范围反映潜艇船首内部的声压级曲线。此设计下负泊松比超材料结构在 6 mm 胞元壁厚下 100 m 处的声压级最小,在 270°左右相较于实肋板潜艇结构约有 30 dB 的减弱,即在水深方向的声压级有明显改善;但在 300°~330°及 30°~60°区间,相比实肋板结构声压级有所增大;对于 10 mm 胞元壁厚负泊松比超材料肋板以及 8 mm 胞元壁厚负泊松比超材料肋板,潜艇在 135°~270°以及 330°~30°指向性范围内辐射声压级更小。

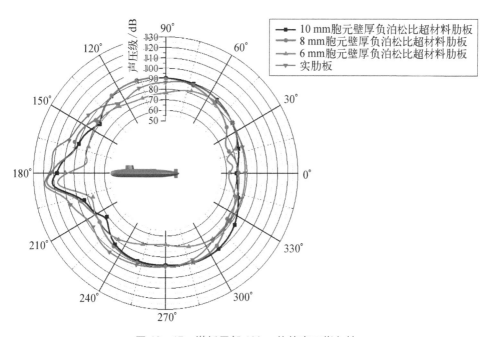

图 10-17　潜艇尾部 100 m 处的声压指向性

　　在 150°~210°范围内,不同航行水深下相向而行的潜艇能够探测到的辐射声压级更小,因此负泊松比超材料肋板的替换有利于潜艇的声隐身性能提高。

　　本节设计了含负泊松比超材料肋板潜艇,计算分析含不同胞元壁厚负泊松比超材料肋板的潜艇结构静动力学性能及水下声辐射性能。主要结论如下:

　　(1) 负泊松比超材料肋板的几何参数对振动及声学性能有重要影响。本文设计的负泊松比超材料肋板胞元壁厚对壳体振动加速度级的影响主要集中在 40~80 Hz,通过降低胞元壁厚,可以实现潜艇外壳振动加速度级的减小但辐射总声功率级会随着胞元壁厚的降低而增加。

　　(2) 此设计参数下,负泊松比超材料肋板削减辐射声功率级的频段主要集中在 40~80 Hz。在特定工作频率 18 Hz,6 mm 胞元壁厚及 10 mm 胞元壁厚负泊松比超材料肋板潜艇近场声压级较实肋板潜艇有一定程度下降。

(3) 辐射总声功率级随着负泊松比超材料肋板胞元壁厚的减小而逐渐增大,但此结构设计下 3 种胞元壁厚参数肋板艇体的辐射总声功率级计算结果均小于实肋板结构下潜艇的辐射总声功率级。使用超材料肋板后可以减小潜艇辐射声功率级并使潜艇整体结构轻量化。

10.3　采用带隙超材料部件的水面舰船水下辐射噪声分析

针对某船主机舱内主机设备采用带隙超材料基座实施降噪设计,全船有限元模型及其主机舱布置如图 10-18 所示。

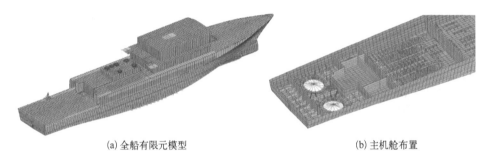

(a) 全船有限元模型　　　　　　　　　　　　(b) 主机舱布置

图 10-18　某船的全船有限元模型及主机舱布置

10.3.1　基于带隙超材料基座的全船水下辐射噪声抑制

根据主机舱原基座尺度,设定超材料功能基元长度为 500 mm,采用方向带隙超材料优化设计船用带隙超材料基座中的功能基元。

超材料结构的母材为钢,弹性模量 $E=2.1\times10^5$ MPa,密度 $\rho=7\,850$ kg/m³,泊松比 $\nu=0.3$。设计带隙频段区间为 50~100 Hz,功能基元几何参数阈值分别为 $\alpha_1=0.5$、$\alpha_u=1$、$\theta_1=-45°$、$\theta_u=0°$、$t_1=2$ mm 和 $t_u=5$ mm,波矢方向仍取 $C-O$ 段。

最优化计算得到的超材料胞元能带结构如图 10-19(a) 所示。胞元几何参数及带隙特性超材料基座横向剖面图如图 10-19(b) 所示,其横向与纵向胞元数目为 $N_r\times N_c=8\times6$,沿船长方向长度 $D=5\,000$ mm,总质量为 6.09 t。

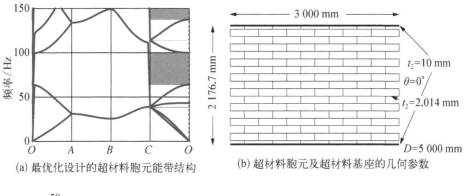

(a) 最优化设计的超材料胞元能带结构　　　(b) 超材料胞元及超材料基座的几何参数

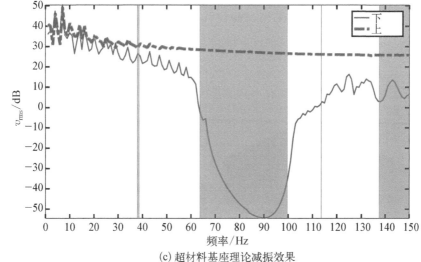

(c) 超材料基座理论减振效果

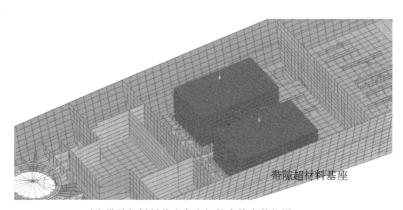

(d) 带隙超材料基座在主机舱中的安装位置

图 10-19　超材料胞元能带结构、几何参数、理论减振效果及
带隙超材料基座在主机舱中的安装位置

图 10-19(c)为由其组成的二维带隙特性超材料结构的理论减振效果。图 10-19(d)为带隙超材料基座在主机舱中的安装位置,两个超材料基座左右对称安装。

　　为检验基座的承载情况,在基座上施加静力均布载荷模拟设备质量,底面采用完全刚固边界条件,设备质量等同于基座质量为 6.09 t,计算结果如图 10-20 所示,超材料基座最大位移为 128.4 mm,约占基座总高度的 6%,最大 Von Mises 应力为 127.87 MPa,在钢结构的屈服极限强度以内。因此,设计的带隙超材料基座可满足船舶应用的静力承载要求。此外,优化过程中没有对胞元结构的静力学承载能力进行约束,而是以胞元的最小壁厚约束其静刚度,后续需根据船舶力学设计的具体要求,采用与静位移相关的约束代替对胞元厚度的直接约束。

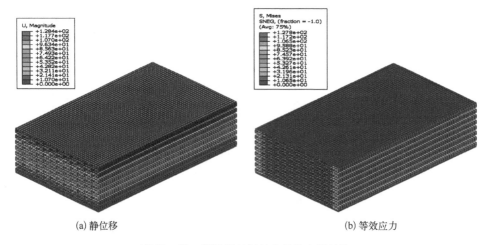

(a) 静位移　　　　　　　　　　　　　　　　(b) 等效应力

图 10-20　带隙超材料基座的静力学检验

　　分别在原船结构模型以及施加带隙超材料基座减振措施模型的设备质心处加载 1～150 Hz 的幅值为 1 N 的单位集中力载荷,扫频计算 1～150 Hz 船体湿表面的振动速度,由于带隙超材料结构复杂且单元数目多,采用声振耦合模式计算效率较低,此处采用流固耦合模式下 IBEM 法分别计算该船两种模型的水下辐射噪声声功率级,声学计算模型及两种模型的声功率计算结果如图 10-21 所示,参考声功率仍为 $W_0 = 1 \times 10^{-12}$ W。图 10-21(b)中带隙频段外及频段内的平均声功率级落差为 15.48 dB 和 26.10 dB,带隙特性对隔声效果的提升量达到 10.63 dB,且在带隙频段内的 70 Hz 处达到最大隔声效果 43.58 dB。

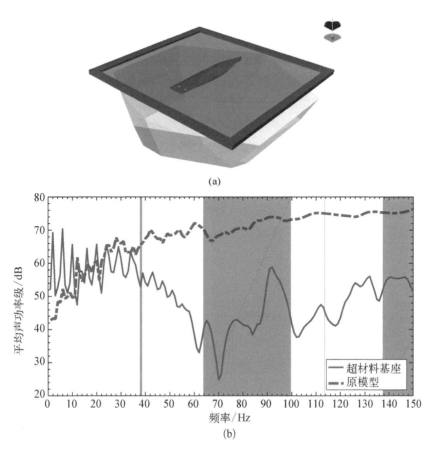

(a)

(b)

图 10 - 21　全船水下辐射噪声抑制效果

10.3.2　抗冲击隔振兼顾的超材料基座设计

利用负泊松比效应内六角蜂窝构型,设计一种结构参数调节范围更广、抗冲击性能及低频隔振性能兼顾的新型船用隔振抗冲击蜂窝基座——超材料蜂窝基座。设计了具有宏观正泊松比效应和负泊松比效应两种类型船用抗冲击超材料蜂窝基座,研究两种新型基座在相同蜂窝质量下,不同设计参数对新型基座隔振性能及抗冲击性能的影响,探讨新型超材料蜂窝基座抗冲击和减振机理。在传统设备基座基础上分别研究了负泊松比效应复合基座在单一减振指标约束和减振抗冲击双指标约束下蜂窝胞元壁厚、面板厚度和肘板厚度等参数对其减振抗冲击性能的影响,揭示新型负泊松比效应蜂窝隔振抗冲击基座的设计方法。最后通过静力学、模态和频响试验,验证了超材料蜂窝基座数值分析结果和优化设计结果的正确性。为新型负泊松比效应蜂窝隔振抗冲击基座设计提供参考。

新型抗冲击隔振蜂窝基座由上下面板、蜂窝胞元组及内外圆环封板组成。新型超材料蜂窝基座的可设计参数包括面板厚度、内外圆环封板厚度、蜂窝层数、蜂窝胞元壁厚、胞元角度和制造材料的类型等,最终结构尺寸取决于机器设备(振源)的振动频率、振动强度、减振抗冲击要求及基座安装空间等因素。新型蜂窝基座中超材料蜂窝胞元组由基础胞元旋转而成,旋转角度为 20°。基础胞元的高度由层数决定,即 $h=$ 内外圆环封板半径差/胞元层数,宽度由两组射线确定,夹角分别为 10°和 6°,如图 10 - 22 所示。新型超材料蜂窝基座原始设计中,外形尺寸为长 600 mm,高 400 mm,内圆环封板半径为 66 mm,外圆环封板半径为 230 mm,内外圆环封板厚度均为 3 mm;上下面板长 600 mm,宽 230 mm,厚6 mm;蜂窝胞元壁厚 1 mm,如图 10 - 23 所示。

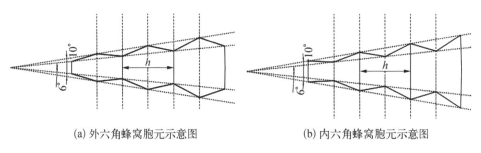

(a) 外六角蜂窝胞元示意图　　　　(b) 内六角蜂窝胞元示意图

图 10 - 22　外六角与内六角蜂窝胞元尺寸示意图

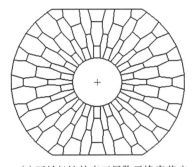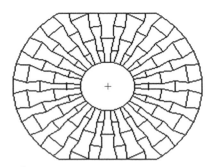

(a) 正泊松比效应三层胞元蜂窝基座　　(b) 负泊松比效应三层胞元蜂窝基座

图 10 - 23　新型超材料蜂窝基座截面示意图

支承在板架上的超材料蜂窝基座隔振系统的有限元模型如图 10 - 24 所示,由正、负泊松比蜂窝基座和板架构成,采用四边形单元网格离散,其上动力设备质量为 500 kg,质心相对上面板的高度为 400 mm。下部支撑板架长 1 800 mm,宽 1 000 mm,板厚 6 mm,板架纵骨采用 T 型材 TN 50 mm×50 mm×5 mm×5 mm,肋骨采用等边角钢 L 30 mm×3 mm,扶强材采用 T 型材 TN 25 mm×25 mm×3 mm×3 mm。板架及蜂窝基座均采用屈服强度为 390 MPa 的高强度钢制造,材料弹性模量为 210 GPa,泊松比为 0.3,密度为 7 800 kg/m³。分两种情况研究超材料蜂窝基座的结构静、动力学特性:① 超材料蜂窝基座固定支承在刚性基础上;② 超材料蜂窝基座固定在板架上,板架四周简支。

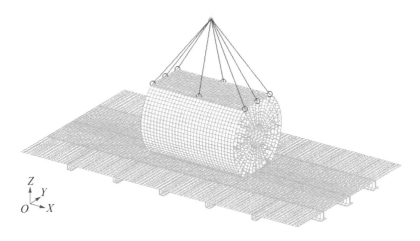

图 10 - 24　蜂窝基座隔振系统有限元模型

　　基于新型超材料蜂窝基座原始设计,保持蜂窝胞元组的总质量不变,不同蜂窝层数和胞元壁厚下宏观正、负泊松比效应超材料蜂窝基座结构参数如表 10 - 6 所示。

表 10 - 6　正、负泊松比超材料蜂窝基座蜂窝胞元壁厚

单位: mm

蜂窝层数/层	正泊松比超材料蜂窝胞元壁厚	负泊松比超材料蜂窝胞元壁厚
3	1.00	1.00
5	0.81	0.79
10	0.54	0.48
20	0.31	0.26

　　1 kN 静力作用下固定在板架上的正泊松比效应和宏观负泊松比效应超材料蜂窝基座隔振系统最大应力、最大位移及一阶屈曲因子计算结果如表 10-7、表 10-8 所示。

表 10-7　正泊松比效应超材料蜂窝基座隔振系统参数

蜂窝层数/层	最大静应力/MPa	最大位移/mm	一阶屈曲因子
3	7.6	0.17	193.7
5	11.4	0.18	90.9
10	15	0.2	26.2
20	19.6	0.29	37.2

表 10-8　宏观负泊松比效应超材料蜂窝基座隔振系统参数

蜂窝层数/层	最大静应力/MPa	最大位移/mm	一阶屈曲因子
3	9.3	0.17	219.2
5	13.6	0.19	121.0
10	31.3	0.24	32.1
20	19.8	0.40	159.8

　　由表 10-7 和表 10-8 可知,本章所设计的正、负泊松比效应超材料蜂窝基座隔振系统都具有很大的一阶屈曲因子。应力云图 10-25 显示,结构最大静应力出现在蜂窝基座外圆环封板与板架连接处,蜂窝基座内圆环封板应力大于蜂窝胞元组的应力,起主要承载作用。因此,设计蜂窝基座时增加内圆环封板和外圆环封板的厚度可以提高隔振系统的承载能力。蜂窝胞元组的应力在蜂窝基座中呈 X 形分布。随着蜂窝胞元壁厚的减少,正、负泊松比效应超材料蜂窝基座隔振系统的最大应力及应变都呈递增的趋势。蜂窝芯质量相等时,相同胞元层数的正泊松比效应超材料蜂窝基座隔振系统在静力学性能方面优于负泊松比效应超材料蜂窝基座隔振系统。值得注意的是,10 层胞元负泊松比效应超材料蜂窝基座隔振系统在相同静力作用下结构应力出现了较大的峰值。

　　在设备质心位置施加 1 kN 静力作用,得到的底部固定在刚性基础上的宏观

图 10 - 25　负泊松比 3 层胞元超材料蜂窝基座隔振系统应力云图

正、负泊松比效应超材料蜂窝基座最大静应力、最大位移及一阶屈曲因子计算结果如表 10 - 9、表 10 - 10 所示。

表 10 - 9　正泊松比效应超材料蜂窝基座隔振系统参数

蜂窝层数/层	最大静应力/MPa	最大位移/mm	一阶屈曲因子
3	7.5	0.06	182.9
5	4.4	0.03	394.7
10	8.1	0.05	89.7
20	10.1	0.14	151.5

表 10 - 10　宏观负泊松比效应超材料蜂窝基座隔振系统参数

蜂窝层数/层	最大静应力/MPa	最大位移/mm	一阶屈曲因子
3	6.3	0.04	341.7
5	9.2	0.05	543.4
10	24.0	0.08	167.6
20	18.3	0.245	193.2

针对 5 层负泊松比效应超材料蜂窝基座(蜂窝胞元壁厚如表 10 - 6 所示),给定载荷作用下,固定支承在刚性基础上的不同内外圆环封板厚度与上下面板

厚度下蜂窝基座最大应力、最大位移及一阶屈曲因子计算结果如表 10－11～表 10－13 所示。

表 10－11　不同内圆环封板厚度的 5 层负泊松比效应超材料蜂窝基座参数

内圆环封板厚度/mm	最大应力/MPa	最大位移/mm	一阶屈曲因子
2	10.9	0.07	451.0
3	9.2	0.05	543.4
6	6.8	0.02	493.8
10	6.4	0.01	440.1

表 10－12　不同外圆环封板厚度的 5 层负泊松比效应超材料蜂窝基座参数

外圆环封板厚度/mm	最大应力/MPa	最大位移/mm	一阶屈曲因子
2	9.66	0.06	559.9
3	9.23	0.05	543.4
6	8.32	0.04	599.6
10	7.12	0.02	732.8

表 10－13　上下面板不同厚度的 5 层负泊松比效应超材料蜂窝基座参数

上下面板厚度/mm	最大应力/MPa	最大位移/mm	一阶屈曲因子
3	11.9	5.08×10^{-2}	610.9
6	9.2	4.91×10^{-2}	543.4
10	7.5	4.83×10^{-2}	551.5
15	6.2	4.77×10^{-2}	579.2

对比可知,增加内圆环封板厚度能有效降低超材料蜂窝基座的最大应力和最大位移,但是当板厚超过 6 mm 时,这种降低的效果不太明显。增加

外圆环封板厚度对于减小最大应力和变形的作用不明显。增加上下面板厚度可以显著降低最大应力,但是对于减小变形无法起到很好作用,因为变形主要是由蜂窝胞元产生,与上下面板的关系不是很大。结构整体强度满足使用要求。

1) 结构参数对超材料蜂窝基座隔振性能的影响

蜂窝基座主要用于减弱设备振源向船底板架传递振动,对减振性能有重要影响的模态主要是隔振系统的垂向振动模态。固定在板架上的正、负泊松比超材料蜂窝隔振基座垂向一阶固有频率计算结果如表 10 - 14 所示,底部固定在刚性基础上的 5 层负泊松比超材料蜂窝基座在不同厚度的内外圆环封板及上下面板情况下的垂向一阶固有频率计算结果如表 10 - 15 所示。

表 10 - 14　正、负泊松比超材料蜂窝隔振基座垂向一阶固有频率

蜂窝层数/层	垂向一阶固有频率/Hz	
	正泊松比超材料蜂窝隔振基座	负泊松比超材料蜂窝隔振基座
3	16.08	15.68
5	15.64	14.92
10	14.78	13.64
20	12.46	10.77

表 10 - 15　5 层负泊松比超材料蜂窝隔振基座在不同板厚情况下的垂向一阶固有频率

参　数	内圆环封板厚度/mm				外圆环封板厚度/mm				上下面板厚度/mm			
	2	3	6	10	2	3	6	10	3	6	10	15
垂向一阶固有频率/Hz	26.1	31.2	50.7	64.3	29.5	31.2	36.7	47.0	30.8	31.2	31.4	31.6

从表 10 - 14 可知,在蜂窝芯质量不变的情况下,随着蜂窝层数的增多(蜂窝胞元壁厚相应减少),蜂窝基座垂向一阶固有频率逐渐降低。因此,在保证结构强度与刚度条件下,降低蜂窝胞元壁厚有利于避免隔振系统与动力设备发生共振。从表 10 - 15 可知,随着内外圆环封板以及上下面板厚度的增加,5 层宏观负泊松比效应超材料蜂窝隔振基座的垂向一阶固有频率也不断变大,垂向一阶

固有频率主要受内外圆环封板厚度的影响发生改变,上下面板厚度对于其影响较小。考虑固定在板架上的蜂窝隔振系统综合隔振性能评价。在主机质心处施加 1～500 Hz 幅值为 1 N 的简谐垂向激振力,对蜂窝隔振基座进行频响分析并评价隔振效果,计算中系统模态阻尼系数取 2%。

振动评价点分布如图 10-26 所示。为避免局部振动对评价结果的影响,所有的评价点均选取了骨材上的点,0 号点为激振点。由于模型具有的对称性,取板架 1/4 范围内的骨材交错点作为评价点。对正、负泊松比超材料蜂窝基座的减振性能评估同样采用评价点振级落差来度量,计算得到蜂窝基座加速度振级落差曲线如图 10-27 所示。在船用主机工作频段(18 Hz)内,正、负泊松比超材料蜂窝基座隔振系统的平均加速度振级落差曲线如图 10-28 所示。

△ 0号点

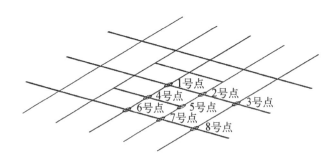

图 10-26　评价点分布示意图

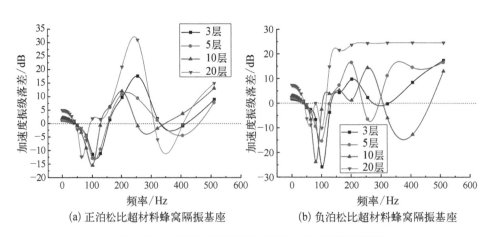

(a) 正泊松比超材料蜂窝隔振基座　　　(b) 负泊松比超材料蜂窝隔振基座

图 10-27　全频段超材料蜂窝隔振基座加速度振级落差

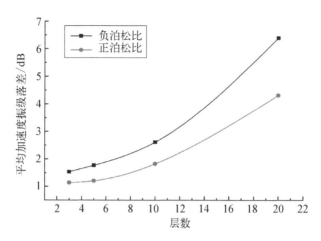

图 10 - 28　18 Hz 频段内正、负泊松比超材料蜂窝隔振系统平均加速度振级落差

由图 10 - 27 可知,在 50～150 Hz 范围内蜂窝隔振系统未起减振作用。正泊松比超材料蜂窝隔振系统明显的减振效果出现在 150～300 Hz 范围内,而负泊松比超材料蜂窝隔振系统在低、高频时均能起减振作用。在船用主机工作频段 18 Hz 内,隔振系统平均加速度振级落差曲线如图 10 - 28 所示。由图 10 - 28 可知,单独考虑船用主机工作频段(18 Hz)减振效果时,负泊松比超材料蜂窝隔振系统明显优于等层数的正泊松比超材料蜂窝隔振系统。

通过 3 次样条曲线插值拟合,得到正、负泊松比超材料蜂窝隔振系统在蜂窝芯质量相等时的平均振级与蜂窝层数的函数表达式:

$$L_a^+ = -0.091\,2x^3 + 0.017\,4x^2 - 0.000\,3x + 1.264\,4 \tag{10-23}$$

$$L_a^- = 0.090\,7x^3 + 0.000\,7x^2 + 0.000\,4x + 1.251\,3 \tag{10-24}$$

式中,x 为蜂窝基座的胞元层数。

根据公式可以看到,蜂窝芯质量相等时,两者的减振效果都随着蜂窝层数的增加而增强,负泊松比超材料蜂窝隔振系统隔振效果优于正泊松比超材料蜂窝隔振系统。随着蜂窝层数的增加,加工制造难度也增大,所以在选用蜂窝隔振器时应避免蜂窝胞元层数过多。

2) 结构参数对蜂窝基座抗冲击性能的影响

舰船设备抗冲击能力对提升舰船生命力具有重要意义,而基座抗冲击能力是舰船设备正常工作的基本保障,常规基座在隔振及抗冲击性能方面很难兼顾,通常放弃减振性能优先考虑抗冲击性能。根据德国军舰建造规范 BV/0430,利用冲击反应谱研究不同结构参数下超材料蜂窝基座抗冲击性能[318-319]。冲击反应谱采用三折线谱,由等位移段、等速度段及等加速度段组成(见图 10-29)。固定在板架上的正、负泊松比超材料蜂窝基座隔振系统抗冲击性能计算结果如表 10-16 和图 10-30 所示。

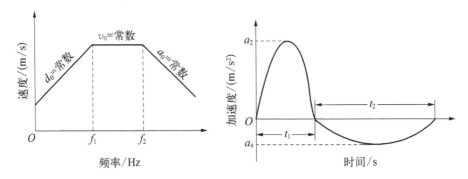

图 10-29　三折线冲击输入谱与双正弦时间历程曲线

表 10-16　正、负泊松比超材料蜂窝基座抗冲击性能参数

蜂窝层数/层	3	5	10	20
正泊松比超材料蜂窝基座动力放大系数	0.27	0.61	0.17	0.67
负泊松比超材料蜂窝基座动力放大系数	0.73	0.18	0.29	0.29

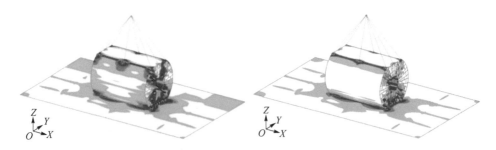

(a) 正泊松比三层蜂窝基座冲击应力云图　　(b) 负泊松比效应三层蜂窝基座冲击应力云图

图 10-30　蜂窝基座冲击应力云图

德国军舰建造规范 BV/0430 指定采用图 10-29 所示冲击输入谱考核(评估)不同设计参数下舰船结构与设备的抗冲击性能[64]。

该冲击输入谱采用三折线谱,由等位移段、等速度段及等加速度段组成,等位移段 $d_0 = 0.02$ m、等速度段 $v_0 = 1.2$ m/s、等加速度段 $a_0 = 125g$(g 为重力加速度,取 9.8 m/s^2),$f_1 = 9.55$ Hz,$f_2 = 166$ Hz。 将冲击输入谱转换为由两段半

正弦波构成的时间历程曲线为

$$
\begin{cases}
a_2 = \dfrac{a_0}{2} \\[2mm]
t_1 = \dfrac{2\pi v_0}{3a_0} \\[2mm]
t_2 = \dfrac{3d_0}{v_0} \\[2mm]
a_4 = \dfrac{\pi v_0}{3(t_2 - t_1)}
\end{cases}
\tag{10-25}
$$

由表 10-16 可知,正、负泊松比超材料蜂窝基座抗冲击性能均较好,结构最大应力值均在材料应力允许范围内,且位于蜂窝基座外圆环封板与板架连接处。相等蜂窝芯质量下,不同层数蜂窝基座间动力放大系数差异较大,此因蜂窝层数不同胞元扩张角亦不同,不同胞元扩张角会改变蜂窝材料中应力波传播特性,使材料局部屈曲因子及变形模式发生变化(10 层胞元时结构一阶屈曲因子突变),进而影响材料的宏观动态响应。由最大应力、动力放大系数变化趋势看出,负泊松比超材料蜂窝基座的抗冲击性能更稳定,故工程运用中应首先考虑负泊松比超材料蜂窝基座。由图 10-30 看出,蜂窝基座冲击时结构应力分布与静载荷作用工况下结构应力分布类似,基座最大冲击应力存在于蜂窝基座与板架连接处,蜂窝基座内圆环封板应力大于蜂窝胞元应力,蜂窝胞元组冲击应力在蜂窝基座中也呈 X 形分布。

3) 超材料蜂窝基座减振抗冲击机理探讨

保持蜂窝材料用量不变的条件下,结合数值分析结果,超材料蜂窝基座承载特点如下:

(1) 通过调节蜂窝胞元层数和壁厚,可以显著改变蜂窝基座的一阶屈曲因子、基座隔振性能(振级落差)、抗冲击能力(动力放大系数)以及系统的承载能力、抗冲击和隔振性能,而由此引起的蜂窝基座结构最大变形和蜂窝胞元上的应力变化并不剧烈。

(2) 调节超材料蜂窝基座内外圆环封板的厚度可显著调节蜂窝基座固有频率,从而起到对振动调谐的功能。

(3) 满足超材料蜂窝基座结构强度、刚度要求,主要通过调节内外圆环封板及上下面板厚度实现。加大内外圆环封板和上下面板厚度可降低基座结构最大变形及应力,提高整体结构一阶屈曲因子。

据此,可以初步探明蜂窝基座减振与抗冲击机理,即通过蜂窝胞元组具有多孔低刚度特性实现超材料蜂窝基座抗冲击及高性能低频隔振;通过内外圆环板和上下面板承载能力满足结构强度、刚度及稳定性要求。

10.4　负刚度超材料抗冲击基座的设计与性能分析

10.4.1　负刚度超材料抗冲击基座的设计

图 10-31(a)为单向负刚度超材料构型,在此基础上本节设计了一种负刚度超材料抗冲击基座,如图 10-31(b)所示,用于在极端冲击载荷下船舶仪器及设备的防护。该基座由两种不同的板组成,即较薄的余弦形曲板和较厚的支撑平板。利用有限元法分析负刚度超材料抗冲击基座的性能,其中材料采用 PLA。这类材料的拉伸强度与弹性模量之比较大,适用于负刚度梁等大应变结构,同时可用 3D 打印制造技术一体成型制造,避免了使用金属材料制造时焊接缺陷与残余应力等问题。

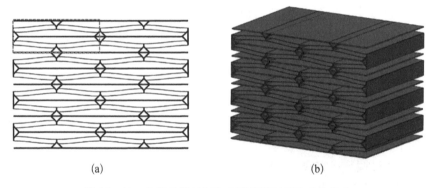

(a)　　　　　　　　　　(b)

图 10-31　负刚度超材料和负刚度超材料抗冲击基座

为了研究含不同层数胞元的负刚度超材料抗冲击基座在冲击载荷下的防护性能,建立了 4 个不同的基座模型。以图 10-31(a)虚线框内部分为胞元,4 个基座模型分别由 2 个×1 个、4 个×2 个、6 个×3 个和 8 个×4 个胞元组成。

根据前文中对余弦形曲梁的研究,曲梁的力学性能与其力学形状有关,将其几何尺寸参数(曲板跨长 l、拱高 h、面内厚度 t)按相同比例缩小,面外厚度不变时,变形过程中的力按同一比例减小。因此在设计过程中,按照胞元数目的倍数关系,对结构内部余弦形曲板的参数进行调整,即可保证不同基座的每一层胞元具有相同的力-位移特性，且基座外形尺寸不变。具体参数如表 10 - 17 所示，其中 W、D、H 分别为基座的总宽度、面外厚度和总高度。基座正视图如图 10 - 32 所示。4 个模型的有限元网格均有四边形壳单元（S4R）构成，单元总数依次为 18 420 个、46 080 个、105 120 个和 228 000 个，节点数依次为 18 445 个、44 919 个、102 331 个和 219 687 个。

表 10 - 17　不同负刚度超材料抗冲击基座的几何参数

模型	胞元数目/（个×个）	l/mm	h/mm	t/mm	W/mm	D/mm	H/mm
Ⅰ	2×1	400.0	13.2	6.0	414.0	300.0	292.0
Ⅱ	4×2	200.0	6.6	3.0	414.0	300.0	292.0
Ⅲ	6×3	133.3	4.4	2.0	414.0	300.0	292.0
Ⅳ	8×4	100.0	3.3	1.5	414.0	300.0	292.0

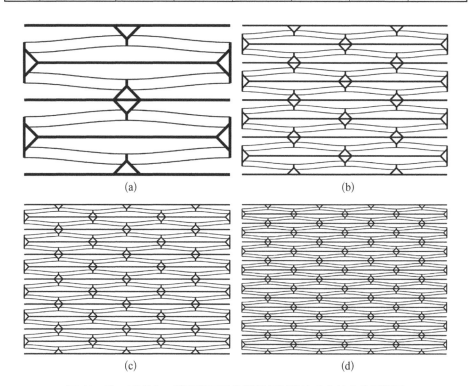

图 10 - 32　模型Ⅰ～模型Ⅳ不同负刚度超材料抗冲击基座的正视图

以模型Ⅰ为例,利用有限元法求解其在垂向压缩载荷下的结构响应,得到加载与卸载的力-位移关系如图 10-33 所示。从图中可以看出,负刚度超材料抗冲击基座具有与负刚度超材料一致的力学特性,呈现明显的分层屈曲,由于每层曲板的参数相同,4 个力峰值的大小也相等,为 1 303.4 N。

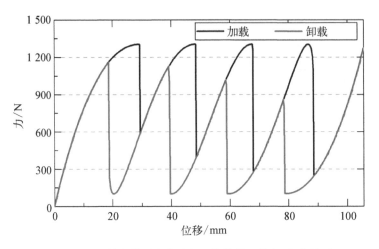

图 10-33　基座模型Ⅰ在垂向压缩载荷下的力-位移关系

10.4.2　负刚度超材料抗冲击基座的抗冲击性能

将上述负刚度超材料抗冲击基座装配到船体板架上,研究其抗冲击性能。模型采用四边形壳单元划分有限元网格,设备质量为 100 kg,质心距基座上表面 400 mm。板架长 1 800 mm,宽 1 000 mm,板厚 6 mm,板架纵骨用 T 型材(T 50 mm×50 mm×5 mm×5 mm),肋骨为等边角钢(L 30 mm×3 mm),扶强材为 T 型材(T 25 mm×25 mm×3 mm×3 mm),板架材料为钢材,弹性模量为 $2.06×10^5$ MPa,泊松比为 0.3,密度为 7 850 kg/m³。计算模型如图 10-34 所示。板架有限元模型由空间二节点梁单元(B31)和四边形壳单元(S4R)组成,共含有 22 161 个节点,梁单元和壳单元数目分别为 1 246 个和 19 388 个。

冲击载荷根据德国军舰建造规范 BV/0430[318] 设定,如图 10-29 及式 (10-25)所示。从分析结果中提取多个板架响应评价点处(见图 10-35)的加速度、速度、位移时间历程曲线,与设备质心处的结果进行比较,分别如图 10-36~图 10-38 所示。曲线中,D 表示板架典型评价点平均响应值,M 表示设备质心处的响应值。

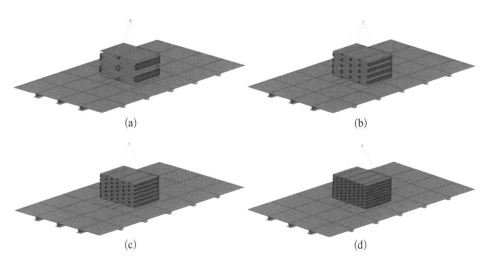

图 10 - 34 负刚度超材料抗冲击基座的抗冲击分析模型

图 10 - 35 板架响应评价点位置

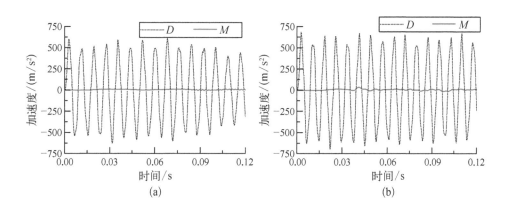

(a)

(b)

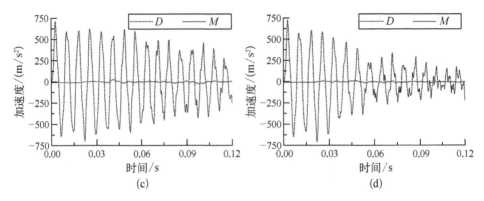

图 10‐36　板架与设备质心处的加速度响应时间历程曲线

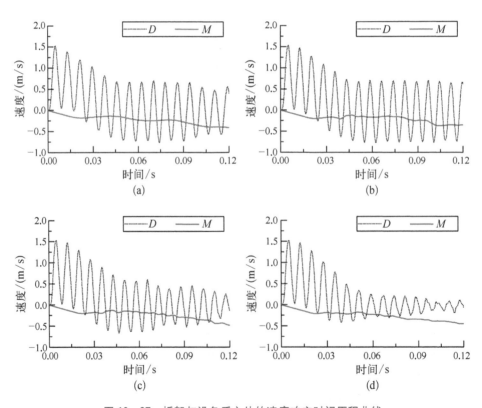

图 10‐37　板架与设备质心处的速度响应时间历程曲线

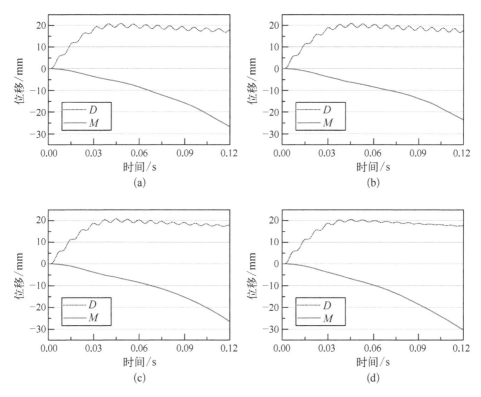

图 10 - 38 板架与设备质心处的位移响应时间历程

为了评价多层负刚度结构的冲击隔离效果,定义两个冲击隔离系数[320-321],分别为加速度冲击隔离系数 γ_a 和速度冲击隔离系数 γ_v,如下式:

$$\gamma_a = \frac{\max(a_{\text{mass, max}}, \ |\ a_{\text{mass, min}}\ |)}{\max(a_{\text{deck, max}}, \ |\ a_{\text{deck, min}}\ |)} \tag{10 - 26}$$

$$\gamma_v = \frac{\max(v_{\text{mass, max}}, \ |\ v_{\text{mass, min}}\ |)}{\max(v_{\text{deck, max}}, \ |\ v_{\text{deck, min}}\ |)} \tag{10 - 27}$$

式中,$a_{\text{mass,max}}$ 与 $a_{\text{mass, min}}$ 分别为设备质心处加速度的最大值与最小值;$v_{\text{mass, max}}$ 与 $v_{\text{mass, min}}$ 分别为设备质心处速度的最大值与最小值;$a_{\text{deck, max}}$ 与 $a_{\text{deck, min}}$ 分别是板架评价点的平均加速度的最大值与最小值;$v_{\text{deck, max}}$ 与 $v_{\text{deck, min}}$ 分别是板架评价点的速度最大值与最小值。计算得到的冲击隔离系数如表 10 - 18 所示。

从表 10 - 18 中可以看出,4 种负刚度超材料抗冲击基座的冲击隔离系数非常小,加速度冲击隔离系数在 0.02~0.04 之间,速度冲击隔离系数在 0.23~0.31 之间,抗冲击效果显著。分析加速度、速度和位移的时间历程曲线可以发现:随

表 10‐18　负刚度超材料抗冲击基座的冲击隔离系数

模　型	Ⅰ	Ⅱ	Ⅲ	Ⅳ
胞元数目/(个×个)	2×1	4×2	6×3	8×4
γ_a	0.020 6	0.039 8	0.039 9	0.020 0
γ_v	0.263 7	0.239 8	0.309 0	0.290 6

着层数的增多,设备质心处的加速度响应振荡频率升高,但幅值大小相对稳定,设备质心处的加速度时间历程曲线如图 10‐39 所示。图中可以看出,胞元层数增加时波形逐渐变窄;随着层数的增多,板架上的加速度和速度均很快地衰减;板架与设备的位移响应随胞元层数的增加变化不大,这是由系统的输入能量决定的。

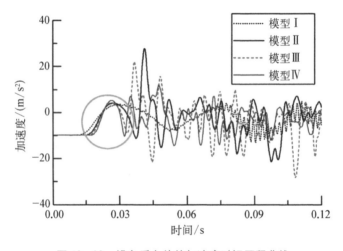

图 10‐39　设备质心处的加速度时间历程曲线

　　因此在设计负刚度超材料抗冲击基座时,可以根据被保护设备的实际需要进行胞元尺寸的设计:胞元层数较少时,响应比较平缓但衰减较慢,胞元层数较多时,响应频率变高但衰减得很快。在冲击过程中,外力做功可以转化为结构的动能和应变能储存起来,由于负刚度胞元变形的可恢复性,可以实现循环使用,因此,相比于主要依靠塑性变形的其他形式的蜂窝抗冲击结构具有明显优势。同时,该基座结构可采用 3D 打印技术进行制造,质量轻,加工方便,通过合理设计可以同时满足静承载和抗冲击性能要求,具有实用前景。

10.5　余弦曲梁型非线性隔振器设计与性能分析

利用预制余弦形曲梁的力-位移关系中"正刚度"区域来设计制造一种新型非线性刚度隔振器,用于设备的主动与被动隔振。为保证隔振器的初始刚度以及满足变形过程中的侧向稳定性要求,将两个相同的余弦形曲梁在中部和两端固结,形成双曲梁结构,如图 10-40 所示。

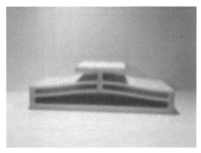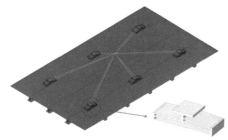

图 10-40　余弦形预制双曲梁非线性隔振器

余弦形预制双曲梁非线性隔振器的设计包括梁的跨长 l、梁截面厚度 t、梁截面宽度 b、中心拱高 h 等几何参数。设计时,先根据实际应用场景确定梁外形的长宽,再依据隔振器在给定参振质量下的静变形与最大允许振幅来确定参数 h 与 t,以保证刚度与振幅满足使用要求。所设计的非线性隔振器外形与应用场景如图 10-40 所示。隔振器材质为 PLA,其弹性模量为 1 643.4 MPa,泊松比为 0.38,密度为 1 210 kg/m³,可采用 3D 打印技术进行制造。

10.5.1　非线性隔振器系统的动力学方程

在设计余弦形预制双曲梁非线性隔振器时,采用足够大的 $Q = h/t$ 有利于提升隔振器的承载性能。根据第 2 章中对余弦形曲梁的介绍,当 $Q = h/t > 2.31$ 时,力-位移关系曲线 $f_1 = f_1(d)$ 与 $f_3 = f_3(d)$ 存在 3 个交点,交点的横坐标值为

$$\begin{cases} d_1 = h - \dfrac{1}{3}\sqrt{9h^2 - 48t^2} \\[2mm] d_2 = h \\[2mm] d_3 = h + \dfrac{1}{3}\sqrt{9h^2 - 48t^2} \end{cases} \qquad (10-28)$$

以上三个解中，当 $d = d_1$ 时对应的垂向力为

$$f = \frac{\pi^4 E I h}{l^3}\left(8 - 6\frac{d_1}{h}\right) = \frac{2\pi^4 E I}{l^3}(h + \sqrt{9h^2 - 48t^2}) \tag{10-29}$$

式中，E 为弹性模量；I 为梁横截面惯性矩。

根据振源的不同，通常将隔振分为两种不同的模型，即主动隔振与被动隔振[274]，如图 10-41 所示。主动隔振是将振源与基础隔离开来，以避免或减少系统的振动向基础传播；被动隔振则是避免或减少基础运动对系统或设备的激励。

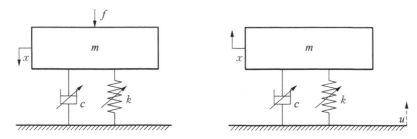

图 10-41　主动隔振模型与被动隔振模型

对于主动隔振，所建立的动力学微分方程为

$$m\ddot{x} + c\dot{x} + k_1(x + \Delta) + k_2(x + \Delta)^2 + k_3(x + \Delta)^3 = F + mg \tag{10-30}$$

式中，c 为阻尼系数；m 为质量；g 为重力加速度；x 为振动位移；$\dot{x}$ 为振动速度；$\ddot{x}$ 为振动加速度；F 为外载荷；Δ 为静位移；k_1、k_2、k_3 均为系数，其计算式为

$$k_1 = \frac{\pi^4 E I}{2l^3 t^2}(6h^2 + 4t^2)$$

$$k_2 = -\frac{9h\pi^4 E I}{2l^3 t^2}$$

$$k_3 = \frac{3\pi^4 E I}{2l^3 t^2}$$

因静位移 Δ 满足 $k_1\Delta + k_2\Delta^2 + k_3\Delta^3 = mg$，故有

$$m\ddot{x} + c\dot{x} + (k_1 + 2k_2\Delta + 3k_3\Delta^2)x + (k_2 + 3k_3\Delta)x^2 + k_3x^3 = F \tag{10-31}$$

对于被动隔振，所建立的动力学微分方程为

$$m\ddot{x} + c(\dot{x} - \dot{u}) + k_1(x - u + \Delta) + k_2(x - u + \Delta)^2 + k_3(x - u + \Delta)^3 = mg \tag{10-32}$$

令 $z=x-u$，u 为基础位移激励，则有

$$m\ddot{z}+c\dot{z}+(k_1+2k_2\Delta+3k_3\Delta^2)z+(k_2+3k_3\Delta)z^2+k_3z^3=-m\ddot{u}$$

$$(10-33)$$

式中，$\dot{u}$、$\ddot{u}$ 分别为基础振动的速度与加速度；其余变量同式(10-30)。

形如式(10-31)和式(10-33)的非线性振动微分方程称为亥姆霍兹-达芬方程，可用谐波平衡法求解[322-324]。具体方法为：将隔振系统激励项和方程的解都利用傅立叶级数展开；然后，将其代入隔振系统的动力学微分方程中，令同阶谐波项的系数相等，即可将原方程转化为一系列的代数方程；通过求解代数方程即可确定傅立叶级数的系数，从而获得隔振系统的解析解。分别利用谐波平衡法求解式(10-31)和式(10-33)的近似解析解。

10.5.2　非线性隔振系统响应

1）主动隔振系统响应求解

对于主动隔振系统动力学方程[式(10-31)]，假设

$$\begin{cases} F(t)=f\cos(\omega t+\varepsilon) \\ x(t)=a_0+a_1\cos\omega t \end{cases} \qquad (10-34)$$

式中，ω 为圆频率；t 为时间；ε 为相位；a_0 为非线性响应常数；a_1 为响应谐波。

将式(10-34)代入式(10-31)，等号左边可精确展开成不同阶次谐波的线性组合。然后，令等号两边的常数项、$\sin\omega t$、$\cos\omega t$ 项系数相等，则有

$$\begin{cases} \widetilde{k}_3a_0^3+\widetilde{k}_2a_0^2+\widetilde{k}_1a_0+\dfrac{3}{2}\widetilde{k}_3a_0a_1^2+\dfrac{1}{2}\widetilde{k}_2a_1^2=0 \\ -ca_1\omega=-f\sin\varepsilon \\ 2\widetilde{k}_2a_0a_1+\widetilde{k}_1a_1-ma_1\omega^2+\dfrac{3}{4}\widetilde{k}_3a_1^3+3\widetilde{k}_3a_0^2a_1=f\cos\varepsilon \end{cases} \qquad (10-35)$$

式中，

$$\widetilde{k}_1=k_1+2k_2\Delta+3k_3\Delta^2$$
$$\widetilde{k}_2=k_2+3k_3\Delta$$
$$\widetilde{k}_3=k_3$$

忽略 $a_0=O(a_1^2)$ 的高阶项，并由后两式消去 ε，可得

$$\left(\frac{3}{4}\widetilde{k}_3 a_1^3 + 2a_1 a_0 \widetilde{k}_2 + a_1 \widetilde{k}_1 - m\omega^2 a_1\right)^2 + (ca_1\omega)^2 = f^2 \quad (10-36)$$

$$x(t) = -\frac{\widetilde{k}_2 a_1^2}{2\widetilde{k}_1} + a_1 \cos\omega t \quad (10-37)$$

式(10-36)与式(10-37)反映了主动隔振系统非线性隔振模型的圆频率-振幅响应特性,其相位 ε 满足:

$$\tan\varepsilon = \frac{c\omega}{2\widetilde{k}_2 a_0 + \widetilde{k}_1 - m\omega^2 + 0.75\widetilde{k}_3 a_1^2} \quad (10-38)$$

2) 被动隔振系统响应求解

对于被动隔振系统非线性动力学方程[式(10-33)],假设

$$\begin{cases} \ddot{u}(t) = \Lambda\cos(\omega t + \varphi) \\ z(t) = b_0 + b_1\cos\omega t \end{cases} \quad (10-39)$$

式中,Λ 为基座加速度激励幅值;φ 为被动隔振的相位;b_0、b_1 为被动隔振系统非线性响应常数和响应谐波。

式(10-39)的求解过程与主动隔振系统类似,可得

$$\left(\frac{3}{4}\widetilde{k}_3 b_1^3 + 2b_1 b_0 \widetilde{k}_2 + b_1 \widetilde{k}_1 - m\omega^2 b_1\right)^2 + (cb_1\omega)^2 = (-m\Lambda)^2 \quad (10-40)$$

$$z(t) = -\frac{\widetilde{k}_2 b_1^2}{2\widetilde{k}_1} + b_1\cos\omega t \quad (10-41)$$

将 $z(t)$ 代回 $x = z + u$,可得

$$x = u + z = -\frac{\Lambda}{\omega^2}\cos(\omega t + \varphi) + b_0 + b_1\cos\omega t \quad (10-42)$$

式(10-40)~式(10-42)反映了被动隔振系统非线性隔振模型的圆频率-振幅响应特性,相位 φ 满足:

$$\tan\varphi = \frac{c\omega}{2\widetilde{k}_2 b_0 + \widetilde{k}_1 - m\omega^2 + 0.75\widetilde{k}_3 b_1^2} \quad (10-43)$$

阻尼系数近似取为 $c \approx 2\zeta\sqrt{m\widetilde{k}_1}$,$\zeta$ 为黏性阻尼比。

3) 数值解验证

式(10-31)和式(10-33)对应的微分方程可用多种方法求解。由于广泛用于工程中的龙格-库塔法具有精度高、收敛性好、稳定、易于程序实现的优点,所

以本书利用 4 阶 5 级龙格-库塔法求解非线性振动微分方程,并与谐波平衡法的解析解进行对比。隔振器的尺寸设计参考船舶中常用的 BE-120 橡胶隔振器,其长度为 140 mm,宽度为 85 mm,其余参数的选取依据隔振器在给定参振质量时的静变形与最大允许振幅条件。本书所设计的非线性隔振器的参数设计自由度大、选择范围广,所选主动隔振计算参数为 $l = 0.14$ m、$b = 85$ mm、$h = 14$ mm、$t = 5$ mm、$f_r = 10$ Hz、$\zeta = 0.005$、$m = 300$ kg、$f = 100$ N、$d_1 = 6.08$ mm。被动隔振计算中,除加速度激励幅值 $\Lambda = 1.96$ m/s² 外,其余参数与主动隔振中一致。当系统达到静平衡时,根据 $k_1 \Delta + k_2 \Delta^2 + k_3 \Delta^3 = mg$ 得隔振器变形量为 1.27 mm,小于最大允许振幅为 6.08 mm。

　　图 10-42 与图 10-43 分别为主动、被动隔振模型的振动位移与响应相迹图,包括谐波平衡法求得的近似解析解与利用龙格-库塔法所得的数值解。

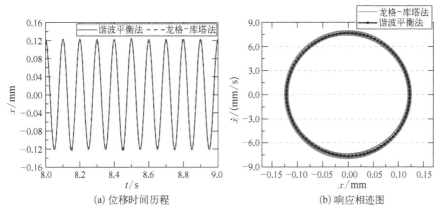

图 10-42　主动隔振系统响应的谐波平衡解析解与数值解

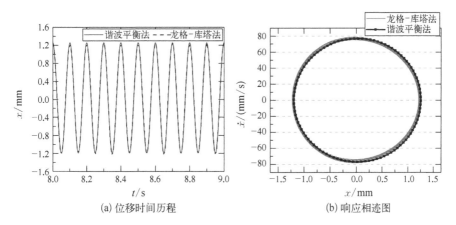

图 10-43　被动隔振系统响应的谐波平衡解析解与数值解

由图 10 - 42 与图 10 - 43 可见,谐波平衡法得到的近似解析解与龙格-库塔法所得数值解吻合,从而验证了谐波平均法求解的有效性。

图 10 - 44 为式(10 - 37)对应的主动隔振系统的非线性响应常数 a_0 与响应谐波 a_1 的幅频特性曲线,载荷幅值分别为 10 N、30 N、50 N、70 N 和 90 N。可以看出,非线性振动系统的响应曲线的顶端向左倾斜,即呈现出"渐软"式非线性系统的幅频曲线特征,这与余弦形曲梁力-位移曲线上正刚度段斜率(刚度)逐渐减小的变化规律一致,且随着载荷幅值的增加,幅频曲线倾斜逐渐增大。

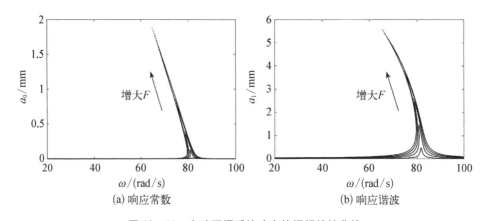

(a) 响应常数　　　　　　　　　　(b) 响应谐波

图 10 - 44　主动隔振系统响应的幅频特性曲线

10.5.3　余弦形预制双曲梁隔振器的振动传递率

对于主动隔振系统,由于输入载荷是外力,所以选用力传递率作为衡量隔振器性能的参数[325],能够较好地反映隔振器效率。非线性隔振系统的力传递率和线性隔振系统的力传递率有着相同的含义[326],均表示传递到基础上的动态力幅值与激励力幅值的比值。

对于主动隔振系统的力传递率,首先计算传递到基础上的动态力,即弹性力 F_{res} 与阻尼力 F_{dam},两者的相位相差 $90°$,其计算公式为

$$\begin{cases} F_{res} \approx \left(\tilde{k}_3 a_0^3 + \tilde{k}_2 a_0^2 + \tilde{k}_1 a_0 + \dfrac{3}{2} \tilde{k}_3 a_0 a_1^2 + \dfrac{1}{2} \tilde{k}_2 a_1^2 \right) + \\ \qquad\quad \left(2\tilde{k}_2 a_0 a_1 + \tilde{k}_1 a_1 + \dfrac{3}{4} \tilde{k}_3 a_1^3 + 3\tilde{k}_3 a_0^2 a_1 \right) \cos \omega t \\ F_{dam} = -c a_1 \omega \sin \omega t \end{cases} \quad (10 - 44)$$

如果仅考虑动态力,则力传递率的表达式为

$$T_F = \frac{\sqrt{(2\widetilde{k}_2 a_0 a_1 + \widetilde{k}_1 a_1 + 0.75\widetilde{k}_3 a_1^3 + 3\widetilde{k}_3 a_0^2 a_1)^2 + (ca_1\omega)^2}}{f}$$

$$(10-45)$$

对于被动隔振系统,选取位移传递率作为衡量隔振器性能的参数。系统的振动位移传递率定义为系统绝对位移响应与基础位移的幅值比,系统绝对位移的表达式为

$$x = u + z = -\frac{\Lambda}{\omega^2}\cos(\omega t + \varphi) + b_0 + b_1\cos\omega t$$

$$= b_0 + \left(b_1 - \frac{\Lambda}{\omega^2}\cos\varphi\right)\cos\omega t + \frac{\Lambda}{\omega^2}\sin\varphi\sin\omega t$$

$$(10-46)$$

如果仅考虑动态位移,则位移传递率的表达式为

$$T_D = \frac{\sqrt{(b_1\omega^2 - \Lambda\cos\varphi)^2 + (\Lambda\sin\varphi)^2}}{\Lambda}$$

$$(10-47)$$

式中,被动隔振的相位 φ 由式(10-43)得出。

10.5.4　几何参数对隔振器隔振性能的影响

1) 非线性刚度系数对振动传递率的影响

改变余弦形双曲梁的几何参数,即不同的 k_1、k_2 和 k_3,以分析非线性刚度系数对振动传递率的影响。本书只改变余弦形双曲梁的初始拱高 h,分别取 14.0 mm、14.5 mm、15.0 mm、15.5 mm、16.0 mm 来改变 k_1、k_2 和 k_3,其余参数分别为 $l = 0.14$ m、$b = 85$ mm、$t = 5$ mm、$\zeta = 0.005$、$m = 300$ kg、$f = 85.8$ N 和 $\ddot{u} = 0.286$ m/s²。输入载荷参照《机械振动　船舶振动测量　第 5 部分:客船和商船适居性振动测量、评价和报告准则》[280]设定,当工作区域振动加速度的上限为 0.286 m/s² 时,对应的激励力为 85.8 N。振动传递率-频率曲线随 h 的变化情况如图 10-45 所示。从图中可以看出,在相同的激励下,随着拱高 h 的增大,系统的刚性增加,固有频率增大,振动传递率曲线向右迁移,曲线顶端向左倾斜的趋势逐渐减缓。因此,在设计隔振器时,h 值的选取应当针对隔振质量并兼顾隔振效率。同时,共振点的振动传递率随着 h 的增加而变化不大,说明在相同频率比时,振动传递率对刚度的变化不敏感,阻尼效应对传递率起主导作用。

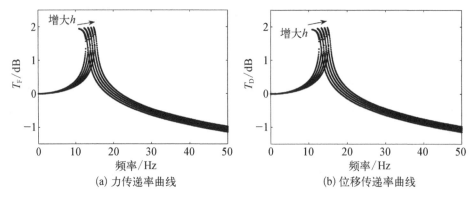

图 10-45 不同拱高 h 对应的振动传递率曲线

2) 激励幅值对振动传递率的影响

增大激励力的幅值(对于被动隔振系统,增大激励加速度的幅值),所得不同幅值下的振动传递率曲线如图 10-46 所示。其中,输入载荷按照工作区域振动加速度上限为 0.286 m/s² ,对应的主动隔振系统激励力为 85.8 N,分别取该加速度或激励力的 120%、100%、80%、50%,其余参数同上。由图 10-46 可见,在大部分频率范围内,改变激励幅值并不影响振动传递率,而在其响应幅值有多个取值("不稳定"区域)时,激励力或激励位移的增大会增加振动传递率曲线向左倾斜的程度,使系统具有更加明显的非线性特征。

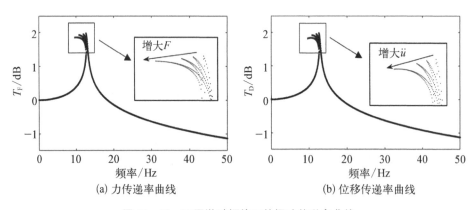

图 10-46 不同激励幅值下的振动传递率曲线

3) 阻尼系数对振动传递率的影响

选取隔振系统的黏性阻尼比 $\zeta=0.005$、0.010、0.020、0.050、0.080、0.100,其余参数同上,分析阻尼系数对振动传递率的影响,不同黏性阻尼比条件下的振动传递率曲线如图 10-47 所示。可见,随着 ζ 值增大,共振点的力-位移传递率明显降低,且存在一条明显向左倾斜的"脊骨线"贯穿曲线族峰值点,它取决于非线性刚度系数和激励幅值,而 ζ 对曲线骨架没有影响;随着 ζ 值变小,振动传递率曲线逐渐向频率较小的方向倾斜,系统的不稳定性逐渐增强。

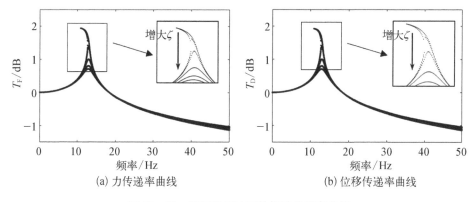

(a) 力传递率曲线　　　　　　　　　　　(b) 位移传递率曲线

图 10 - 47　不同阻尼比下的振动传递率曲线

第 11 章

舰船超材料防护结构的
抗爆抗冲击设计

　　舰船抗爆抗冲击能力是保证其生命力和战斗力的重要指标,通常舰船会面临来自水下或空中的鱼雷、水雷、炮弹、导弹或炸弹等各类武器的攻击,表现为舰船承受空中爆炸、水下爆炸和穿甲等场景。通常在船体侧面设置膨胀空舱＋吸收液舱＋过滤空舱的组合防护结构(见图 11-1),称为舰船舷侧防护结构,使舰船受到攻击时产生的破损或毁坏程度能被控制在允许状态与范围内,有效抵御各种反舰武器的攻击。优良的舰船防护结构往往是通过多层防护措施来减小弹体侵彻破坏,即使穿甲后爆炸冲击波和弹体碎片也难以对船体及人员造成巨大的二次伤害,从而有效保护舰船主体结构的完整性。由于船体质量限制,防护结构一般只安装在机舱、指挥中心、弹药库等核心舱室侧面,其他部位则没有配备

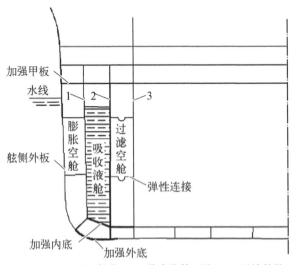

1—分隔舱壁;2—基本防护隔壁;3—过滤舱壁。

图 11-1　典型舰船舷侧防护结构

防护结构或防护装甲[327-331]。

近年来,轻型夹芯结构作为舷侧防护装甲已成为舰船保护的研究热点。典型夹芯防护结构如图 11-2 所示,一般由两层面板和轻质芯体组成。应用夹芯防护结构,结构的质量并没有明显增加,但截面惯性矩有很大提升,因此是抗弯抗屈曲的较佳结构。在爆炸冲击载荷作用下,芯层中多孔材料的大量空隙,为发生大塑性变形及破坏提供了空间,芯层与前后面板协同变形、破坏可有效吸收爆炸冲击产生的能量。

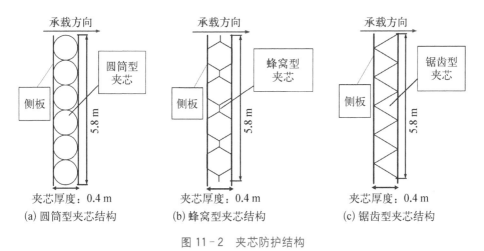

(a) 圆筒型夹芯结构　　　(b) 蜂窝型夹芯结构　　　(c) 锯齿型夹芯结构

图 11-2　夹芯防护结构

负泊松比超材料的压阻效应使得其在船舶与海洋工程结构抗爆防护中得到重视,开展了系列研究工作。本章介绍我们在负泊松比夹芯防护结构抗爆抗冲击性能研究成果,探讨超材料作为舷侧夹芯防护结构芯材的应用前景。下面以穿甲、空中爆炸、水下爆炸和内爆等场景,介绍内六角形、星形等功能基元构型负泊松比超材料的抗爆设计与性能数值评估[332-335]。

11.1　空中爆炸及穿甲场景下超材料防护结构性能分析方法

现有主流的爆炸冲击响应数值计算软件为 LS-DYNA 和 ABAQUS,分别提供了采用任意拉格朗日-欧拉(ALE)坐标系描述的流固耦合动力学方程有限元数值法(以下简称"ALE 算法")和声固耦合算法。建议采用 ALE 算法求解穿甲及空中爆炸(以下简称"空爆")等高速冲击问题。该方法的优点为采用的网格是根据每一步固体结构域的边界(考虑爆炸破损状态)构造合适的网格,避免在严重扭曲的网格上进行计算,并在流固界面处定义 ALE 耦合面。另外,炸药的爆轰过程具有一个强间断面,ALE 算法中加入人工黏性项方法使强间断面光滑后再进行计算。

ALE 算法主要包括如下三个步骤:

(1) 显式拉格朗日计算步骤,此时只考虑流体压力分布对结构速度及能量改变的影响,在动量方程中压力取前一时刻的值,因此是显式格式。

(2) 用隐式积分格式解动量方程步骤,就是把步骤(1)中求得的速度分量作为迭代求解的初始值开始解动量方程。

(3) 重新划分网格和网格间输运量的计算步骤。每个单元解的变量都要进行输运,变量个数取决于材料模型,对于包含状态方程的单元,只输运密度、内能和冲击波黏性。

ALE 坐标系体系下船体结构与流体耦合动力学系统中,空气与水采用空材料模型,状态方程采用格临爱森方程[333]:

$$P = \frac{\rho_0 c^2 \mu \left[1 + \left(1 - \frac{\gamma_0}{2}\right)\mu - \frac{\alpha}{2}\mu^2\right]}{\left[1 - (S_1 - 1)\mu - S_2 \frac{\mu^2}{\mu + 1} - S_3 \frac{\mu^3}{(\mu + 1)^2}\right]^2} + (\gamma_0 + \alpha\mu)E$$

$$(11 - 1)$$

水的密度 $\rho_0 = 1\ 000\ \text{kg/m}^3$;水中声速 $c = 1\ 484\ \text{m/s}$;材料常数 $S_1 = 1.979$,$S_2 = 0$,$S_3 = 0$,$\gamma_0 = 0.11$,$\alpha = 3.0$;单位体积内能 $E = 3.072 \times 10^5\ \text{Pa}$;空气中声速 $c = 340\ \text{m/s}$;空气密度为 $\rho = 1.28\ \text{kg/m}^3$;$\mu$ 为 ($\rho/\rho_0 - 1$) 的一阶体积修正量。

当空气的状态方程采用线性多项式(linear polynomial 方程)描述时,则有

$$P = C_0 + C_1\mu + C_2\mu^2 + C_3\mu^3 + (C_4 + C_5\mu + C_6\mu^2)E \qquad (11 - 2)$$

式中,材料常数 $C_0 \sim C_3$ 均为 0;$C_4 = C_5 = 0.4$;$C_6 = 0$;$E = 2.5 \times 10^5\ \text{Pa}$。

炸药的爆轰压力 P、单位体积内能 E 及相对体积 V 的关系采用标准的 Jones - Wilkins - Lee(JWL)状态方程描述:

$$P = A\left(1 - \frac{\omega}{R_1 V}\right)e^{-R_1 V} + B\left(1 - \frac{\omega}{R_2 V}\right)e^{-R_2 V} + \frac{\omega E}{V} \qquad (11 - 3)$$

式中,爆速 $V = 6\ 930\ \text{m/s}$;材料常数 $A = 371.2\ \text{GPa}$,$B = 3.23\ \text{GPa}$,$R_1 = 4.15$,$R_2 = 0.95$,$\omega = 0.30$,$E = 9.60\ \text{GPa}$,适用于各种凝态炸药。在 LS - DYNA 软件中,炸药单元的点火时间根据该单元形心至起爆点的距离及爆速确定。

穿甲计算时弹体一般取为刚体,密度 $\rho = 7\ 820\ \text{kg/m}^3$。抗爆金属船体结构

材料在计算中一般采用约翰逊-库克本构模型,该模型是一种与应变率和绝热(忽略热传导)温度相关的塑性模型,适用于很多大应变率的材料,包括绝大多数金属材料,可以考虑硬化效应。其中流动应力表示为[333]

$$\sigma_y = (A + B\bar{\varepsilon}^{p^n})(1 + C\ln\dot{\varepsilon}^*)(1 - T^{*m}) \tag{11-4}$$

式中,A、B、C、n 和 m 都是材料输入常数;$\bar{\varepsilon}^p$ 为有效塑性应变;$\dot{\varepsilon}^*$ 是参考应变率 $\dot{\varepsilon}_0 = 1/s$ 时的无量纲化有效塑性应变率,T^* 为无量纲化温度:

$$\dot{\varepsilon}^* = \frac{\dot{\varepsilon}}{\dot{\varepsilon}_0} \tag{11-5}$$

$$T^* = \frac{T - T_r}{T_m - T_r} \tag{11-6}$$

式中,$\dot{\varepsilon}$ 是当前有效塑性应变率;T 为当前温度;T_r 为参考温度 293 K;T_m 为融化温度。破坏应变定义为

$$\varepsilon^f = [D_1 + D_2\exp(D_3\sigma^*)](1 + D_4\ln\dot{\varepsilon}^*)(1 + D_5 T^*) \tag{11-7}$$

σ^* 为压力与有效压力之比:

$$\sigma^* = \frac{p}{\sigma_{\text{eff}}} \tag{11-8}$$

式中,$D_1 \sim D_5$ 为断裂常量,当破坏参数 D 达到 1 时即认为发生断裂:

$$D = \sum \frac{\Delta\bar{\varepsilon}^p}{\varepsilon^f} \tag{11-9}$$

除上述的失效准则外,该材料模型还为壳单元提供了一种基于最大稳定时间步长($\Delta t_{\max}$)的单元删除准则。

ALE 坐标系下穿甲及空爆时船体结构动力学方程的有限元列式为

$$M\ddot{x}(t) + C\dot{x}(t) = P(x, t) - F(x, \dot{x}) + H \tag{11-10}$$

式中,M 为爆炸系统的质量矩阵;$\ddot{x}(t)$ 为系统节点加速度矢量;$\dot{x}(t)$ 为系统节点速度矢量;$P(x, t)$ 为系统载荷矢量;$F(x, \dot{x})$ 为单元应力场等效的节点力矢量;H 为系统总体沙漏黏性阻尼力矢量;C 为结构阻尼系数矩阵。

声固耦合法计算穿甲及空爆时船体-流体动力学响应的有限元方程列式如下,其中也要求考虑船体结构材料的弹性、塑性和失效的非线性力学过程。

采用声学有限元离散可压缩流场,得到单元内任意位置的声压为

$$P = N^T P_c \tag{11-11}$$

式中，P_c 为声学单元节点声压矢量；N 为声学单元声压形函数矩阵。

采用有限元离散船体结构，结构位移可以用相应单元的节点位移插值表示为

$$U = N_s^T U_c \tag{11-12}$$

式中，U_c 为结构单元的节点位移矢量；N_s^T 为结构单元位移形函数基座。

流体与结构交界面上的压力与位移存在如下等式关系：

$$\frac{\partial P}{\partial n} = -\rho \ddot{u}_n$$

式中，下标 n 为交界面的法向方向；$\ddot{u}_n$ 为法向振动加速度。

由声学波动方程结合边界条件并采用伽辽金法，推导得到流场有限元方程为

$$M_a \ddot{P} + C_a \dot{P} + K_a P = -\rho B^T \ddot{U} + q_0 \tag{11-13}$$

式中，$M_a = \dfrac{1}{C^2} \iiint\limits_{\Omega} NN^T d\Omega + \dfrac{1}{g} \iint\limits_{S_F} NN^T dS_F$ 为流体质量矩阵；$K_a = \iiint\limits_{\Omega} \nabla N \nabla N^T d\Omega$

为流体刚度矩阵；$C_a = \dfrac{1}{C} \iint\limits_{S_r} NN^T dS_r$ 为声学阻尼矩阵；$B = \left(\iint\limits_{S_I} NN_s^T dS_I \right) \Lambda$ 为流

固耦合矩阵；Λ 为坐标变换矩阵；q_0 为爆炸冲击载荷。

船体结构动力学方程有限元列式为

$$M_S \ddot{U} + C_S \dot{U} + K_S U = f_P + F_s \tag{11-14}$$

式中，F_s 为流体以外作用于结构上的外载荷；f_P 为流固交界面上流体压力载荷的节点力矢量，可以表示为 $f_P = \sum_e f_P^e = -\Lambda^T \left(\iiint\limits_{S_I} NN_s^T dS_I \right) P = -B^T P$。将式

(11-14)改写为

$$M_S \ddot{U} + C_S \dot{U} + K_S U = -B^T P + F_s \tag{11-15}$$

综合流体及结构的有限元方程，得一般形式的结构-声场耦合动力学方程：

$$\begin{bmatrix} M_S & 0 \\ \rho B^T & M_a \end{bmatrix} \begin{Bmatrix} \ddot{U} \\ \ddot{P} \end{Bmatrix} + \begin{bmatrix} C_S & 0 \\ 0 & C_a \end{bmatrix} \begin{Bmatrix} \dot{U} \\ \dot{P} \end{Bmatrix} + \begin{bmatrix} K_S & B^T \\ 0 & K_a \end{bmatrix} \begin{Bmatrix} U \\ P \end{Bmatrix} = \begin{Bmatrix} F_s \\ q_0 \end{Bmatrix} \tag{11-16}$$

求解上述方程可得爆炸载荷作用下结构的动力学响应过程。

11.1.1　内六角形胞元夹芯防护结构穿甲性能的数值评估

首先进行具有负泊松比效应内六角蜂窝构成的夹芯防护结构穿甲性能数值分析。空气中穿甲前状态如图 11-3 所示,蜂窝夹芯防护结构的详细设计如图 11-4 所示。该防护结构长宽均为 8 m,由两层钢制面板和钢制负泊松比内六角蜂窝芯构成,两块面板间距为 600 mm。内六角蜂窝胞元形状满足可闭合条件,即立边长度为斜边长度的两倍($h = 2l$),胞元泊松比分别为 -0.26、-0.55、-1 和 -2.1。每一泊松比分别对应两种不同胞元层数模型,分别为 3 层模型和 5 层模型,模型均四边简支约束。防护结构靠近弹体的面板厚度为 20 mm,远离弹体的面板厚度为 10 mm。弹体为截锥形圆柱体,截顶直径为 50 mm,弹体直径为 200 mm,弹体长度为 800 mm,半锥角为 20°,初速度分别为 200 m/s 和 340 m/s,作用位置为面板中心位置,弹体前段距面板 10 cm。等质量不同层数和泊松比的内六角蜂窝夹芯胞元壁厚如表 11-1 所示,两种初速度的弹体在空气中侵彻防护结构的数值计算结果如表 11-2 所示,空气中弹体侵彻结构过程如图 11-5 所示。数值模型中,弹体模拟为刚体,防护结构离散为弹塑性单元,空气流场不离散建模[333]。

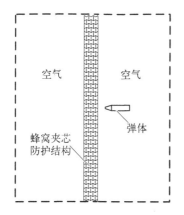
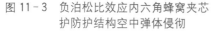

图 11-3　负泊松比效应内六角蜂窝夹芯护防护结构空中弹体侵彻

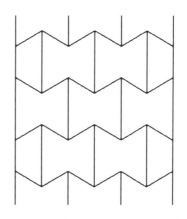

图 11-4　负泊松比效应内六角蜂窝夹芯防护结构局部示意图

表 11-1　等质量不同负泊松比的内六角蜂窝夹芯胞元壁厚

胞元层数/层	3				5			
胞元泊松比	-0.26	-0.55	-1	-2.1	-0.26	-0.55	-1	-2.1
胞元壁厚/mm	2.09	2.36	2.70	3.15	1.18	1.39	1.57	1.85

表 11 - 2　等质量负泊松比效应内六角蜂窝夹芯防护结构空中弹体侵彻剩余速度

胞元层数/层	3				5			
胞元泊松比	−0.26	−0.55	−1	−2.1	−0.26	−0.55	−1	−2.1
初速度为 200 m/s 的弹体侵彻剩余速度/(m/s)	147	145	143	147	165	152	147	149
初速度为 340 m/s 的弹体侵彻剩余速度/(m/s)	295	307	308	305	317	304	302	305

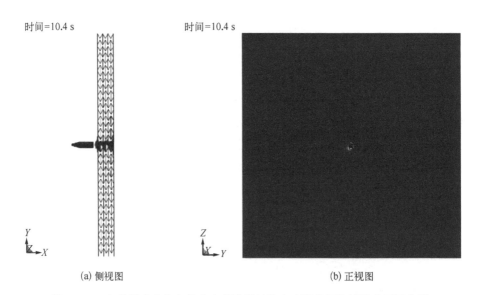

(a) 侧视图　　　　　　　　　　　　　　　(b) 正视图

图 11 - 5　负泊松比内六角蜂窝夹芯防护结构空中弹体侵彻过程典型示意图

　　由表 11 - 2 可知,防护结构穿甲防护性能受蜂窝胞元层数和胞元泊松比的影响很大。当质量一定时,防护结构胞元层数越少,胞元泊松比对结构穿甲防护性能的影响越弱;当结构胞元层数较大时,随胞元泊松比的增大,弹体剩余速度逐渐减小,但当泊松比增大到一定程度后,结构穿甲防护性能基本保持不变。另外,当胞元泊松比较小时,随着胞元层数的增加,负泊松比内六角蜂窝夹芯防护结构穿甲防护性能逐渐减弱。当胞元泊松比大于或等于−1 时,胞元层数对内六角蜂窝夹芯防护结构的防护性能基本无影响。因此,为增强负泊松比内六角蜂窝夹芯防护结构空中穿甲防护性能,设计中应适当减小蜂窝胞元层数和增大胞元泊松比。

　　另外,由于蜂窝夹芯在设计弹速条件下胞元没有足够的变形时间,未能体现出设计预期的负泊松比压阻效应。如图 11-5 所示,弹体直接穿透了面板和芯层,弹体作用区域小,蜂窝芯层仅在弹道周围很小的范围内产生了塑性变形和破坏,面板破坏模式与单层钢板破坏模式一致,也未形成大范围塑性变形压迫蜂窝芯体,故未能体现出压阻效应。在质量相等的情况下,蜂窝芯的结构形式使弹体侵彻路径上的结构质量减小,结构防护效果因此减弱。

　　总体上看,对于高速或超高速导弹和炮弹袭击,单纯依靠结构性的被动防御已无法应对,应寻求主动防御方法,例如反导系统等。

　　图 11-6 所示为负泊松比效应蜂窝舷侧防护结构设计在水下的抗穿甲性能评估。它是膨胀空舱+吸收液舱+过滤空舱的组合形式,在舷侧板背面加装了负泊松比效应蜂窝层。舷侧舱段结构长 6 m,高 4 m。舱段防护结构由 4 层钢板构成,里面三层钢板厚均为 20 mm,常规防护结构的最外层(第一层)钢板厚 48 mm,各层防护板间距为 0.3 m。对于新型结构,在第一层钢板与第二层钢板间填充蜂窝防护结构,第一层钢板厚 20 mm,蜂窝胞元初始壁厚为 5 mm,舷侧防护结构总质量为 21 330 kg。正泊松比蜂窝胞元采用等边六角形,立边长度等于斜边长度($H=L$),内凹角为 15°;负泊松比蜂窝胞元形状为立边长度两倍于斜边长度($H=2L$),内凹角为 15°。蜂窝胞元大小均定义为胞元斜边长度。反舰导弹为截锥形圆柱弹体,其中截顶直径为 70 mm,弹体直径为 250 mm,弹体长

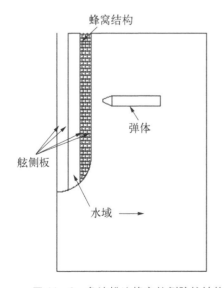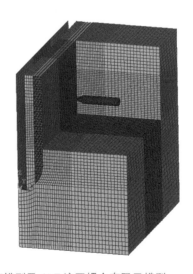

图 11-6　负泊松比蜂窝舷侧防护结构几何模型及 ALE 流固耦合有限元模型

度为 1.5 m,半锥角为 20°。弹体质量为 514.7 kg,弹体初始速度分为 80 m/s、200 m/s 和 340 m/s 三种情况。弹体对舷侧防护结构做垂直冲击运动,高度方向距舷侧舱段结构底部为 2.45 m,水平方向位于舷侧舱段结构中部,撞击部位船体无加强筋。

45 钢、钛合金 TC4 和 921 钢材料的参数如表 11-3 所示。

表 11-3   材 料 参 数

材　　料	基本参数				
	E/GPa	ν	$\rho/(kg/m^3)$	T_m/K	T_r/K
45 钢	200	0.3	7 820	1 783	293
TC4	113	0.33	4 510	1 920	293
921 钢	200	0.3	7 830	1 763	293
材料本构	约翰逊-库克本构模型参数				
	A/MPa	B/MPa	C	n	m
45 钢	507	320	0.064	0.28	1.06
TC4	1 130	250	0.032	0.2	1
921 钢	898	356	0.022	0.586	1.05
材　　料	约翰逊-库克失效模型参数				
	D_1	D_2	D_3	D_4	D_5
45 钢	0.1	0.76	1.57	0.005	-0.84
TC4	0	0.33	0.48	0.004	3.9
921 钢	0.8	2.1	0	0.002	0.6

图 11-7 展示了给定泊松比下不同胞元层数的舷侧防护结构的抗穿甲性能,可见并不是层数越多抗穿甲性能越好,是有一个最优层数和泊松比的。图 11-8 是某海洋平台防爆墙抗爆分析有限元数值模型,图 11-9 给出了不同时刻防爆墙的变形及空气中的压力分布变化[335]。

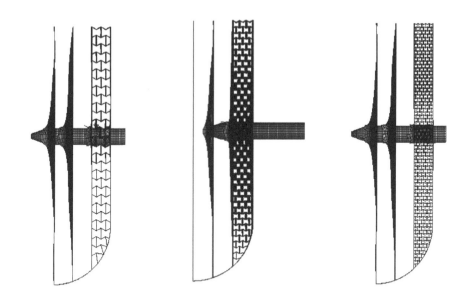

图 11-7　不同胞元层数的舷侧防护结构的破损示意图

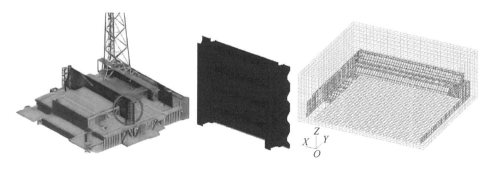

图 11-8　某海洋平台防爆墙及其爆炸 ALE 流固耦合分析模型

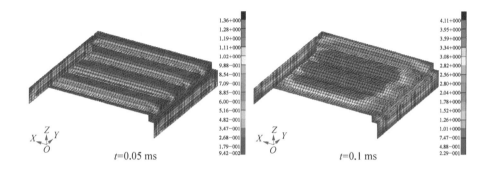

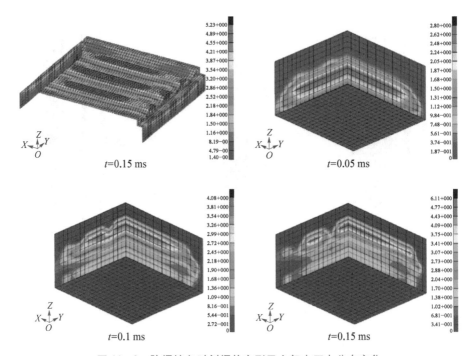

图 11-9 防爆墙各时刻爆炸变形及空气中压力分布变化

11.1.2 星形胞元夹芯防护结构穿甲性能的数值评估

根据图 11-10，星形胞元形态主要受胞元形态比 b/a 和胞元角 θ 影响。星形胞元的泊松比由胞元角和形态比计算给出。计算模型中星形负泊松比夹芯防

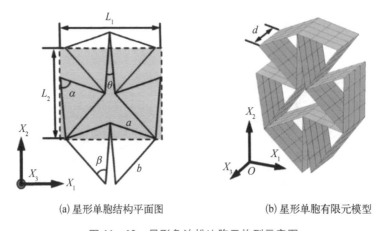

(a) 星形单胞结构平面图   (b) 星形单胞有限元模型

图 11-10 星形负泊松比胞元构型示意图

护结构长、宽均为 8.0 m,由两层钢制面板和钢制星形负泊松比超材料夹芯层构成,两面板间距为 600 mm。星形负泊松比超材料夹芯结构分别采用泊松比为 -2.91、-1.63、-1.00、-0.63 的星形胞元通过控制胞元角 $\theta = 10°$,使胞元形态比 b/a 在 $0.6 \sim 1.2$ 之间变化来实现泊松比定量设计。

对各泊松比下星形负泊松比超材料,分别建立 3 层胞元模型和 5 层胞元有限元模型,具体模型如图 11-11 所示。

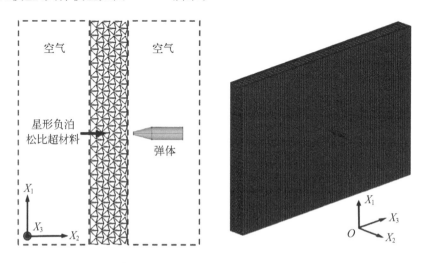

图 11-11　三层胞元和泊松比为 -1.63 的星形防护结构弹体冲击示意及
星形防护结构弹体冲击有限元模型

弹体侵彻计算模型中,弹体是一个截顶直径为 50 mm、弹体直径为 200 mm、长度为 800 mm、半锥角为 20° 的截锥圆柱体。防护结构受到弹体垂直冲击,弹体初始速度分别设置为 200 m/s 和 340 m/s,冲击位置位于面板中心,初始时刻弹体头部距离面板 100 mm。模型均设置四边简支约束,前后面板和星形胞元由 Shell163 矩形单元模拟,并通过焊接连接,单元大小为 20 mm×25 mm。前后面板与芯层负泊松比结构之间采用 Automatic 面-面接触,芯层结构本身星形负泊松比胞元壁之间采用 Automatic 单面接触[334]。

在等质量前提下,不同层数、不同泊松比的星形超材料夹芯结构胞元壁厚如表 11-4 所示,两种初速度下弹体侵彻剩余速度如图 11-12 所示。

根据表 11-4,星形负泊松比超材料夹芯防护结构的穿甲防护性能受胞元层数影响较小,受泊松比影响较大。当夹芯防护结构胞元层数为 5 层时,随胞元泊松比增大,弹体剩余速度先减小后增大,在泊松比为 -1.63 时取得极小值。此外,当胞元泊松比较小时,弹体穿过 5 层胞元夹芯防护结构后的剩余速度相比穿

表 11-4　等质量不同层数、不同泊松比的星形超材料夹芯结构胞元壁厚

胞元层数/层	3				5			
泊松比	−2.91	−1.63	−1.00	−0.63	−2.91	−1.63	−1.00	−0.63
胞元壁厚/mm	0.87	1.01	1.16	1.68	0.54	0.6	0.65	0.97

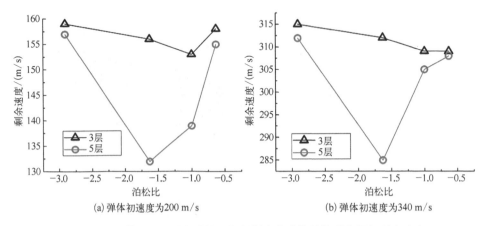

(a) 弹体初速度为200 m/s　　　　(b) 弹体初速度为340 m/s

图 11-12　等质量星形负泊松比超材料夹芯防护结构弹体侵彻剩余速度

过 3 层胞元防护结构后的更小。图 11-13 展示了星形负泊松比超材料夹芯层受弹体高速冲击时大塑性变形和破坏的典型细观截面图像;弹体直接穿透面板和芯层,冲击力作用范围小,星形负泊松比超材料夹芯层只在弹道周围的极小范围内发生了塑性变形和破坏。前后面板的失效模式与单层钢板失效模式一致,

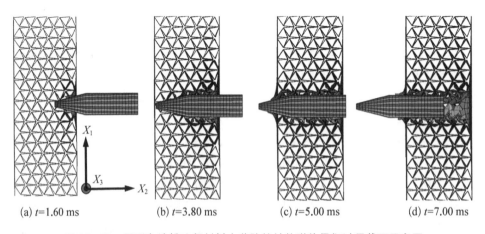

(a) t=1.60 ms　　(b) t=3.80 ms　　(c) t=5.00 ms　　(d) t=7.00 ms

图 11-13　星形负泊松比超材料夹芯防护结构弹体侵彻过程截面示意图
(5 层, ν=−1.00, 初始速度为 200 m/s)

没有形成大范围塑性变形并压迫星形超材料夹芯层,未能体现压阻效应。星形负泊松比超材料芯层通过本身薄壁结构在压阻效应下的形变和破坏来吸收并耗散机械能,在高速弹体冲击下应力波还没有充足时间传递至打击点周围的负泊松比超材料胞元,星形负泊松比超材料结构未能充分发挥其吸能耗能的作用,弹体便已穿透夹芯层。在防护结构总质量相等的情况下,星形负泊松比超材料芯层的几何构型使弹体在侵彻路径上穿透的防护结构质量之和相比单层钢板更小,因此穿过星形负泊松比超材料夹芯防护结构的弹体剩余速度相比单层钢板的更大。

11.2　水下爆炸场景下超材料防护结构的性能分析

1) 水下爆炸载荷的特点

炸药在水下爆炸是一个非常复杂的能量转换过程,从时间上可分为两个阶段。第一个阶段为冲击波阶段,持续时间为毫秒级;第二个阶段为气泡阶段,持续时间为秒级。冲击波产生后沿着药包的各个方向传播。当气泡刚生成时,由于冲击波向外传播时在气泡内部生成压力很大的伸张波,伸张波的压力大于外部水的压力,导致气泡过度膨胀,使外部的水压力大于内部的压力,气泡开始塌缩。由于惯性,气泡又过度收缩,内部压力大于外部压力,膨胀、收缩运动循环起来,在理想条件下,这种运动可达十次或者十次以上[327-331]。水下爆炸的压力变化过程以及气泡的运动过程如图 11 - 14 所示。通常,冲击波具有高频特征,易对舰船结构造成严重的局部破坏,而气泡运动引起的滞后流以及脉动压力呈现低频特征,易对舰船总体造成破坏,危及舰船的总纵强度,且气泡坍塌形成的高速射流还会引起舰船结构的局部毁伤[331]。

冲击波和气泡在传播过程中携带不同能量,以 1 500 lB①TNT 炸药为例,冲击波大概占 53% 的能量,气泡占 47% 的能量。冲击波在传播过程中损失约 20% 的能量,剩余造成结构物的损伤;气泡第 1 次膨胀、收缩过程损失约 13% 的能量,有 17% 的能量会在气泡被压到最小时散失,剩下能量用于产生第 2 次的压力波,全部能量的分配如图 11 - 15 所示[329-331]。

2) 水下爆炸冲击波的初始参数

炸药在水下爆炸时会引起水体的剧烈扰动,扰动产生后以压缩波的形式在

---

① 英制中的质量单位,1 lB=0.453 5 kg。

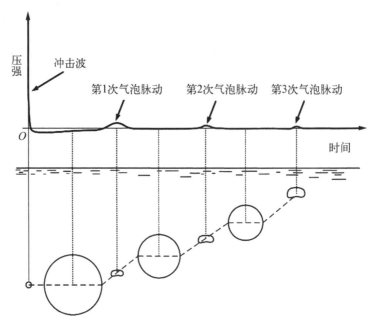

图 11-14 典型的水下爆炸过程

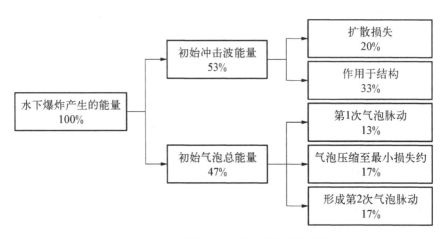

图 11-15 1 500 IB TNT 炸药爆炸能量分布

水中进行径向传播,具有陡峭波头的压缩波通常被称为冲击波。药包附近的冲击波初始传播速度是水中声速的数倍,随着波的推进,冲击波传播速度迅速下降。水中冲击波的初始参数取决于炸药和水的性质。由于冲击波的初始压力很大,而水的可压缩性很小,因此可不考虑爆炸产物等熵指数的变化。对于一维流动,界面处爆炸产物的质点速度为[336]

$$v_x = \frac{D}{\gamma+1}\left\{1 + \frac{2\gamma}{\gamma-1}\left[1 - \left(\frac{P_x}{P_1}\right)^{\frac{\gamma-1}{2\gamma}}\right]\right\} \tag{11-17}$$

式中, D 为炸药爆速; P_x 和 v_x 分别为爆炸产物和水的分界面处的压力和质点速度; P_1 为爆轰波阵面上的压力; γ 为爆炸产物的多方指数。

对入射冲击波,波阵面两侧的状态可由动量守恒关系联系起来:

$$P_w = \rho_0 D_w v_w \tag{11-18}$$

式中, P_w 和 v_w 为水下初始冲击波的压力和质点速度; ρ_0 为未扰动水介质的密度; D_w 为水下冲击波波阵面速度。

由动力学试验测定,在 $0\sim45$ GPa 范围内水的冲击绝热方程为

$$D_w = 1.483 + 25.306\lg\left(1 + \frac{v_w}{5.19}\right) \tag{11-19}$$

将式(11-19)代入式(11-18)可得

$$P_w = \rho_0\left[1.483 + 25.306\lg\left(1 + \frac{v_w}{5.19}\right)\right]v_w \tag{11-20}$$

根据水和爆轰产物界面的连续条件:

$$P_x = P_w \tag{11-21}$$

$$v_x = v_w \tag{11-22}$$

将上述方程联立,即可得到水下冲击波的初始参数 P_w 和 v_w。

3) 水下爆炸冲击波的基本方程

利用质量守恒、动量守恒和能量守恒定律,得到水下爆炸冲击波的基本方程为[336]

$$v_x - v_0 = \sqrt{(P_x - P_0)\left(\frac{1}{\rho_0} - \frac{1}{\rho_x}\right)} \tag{11-23}$$

$$D_w - v_0 = \frac{1}{\rho_0}\sqrt{(P_x - P_0)\left(\frac{1}{\rho_0} - \frac{1}{\rho_x}\right)} \tag{11-24}$$

$$E_x - E_0 = \frac{1}{2}(P_x - P_0)\left(\frac{1}{\rho_0} - \frac{1}{\rho_x}\right) \tag{11-25}$$

式中, P_0、ρ_0、E_0 和 v_0 分别为未扰动水介质的压力、密度、内能和质点速度; P_x、ρ_x、E_x 和 v_x 分别为冲击波阵面通过后水介质的压力、密度、内能和质点速

度；D_w 为水下冲击波波阵面速度。

根据试验得到的静高压下水的状态方程为

$$P = (109 - 93.7V)(T - 348) + 5\,010V^{-5.58} - 4\,310 \tag{11-26}$$

式中，P 为压力；V 为比体积($\mathrm{cm^3/g}$)；T 为绝对温度(K)。

由于式(11-26)中引入了温度量，带来了计算的不便，故对水进行热力学变化，当 P 大于 3.0×10^8 Pa 时得到水下冲击波压力和密度的关系为

$$P_x - P_0 = d_2(\rho_x^\chi - \rho_0^\chi) \tag{11-27}$$

式中，d_2 和 χ 为常数；$d_2 = 4.25 \times 10^7$ kg·m²/s²；$\chi = 6.29$。

联立各式即可得到水下冲击波的基本方程。

4) 水下爆炸压力峰值的经验公式

对于给定装药量的水下爆炸，在爆炸初始时刻任意位置上的峰值压力仅与炸药当量有关，Cole 在《水下爆炸》一书中提出，峰值压力 P_m 可按指数规律近似给出[336]：

$$P_m = 53.3\left(\frac{W^{\frac{1}{3}}}{R}\right)^{1.13} \tag{11-28}$$

式中，W 为装药量；R 为计算点至爆心的距离。

图 11-16 给出某超材料防护结构水下爆炸计算模型。炸药距防护结构 200 mm，炸药当量为 10 kg；水体尺寸为 8.0 m×8.0 m×2.4 m，位于夹芯防护结构右侧；采用越近邻夹芯防护结构外面板网格尺寸越细致的 27 000 个 Solid164 单元模拟。夹芯防护结构内部填充空气层，尺寸与夹芯防护结构尺寸一致，为 8.0 m×8.0 m×0.6 m，由 30×30×10＝9 000 个 Solid164 单元模拟。夹芯防护结构右侧为另一空气层，尺寸为 8.0 m×8.0 m×3.0 m，由 30×30×30＝27 000 个 Solid164 单元模拟。模型均设置四边简支约束，前后面板和星形胞元由 Shell163 矩形单元模拟，并通过焊接连接，单元大小为 20 mm×25 mm。前后面板与芯层负泊松比结构之间采用 Automatic 面-面接触，芯层结构本身星形负泊松比胞元壁之间采用 Automatic 单面接触。并在除接触面外的水体四周设置无反射边界条件。数值模拟中，防护结构与水体间流固耦合过程选用 ALE 算法，计算网格不固定，可相对坐标系做计算所需的任意运动，在 LS-DYNA 中使用 CONSTRAINED_LAGRANGE_IN_SOLID 关键字定义。图 11-17 揭示了星形负泊松比超材料防护结构在水下爆炸过程中变形演化及防护机理[334]。

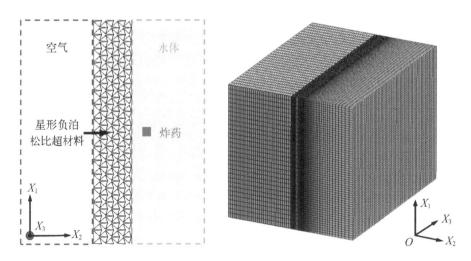

图 11 - 16　星形负泊松比超材料防护结构水下爆炸流固 ALE 有限元模型

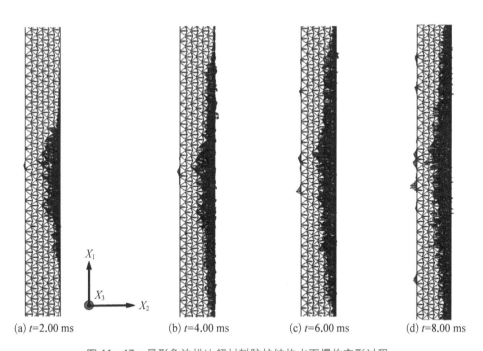

(a) t=2.00 ms　　(b) t=4.00 ms　　(c) t=6.00 ms　　(d) t=8.00 ms

图 11 - 17　星形负泊松比超材料防护结构水下爆炸变形过程

以 5 层胞元负泊松比内六角蜂窝夹芯防护结构为研究对象,探讨不同泊松比(−0.26、−0.55、−1 和−2.1)蜂窝夹芯防护结构在胞元壁厚分别为 7.67 mm、10.2 mm 和 12 mm 时的水下抗爆防护性能。图 11 - 18 给出其中泊松比为−2.1

时的防护效果。计算表明,当蜂窝胞元壁厚相等时,不同泊松比的蜂窝夹芯防护结构水下抗爆防护性能有着很大差异。就迎爆面而言,随着胞元壁厚的增加,不同泊松比的蜂窝夹芯防护结构迎爆面破口最大尺寸和破口面积与塑性应变区比值均有所减小而塑性变形区域尺寸却接近。这是由于胞元壁厚的增加增强了蜂窝夹芯防护结构的整体刚度,对迎爆面有了更强的支撑和抵抗变形效果,因此迎爆面面板在板厚不变的情况下其破口和塑性变形区域均随着胞元壁厚的增加而减小。就背爆面面板而言,其破口最大尺寸受到胞元壁厚和泊松比的共同作用,关系更加复杂。当胞元泊松比较小时,背爆面面板破口尺寸随着胞元壁厚的增加而增加;当胞元泊松比较大时,破口尺寸随着胞元壁厚的增加而减小。当胞元泊松比在−0.5~−1之间时,背爆面面板破口尺寸随着胞元壁厚的增大先减小后增大。

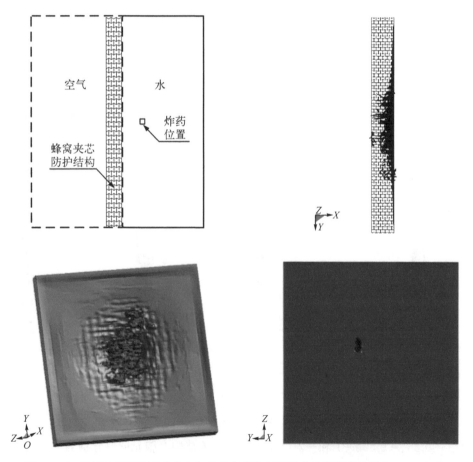

图 11-18　5层胞元负泊松比内六角蜂窝夹芯防护结构水下抗爆数值结果($\nu = -2.1$)

蜂窝胞元壁厚的增加虽然增强了蜂窝夹芯防护结构迎爆面的防护效果,但由于蜂窝芯层变形能力减弱,其闭合性和压阻性受到影响,对爆炸冲击能量的吸收也相应减弱,背爆面面板往往出现较大破口。此外,当胞元壁厚较小时,蜂窝芯层虽然产生了大面积压缩变形和压阻效应,但由于结构强度不足,蜂窝芯层多被撕裂并失效,也导致了防护结构背爆面面板出现较大破口。因此负泊松比内六角蜂窝夹芯防护结构在设计阶段,应充分考虑多参数的耦合作用,诸如胞元形状、胞元壁厚、胞元层数和胞元泊松比等参数的共同影响,建议使用优化设计的方法对不同参数进行协调处理以达到最优的防护性能。

11.3 舱室内爆场景下防护结构抗爆设计和评估

本节通过三舱段模型抗爆设计,展示内爆数值分析方法及超材料抗爆设计[335]。

11.3.1 舱段设计方案与爆炸工况

如图 11 - 19(a)所示,原设计为典型三舱段结构,舱室长 9 m,宽 14 m,第一层甲板厚度为 16 mm,第二层甲板厚度为 10 mm。对该舱段单层横舱壁进行内爆性能初步计算。如图 11 - 19(b)所示,模拟的爆炸发生在第一层甲板与第二层甲板之间,一甲板纵桁为 T 240 mm×6 mm/80 mm×8 mm,二甲板纵桁为 T 200 mm×5 mm/80 mm×8 mm,舱段模型的肋距为 2.6 m。初始的单层横舱壁设计如图 11 - 19(c)所示,单层横舱壁厚 4 mm,舱室横舱壁跨距为 0.5 m,舱壁桁材为 T 160 mm×5 mm/80 mm×8 mm。为了解单层横舱壁在爆炸冲击下的结构动态响应和失效机制,在一甲板和二甲板之间的舱室中心处设置了 100 kg 的 TNT 球形炸药,炸药位置如图 11 - 19(b)所示。横舱壁的中心处设置测点 1,作为爆炸冲击响应的测量位置[见图 11 - 19(c)]。

对单层横舱壁进行加强设计。采用等重强化吸能的设计理念,在质量未变的情况下,将负泊松比结构作为夹层,设计的负泊松比双层横舱壁板厚0.85 mm,与 4 mm 厚的单层横舱壁同等质量,如图 11 - 19(d)所示。双层舱壁结构尺寸如图 11 - 20 所示。

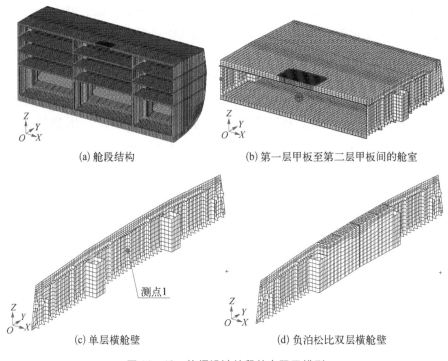

(a) 舱段结构   (b) 第一层甲板至第二层甲板间的舱室

测点1

(c) 单层横舱壁   (d) 负泊松比双层横舱壁

图 11-19　抗爆设计舱段的有限元模型

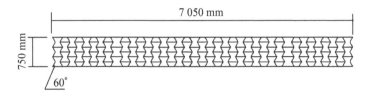

图 11-20　负泊松比双层横舱壁结构尺寸示意图

11.3.2　材料模型与参数的确定

在数值计算过程中,舱室内的炸药和空气采用欧拉网格,欧拉域计算使用黎曼求解器,炸药使用高密度高能气体模拟。气体采用的伽马律状态方程为

$$p = (\gamma - 1)\frac{\rho}{\rho_0}E \qquad (11-29)$$

式中,ρ 为空气密度;ρ_0 为初始空气密度;E 为空气内能;γ 为空气比热容。各参数如表 11-5 所示。

表 11 - 5 流体及炸药的材料参数

介　质	$\rho/(t/mm^3)$	$E/(KJ/mm^3)$
空气	1.28×10^{-12}	2.1×10^{11}
炸药	2.1×10^{-11}	4.6×10^{12}

舱室结构使用拉格朗日网格,两种网格通过一般耦合来定义之间的耦合关系。当网格发生畸变时,通过单元失效准则使单元不再参与计算。计算中采用考珀-西蒙兹屈服模型,该模型适合描述舱室材料的大变形与高应变度的变化。

$$\frac{\sigma_y}{\sigma_0} = 1 + \left(\frac{\dot{\varepsilon}}{D}\right)^{\frac{1}{q}} \tag{11-30}$$

式中,σ_y 为动屈服强度;σ_0 为静屈服强度;$\dot{\varepsilon}$ 为塑性应变率;D 和 q 为常量系数。钢的材料参数如表 11 - 6 所示。

表 11 - 6 钢的材料参数

E/GPa	ν	$p/(kg/m^3)$	σ_0/MPa	E_t/GPa	ε_r	D	q
210	0.3	7 850	432	1.1	0.18	40.5	5

数值计算初始步长为 1×10^{-6} s,最小步长为 1×10^{-10} s,在时间推进上使用显式求解中心差分法。为保证计算时的稳定性,网格避免过小单元,但保证时间步长必须小于应力波跨越网格最小单元的时间。

11.3.3 爆炸压力场与结构应变分析

测点 1 的压力时间历程曲线与位移时间历程曲线如图 11 - 21 所示。爆炸发生后,室内冲击波普遍会经历传递至舱壁、舱壁耦合、反弹波中心聚集和二次冲击波至舱壁这四种阶段。而由压力时间历程曲线可知,在 80 ms 内横舱壁上经历了四次冲击波峰值,但四次压力峰值逐次降低,最后归于稳态均值。这种现象符合舱室内爆的试验测得的压力变化特征,即在反射冲击波结束之后,内部逐渐变成准静态压力。

由位移时间历程曲线可知,单层横舱壁上第一次位移峰值要明显大于第二

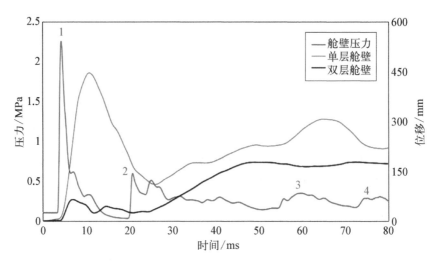

图 11 - 21　单层舱壁和负泊松的双层舱壁的测点 1 压力位移时间历程曲线

次,且第二次位移峰值出现在第三次压力峰值之后。这与所受的冲击压力峰值相对应,也与实际的试验测试结果相一致。

而负泊松比双层横舱壁的位移峰值变化形式则恰好相反,第一次冲击波下的位移峰值明显要小于第二次的位移峰值,且整体位移方式更接近于冲量曲线模式。其所有位移峰值均小于单层横舱壁,变形削峰效果较为显著。形成明显削峰效果的变形模式在后续的应变分布中分析。

舱室内部冲击波两次峰值的压力分布如图 11 - 22 所示。炸药爆炸后冲击波遇到一甲板和二甲板后便横向反弹扩散,形成部分的球面冲击波迅速扩散至横舱壁和舷侧,在 5 ms 时经舱壁反弹形成第一次压力峰值。上下甲板之间相对距离较近,对遭其反弹后的冲击压力造成相当大的驱使作用,这也将间接放大第一次爆炸冲击所形成的压力峰值。而形成第二次压力峰值的时刻为 23 ms,但 0.5 MPa 的压力峰值仅是第一次压力峰值的 1/5。但是第二次冲击压力持续集中在角隅处,且压力持续时间较第一次压力峰值长很多,这将对角隅处形成结构破坏。如图 11 - 22 所示,在 23 ms 时刻,压力峰值出现在舱室内的角隅处,并且舱室内部的压力开始逐渐平均。这说明此后舱室内部的压力逐渐归于准静态压力的形式,这将对舱室的角隅处继续造成持续性的破坏。

单层横舱壁两次位移峰值时的应变分布如图 11 - 23 所示。由图可知,单层横舱壁的第一次位移最大,但是结构保持完整并未出现明显破口。而造成角隅处横向破口的是第二次冲击波,虽然变形没有超过第一次位移峰值但是依旧造成了结构损伤。

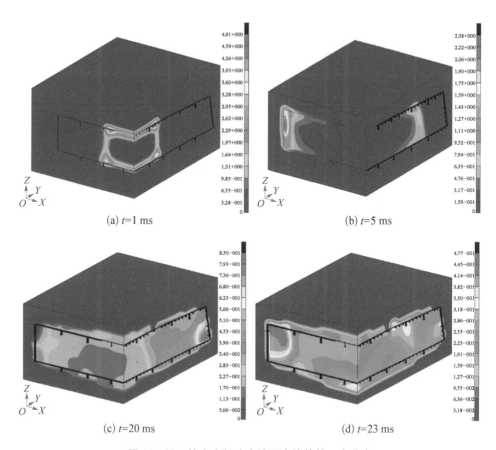

图 11‐22　舱室内部冲击波两次峰值的压力分布

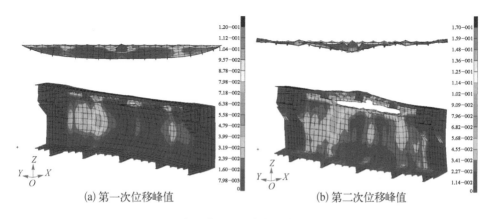

图 11‐23　单层横舱壁两次位移峰值时的应变分布

第二次冲击波同样也对负泊松比双层横舱壁的面板和夹芯造成了挤压破坏，但是由于负泊松比的挤压集聚效应，背爆面面板基本保持结构完整，只有底部结构略有损失，并未出现大面积破口，如图 11-24 所示。负泊松比双层舱壁的中间部分发生了大面积的坍塌挤压，甲板角隅处的断裂部分也基本集中在中间位置。

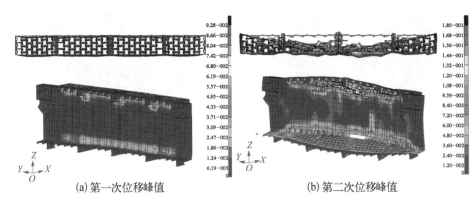

(a) 第一次位移峰值　　　　　　　　(b) 第二次位移峰值

图 11-24　双层横舱壁两次位移峰值时的应变分布

11.3.4　超材料舱壁的厚度参数对抗爆性能影响的分析

分析负泊松比双层横舱壁的面板厚度和夹芯厚度在抵抗内爆载荷时的影响。通过爆炸载荷的接触方向定义迎爆面、夹芯结构和背爆面三部分，并分别调整板厚，使原板厚度从 0.85 mm 增加至 1.2 mm，观察负泊松比双层横舱壁不同部位厚度对舱室内爆的抵抗性能的影响，如图 11-25 所示。

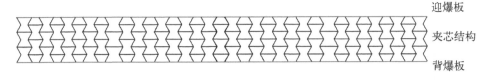

图 11-25　负泊松比双层横舱壁不同板厚部位示意图

负泊松比双层横舱壁不同部位厚度的位移时间历程曲线如图 11-26 所示。由该图可知，夹芯部位厚度增加后的永久位移下降了 26.7%，且第一次位移峰值的下降也较为显著。迎爆面和背爆面增厚后永久位移也分别下降了 17.4% 和 16.3%，但第一次位移峰值和原始板厚区别不大。

不同增厚部位的应变分布如图 11-27 和图 11-28 所示。可以发现，增厚背爆板方案的变形效果与原始厚度的效果基本一致，顶部和底部单元基本撕裂，

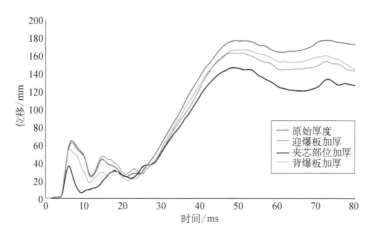

图 11 - 26　不同厚度部位的位移时间历程曲线对比

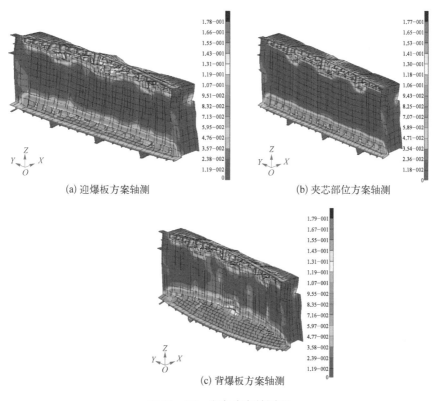

图 11 - 27　应变分布轴测图

只是小破口没有出现。而增厚夹芯部位方案的坍塌挤压效果并不理想,由俯视图可知,芯材的吸能参与程度较为有限。而增加迎爆面面板厚度的效果既保证

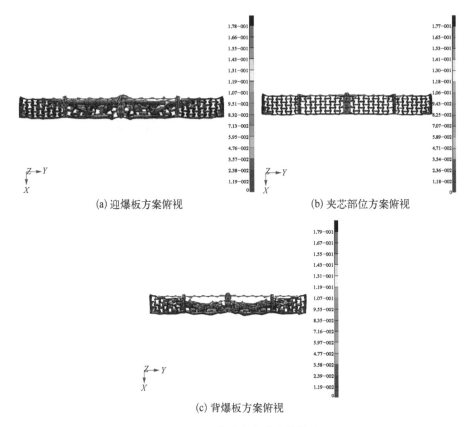

(a) 迎爆板方案俯视　　　　　　　　(b) 夹芯部位方案俯视

(c) 背爆板方案俯视

图 11 - 28　位移应变分布俯视图

了芯材能够坍塌挤压吸能，又保持了顶部和底部的单元撕裂程度。

　　不同增厚部位的抗爆效果如表 11 - 7 所示。虽然增厚夹芯部位的效果最为显著，但其增加的质量要多出一个量级。增厚迎爆板方案效果最为理想，在增重有限的情况下吸能效果和应变分布较为合理。鉴于舱室自身不能选择被爆区域，同时增厚迎爆板和背爆板的方案可以作为设计参考。

表 11 - 7　不同增厚部位的抗爆效果

增厚部位	质量增加程度/%	变形减少程度/%
迎爆板	5.2	17.4
夹芯部位	29.4	26.7
背爆板	5.2	16.3

第 *12* 章

船用声子晶体基座的设计与分析

　　船舶大型化的发展趋势,造成船体结构固有频率随之降低,而船舶动力设备载荷的峰值主要集中在低频段,这导致船体共振现象和振动响应幅值的显著增加。此外,低频振动线谱分量能量较大,辐射距离远,是影响舰船隐蔽性的主要因素。常见的单层、双层、浮筏、浮舱、浮动地板等减振隔振装置,不适用于抑制低频振动现象、不能适应外扰变化等缺点。传统的船体结构减振设计方法有隔振、吸振和阻尼减振技术等。基座是支撑船舶动力设备的重要结构,在保证其结构强度的前提下,适当减小其刚度有利于提高减振效果。因此,对基座结构的减振设计是降低船舶结构振动的有效途径之一[26,29],主要是通过改变基座自身结构形式和尺寸以达到减振效果。

　　声子晶体是由弹性固体周期排列在另一种固体或流体介质中形成的一种新型功能超材料。国内外对声子晶体的研究主要围绕晶体声学特性上,开展的声子晶体理论研究很多,对于应用的研究较少。Pennec 等[129]采用数值模拟方法研究了周期性板中的局域共振型带隙特性,并在试验中进行了验证;Diaz-de-Anda[130]从理论角度研究了声子晶体中周期季莫申科杆的弯曲振动带隙;吴旭东等[131]提出了一种双侧振子布置形式的局域共振声子晶体梁结构,并基于传递矩阵法和有限元法分析了双带隙减振的特性;对于声子晶体的低频减振特性,Sheng 等[35,127]提出了声子晶体的局域共振概念,为声子晶体在低频减振降噪领域的应用奠定了基础;温激鸿等[40,123,133]将声子晶体嵌入梁框架结构中,并通过优化框架结构的一阶固有频率抑制了共振现象;Baravelli 等[135]拓宽了手性结构的低频段局域共振带隙;张佳龙等[337]提出一种正八边形孔状局域共振声子晶体结构,在中、低频率范围内具有较好的隔声效果。

　　借鉴声子晶体减振设计机理中的周期性局域质量可设计性,结合负泊松比蜂窝基座局域刚度的可设计性,提出一种声子晶体超材料基座以实现低频减振的目标。具体内容是在负泊松比蜂窝减振基座的蜂窝单胞内有序加入周期排列的声子晶体散射体,并对声子晶体结构的尺寸参数进行优化以获得最优低频减振效果。最后,研究声子晶体负泊松比蜂窝基座的减振机理,并通过建立动力学模型探讨声子晶体结构参数对该基座减振性能的影响规律,提出低频局域共振型声子晶体负泊松比蜂窝基座的设计方法。

12.1　船用超材料基座的减振优化设计

本书对基座减振性能的评价采用振级落差。振级落差定义为振动系统在弹性安装时弹性支承 r 的上、下评价位置的振动响应之比:

$$L_r = 20\lg \frac{a_{\text{up}}^{\max}}{a_{\text{down}}^{\max}} \tag{12-1}$$

式中,L_r 为支承 r 处的振级落差,单位为 dB;$a_{\text{up}}^{\max}$、$a_{\text{down}}^{\max}$ 分别为支承 r 的上、下振动评价点在计算频段内加速度最大幅值。多个评价点的基座振级计算式为

$$\bar{L} = 10\lg \left(\frac{1}{M} \sum_{i=1}^{M} 10^{0.1 L_i^{\text{all}}} \right) \tag{12-2}$$

式中,$\bar{L}$ 为 M 个评价点的平均振级,单位为 dB;L_i^{all} 为第 i 个评价点的总振级。

12.1.1　常规材料基座的减振设计

如图 12-1 所示,某舰用变压器基座的常规结构由三部分构成:上面板、腹板和肘板,厚度均为 4 mm。变压器质量为 500 kg。基座固定在给定板架上,板架的两条短边简支,板架结构的尺寸参数及型材如表 12-1 所示,本章所述基座均安装于该板架上,基座减振系统的有限元模型如图 12-2 所示,变压器利用质量点模拟。板架及基座材料的弹性模量为 210 GPa,密度为 7 800 kg/m³,泊松比为 0.3。

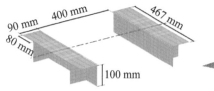

图 12-1　某变压器基座有限元模型

图 12-2　某变压器基座减振系统

表 12‑1　板架结构的尺寸参数及型材

长度/mm	2 000
宽度/mm	710
板厚/mm	6
纵骨型材	TN 50 mm×50 mm×5 mm×7 mm
肋骨型材	L 30 mm×3 mm

模态计算结果表明该基座垂向一阶振动的固有频率为 51.95 Hz。通过频响计算分析该变压器基座的减振效果，其中变压器基座质心位置施加垂向简谐激振力（幅值为 1 000 N，频率范围为 10～500 Hz），模态阻尼系数取 2%。选取板架骨材上 6 个评价点的平均振级落差来评价基座的减振效果，评价点的分布位置如图 12‑3 所示。本书后续描述的各种基座减振系统的评价点分布均采用与图 12‑3 相同的评价点。频响计算结果表明，在 10～500 Hz 频率区间，常规设计的基座的平均振级落差为 1.94 dB，常规基座的减振效果不理想。

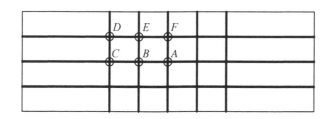

图 12‑3　板架上各评价点的分布

12.1.2　负泊松比超材料蜂窝基座的设计与减振性能

负泊松比超材料蜂窝基座结构由三部分组成：上面板、负泊松比效应蜂窝芯和下面板，根据承载设备的外廓尺寸和载荷工况设计了负泊松比蜂窝的几何尺寸及上下面板尺寸。负泊松比效应蜂窝胞元（功能基元）尺寸的定义如图 12‑4 所示，宽度为 B、高度为 H、内凹角为 θ。

参考常规金属材料船用基座的结构形式和尺寸，设计的负泊松比超材料蜂窝基座模型长 400 mm，高 300 mm，共 7 层胞元，上下面板厚 6 mm（见图 12‑5）。该蜂窝基座宽度尺寸的选定：由于后续的尺寸优化过程中，蜂窝胞元内凹角的变

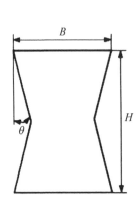

图 12-4　胞元尺寸的定义

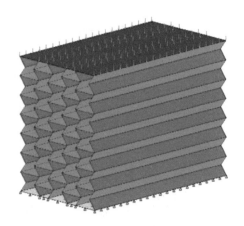

图 12-5　负泊松比超材料蜂窝基座结构

化将导致蜂窝基座宽度变化,因此该基座宽度暂不确定。胞元形状为内凹等高度可闭合蜂窝胞元,胞元内凹角度变化范围 $\theta \in [-45°, 0°]$。

　　负泊松比超材料蜂窝基座也安装在指定板架上,基座上面板承载的设备质量为 25 kg(为便于试验操作,对基座施加了较小质量),在基座上面板中心处施加垂向简谐激振力(幅值为 1 000 N,频率范围为 10~500 Hz),在有限元模型中利用质量点和均布力模拟施加在上面板(见图 12-6)。

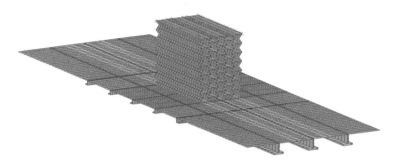

图 12-6　负泊松比超材料蜂窝基座减振系统

　　文献[242-243]总结了负泊松比超材料蜂窝胞元宽度变化量 ΔB、胞元高度变化量 ΔH、胞元壁厚变化量 Δt 对基座减振性能的影响规律。当胞元宽度增加,减振系统最大应力下降,一阶固有频率降低,系统振级落差在波动中增大。当胞元高度增加,减振系统的最大应力、一阶固有频率下降,振级落差增大。当蜂窝壁厚增加,减振系统的最大应力下降;且负泊松比超材料蜂窝基座的刚度增加,其垂向一阶固有频率变大,但减振系统的振级落差呈现下降趋势。

由于负泊松比超材料蜂窝基座减振性能受到多个因素(胞元宽度 B、胞元高度 H、胞元壁厚 t，胞元角度 θ)的影响,可通过优化方法精确设计出满足减振要求的负泊松比超材料蜂窝基座。采用 Altair OptiStruct 软件对负泊松比超材料蜂窝基座进行动力学优化设计。为简化优化问题,在胞元宽度和高度不变的情况下,构建负泊松比超材料蜂窝基座减振优化模型;其中,以蜂窝胞元壁厚 t 和胞元角度 θ 作为优化问题的设计变量,将设计要求的振级落差值作为约束条件,并以蜂窝基座质量最小为目标。

设最大等效应力约束上限为 $\sigma_{\max}$ 以保证结构动应力满足强度约束要求,厚度设计变量的上、下限约束分别为 $t_{\max}$、$t_{\min}$,胞元角度设计变量的上、下限约束分别为 $\theta_{\max}$、$\theta_{\min}$,则负泊松比超材料蜂窝基座减振优化设计的数学模型为

$$
\begin{cases}
\text{Find} & t \text{ and } \theta \\
\text{Min} & M \\
\text{s.t.} & \bar{L} \geqslant \bar{L}_{\min} \\
& \sigma_i \leqslant \sigma_{\max}, \ (i = 1, 2, \cdots, n) \\
& t_{\min} \leqslant t \leqslant t_{\max}, \\
& \theta_{\min} \leqslant \theta \leqslant \theta_{\max}
\end{cases}
\tag{12-3}
$$

该数学模型中的设计变量取值范围分别为:蜂窝胞元壁厚 $1 \text{ mm} \leqslant t \leqslant 5 \text{ mm}$, $\theta \in [-45°, 0°]$,要求振级落差大于 $\bar{L}_{\min} = 3 \text{ dB}$,最大等效应力约束上限 $\sigma_{\max} = 150 \text{ MPa}$, n 为基座有限元模型中的单元总数。则设计变量(胞元壁厚和胞元角度)优化迭代曲线如图 12-7、图 12-8 所示,目标函数迭代曲线如图 12-9 所示,平均振级落差迭代曲线如图 12-10 所示。由图 12-7～图 12-10 可知,随着迭代次数的增加,胞元壁厚逐渐减小,胞元角度逐步收敛,振级落差曲线上扬。当 $t = 1 \text{ mm}$, $\theta = -45°$ 时,蜂窝基座振级落差为 2.93 dB。当胞元壁厚

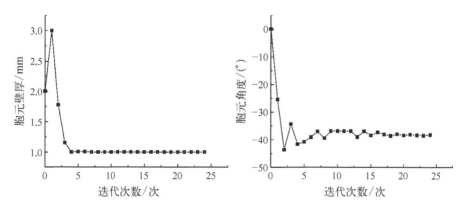

图 12-7　胞元壁厚的优化迭代曲线　　　图 12-8　胞元角度的优化迭代曲线

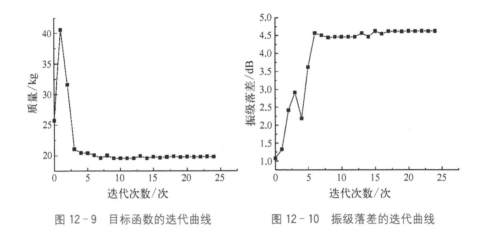

图 12-9   目标函数的迭代曲线   图 12-10   振级落差的迭代曲线

取下限值,即 $t=1\,\mathrm{mm}$, $\theta=-38.2°$ 时,振级落差达到最大值 $L_r=4.62\,\mathrm{dB}$,较初始设计状态振级落差提高了近 5 倍,同时质量减小 5 kg。结果表明在满足约束的条件下,优化后的胞元壁厚是 1 mm,胞元角度是 $-38.2°$,负泊松比超材料蜂窝基座的减振效果达到 4.62 dB。

12.1.3   负泊松比超材料蜂窝基座减振效果的试验验证

为了验证减振性能和优化设计结果的正确性,制造了负泊松比超材料蜂窝基座(见图 12-11)进行试验验证。试验在上海交通大学工程力学试验中心完成。

图 12-11   负泊松比超材料蜂窝基座试验模型与测试方案

1) 模态测试

　　模态测试是为了根据试验情况修正数值模型。试验中用沙袋和圆钢模拟底板的边界条件,采用单点激振多点拾振。激振器弹性悬挂在加装模拟载荷的负泊松比超材料蜂窝基座正上方,如图 12 - 11 所示。由信号发生器(B&K1027)产生 10～500 Hz 的扫频信号,线数 800,经过电荷放大器(MI - 2004)驱动激振器(ET139)激励试件。由激光器扫描测点振型合成后得到的蜂窝基座主要模态如图 12 - 12 所示,试验得到基座的垂向平均速度响应函数如图 12 - 13 所示。经过修正后得到了有限元数值仿真模态结果,基座和板架结构各自的垂向一阶模态分析结果如表 12 - 2 所示。由表 12 - 2 可知,修正后有限元数值仿真模型与试验模型的垂向固有频率基本一致,保证了数值仿真的精度。

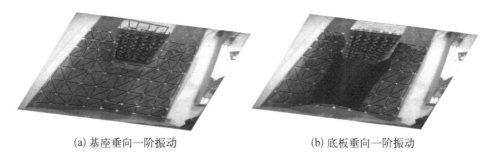

(a) 基座垂向一阶振动　　　　　　　　(b) 底板垂向一阶振动

图 12 - 12　蜂窝隔振系统一阶模态

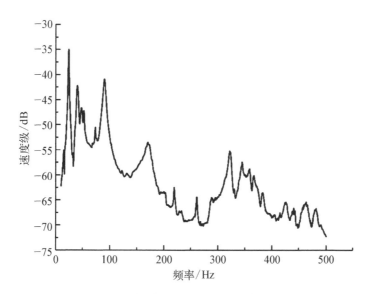

图 12 - 13　蜂窝基座的垂向平均速度响应函数

表 12-2　试验和数值修正模型的固有频率结果对比

测 试 内 容	试验模型/Hz	修正模型/Hz	相对误差/%
蜂窝基座垂向一阶振动固有频率	90.63	88.4	2.5
板架垂向一阶振动固有频率	170	172.47	1.5

2）频响测试

频响测试的边界条件和加载方式与模态测试一致,采用振级落差作为评价指标对蜂窝基座的减振性能进行评价。修正后有限元模型的加速度频响函数如图 12-14 所示,试验结果中基座平均加速度频响函数如图 12-15 所示,比较有限元仿真和试验结果,两结果间振级落差相对误差为 8.33%(见表 12-3),有限元数值仿真结果与试验结果吻合度较高,通过试验验证了负泊松比超材料蜂窝基座具有较好的减振效果。

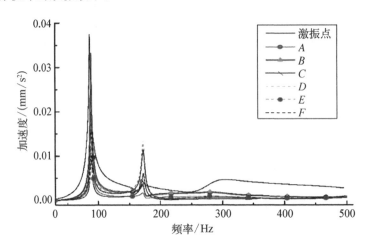

图 12-14　修正后有限元模型的加速度频响函数

表 12-3　数值模型和试验结果的振级落差对比

有限元数值仿真结果/dB	试验结果/dB	相对误差/%
4.62	5.04	8.33

关于振级落差值误差产生原因,一是由于试验中采用了沙袋压实板架结构两边以模拟数值仿真中的边界条件,而试验过程中反复安装试件可能引起沙袋

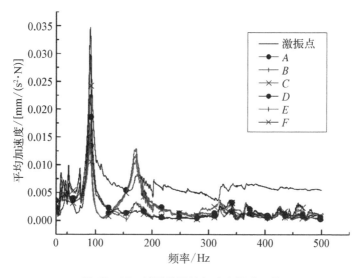

图 12‐15　试验的平均加速度频响函数

摆放位置不一致造成数据分析的误差；二是试件在激振过程中，沙袋中砂砾的流动造成边界条件发生改变；三是试件制造过程中的缺陷（蜂窝和板架的内部焊接位置的漏焊、焊透）和制造误差，造成试件本身性能参数与仿真结果有差异。

12.2　声子晶体超材料基座的设计及声子晶体优化

12.2.1　声子晶体超材料基座中声子晶体优化设计

　　蜂窝内添加周期性分布的声子晶体（由铅块与橡胶块构成），设计成声子晶体超材料基座。具体结构如图 12‐16 和图 12‐17 所示，以蜂窝基座的蜂窝单

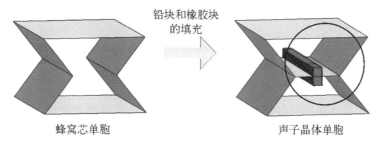

图 12‐16　声子晶体单胞的结构

胞为基体,向单胞内填充橡胶块和铅块;其中,铅块作为散射体,橡胶块作为弹性体,从而得到局域共振型的声子晶体超材料基座,如图 12-18 所示。

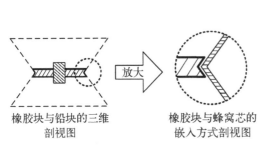

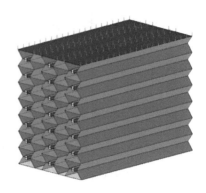

图 12-17   声子晶体与蜂窝芯的填充方式   图 12-18   声子晶体超材料基座

蜂窝胞元中声子晶体结构的尺寸定义方式如图 12-19 所示:蜂窝单胞宽度 B、高度 H、内凹角 θ,散射体宽度 b、散射体厚度 h,弹性体厚度 d。 基座采用钢材制造,杨氏模量为 $210\,\mathrm{GPa}$,密度为 $7\,800\,\mathrm{kg/m^3}$,泊松比为 0.3;橡胶块的弹性模量为 $1.0\,\mathrm{MPa}$,密度为 $1\,300\,\mathrm{kg/m^3}$;铅块的弹性模量为 $40.8\,\mathrm{GPa}$,密度为 $11\,600\,\mathrm{kg/m^3}$。

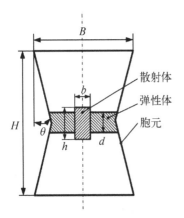

图 12-19   声子晶体超材料
基座的胞元结构

本节将设计一种声子晶体超材料基座,再采用优化方法精确设计声子晶体周期结构的尺寸参数以实现低频减振的目的。在图 12-19 中,优化设计变量包含:散射体宽度 b、散射体厚度 h,弹性体厚度 d。 共计有 7 层声学超材料胞元,并考虑每层胞元中声子晶体周期结构参数的变化对系统减振效果的影响,故从上而下相对应的 7 层胞元中散射体宽度设计变量为 b_1, $\cdots$, b_7,散射体厚度设计变量为 h_1, $\cdots$, h_7,弹性体厚度设计变量为 d_1, $\cdots$, d_7。 设置最大等效应力约束上限 $\sigma_{\max}$,并以平均振级落差 I 最大化作为目标函数。

声子晶体超材料基座有限元模型的长为 $400\,\mathrm{mm}$、高 $300\,\mathrm{mm}$,共 7 层胞元,上下面板厚 $6\,\mathrm{mm}$。其中,蜂窝胞元的壁厚、胞元内凹角分别为 $t=1\,\mathrm{mm}$、$\theta=-38.2°$(该尺寸参数通过负泊松比超材料蜂窝基座减振优化设计得到,见 12.1.2 节)。声子晶体超材料基座安装在板架上,且基座上面板所承载的设备质量为 $500\,\mathrm{kg}$,在有限元模型中利用质量点和均布力模拟并施加在上面板(见图 12-20)。

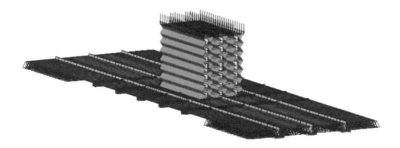

图 12 - 20　声子晶体超材料基座的减振系统

声子晶体超材料基座减振优化的数学模型为

$$\begin{cases} \text{Find} & \boldsymbol{b} = \{b_1, \cdots, b_7\}^{\mathrm{T}};\ \boldsymbol{h} = \{h_1, \cdots, h_7\}^{\mathrm{T}}; \\ & \boldsymbol{d} = \{d_1, \cdots, d_7\}^{\mathrm{T}} \\ \text{Maximize} & \bar{L} \\ \text{s.t.} & \sigma_i \leqslant \sigma_{\max},\ b_{\min} \leqslant b_j \leqslant b_{\max};\ h_{\min} \leqslant h_j \leqslant h_{\max} \\ & d_{\min} \leqslant d_j \leqslant d_{\max}(j=1,\ \cdots,\ 7;\ i=1,\ 2,\ \cdots,\ n) \end{cases} \quad (12-4)$$

式中,散射体宽度设计变量范围为 $3\,\mathrm{mm} \leqslant b_1,\ \cdots,\ b_7 \leqslant 10\,\mathrm{mm}$,散射体厚度范围为 $10\,\mathrm{mm} \leqslant h_1,\ \cdots,\ h_7 \leqslant 40\,\mathrm{mm}$,弹性体厚度范围为 $5\,\mathrm{mm} \leqslant d_1,\ \cdots,\ d_7 \leqslant 30\,\mathrm{mm}$;散射体最大等效应力约束上限为 $\sigma_{\max} = 150\,\mathrm{MPa}$;$n$ 为基座有限元模型中单元的总数。

式(12-4)中的优化模型共有 21 个设计变量,包含散射体宽度 $b_1,\ \cdots,\ b_7$、厚度 $h_1,\ \cdots,\ h_7$ 和弹性体厚度 $d_1,\ \cdots,\ d_7$,有限元模型中散射体单元类型选用 PBARL 梁单元,弹性体的单元类型选用 PSHELL 板单元。对上述优化模型进行计算,设计变量(散射体厚度、宽度和弹性体厚度)优化迭代曲线如图 12 - 21～

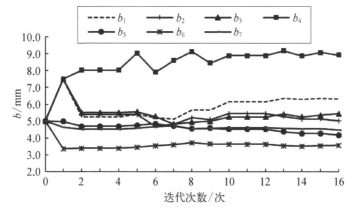

图 12 - 21　散射体宽度的迭代曲线

图 12-23 所示，由于优化后的各层声子晶体周期结构的尺寸已不再相等，可称为声子晶体准周期结构。目标函数变化曲线如图 12-24 所示，声子晶体超材料基座减振系统的质量变化曲线如图 12-25 所示。

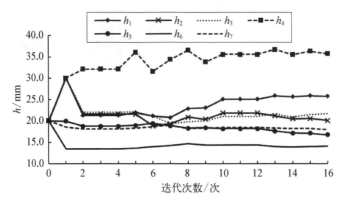

图 12-22　散射体厚度的迭代曲线

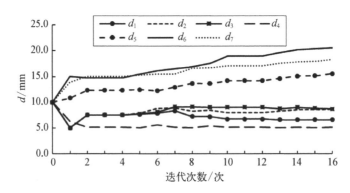

图 12-23　弹性体厚度的迭代曲线

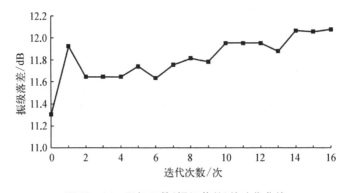

图 12-24　目标函数(振级落差)的迭代曲线

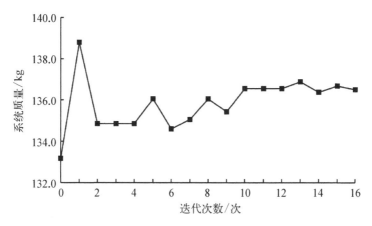

图 12－25 声子晶体超材料基座减振系统质量的迭代曲线

优化后声子晶体超材料基座的垂向一阶振动固有频率为 24.04 Hz。计算迭代 16 次后终止,设计变量数值如表 12－4 所示,优化后声子晶体超材料基座减振系统比未添加声子晶体准周期结构的负泊松比超材料蜂窝基座系统质量增加了 11.25 kg,在 10～500 Hz 频段的振级落差达到最优值 $\bar{L} =$12.08 dB。 经复算,该基座在 10～100 Hz 的低频段区间内振级落差达到 12.15 dB,说明低频减振的较好效果。

表 12－4 迭代计算终止时设计变量的最优值

单位：mm

设计变量初值：$b_1, \cdots, b_7 = 5$ mm；$h_1, \cdots, h_7 = 20$ mm；$d_1, \cdots, d_7 = 10$ mm						
b_1	b_2	b_3	b_4	b_5	b_6	b_7
6.3	5.0	5.5	8.9	4.2	3.6	4.5
h_1	h_2	h_3	h_4	h_5	h_6	h_7
25.8	20.1	21.7	35.7	16.8	14.2	17.9
d_1	d_2	d_3	d_4	d_5	d_6	d_7
6.6	8.6	8.7	5.1	15.5	20.6	18.3

12.2.2   声子晶体超材料基座的减振特性分析

针对声子晶体优化后得到的结构尺寸参数,再次进行加速度频响分析计算,并绘制激振点、各评价点的加速度频响曲线。在不计阻尼的情况下,减振优化后声子晶体超材料基座的加速度频响曲线如图 12 - 26 所示。图中数据表明第一个较宽的减振频率范围出现在 10~105 Hz,且该范围内各评价点 A、B、C、D、E、F 的平均衰减量分别为 8 dB、12 dB、15 dB、20 dB、13 dB、9 dB;第二个减振频率范围出现在 125~160 Hz;第三个减振频率范围出现在 190~215 Hz;第四个减振频率范围出现在 320~500 Hz。

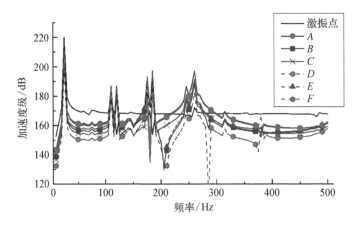

图 12 - 26   不计临界阻尼时新型基座减振系统的加速度频响曲线

当临界阻尼系数为 0.01 时,优化后声子晶体超材料基座的加速度频响曲线如图 12 - 27 所示。图中数据表明临界阻尼的计入使得减振频率范围变宽;第一个较宽的范围为 10~165 Hz,第二个范围为 185~500 Hz。较宽的减振频率范围说明该声子晶体超材料基座能够有效地抑制低频振动问题。

12.2.3   声子晶体超材料基座的刚度分析

在静载条件下计算该新型基座的变形量,验证新型声子晶体超材料基座的承载刚度。将新型基座的底端施加固定约束,并在上面板施加 500 kg 的设备质量,进行静力学计算,得到基座结构位移云图(见图 12 - 28)。该新型基座在静载条件下,垂向最大位移发生在基座的上表面,平均幅值为 0.253 24 mm。由于新型基座的高度为 300 mm,得到静载条件下的垂向变形量为(0.253 24/300)=

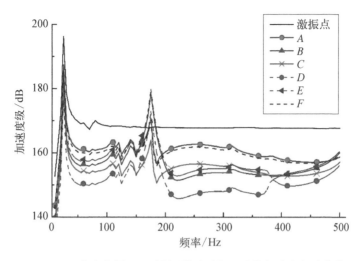

图 12 - 27　考虑临界阻尼时新型基座减振系统的加速度频响曲线

8.44×10^{-4}，小于常规的船用柴油机基座垫片压缩率 1/1 000 的设计值。计算结果表明设计的声子晶体超材料基座既能实现减振效果，同时能够满足设备的承载要求。图 12 - 29 所示是基座结构的应力云图，表明单元最大应力为 71.8 MPa，小于钢材的屈服应力。

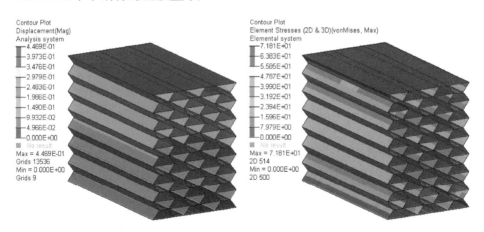

图 12 - 28　声子晶体超材料基座的位移云图　　图 12 - 29　声子晶体超材料基座的应力云图

12.3　蜂窝胞元与声子晶体一体化协同减振优化设计

本章 12.1 节、12.2 节中优化结果表明：通过对蜂窝基座、声子晶体结构分别进行优化,均可提升超材料基座的减振性能。不同于上述两节的分别优化,本节将同时进行蜂窝基座、声子晶体结构的一体化协同减振优化设计。

12.3.1　优化策略及设计变量

蜂窝胞元、声子晶体的一体化减振优化的具体内容包括对蜂窝基座中胞元的形状进行优化,同时对声子晶体胞元中的铅块、橡胶块厚度进行尺寸优化。

1) 蜂窝胞元的形状优化

如图 12 - 30 所示,通过改变蜂窝胞元节点 O 的 Y 向位置,以改变蜂窝胞元的形状。当节点 O 沿着 Y 向移动时,蜂窝胞元的形状发生变化。蜂窝胞元形状优化的优化区域位于图 12 - 30(b)中的 $O' \sim O''$ 之间。

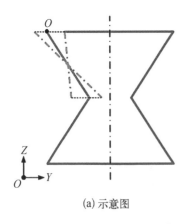

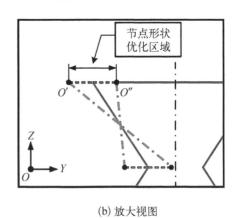

(a) 示意图　　　　　　　　　　　　　　(b) 放大视图

图 12 - 30　蜂窝胞元的形状优化

2) 声子晶体的尺寸优化

图 12 - 19 中优化设计变量包含:散射体宽度 b、散射体厚度 h,弹性体厚度 d。由于共计有 7 层声子晶体胞元,考虑到每层胞元中声子晶体周期结构参数的变化对系统减振效果的影响,故从上而下相对应的 7 层胞元中散射体宽度设计变量为 $b_1, \cdots, b_7$,散射体厚度设计变量为 $h_1, \cdots, h_7$,弹性体厚度设计变量为 $d_1, \cdots, d_7$。

12.3.2　蜂窝胞元与声子晶体一体化协同减振优化设计

经蜂窝胞元、声子晶体一体化协同减振优化后,如图 12 - 31 所示是蜂窝胞

元形状优化结果,该形状蜂窝的内凹角
$\theta = -51°$。表 12-5 是一体化协同优化
后声子晶体设计变量的尺寸参数,其中设
计变量(散射体宽度、散射体厚度和弹性
体厚度)优化迭代曲线如图 12-32～
图 12-34 所示。优化后各层声子晶体周
期结构的尺寸已不再相等,为声子晶体准周
期结构。目标函数变化曲线如图 12-35 所
示,声子晶体超材料基座的质量变化曲线
如图 12-36 所示。

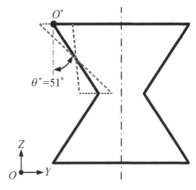

图 12-31　一体化协同优化后的蜂窝
胞元形状($\theta = -51°$)

表 12-5　一体化协同优化迭代计算终止时设计变量的最优值

单位: mm

设计变量初值: $b_1, \cdots, b_7 = 5\ mm$; $h_1, \cdots, h_7 = 20\ mm$; $d_1, \cdots, d_7 = 10\ mm$						
b_1	b_2	b_3	b_4	b_5	b_6	b_7
3.0	3.1	3.9	4.4	5.2	6.6	6.0
h_1	h_2	h_3	h_4	h_5	h_6	h_7
10.0	11.0	15.7	17.7	21.0	26.3	24.6
d_1	d_2	d_3	d_4	d_5	d_6	d_7
16.1	15.8	17.1	19.4	20.1	12.1	9.8

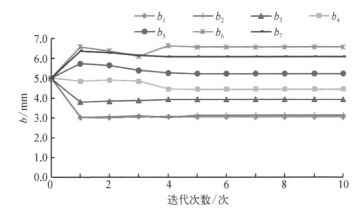

图 12-32　散射体宽度的迭代曲线

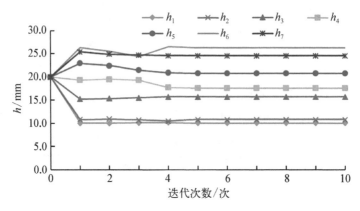

图 12-33　散射体厚度的迭代曲线

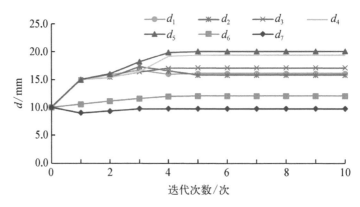

图 12-34　弹性体厚度的迭代曲线

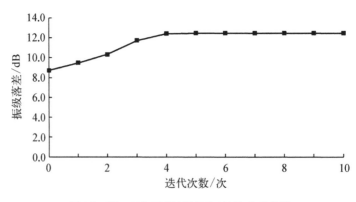

图 12-35　目标函数(振级落差)的迭代曲线

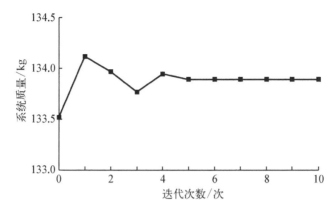

图 12‑36 声子晶体超材料基座减振系统质量的迭代曲线
（一体化协同优化后）

一体化协同减振优化后，声子晶体超材料基座的垂向振动一阶固有频率为 24.98 Hz，声子晶体超材料基座减振系统比未添加声子晶体时的负泊松比超材料蜂窝基座系统质量增加了 8.63 kg。在 10～500 Hz 频段的振级落差达到最优值 $\bar{L}$ =12.0 dB，低频段 10～100 Hz 区间内的振级落差达到 12.5 dB，表明一体化协同优化后声子晶体超材料基座对低频有较好减振效果。

将 12.2 节中减振优化后的结果与 12.3 节中一体化协同减振优化后的声子晶体超材料基座进行对比，总结如下：

（1）两种优化结果中，结构质量增加分别为 11.25 kg 和 8.63 kg，即一体化协同优化后声子晶体超材料基座的质量增加较少。

（2）两种优化设计方案的声子晶体超材料，在 10～500 Hz 频段内的振级落差达到的最优值分别为 12.08 dB 和 12.0 dB，即两种减振优化的效果相当。

研究表明采用蜂窝胞元、声子晶体一体化协同减振优化后的声子晶体超材料基座能更大程度发挥优化设计的优势，在取得同等减振效果的条件下质量增加更少。

12.4 声子晶体负泊松比超材料基座的减振机理

声子晶体周期结构是由基体、弹性体和散射体构成的，其带隙特性减振机理有两种：一种是布拉格散射（Bragg scattering），另一种是局域共振（locally resonant）[40]。针对周期性结构带隙特性的研究表明，布拉格散射机理往往出现在几百甚至上千赫兹的高频段,较难实现低频段的带隙特性,且弹性波带隙对应的弹性波波长与晶体尺寸参数相当。为实现该机理减振,需将结构中周期结构数量设计得较多或者使结构刚度很小,以实现结构固有频率趋向低频,但这对于结构设计尺寸和承载能力是不现实的。

局域共振机理对应的弹性波波长可远大于晶体的尺寸,不受声子晶体尺寸或其他参数的影响,突破了布拉格散射机理的限制,拓宽了声子晶体在低频减振领域的适用范围。局域共振机理中,当弹性波激振频率接近声子晶体周期结构中散射体的共振频率时,弹性波的能量会大幅度被散射体吸收,从而隔离了弹性波在声子晶体周期结构中的传播。因此,局域共振型声子晶体周期结构的减振本质是利用散射体的共振现象吸收弹性波能量。

12.4.1　声子晶体超材料基座的动力学简化模型

将声子晶体超材料基座简化为图 12-37 所示的质点系振动系统,其中,M、K 分别为蜂窝基座质量(设备质量与基座自身结构质量之和)和整体垂向刚度,

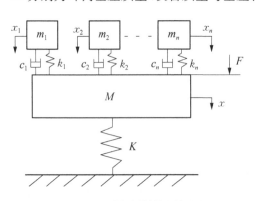

F 为外载荷激振力,x 为蜂窝基座的垂向振动位移。设基座中有 n 个声子晶体,m_i、k_i、c_i、x_i($i=1$,2,…,n)分别表示第 i 个声子晶体的质量、垂向刚度、阻尼系数和垂向振动位移响应。声子晶体质量为铅块和橡胶块质量之和,刚度为橡胶块的垂向刚度。

设 $F=F_0 e^{j\omega t}$,$x=X e^{j\omega t}$,$x_i=X_i e^{j\omega t}$,F_0 为蜂窝基座上的激振力

图 12-37　声子晶体超材料基座的动力学模型

幅值,X 为蜂窝基座垂向位移响应幅值,x_i 为第 i 个声子晶体位移响应的幅值,f_i 是第 i 个声子晶体结构的反力。则该质点系的动力学方程可表示为

$$\begin{cases} M\ddot{x}=-Kx+\sum_{i=1}^{n}\widetilde{f}_i+F \\ m_i\ddot{x}_i=-k_i(x_i-x)-c_i(\dot{x}_i-\dot{x}) \\ \widetilde{f}_i=k_i(x_i-x)+c_i(\dot{x}_i-\dot{x}) \end{cases} \quad (12-5)$$

求解式(12-5),得到蜂窝基座的垂向位移响应幅值为

$$X = \frac{F_0}{(-M\omega^2 + K) - \sum\limits_{i=1}^{n} \dfrac{m_i\omega^2(\mathrm{j}\omega c_i + k_i)}{-m_i\omega^2 + \mathrm{j}\omega c_i + k_i}} \qquad (12-6)$$

此外,蜂窝基座的速度响应幅值为

$$V = \frac{\mathrm{j}\omega F_0}{(-M\omega^2 + K) - \sum\limits_{i=1}^{n} \dfrac{m_i\omega^2(\mathrm{j}\omega c_i + k_i)}{-m_i\omega^2 + \mathrm{j}\omega c_i + k_i}} \qquad (12-7)$$

定义如下无量纲参数:

频率比 $g = f/f_n$;其中 f 为激振力频率;f_n 为蜂窝基座结构的垂向振动一阶固有频率。

第 i 个声子晶体的质量比、固有频率比、阻尼比分别为 $\mu_i = m_i/M$、$\gamma_i = \sqrt{k_i M/K m_i}$、$\zeta_i = c_i/2\sqrt{k_i m_i}$,其中,当各声子晶体的物理参数相同时,则 $k_1 = k_2, \cdots, k_n$,$m_1 = m_2, \cdots, m_n$。

利用上述参数,则蜂窝基座的垂向位移、速度响应幅值可表示为

$$X = \frac{F_0}{(-M\omega^2 + K) - \sum\limits_{i=1}^{n} \dfrac{\mu_i M\omega^2(\mathrm{j}\omega 2\zeta_i\sqrt{K\mu_i^2\gamma_i^2 M} + \gamma_i^2 K\mu_i)}{-\mu_i M\omega^2 + \mathrm{j}\omega 2\zeta_i\sqrt{K\mu_i^2\gamma_i^2 M} + \gamma_i^2 K\mu_i}}$$

$$(12-8)$$

$$V = \frac{\mathrm{j}\omega F_0}{(-M\omega^2 + K) - \sum\limits_{i=1}^{n} \dfrac{\mu_i M\omega^2(\mathrm{j}\omega 2\zeta_i\sqrt{K\mu_i^2\gamma_i^2 M} + \gamma_i^2 K\mu_i)}{-\mu_i M\omega^2 + \mathrm{j}\omega 2\zeta_i\sqrt{K\mu_i^2\gamma_i^2 M} + \gamma_i^2 K\mu_i}}$$

$$(12-9)$$

由于声子晶体在蜂窝基座中具有周期性排布特性,因此每个声子晶体具有一致的动力学参数,可表示成质量 m_p、弹簧刚度 k_p、阻尼系数 c_p、位移响应 x_p、固有频率 f_p。本节后续将对上述质点系简化模型与三维弹性体基座有限元模型的结果进行对比,以说明所建立质点系简化模型的准确性。

12.4.2　蜂窝结构参数对减振性能的影响规律

通过以下计算获得蜂窝基座的动力学参数。如图 12-37 所示,将基座下面板设定为固支约束,上端面均匀施加载荷 $F = 126 \times 20\,\mathrm{N} = 2\,520\,\mathrm{N}$(均匀施加在

126 个有限元节点上),经静力学分析计算出上端面响应点的平均位移量 $\Delta x =$ 0.131 388 mm,则基座垂向刚度可计算得到 $K = F/\Delta x = 19\ 179\ 833$ N/m;蜂窝基座质量统计为 $M = 525.37$ kg(包含压载设备质量 500 kg);由 $f_n = \sqrt{K/M}/(2\pi)$,计算得到蜂窝基座的固有频率 $f_n = 30.42$ Hz。

下面分析声子晶体物理特性与蜂窝基座固有特性相互影响规律,具体为固有频率比 γ、质量比 μ、阻尼比 ζ 等三种参数对蜂窝基座速度响应幅值的影响规律。

等效的动力学系统与有限元仿真结果对比结果如下:

本节将声子晶体超材料基座简化为质点系振动系统,推导了该系统中蜂窝基座垂向位移响应幅值的表达式[式(12-8)]。采用式(12-8)计算得到的规律:垂向一阶振动的声子晶体固有频率与基座固有频率接近,即 $f_p = f_n = 30.42$ Hz 时的速度响应幅值最小。

为了验证式(12-8)的计算规律,采用有限元仿真计算,将图 12-37 中质点系振动系统对应的蜂窝基座建立有限元模型。数值仿真计算结果表明声子晶体与基座同时发生共振,且共振频率为 31.21 Hz。有限元分析得到的共振频率与图 12-37 中质点系的共振频率 $f_p = f_n = 30.42$ Hz 之间的误差率仅为 2.6%。通过与数值仿真计算结果的比较,说明图 12-37 质点系振动系统推导的表达式分析结果与数值仿真结果吻合,表明将声子晶体超材料基座简化为质点系振动系统是可行的。

1)固有频率比 γ 对基座振动速度响应幅值的影响

分析固有频率比 $\gamma = 0.6$、0.8、1.0、1.2 时对蜂窝基座振动速度响应幅值的影响规律,其中,声子晶体和蜂窝基座结构的质量比 $\mu = 0.05$、阻尼比 $\zeta = 0.1$ 均保持不变。

图 12-38 表明,当固有频率比 $\gamma = 1$ 时,蜂窝基座振动速度响应在共振频率点(频率比 $g = 1$,即 $f = f_n$)处的振动速度响应幅值最小;远离共振频率点时,蜂窝基座的振动速度响应幅值急剧变大。这表明声子晶体固有频率与蜂窝基座固有频率接近时,蜂窝基座在共振频率点附近的减振效果最佳。

2)质量比 μ 对基座振动速度响应幅值的影响

分析质量比 $\mu = 0.01$、0.05、0.1、0.2 时对蜂窝基座振动速度响应幅值的影响规律,并保持固有频率比 $\gamma = 1(f_p = f_n)$、阻尼比 $\zeta = 0.1$ 不变。其中 ω_n 已知,$m_p = \sqrt{k_p/\omega_p}$。

图 12-39 表明,随着质量比 μ 逐渐增大,在频率比 $g = 1$(蜂窝基座固有频率 $f = f_n$)附近的两个共振峰向相反方向偏移,使得声子晶体超材料基座的减

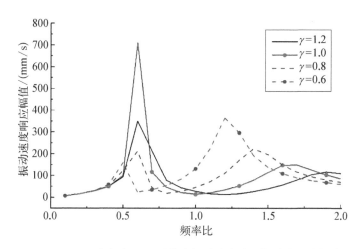

图 12 - 38　固有频率比 γ 对基座振动速度响应幅值的影响规律

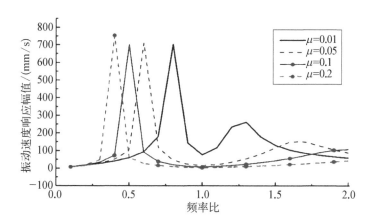

图 12 - 39　质量比 μ 对基座振动速度响应幅值的影响规律

振频带变宽,且在减振频率附近传递到基座上的激振力进一步降低,减振效果最好。

3) 阻尼比 ζ 对基座振动速度响应幅值的影响

分析 $\zeta = 0.01$、0.05、0.1、1.0 时对蜂窝基座振动速度响应幅值的影响规律,并保持声子晶体与蜂窝基座结构的固有频率比 $\gamma = 1(f_p = f_n)$、质量比 $\mu = 0.05$。

图 12 - 40 表明,在阻尼比 $\zeta = 0.01$ 时,蜂窝基座在频率比 $g = 1$ 处的振动速度响幅值最低;在频率比 $g = 1$(蜂窝基座共振频率 $f = f_n$)处的两侧出现了较大的峰值,该峰值的产生使得整体结构的减振频带宽度变窄。随着阻尼比 ζ 的增大,曲线变得圆滑,分布在蜂窝基座固有频率点两侧的共振峰有较大程度的降

低,使得减振频带增宽。但蜂窝基座固有频率点处减振效果变差。这表明,有效减振频带增宽和共振频率点处减振效果提升是难以同时实现的。综上所述,当声子晶体与蜂窝基座的固有频率接近($f_p = f_n$)时,适当配置阻尼材料,能够有效抑制蜂窝基座在共振频率点处的振动速度响应峰值,实现低频减振的目标。

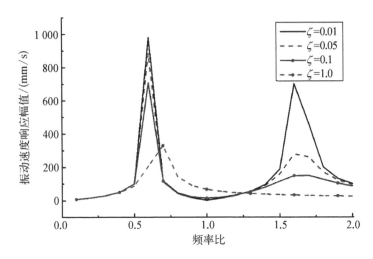

图 12-40 阻尼比 ζ 对基座振动速度响应幅值的影响规律

12.4.3 声子晶体超材料基座的减振机理

观察局域共振声子晶体的结构,由于闭合的刚性边界和弹性介质的存在,基体中传播的弹性波被共振单元局域化,局域共振模态被激发,基体可等效为刚性

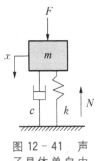

图 12-41 声子晶体单自由度等效模型

的边界,等效模型如图 12-41 所示。弹性波在声子晶体结构中传播可等效为图 12-41 中动力系统中施加激振力 F,当外载荷 F 的激振频率与弹性体反馈力 N 的频率相同时,两作用力反向叠加导致弹性波振动无法传播,即基体中传播的弹性波被局域共振的散射体(质量块)吸收,导致该频率的弹性波无法经声子晶体结构传播出去。

通过上述理论和三类参数(γ、μ、ζ)计算分析表明:

(1) 通过在负泊松比超材料蜂窝胞元内嵌入声子晶体,有效抑制了低频段的结构振动现象,从而实现了"小尺寸声子晶体控制大波长"。

(2) 在声子晶体共振结构中,由于橡胶块弹性体包覆层的存在,将较硬的铅块连接在基体上,组成了具有低频的共振单元。当基体中传播的弹性波频率接近共振单元的共振频率时,共振单元将与弹性波发生强烈的耦合作用,使其不能继续向前传播,从而实现减振效果。

(3) 通过设计单个声子晶体的动力学参数(质量、刚度、阻尼),可改变声子晶体超材料基座在共振频率点附近的减振效果。

(4) 下文中分析的声子晶体周期分布层数与减振效果的规律表明,随着声子晶体中弹性体填充率的增加(质量比的增大),声子晶体超材料基座的减振效果增强。

对于局域共振型声子晶体,以上四条基本特征是认定局域共振型声子晶体时的常用判据。局域共振机理研究表明,弹性波激振频率接近声子晶体周期结构中散射体固有频率时,弹性波能量大幅度地被散射体吸收,从而隔离了弹性波在声子晶体周期结构中的传播。因此,局域共振型声子晶体周期结构的减振本质是利用散射体的局部共振现象吸收弹性波能量。本书作者设计的声子晶体超材料基座结构利用声子晶体结构的局域共振特性,吸收由激振力引起的弹性波能量,降低传递到蜂窝基座的能量,从而减小蜂窝基座底端的输出响应。

12.5　基于局域共振机理的声子晶体超材料基座减振优化设计方法

基于上节的减振机理分析,设计一种局域共振型声子晶体,并通过优化方法设计声子晶体固有频率 f_p 等于蜂窝基座固有频率 f_n;之后再分析该声子晶体超材料基座在共振频率点处的振动速度响应,验证该基座的减振性能。由于声子晶体中存在橡胶材料,因此该声子晶体超材料蜂窝基座的阻尼特性比较复杂,为简化优化过程,拟采用临界阻尼以忽略阻尼比对优化设计结果的影响。

12.5.1　局域共振型声子晶体超材料基座的优化设计数学列式

以结构质量最小为目标函数,在保证约束条件的基础上提高材料利用率,实现轻量化设计。采用优化设计得到声子晶体的尺寸参数,优化设计变量包含声子晶体尺寸参数:散射体宽度 b、散射体厚度 h,弹性体厚度 d。由于共计有 7 层蜂窝结构胞元,因此 7 层胞元中从上而下分别设置了声子晶体。为便于分析不同层数声子晶体结构对基座结构减振性能的影响,将各层声子晶体结构设计为同一尺寸。因此优化模型中的设计变量只有 3 个:散射体宽度设计变量为 b、散射体厚度设计变量为 h、弹性体宽度设计变量为 d。约束条件包括设计变量取值范围、最大等效应力约束、设计要求的垂向一阶振动局域共振固有频率。声子晶体超材料基座的局域共振减振优化数学模型为

$$
\begin{cases}
\text{Find} & b, h, d \\
\text{Minimize} & m \\
\text{s.t.} & \sigma_i \leqslant \sigma_{\max}(i = 1, 2, \cdots, n), \\
& b_{\min} \leqslant b \leqslant b_{\max}; \ h_{\min} \leqslant h \leqslant h_{\max}; \ d_{\min} \leqslant d \leqslant d_{\max} \\
& \mid f_{\mathrm{p}} - f_{\mathrm{p}}^* \mid \leqslant \varepsilon_{f_{\mathrm{p}}}
\end{cases}
$$

$$(12-10)$$

式中,散射体宽度范围为 $3\,\mathrm{mm} \leqslant b \leqslant 12\,\mathrm{mm}$;散射体厚度范围为 $10\,\mathrm{mm} \leqslant h \leqslant 35\,\mathrm{mm}$;弹性体厚度范围为 $3\,\mathrm{mm} \leqslant d \leqslant 30\,\mathrm{mm}$;基座的最大等效应力约束为 $\sigma_{\max} = 150\,\mathrm{MPa}$;$f_{\mathrm{p}}$ 为垂向一阶振动固有频率;f_{p}^* 为设计要求的垂向一阶振动固有频率值;ε 为微小值 0.001。

由于在添加声子晶体前,该基座减振系统的一阶垂向振动固有频率为 $25.48\,\mathrm{Hz}$,为减少基座在该低频固有频率点附近的共振峰值,通过优化方法设计声子晶体固有频率值为 $25.48\,\mathrm{Hz}$,即式(12-10)中取 $f_{\mathrm{p}}^* = 25.48\,\mathrm{Hz}$。

12.5.2　优化设计结果及讨论

优化过程中设计变量迭代过程如图 12-42 所示,设计变量的优化结果为 $b = 4.58\,\mathrm{mm}$, $h = 21.33\,\mathrm{mm}$, $d = 3.00\,\mathrm{mm}$。目标函数对应的迭代过程如图 12-43 所示,添加并优化 3×7 个声子晶体后系统质量增加 10 kg。约束条件中,声子晶体固有频率迭代过程如图 12-44 所示,优化后的声子晶体结构固有频率为 $24.83\,\mathrm{Hz}$,与优化模型的约束条件接近。经模态分析验证表明当 $f = 24.83\,\mathrm{Hz}$ 时,声子晶体与蜂窝基座的固有频率发生耦合(见图 12-45),即优化后的声子晶体、蜂窝基座、板架减振系统整体共振频率 $f = 24.83\,\mathrm{Hz}$。

为评价该声子晶体超材料基座的减振效果,分别计算了添加声子晶体前、后结构的频响结果,并将振动速度响应共振峰值处对应的 6 个评价点的振动速度幅值进行比较(见图 12-46、图 12-47)。表 12-6 中,添加声子晶体前、后固有频率分别为 $25.48\,\mathrm{Hz}$ 和 $24.83\,\mathrm{Hz}$,对对应的评价点共振峰值的振动速度响应进行了总结:各评价点的振动速度响应幅值降低了 $13.0\% \sim 20.8\%$($1.2 \sim 2.0\,\mathrm{dB}$),表明该声子晶体超材料基座能够有效抑制低频共振现象,具有较好的低频减振性能。

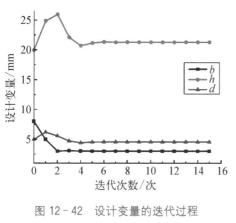

图 12 - 42　设计变量的迭代过程

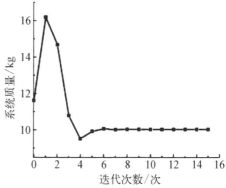

图 12 - 43　目标函数的迭代过程

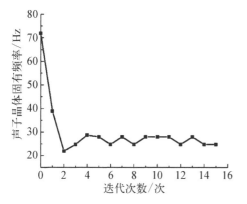

图 12 - 44　约束条件的声子晶体
固有频率迭代过程

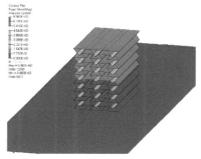

图 12 - 45　垂向一阶耦合固有频率
$f_{\mathrm{p}} = f_{\mathrm{n}} = 24.83\,\mathrm{Hz}$

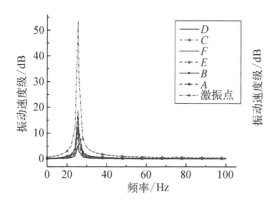

图 12 - 46　未添加声子晶体的基座
振动速度频响结果

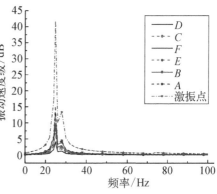

图 12 - 47　添加声子晶体后的基座
振动速度频响结果

表 12 - 6　添加声子晶体前、后对应的共振峰值的振动速度响应幅值

评 价 点	加声子晶体前 (25.48 Hz)/(mm/s)	添加声子晶体后 (24.83 Hz)/(mm/s)	降低率/%
评价点 A	18.7	14.8	20.8
评价点 B	16.8	13.4	20.2
评价点 C	8.5	6.8	20.0
评价点 D	5.2	4.5	13.5
评价点 E	10.5	9.1	13.3
评价点 F	12.4	10.8	13.0

12.5.3　声子晶体周期数量对减振性能影响的规律

　　基于优化后的局域共振声子晶体超材料基座,分析声子晶体周期层数对减振效果的影响规律。如图 12 - 48 所示,按照由上而下的位置排布,分别计算声子晶体层数为1、3、5、7层时减振系统中各评价点的振动速度响应幅值,并提取系统发生耦合垂向一阶振动时固有频率点处的振动速度响应峰值(见表 12 - 7)。表 12 - 8 总结了不同声子晶体层数的减振系统的振动速度响应幅值的变化率。

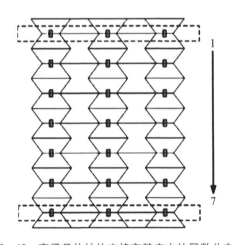

图 12 - 48　声子晶体结构在蜂窝基座中的层数分布位置

表 12 - 7　整体垂向一阶振动固有频率时各评价点的振动速度响应幅值

单位：mm/s

评价点	未添加声子晶体 (25.48 Hz)	1 层声子晶体 (25.25 Hz)	3 层声子晶体 (24.99 Hz)	5 层声子晶体 (24.88 Hz)	7 层声子晶体 (24.83 Hz)
评价点 A	18.68	16.76	15.37	14.93	14.8
评价点 B	16.81	15.09	13.84	13.44	13.4
评价点 C	8.54	7.66	7.02	6.82	6.8
评价点 D	5.22	4.68	4.29	4.17	4.5
评价点 E	10.46	9.40	8.62	8.37	9.1
评价点 F	12.43	11.16	10.23	9.94	10.8

表 12 - 8　整体一阶垂向振动固有频率时各评价点的振动速度响应幅值的变化率

单位：%

评价点	1 层声子晶体 (25.25 Hz)	3 层声子晶体 (24.99 Hz)	5 层声子晶体 (24.88 Hz)	7 层声子晶体 (24.83 Hz)
评价点 A	−10.28	−17.72	−20.07	−20.77
评价点 B	−10.23	−17.67	−20.05	−20.29
评价点 C	−10.30	−17.80	−20.14	−20.37
评价点 D	−10.34	−17.82	−20.11	−13.79
评价点 E	−10.13	−17.59	−19.98	−13.00
评价点 F	−10.22	−17.70	−20.03	−13.11
平均	−10.25	−17.72	−20.07	−16.89

表 12 - 7 和表 12 - 8 表明：添加声子晶体后各评价点的振动速度频响峰值得到有效控制，且随着声子晶体层数的增加，各评价点的振动速度频响峰值趋于减小。说明该声子晶体超材料基座能够有效抑制共振峰值。图 12 - 49 总结了声子晶体层数与基座振动速度响应幅值减少量之间的关系，随着声子晶体层数的增加，基座的减振效果良好。

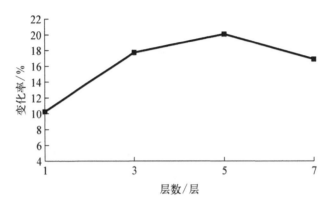

图 12 - 49　声子晶体层数与基座振动速度响应幅值变化率的关系

第 *13* 章

声学黑洞及其在船舶
减振降噪中的应用

　　黑洞是现代广义相对论中存在于宇宙空间的一种天体。黑洞是恒星死亡时，物质向核心坍塌形成的密度与引力极大的天体，其时空曲率大到连光都无法从其视界逃脱。这一概念起初应用于天文学，最早在 1795 年由拉普拉斯提出，Pekeris 于 1946 年发现相似的黑洞效应在波动及声学领域出现，其表现在特定的分层介质中，声波向声学黑洞（acoustic black hole，ABH）中心汇聚，理想的介质中心处厚度为零，声波向中心传播的过程中，波速衰减为零且无法发生反射[338]。1988 年，Mironov 在楔形薄板中发现了类似的黑洞现象，当结构的厚度逐渐减小时，例如截面轮廓呈幂函数形式，结构弯曲波向声学黑洞内部传播过程中波速降低，理想情况可降低为零，此时波达到零反射[339]。Krylov[340-342] 首次把这种结构应用于梁中，完成了弯曲波的操纵和能量的捕获，从此声学黑洞结构引起了国内外研究学者的广泛关注。

　　图 13-1 展示了实现声学黑洞效应的典型几何形状示例[343-344]，包括图 13-1(a)利用楔形梁制成的典型一维 ABH；图 13-1(b)为螺旋形 ABH；图 13-1(c)由直

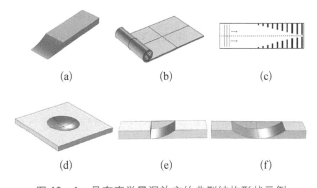

(a)　　　　　　　(b)　　　　　　　(c)

(d)　　　　　　　(e)　　　　　　　(f)

图 13-1　具有声学黑洞效应的典型结构形状示例

径不断增大的分支盘制成的壁阻抗可变的声波导管;图 13-1(d) 由轴对称凹坑制成的二维 ABH;图 13-1(e)、图 13-1(f) 由插槽制成的二维 ABH。

在图 13-1(a) 和图 13-1(b) 中,ABH 位于主体结构的边缘,而在图 13-1(d)、图 13-1(e)、图 13-1(f) 中,ABH 嵌入在主体结构中。Krylov[345] 和 Yan 等[346] 提出,当一维声学黑洞结构中厚度变化按照幂函数形式递减,如图 13-1(a) 所示,弯曲波从厚度均匀部分传播至厚度减少部分,弯曲波波长压缩、波动幅值增大、波速降低,当到达楔形边缘即厚度为零处,累计相位无穷大。这一过程即将弯曲波能量全部集中在楔形尖端位置,达到俘获能量的目的。但理想的声学黑洞很难实现,Krylov 等发现,受加工工艺限制,结构厚度会在减小到一定值时截断,这一截断导致反射系数大幅度加大,声学黑洞效应有所折损[347]。Krylov 等[348]、Kralovic 等[349]、Denis 等[350] 发现,若在截断处贴敷阻尼材料便能降低反射系数,试验结果直接验证了阻尼材料对声学黑洞效应的补偿效果。Bowyer 等[351] 认为即便声学黑洞结构存在截断这种缺陷,其对结构振动的削弱作用仍然瞩目。

从一维声学黑洞结构可以拓展至图 13-1(d) 所示的二维声学黑洞结构,一维声学黑洞结构以厚度为零处为旋转中心,绕其旋转一周即可。二维声学黑洞结构也存在缺陷,其中心常存在圆形小孔或厚度与截断处厚度相同的圆台。O'Boy 等[352] 发现贴敷阻尼材料可以补偿声学黑洞效应,削弱弯曲波的反射。Conlon 等[353-354] 提出在结构中布置多个声学黑洞用以提高其减振降噪能力,这种布置方法可在一定程度上降低声学黑洞作用频率下限。Wei 等[355] 提出具备任意轮廓的全向声超级吸收器,分析推导和数值模拟结果均说明了该吸收器对任意角度入射声波的良好吸收能力。Lomonosov 等[356] 和 Huang 等[357] 在非完美的二维声学黑洞结构中的研究表明,在这种结构中仍然存在宽频能量聚集现象,波在传播过程中,方向发生偏转,产生类似于波在超材料梯度折射率声透镜中传播的现象。相比于这种透镜结构,声学黑洞更简单,仅需厚度变化即可实现能量聚集效果。Zhao 等[358-359] 认为高效宽频带的能量回收可以通过在能量聚集处安装集成压电转化器完成。

一维声学黑洞结构的分析方法有几何声学法、基于结构阻抗的分析法及半解析法。二维声学黑洞结构的分析方法有几何声学法、近似解析法以及数值分析法。虽然几何声学法及近似解析法是用于研究声学黑洞原理的不可或缺的方法,但是由于其存在无法应用于复杂形状声学黑洞的缺陷,只适用于简单结构,故针对复杂形状声学黑洞,有限元法成为首选。Conlon 等在薄板结构中按照周期性规律设置了多个声学黑洞结构,建立了有限元模型与边界元模型[360],借此求解板振动响应及声功率特性,将其与均匀板的结果对比,分析振动特性的同时还研究了黑洞个数对振动的影响,发现声学黑洞单元的低阶模态是决定结构低频特性的主要因素。由于受到几何尺寸的限制,当振动或噪声频率在截止频率以上时,声学黑洞才能作为陷波器使用,要求被聚集的波的波长必须小于声学黑洞结构尺寸。以降低该截止频率为目的开展了一系列工作,通过构建声学黑洞结构模型可以分析在截止频率以下的结构低频振动特性。Jia 等[361]提出用动力吸振器与声学黑洞结构结合的方式降低声学黑洞结构减振的有效作用频率。Yan 等[346]研究了兰姆波在二维声学黑洞的传播过程,求解了波在具有特殊几何参数的声学黑洞结构中的传播轨迹,并利用数值仿真展示了这一传播及聚集过程。他们还通过波轨迹分析出定常轨道,波射线在定常轨道以内可被聚集到结构中心区域,反之则将逃逸。Climente 等[362]为实现特定的折射率分布,采用薄板结构厚度变化的方法,设计了可将波聚集的透镜结构,其对弯曲波的聚集效应与光学透镜相仿,利用有限元仿真计算透镜聚集弯曲波时的位移场,以此证明透镜的聚焦能力。

在声学黑洞效应理论发展的几十年间,各种理论研究成果层出不穷,随之而来的是基于实际工程应用的研究与设计。Zhou 等[363]为了解决低频声波的强渗透和难衰减问题设计了多级声学黑洞结构,又通过在薄板嵌入多个声学黑洞,设计出声学黑洞超结构,计算结果显示隔声系数均大于 0.9,为了方便工程应用还设计了声学黑洞楔形板超结构,这种结构是将声学黑洞的楔形几何在薄板上进行多次等距离一维拉伸得到的,如图 13 - 2 所示。McCormick 等[364]认为经典声学黑洞理论对于锥度的精确拓扑尚不明确,这有可能对声学黑洞效应的效果产生重要影响,于是研究人员对三种类型的声学黑洞开展研究,分别是标准对称式、标准非对称式以及双叶式,如图 13 - 3 所示。以梁振动响应最小化和总质量最小化为优化目标,对分别嵌入三种声学黑洞的梁进行优化,结果发现每种声学黑洞都在两个目标之间产生类似的权衡。Tang 等[365]研究了具有周期性双叶式声学黑洞通道板的声辐射特性,如图 13 - 4 所示,发现无须附加阻尼,这种结构的声辐射效率便可在宽频域降低。何璞等[366]针对传统声学黑洞存在的局部强度和刚度较弱、特征尺寸大、有效作用频率较高等问题设计了新型声学黑洞阻尼振子,采用有限元仿真法研究了附加振子的盒式结构的动态特性,结果表明附加振子的盒式结构具有高效的能量聚集和耗散能力。王小东等[367]针对直升机驾驶舱复杂的噪声问题,提出基于声学黑洞效应的内嵌式和附加式两种减振降噪方案,利用有限元法建立结构声振耦合模型,分析了舱室声振特性,并开展了效果测试和性能评估,结果表明内嵌式声学黑洞可以高效集中耗散中高频振动能量,弱化声腔模态和结构振动模态的耦合,进而有效降低舱室中高频噪声。附加式声学黑洞集合了动力吸振和声学黑洞效应的优点,可以在前者的基础上拓宽有效频带,实现对低频噪声的控制。吴秉鸿[334]提出片状声学黑洞俘能器组的设计概念,在某船艉部结构中使用片状声学黑洞俘能器组削弱螺旋桨激振力引起的振动噪声。王博涵等[368]在此基础上提出使用板壳单元对声学黑洞薄板进行离散建模,将其与体单元建模方法比较,发现板壳单元模型在计算薄板振动特性时精度可靠且计算效率高。综上所述,相比于传统减振降噪的措施,利用声学黑洞结构可以在总质量增加较少的基础上实现良好的宽频降噪效果。

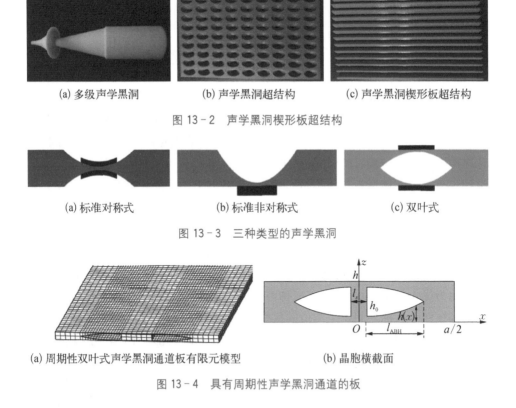

(a) 多级声学黑洞　　　　(b) 声学黑洞超结构　　　　(c) 声学黑洞楔形板超结构

图 13 - 2　声学黑洞楔形板超结构

(a) 标准对称式　　　　(b) 标准非对称式　　　　(c) 双叶式

图 13 - 3　三种类型的声学黑洞

(a) 周期性双叶式声学黑洞通道板有限元模型　　　　(b) 晶胞横截面

图 13 - 4　具有周期性声学黑洞通道的板

13.1　声学黑洞的原理

声学黑洞(acoustic black hole)效应利用了薄壁结构中材料特性参数或几何

参数的梯度变化,使得结构中传播的波的速度降低。理想情况下,当薄壁厚度为零,波速便衰减为零,无法发生反射,借此完成对波动能量的聚集,进而减振降噪。典型的一维声学黑洞结构为截面厚度遵循幂函数表达式[式(13-1)]衰减的楔形梁结构:

$$h(x) = \varepsilon x^m \tag{13-1}$$

式中,$h(x)$ 为距声学黑洞结构中心点 x 处的结构厚度;ε 为常数;幂指数 m 为正有理数,称为黑洞效应指数因子。Mironov 已证明,当结构的厚度变化满足幂函数曲线且幂指数 m 不小于 2 时,就能满足结构声学黑洞的基本要求,对传至声学黑洞区域的弯曲波实现零反射的全吸收[353]。

　　将一维声学黑洞结构的截面 $h(x) = \varepsilon x^m (m \geqslant 2)$ 以 $x = 0$ 点为中心旋转一周得到二维声学黑洞结构,图 13-5 为二维声学黑洞的几何截面示意图,二维声学黑洞区域的 xoz 截面的厚度遵循幂函数变化。当结构弯曲波传播时,进入声学黑洞区域后,由于结构厚度的变化,波的传播方向发生偏转,最终陷入声学黑洞的中心区域无法反射。根据几何声学分析方法,借助一维声学黑洞结构特点,获得弯曲波在二维声学黑洞结构中传播的控制方程[369]为式(13-2)。

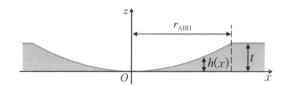

图 13-5　二维声学黑洞的几何截面示意图

$$\frac{\partial^2}{\partial x^2}\left[D(x,y)\left(\frac{\partial^2 w}{\partial x^2} + \nu\frac{\partial^2 w}{\partial y^2}\right)\right] + 2(1-\nu)\frac{\partial^2}{\partial x \partial y}\left[D(x,y)\frac{\partial^2 w}{\partial x \partial y}\right] +$$
$$\frac{\partial^2}{\partial y^2}\left[D(x,y)\left(\frac{\partial^2 w}{\partial y^2} + \nu\frac{\partial^2 w}{\partial x^2}\right)\right] - \omega^2 \rho h(x,y)w = 0$$

$$\tag{13-2}$$

式中,$D(x,y) = \dfrac{Eh^3(x,y)}{12(1-\nu^2)}$ 为板的弯曲刚度;ν 为泊松比;E 为弹性模量;ρ 为结构材料的密度;w 为挠度;ω 为圆频率。式(13-2)的解可以写为

$$w(x,y) = A(x,y)e^{jk_p\varphi(x,y)} \tag{13-3}$$

式中,$A(x,y)$ 为振幅;$\varphi(x,y)$ 为相位;k_p 为波数。将式(13-3)代入式

(13 - 2)，当等式右侧的实部和虚部都为零时，等式方能成立。当实部等于零时，再舍弃关于 $A(x, y)$ 和 $\varphi(x, y)$ 的高阶导数项，可得到方程：

$$|\boldsymbol{\nabla}\varphi(x, y)|^4 = \frac{k^4(x, y)}{k_{\mathrm{p}}^4} = n^4(x, y) \tag{13-4}$$

式中，$\boldsymbol{\nabla} = \left(\frac{\partial}{\partial x}\right)\boldsymbol{i} + \left(\frac{\partial}{\partial y}\right)\boldsymbol{j}$ 为梯度算子；$k(x, y) = 12^{1/4} k_{\mathrm{p}}^{1/2}[h(x, y)]^{-1/2}$ 为与位置相关的波数；$n(x, y)$ 为与位置相关的折射率[370]，表示为

$$n(x, y) = \sqrt{\frac{h_{\mathrm{b}}}{h(x, y)}} \tag{13-5}$$

式中 h_{b} 为黑洞区域以外板的厚度。

一维声学黑洞的截面特性可以反映二维声学黑洞的情况。对于 xoz 截面，式(13 - 4)可写为

$$k(x) = 12^{1/4} k_{\mathrm{p}}^{1/2} (\varepsilon x^m)^{-1/2} \tag{13-6}$$

根据式(13 - 6)可知，当 x 趋近于零时，即位于声学黑洞中心处，理想声学黑洞此处厚度为零，弯曲波波数趋近于正无穷，这意味着波速趋于零，波幅趋于无限大，波动能量将被束缚在中心区域。因此在理论上，理想的声学黑洞可以100%吸收板内弯曲波，达到显著的减振降噪效果。但实际应用的声学黑洞结构并不完全理想，无法实现中心处边缘厚度以高阶幂函数的形式逐渐趋近于零。中心区域会产生截断厚度，弯曲波经过截断区域前缘发生反射后反向传播，再次进入声学黑洞结构中，最终通过声学黑洞边界离开声学黑洞区域。反射波与入射波穿越黑洞边界时的幅值之比为反射率，当在 $x = x_0$ 处截断时，声学黑洞的反射系数[49]表示为式(13 - 7)，反射系数越低代表振动能量被耗散得越多，剩余能量越少，当反射系数较大时，直接削弱声学黑洞减振降噪的能力，此时粘贴阻尼材料可以弥补这一缺陷，阻尼材料损失因子的加入可以有效降低结构反射系数[342,347,351]。

$$R_0 = \exp\left\{-2\int_{x_0}^{x} \mathrm{Im}\, k(x)\mathrm{d}x\right\} \tag{13-7}$$

由二维声学黑洞截面图可知，其厚度按照幂函数连续变化，这种变化导致结构阻抗的变化。弯曲波在薄板结构中传播时，遭遇声学黑洞结构就像遭遇到障碍，此时弯曲波将散射。当入射波波长小于声学黑洞结构的特征尺寸时，波动可被声学黑洞捕获，进而发生能量聚集；当入射波波长大于声学黑洞结构的特征尺

寸时,波将越过声学黑洞继续传播,不受声学黑洞的影响。故只有当波长小于某一特定值即频率大于某一特定值时,弯曲波才能被声学黑洞捕获。这一特定频率叫作声学黑洞效应起作用的起始频率,Aklouche 等[371]基于基尔霍夫薄板假设,针对截面厚度遵循二次幂律函数的声学黑洞,假设板未粘贴附加阻尼材料且板均质,研究了在内嵌二维声学黑洞的无限大薄板中弯曲波的散射特性,推导出声学黑洞起始频率 $f_{c,0}$ 的解析解:

$$f_{c,0} = \frac{t}{2\pi r_{\text{ABH}}^2} \sqrt{\frac{E(40-24\nu)}{12\rho(1-\nu)^2}} \tag{13-8}$$

式中,r_{ABH} 为声学黑洞区域的半径;t 为薄板均匀区域的厚度。由式(13-8)可知声学黑洞效应的起始频率与板均匀区域的厚度、声学黑洞区域的大小以及板的材料属性有关,为本章声学黑洞的设计提供依据。

13.2　声学黑洞俘能器及其减振机理

13.2.1　声学黑洞俘能器的设计原理

由于建造工艺的限制,声学黑洞结构无法完全达到厚度按照幂律曲线连续变化的理想状态。为了使声学黑洞的制造更具有可行性,吴秉鸿[334]提出片状声学黑洞俘能器,这种结构由离散的阶梯状圆环构成,从结构中心向外,各个圆环的厚度遵循幂律连续变化。片状声学黑洞俘能器可以利用声学黑洞效应完成对振动及噪声的削弱,汇聚弯曲波能量。这是由于厚度不同的圆环具有丰富的局域固有频率,可以实现与振源的耦合共振,进而捕获弯曲波能量并将其耗散。片状声学黑洞俘能器如图 13-6 所示,其中图 13-6(a)为圆形均匀平板上片状声学黑洞俘能器的三维示意图,图 13-6(b)是声学黑洞俘能器横剖面厚度变化图,展现了图 13-6(a)中心区域的片状声学黑洞俘能器各圆环的厚度变化。

在结构中弯曲波传播时,声学黑洞俘能器通过与振源共振完成对能量的耗散,这就使得声学黑洞俘能器产生减振降噪效应的有效频率区间起始于声学黑洞区域的第一阶固有频率。文献[334]给出圆形薄板在周围边界简支条件下的第一阶固有频率为

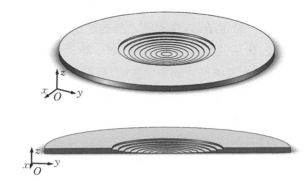

(a) 圆形均匀平板上片状声学黑洞俘能器的三维示意图

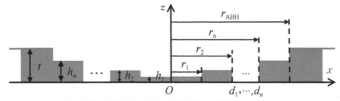

(b) 片状声学黑洞俘能器的横剖面厚度变化图

图 13-6　圆形均匀平板上的片状声学黑洞俘能器示意图

$$f_{1,\text{circular}} = \frac{\lambda^2}{2\pi} \left(\frac{h}{r}\right)^2 \left[\frac{E}{12(1-\nu^2)\rho h^2}\right]^{1/2} \tag{13-9}$$

式中,h 为圆板厚度;E 为弹性模量;ν 为泊松比;ρ 为密度;λ 为基频常数与圆板半径 r 的乘积。片状环形板第一阶固有频率表达式为

$$f_{1,\text{annular}} = \frac{1}{2\pi r} \left(\frac{EJ_z}{\rho A} \frac{12}{5}\right)^{1/2} \tag{13-10}$$

式中,A 为环形板截面积;J_z 为截面对于通过形心而分别平行于 z 轴轴线的惯性矩。

　　根据式(13-9)与式(13-10),片状声学黑洞俘能器中的声学黑洞区域的第一阶固有频率应该是中心薄圆板($r<r_1$)第一阶固有频率与次中心($r_1<r<r_2$)片状环形板壳第一阶固有频率中的极小值,数学上可以表示为

$$f_{1,\text{ABH}} = \text{minimize}\{f_{1,\text{circular}}, f_{1,\text{annular}}\} \tag{13-11}$$

13.2.2　弹性体反共振俘能器的减振机理

　　在上述片状声学黑洞俘能器的基础上,还设计了弹性体反共振俘能器结

构[372]，如图 13-7 所示。该结构由四部分组成，分别为中心质量区、过渡区、幂律变化区和均匀厚度区。

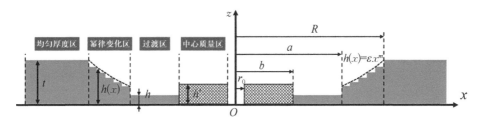

图 13-7　弹性体反共振俘能器剖面结构示意图

中心质量区（$r_0 < r < b$），板厚 h'，$r < r_0$ 处为开孔。过渡区（$b < r < a$），板厚 h，过渡区类似于一个垂向弹簧，能够为中心质量区的质量块提供弯曲支撑刚度，过渡区板厚的变化会影响其弯曲支撑刚度。通过调节中心质量区及过渡区的材料特性或板厚等参数，可以控制弹性体反共振俘能器中心质量区域的局部共振频率与振源的局域共振频率接近，使俘能器产生局域反共振，达到消耗能量的目的。幂律变化区（$a < r < R$）与片状声学黑洞结构相似，由多个厚度满足幂律曲线变化的圆环阶梯板构成，其板厚比过渡区板厚大得多。幂律变化区具有声学黑洞效应，可以捕获从均匀厚度区传播而来的弯曲波，使得能量进入中心质量区及过渡区而被消耗。均匀厚度区（$r > R$）板厚为 t，为弹性体反共振俘能器与振源结构提供安装面。

王博涵[372]对图 13-7 所示的俘能器结构进行了改良，获得如图 13-8 所示的结构。幂律变化区与过渡区融合，使得弹性体反共振俘能器在低频范围拥有更丰富的共振模态，参与能量消耗的结构范围加大。通过调整环形区域的板厚、中心质量区的质量等参数，可以控制弹性体反共振俘能器的第一阶、第二阶等模态与振源结构固有频率对应，进而捕获并耗散能量。

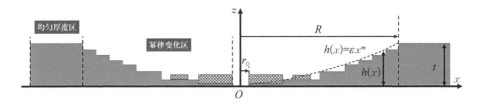

图 13-8　改良后的弹性体反共振俘能器剖面结构示意图

以往研究证明，当声学黑洞结构内嵌入板壳时，严重影响结构承载能力，上述的片状声学黑洞结构、弹性体反共振俘能器都可通过螺栓连接或焊接的方式固定在板壳上,此时声学黑洞结构或弹性体反共振俘能器是作为附加构件存在,通过合理调整参数实现对指定频段振动、噪声能量的捕获与耗散,并且避免了对结构的承载能力的影响,保证了结构完整性。片状弹性体反共振俘能器如图 13 - 9 所示,多片弹性体反共振俘能器叠加组合,形成反共振俘能器组,如图 13 - 10 所示。本章将以片状声学黑洞结构与弹性体反共振俘能器为基础,设计声学黑洞俘能器,其剖面如图 13 - 6 所示,且中心圆板厚度为零,其余各层圆环板厚度按照幂律变化,整体结构无附加质量块。

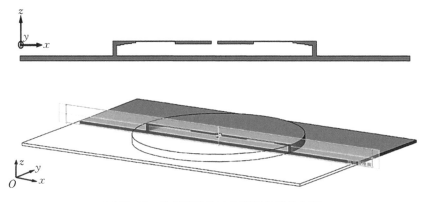

图 13 - 9   片状弹性体反共振俘能器示意图

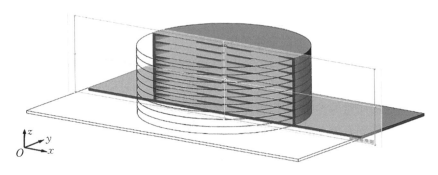

图 13 - 10   多片状弹性体反共振俘能器组示意图(9 层)

13.3   声学黑洞俘能器的设计方法

在王博涵[372]对弹性体反共振俘能器的研究中,为计算反共振俘能器的基频,对结构模型进行适当简化。截取出中心质量区和过渡区并令过渡区周围边界条件为刚性固定。得到图 13－11 所示的模型。采用瑞利能量法求解该圆环板的基频,得到中心嵌入刚性质量块的圆环板的基频计算公式[式(13－12)]。该方法计算出的圆环板基频结果偏大,因此引入修正系数 β,得到式(13－13)。

$$f = \frac{\omega}{2\pi} = \frac{1}{2\pi} \frac{k^2}{a^2} \sqrt{\frac{D}{\rho h}} \tag{13-12}$$

$$f_{\text{ABH}} = \beta f = \beta \frac{1}{2\pi} \frac{k^2}{a^2} \sqrt{\frac{D}{\rho h}} \tag{13-13}$$

式中,a 为圆环板的半径;$D = \dfrac{Eh^3}{12(1-\nu^2)}$ 为弯曲刚度;ρ 为材料密度;h 为板厚;k 为基频常数,与 $\alpha = b/a$ 及 $\gamma = \rho'h'/\rho h$ 两个变量相关。

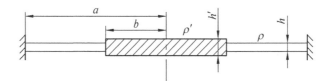

图 13－11　外圆周刚性固定、中心嵌入刚性质量块的圆环板

基于片状声学黑洞结构的原理,设计的声学黑洞俘能器 xoz 截面如图 13－12 所示:

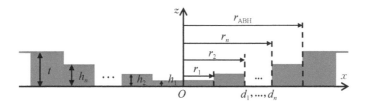

图 13－12　声学黑洞俘能器截面图

在图 13－12 中 $h_1 = 0$,且 $r_1 = d_1 = \dfrac{1}{2} r_2$, $t = 9\,\text{mm}$。该声学黑洞俘能器由 5 层厚度按照幂律变化的圆环板构成,且各层圆环宽度满足 $d_2 = d_3 = d_4 = d_5 = 2d_1$。 根据式(13－1)可知,各层圆环板的厚度 $h = \dfrac{0.009}{81d_1^2} x^2\,\text{m}$。 声学黑洞俘能器整体材料为钢,$E = 2.10\,\text{GPa}$,$\nu = 0.3$,$\rho = 7\,850\,\text{kg/m}^3$,故 $D = 0.026\,37$。 由于本声学黑洞俘能器中心处为空洞,无附加质量块,在式(13－13)中,$\alpha = \gamma = 0$,

$k=3.2$，$\beta=0.9$，代入该式得到声学黑洞俘能器第一层圆环板的第一阶固有频率解析解为

$$f_1 = \frac{0.255\,2}{a^2} \tag{13-14}$$

为验证这一解析解的准确性，下面对本章设计的声学黑洞俘能器进行数值模拟计算，将数值模拟计算结果与解析解计算结果进行对比。

目前国际上利用有限元法研究声学黑洞结构时，常使用块体单元对声学黑洞结构进行数值模拟，但这种方法常常导致单元数量过多、模型规模过大、动力学响应计算效率低等问题。将片状声学黑洞区域板的厚度与长宽方向的尺度相比，可以认为声学黑洞区域的板属于薄板的范畴，只要保证划分网格的合理性，采用板壳单元对片状声学黑洞结构进行离散并数值模拟得到的结果也是可靠的[368]，这种方法大大降低了单元数量、提高了计算效率。下面对声学黑洞俘能器采用板壳单元进行离散并数值模拟。

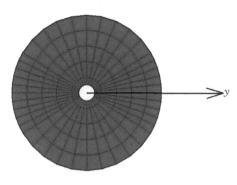

图 13-13 单层声学黑洞俘能器有限元模型

以一直径为 500 mm 的单层片状声学黑洞俘能器为例，有限元模型如图 13-13 所示，该模型采用二维壳单元离散，共有 240 个节点，200 个单元。

中心开孔直径为 50 mm，该声学黑洞俘能器由从中心到外边界 5 种阶梯厚度的圆环板组成，各层圆环板厚度满足幂律变化，宽度分别为 25 mm、50 mm、50 mm、50 mm 和 50 mm。声学黑洞俘能器半径为 $r_{ABH} = r_1 + d_1 +$

$d_2 + d_3 + d_4 + d_5 = 250$ mm。最外层圆环板的厚度也是均匀薄板区域厚度为 $t=9$ mm，其余各层圆环板的厚度遵循幂函数 $h_{ABH} = \varepsilon x^m = \dfrac{t}{r^2} x^2 = 177.778 x^2$ mm。整个声学黑洞俘能器全部由钢材制成，密度为 7 850 kg/m³，泊松比为 0.3，弹性模量为 210 GPa，四周简支。数值模拟计算以该声学黑洞俘能器为基础的不同半径的声学黑洞俘能器的第一阶固有频率，将该结果与解析解计算结果对比，计算结果与误差如表 13-1 所示。

由表 13-1 可知，利用第一阶固有频率解析解计算单层声学黑洞俘能器的第一阶固有频率的结果与数值模拟计算结果相比，误差在 7.4% 以内，该解析解可靠。因此，当已知某噪声频谱特性后，得到其噪声峰值所在频率，可将声学黑

表 13-1　不同半径的声学黑洞俘能器的第一阶固有频率

半径/mm	数值模拟计算的 第一阶固有频率/Hz	解析解计算的 第一阶固有频率/Hz	误差/%
250.00	109.98	102.08	7.18
237.50	121.88	113.11	7.20
225.00	135.88	126.02	7.26
212.50	152.15	141.29	7.14
200.00	171.89	159.50	7.21
187.50	195.45	181.48	7.15
175.00	224.51	208.33	7.21
162.50	260.52	241.61	7.26
150.00	305.14	283.56	7.07
137.50	363.98	337.45	7.29
125.00	439.78	408.32	7.15
112.50	542.13	504.10	7.01
100.00	688.43	638.00	7.33
87.50	895.41	833.31	6.94
75.00	1 221.00	1 134.22	7.11
62.50	1 761.60	1 633.28	7.28
50.00	2 746.30	2 552.00	7.07

洞俘能器的第一阶固有频率设计为该频率,通过解析解得到 a 的值,由于 $a = r_1 + d_1$ 且 $r_1 = d_1$,故可推得声学黑洞俘能器各层圆环板的宽度。利用这一声学黑洞俘能器可捕获能量、通过振动消耗噪声能量,进而降低噪声峰值。此外,声学黑洞俘能器具备体积小、质量轻和易于安装的特点,在针对具有多个峰值的

噪声时,可以设计不同尺寸的声学黑洞俘能器分别用于降低不同频率的噪声峰值,这一结构为声学黑洞俘能器组。

13.4　基于声学黑洞俘能器的舱室噪声控制

13.4.1　声学黑洞俘能器的设计

通过调节声学黑洞区域的材料特性或板厚等参数,可以控制声学黑洞振俘能器共振频率与振源的共振频率接近,使声学黑洞俘能器产生局域反共振,达到消耗能量的目的。将某气垫船的 1 号舱作为目标舱室,对其进行噪声分析后,可从声压级曲线确定其噪声峰值位于 310 Hz 处。以降低该噪声峰值为设计目标,将声学黑洞俘能器的第一阶固有频率设计在 310 Hz 附近,通过声学黑洞俘能器捕获能量并在振动中吸收能量以达到降低舱室噪声的目的。根据声学黑洞俘能器设计方法,令式(13 - 14)中 $f_1 = 310$ Hz,故 $a = 28.69$ mm,取 $a = 30$ mm,得到如图 13 - 14 所示的单层声学黑

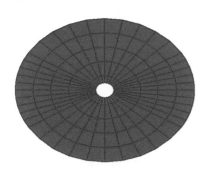

图 13 - 14　单层声学黑洞俘能器
有限元模型

洞俘能器有限元模型。该模型采用二维壳单元离散,共有 240 个节点,200 个单元。

该声学黑洞俘能器由从内到外共 5 种阶梯厚度的圆环板组成。中心开孔直径为 30 mm,各个圆环的宽度分别为 15 mm、30 mm、30 mm、30 mm 和 30 mm,整个声学黑洞区域直径为 300 mm。其截面如图 13 - 15 所示,$r_1 = 15$ mm $(h_1 = 0)$,第一圈圆环宽度 $d_1 = 15$ mm。第二圈到第五圈圆环宽度相同,$d_2 = d_3 = d_4 = d_5 = 30$ mm,故该单层声学黑洞俘能器半径 $r_{ABH} = r_1 + d_1 + d_2 + d_3 + d_4 + d_5 = 150$ mm。最外层圆环板的厚度即均匀薄板区域厚度 $t = 9$ mm,声学黑洞区域结构厚度遵循幂函数 $h_{ABH} = \varepsilon x^m = tx^2/r^2 = 493.827x^2$ mm 呈阶梯状。声学黑洞俘能器全部由钢材制成,密度为 7 850 kg/m³,泊松比为 0.3,弹性模量为 210 GPa。单层声学黑洞俘能器的前 10 阶固有频率计算结果如表 13 - 2 所示,其中第一阶固有频率为 305.14 Hz,与设计目标值的误差为 1.667%。

表 13 - 2　单层声学黑洞俘能器固有频率

阶数	第1阶	第2阶	第3阶	第4阶	第5阶	第6阶	第7阶	第8阶	第9阶	第10阶
频率/Hz	305.14	335.41	413.16	414.34	654.62	654.85	661.12	663.77	703.99	920.20

单层声学黑洞俘能器的前 10 阶模态如图 13 - 15 所示。

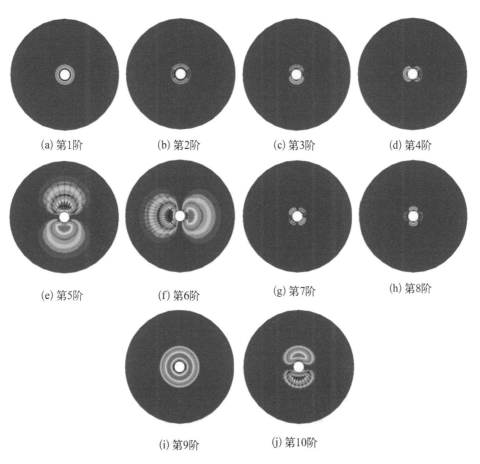

(a) 第1阶　　　　(b) 第2阶　　　　(c) 第3阶　　　　(d) 第4阶

(e) 第5阶　　　　(f) 第6阶　　　　(g) 第7阶　　　　(h) 第8阶

(i) 第9阶　　　　(j) 第10阶

图 13 - 15　单层声学黑洞俘能器前 10 阶模态

　　为了便于安装,可将单层声学黑洞俘能器嵌入到长 480 mm、宽 480 mm、厚 9 mm 的矩形板中,四周连接的矩形板高度为 18 mm、厚 9 mm,板材为钢。使用时,可以将单层声学黑洞俘能器通过螺栓固定或焊接在目标板架上。嵌入矩形板的单层声学黑洞俘能器有限元模型如图 13 - 16 所示,节点数为 657 个,单元数为 640 个,总质量为 16.15 kg,第 1 阶模态如图 13 - 17 所示。

 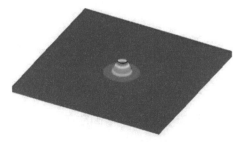

图 13 - 16　嵌入矩形板的单层声学　　　　图 13 - 17　嵌入矩形板的单层声学黑洞
黑洞俘能器有限元模型　　　　　　　　　　　俘能器第 1 阶模态

13.4.2　基于 FEM - SEA 混合模型的舱室噪声分析

为研究声学黑洞俘能器对船舶舱室噪声的抑制作用,需将声学黑洞俘能器与
船体相结合进行数值模拟。由于声学黑洞俘能器尺寸较小,无法在中高频内满足
建立统计能量(SEA)子系统所需单位带宽模态数大于 5 的精度要求,故无法对其
建立统计能量模型。采用 FEM - SEA 混合法解决黑洞俘能器中频建模问题,对声
学黑洞俘能器采用有限元离散,对船体建立 SEA 子系统模型,构建如图 13 - 18 所
示的 FE - SEA 混合模型,声学黑洞俘能器位于中间推进风机下方的甲板上。

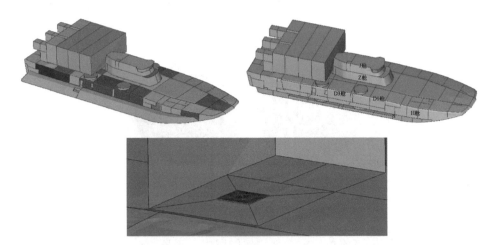

图 13 - 18　某气垫船 FE - SEA 混合模型

在声学黑洞俘能器正下方施加设备激振力,此处为 10 N 的点源激振力,扫
频计算了 200～1 000 Hz 范围内 1 号舱室的噪声声压级。设置单层声学黑洞俘
能器前、后的 1 号舱室噪声声压级对比如图 13 - 19 和表 13 - 3 所示。

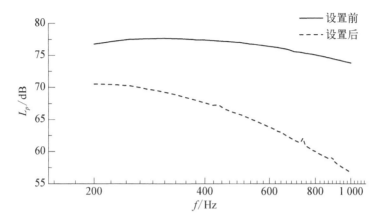

图 13 - 19　设置单层声学黑洞俘能器前、后 1 号舱室噪声声压级

表 13 - 3　1 号舱室整体噪声声压级

单位：dB

舱　室	设置前的声压级	设置后的声压级	声压级差值
1 号舱室	95.39	84.85	10.54

　　由计算结果可知,在中高频段,针对目标舱室噪声峰值设计声学黑洞俘能器可以在一定程度上削弱舱室噪声。310 Hz 处的噪声峰值被明显削弱,该处降低了 8.38 dB。且越接近高频,声学黑洞俘能器降噪性能越好;1 000 Hz 处噪声被削弱了 17.09 dB。在 200~1 000 Hz 范围内,该声学黑洞俘能器对目标舱室整体降噪达到了 10.54 dB,体现了声学黑洞俘能器优良的宽频降噪性能。不仅如此,单层声学黑洞俘能器的质量只有 16.15 kg,建造及安装方便,具有工程实用性。

13.4.3　采用等效质量降噪措施的数值分析

　　由于单层声学黑洞俘能器本身具备一定质量,为验证其减振降噪的作用是否单纯由质量的引入所导致,本章建立了在布置声学黑洞俘能器位置处配置均匀分布质量块的模型,结构模型如图 13 - 20 所示。

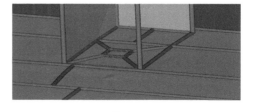

图 13 - 20　等效质量 SEA 模型

在相同位置施加相同的外载,扫频计算得到如图 13-21 所示的 1 号舱室噪声声压级。

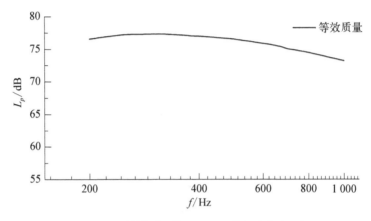

图 13-21 等效质量作用下 1 号舱室噪声声压级

将其与设置单层声学黑洞俘能器前、后的计算结果对比,得到图 13-22 和表 13-4。

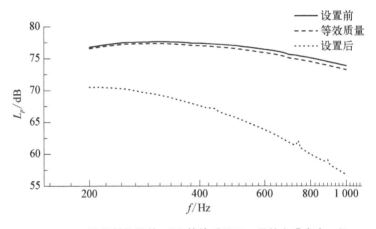

图 13-22 设置俘能器前、后和等效质量下 1 号舱室噪声声压级

表 13-4 1 号舱室整体噪声声压级

单位: dB

舱 室	设置前的声压级	设置后的声压级	等效质量作用下的声压级
1 号舱室	95.39	84.85	94.93

综上所述,单纯配置质量块对于降低噪声而言基本没有作用。声学黑洞俘能器降噪的根本原因在于黑洞结构发生共振吸收能量,进而削弱了舱室噪声。吴秉鸿[334]利用有限元法对某船进行数值模拟,并在该船螺旋桨对船体脉动激励的作用区域正上方安装了不同层数的声学黑洞俘能器组,也考虑了单纯配置 600 kg 的压载质量块设计方案,分别对这几种方案下的船体外板振动响应进行了计算,对比结果说明声学黑洞俘能器组只需增加很小的质量便可获得良好的减振作用。王博涵[372]在此研究基础上,利用 MSC Nastran 求解中频段内不同情况下的船尾水下辐射声功率级,发现声学黑洞俘能器组在指定频段范围内对船尾部水下辐射噪声的降噪效果较明显。本章将声学黑洞俘能器应用于船舶舱室降噪,其良好的噪声抑制效果与上述文献中的研究结果一致,均体现了声学黑洞俘能器对振动能量良好的宽频吸收和消耗能力。

13.4.4　声学黑洞俘能器对目标舱室噪声的影响

将数个单层声学黑洞俘能器叠加组合即可得到多层声学黑洞俘能器组。下面讨论声学黑洞俘能器组的层数对其降噪效果的影响。

将不同层数的声学黑洞俘能器组分别安装在中间风机下方的板上,建立 FE-SEA 混合模型,计算 1 号舱室在不同层数的声学黑洞俘能器组作用下的舱室噪声,其中外载为 10 N 的点激振力,1 号舱室噪声声压级曲线如图 13-23 所示。

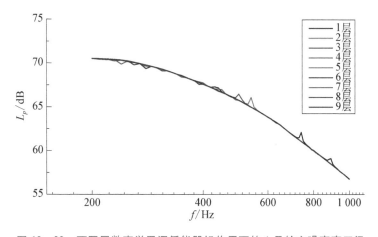

图 13-23　不同层数声学黑洞俘能器组作用下的 1 号舱室噪声声压级

表 13-5 为不同层数声学黑洞俘能器组作用下的 1 号舱室整体噪声声压级,选取 1 层、3 层、5 层、7 层和 9 层声学黑洞俘能器组的计算结果绘制图 13-24。

表 13-5　不同层数声学黑洞俘能器组作用下的 1 号舱室整体噪声声压级

层数/层	1	2	3	4	5	6	7	8	9
声压级/dB	84.848	84.846	84.845	84.830	84.820	84.810	84.806	84.805	84.805

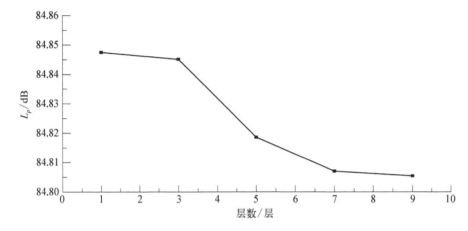

图 13-24　不同层数声学黑洞俘能器组作用下的 1 号舱室整体噪声声压级变化

综上所述,声学黑洞俘能器组的降噪性能随着层数的增加出现一定的波动。当超过 5 层以后,尽管层数越多,但降噪效果基本维持在一定的水平。对于 1 号舱室,声学黑洞俘能器整体降噪 10.58 dB。当层数逐渐增加时,声压级曲线与层数较少的情况对比更加平缓,几个波动峰值消失。此外,由于声学黑洞俘能器本身尺寸小、质量小、制造过程及安装方便简单,故在船体上设置这类声学黑洞俘能器的过程中,并不会产生过多的经济损耗,但是此举对舱室噪声的抑制作用效果良好,这对工程应用是十分有利的。

设置多层声学黑洞俘能器组是十分必要的,由于船舶中各种设备的噪声峰值所在频率不尽相同,为降低不同的噪声峰值,可针对各个峰值所在频率设计各声学黑洞俘能器,并将其组合成为多层声学黑洞俘能器组。综上所述,设计并应用多层声学黑洞俘能器组可以逐一针对各种噪声进行有目的地控制,这在应用中具备了独特的优势。

1 号目标舱室为位于中间风机上方的一个舱室,下面研究单层声学黑洞俘能器对距离其安装位置较远的其他计算舱室的噪声抑制作用。

选定 J 舱、Z 舱、H 舱、D1 舱及 D3 舱共 5 个计算舱室,舱室具体位置如图 13-18 所示。在声学黑洞俘能器正下方设置外力,即 10 N 的点激振力,扫频计算了 200～1 000 Hz 范围内各个计算舱室的噪声声压级。设置单层声学黑洞俘能器前、后的计算舱室噪声声压级对比如图 13-25 所示。

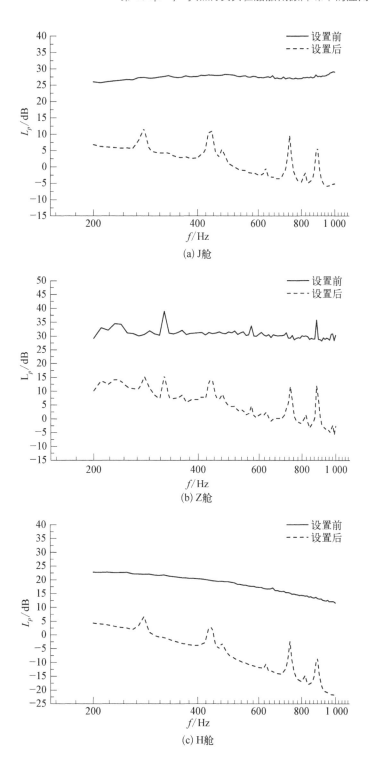

(a) J舱

(b) Z舱

(c) H舱

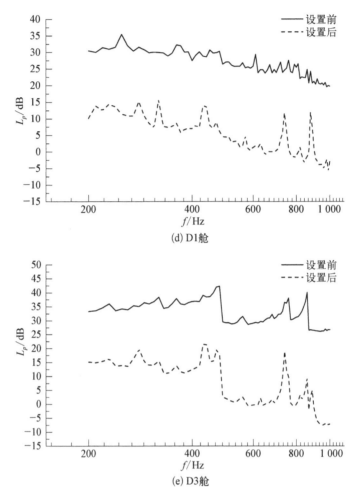

(d) D1舱

(e) D3舱

图 13-25　设置单层声学黑洞俘能器前、后计算舱室噪声声压级

　　设置单层声学黑洞俘能器前、后的计算舱室整体噪声声压级如表 13-6 所示。

表 13-6　单层声学黑洞俘能器对计算舱室的降噪效果

单位：dB

舱　室	设置前的声压级	设置后的声压级	声压级差值
J 舱	46.64	22.14	24.50
Z 舱	50.14	26.65	23.49

舱　室	设置前的声压级	设置后的声压级	声压级差值
H 舱	37.71	15.91	21.80
D1 舱	46.94	25.68	21.26
D3 舱	53.63	31.16	22.47

根据表 13-6 可以看出,单层声学黑洞俘能器虽然设置在艉部点激振力作用的位置,但是对于距离其较远的上建舱室及靠近艏部的舱室降噪效果更佳。在 200~1 000 Hz 频段内,普遍降噪达到 21 dB 以上,其中 J 舱最高,降低了 24.50 dB。该计算结果再次证明了声学黑洞俘能器具备对舱室噪声良好的抑制作用。

对于 1 号目标舱室而言,声学黑洞俘能器组的层数对其降噪能力的影响较为微弱。声学黑洞俘能器组的降噪性能随着层数的增加出现一定的波动。但当超过 5 层以后,声学黑洞俘能器组的层数越多,降噪效果基本维持在一定的水平。对于 1 号舱室,整体降噪 10.58 dB。当层数逐渐增加时,声压级曲线与层数较少的情况对比更加平缓,几个波动峰值消失。下面讨论声学黑洞俘能器组的层数对计算舱室噪声抑制作用的影响。

经过计算,得到设置不同层数声学黑洞俘能器组时,5 个计算舱室的舱室噪声声压级,继而得到舱室整体噪声声压级(见表 13-7)。

表 13-7　设置不同层数声学黑洞俘能器组时各计算舱室的整体噪声声压级

单位:dB

层数/层	J 舱	Z 舱	H 舱	D1 舱	D3 舱
1	22.14	26.65	15.91	25.68	31.16
2	21.58	26.37	15.41	25.08	29.32
3	21.35	26.23	15.40	25.04	29.30
4	20.92	25.87	15.22	25.08	30.11
5	21.12	25.99	15.71	25.44	29.87
6	20.77	25.95	15.54	25.41	29.51

层数/层	J 舱	Z 舱	H 舱	D1 舱	D3 舱
7	20.53	26.56	15.50	25.20	29.34
8	20.27	25.57	15.22	24.98	29.06
9	19.99	25.30	15.00	24.95	28.72

在此基础上得到不同层数声学黑洞俘能器组对计算舱室的降噪效果,如表13-8 所示。

表 13-8 不同层数声学黑洞俘能器组对计算舱室的降噪效果

单位: dB

层数/层	J 舱	Z 舱	H 舱	D1 舱	D3 舱
1	24.50	23.49	21.80	21.26	22.47
2	25.06	23.77	22.30	21.86	24.31
3	25.29	23.91	22.31	21.90	24.33
4	25.72	24.27	22.49	21.86	23.52
5	25.52	24.15	22.00	21.50	23.76
6	25.87	24.19	22.17	21.53	24.12
7	26.11	23.58	22.21	21.75	24.29
8	26.37	24.57	22.49	21.96	24.57
9	26.65	24.84	22.71	21.99	24.91

不同层数的声学黑洞俘能器组对计算舱室的降噪效果如图13-26 所示,可知随着层数的增加,声学黑洞俘能器组对于计算舱室噪声的抑制效果越来越强。对 J 舱的降噪效果尤为显著,且该舱对声学黑洞俘能器组层数变化较为敏感;对 D1 舱及 H 舱的降噪效果较弱,这两个舱室对声学黑洞俘能器组层数变化敏感度较差。由此可见,当某舱室噪声受声学黑洞俘能器组层数影响较大时,可以设置多层声学黑洞俘能器来提高降噪效果。

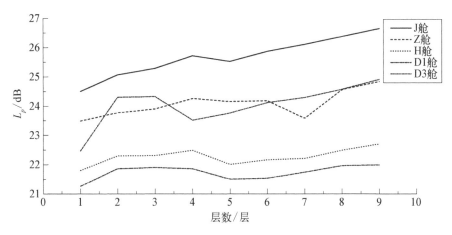

图 13 - 26　不同层数声学黑洞俘能器组对计算舱室降噪效果

13.5　声学黑洞俘能器组在某双体船艉部结构减振中的应用

声学黑洞俘能器作为一种附加构件，可拆卸的同时还可以使用多片声学黑洞俘能器叠加组合，形成声学黑洞俘能器组。声学黑洞俘能器组模型示意图如图 13 - 27 所示。声学黑洞俘能器组可加工为梁型以及弧形声学黑洞俘能器（见图 13 - 28），以满足梁、板和不规则弧形外壳上的各类减振降噪设计需求。

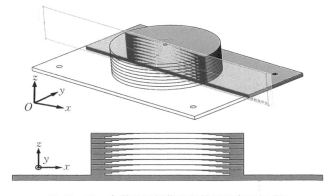

图 13 - 27　声学黑洞俘能器组模型示意图(8 层)

使用 3D 打印技术或数控加工的各类构型声学黑洞俘能器结构如图 13 - 29 所示。

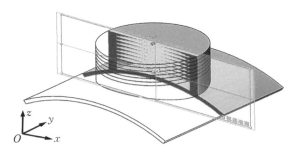

图 13 - 28   弧形曲面上声学黑洞俘能器组

(a) 梁型片状声学黑洞俘能器

(b) 梁型片状声学黑洞俘能器(3层)

(c) 梁型声学黑洞

(d) 梁型片状声学黑洞(3层)

(e) 面板内二维声学黑洞

(f) 面板内二维片状声学黑洞

(g) 声学黑洞俘能器

图 13 - 29　各类声学黑洞俘能器结构实物图

13.5.1　声学黑洞俘能器组在双体船艉部结构减振中的应用设计

1）双体船艉部结构振动分析的有限元模型

某双体船在航行振动试验过程中，发现在 200～600 Hz 中高频段部分外板振动较剧烈。尽管这些部位外板的振动都没有超过振动限值要求（外板振动限值为 9 mm/s），但这个问题有可能影响到该船水下辐射噪声是否满足设计性能指标要求，因此必须分析、解决该振动问题。该工况下螺旋桨脉动压力频谱如图 13 - 30 所示。

根据某双体船原始设计方案下水下辐射噪声的声固耦合数值分析模型，从中截取出艉部结构有限元动力学模型。截取艉部结构的具体范围是长度方向从 44 肋位开始直到艉部，宽度方向取全船中纵剖面至左舷，高度方向不做简化。

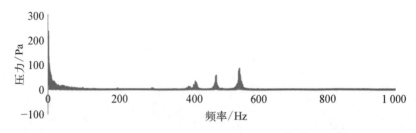

图 13‑30　某工况下螺旋桨脉动压力频谱测试结果(1～1 000 Hz)

边界约束条件为约束 44 肋位所在横剖面上节点三个方向平动位移,约束中纵剖面上节点一个方向平动位移(y 方向)。吃水面在 $z = -7.5$ 米处水平面,振动分析中考虑附连水质量影响。双体船艉部结构有限元分析模型如图 13‑31 所示,节点总数为 7 304 个,单元总数为 14 258 个。

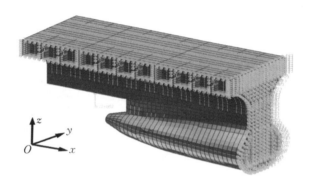

图 13‑31　某双体船船艉部结构有限元分析模型

模型材料及参数量纲选取由表 13‑9 给出。

表 13‑9　模型参数量纲及材料属性

长度	mm	速度	mm/s
质量	t	AH36 钢弹性模量	210 MPa
力	N	AH36 钢泊松比	0.3
应力	N/mm²	AH36 钢密度	7.85×10^{-9} t/mm³

船体结构自身质量通过有限元模型中梁和板单元质量自动计入,舾装和阻尼材料等通过调整各舱段相关材料的密度予以考虑。对于船底板和吃水面下舷侧外板,还需要计入附连水质量的影响,建立舷外水体单元或通过边界元加入。

2) 声学黑洞俘能器组在某双体船上应用的设计方案

引起船体振动的振源主要是螺旋桨激振力,传统减振措施为在螺旋桨正上方增加压载质量点。在本案例中,已有的传统减振方案为施加总质量 600 kg 的压载质量。考虑在螺旋桨激振力正上方板架处(传统减振措施中压载质量点位置)设计一声学黑洞俘能器组,利用声学黑洞俘能器组来吸收振动机械能,从而降低艉部结构其余位置的振动强度。声学黑洞俘能器组由若干个片状声学黑洞俘能器组成。每个声学黑洞俘能器区域半径 $r_{ABH}=250$ mm,边缘板厚度 $t=9$ mm。中心声学黑洞区域为环形阶梯设计,厚度根据式(13 - 1)遵循幂函数 $h_{ABH}=\varepsilon x^m=t/(r_{ABH})^4 x^4=x^4/(9/250^4)$ mm 阶梯变化,厚度阶梯变化步长为 50 mm。此处取幂函数指数因子 $m=4$,ε 根据边缘薄板厚度 t 与黑洞区域半径 r_{ABH} 确定,以满足声学黑洞俘能器边缘厚度与均匀板壳区域厚度相等。声学黑洞俘能器中心区域 $r_{in}=5$ mm 范围内镂空,以避免顶角极小的不合格三角形单元引起较大计算误差。

为适应某双体船底板架,声学黑洞俘能器组中的底层声学黑洞俘能器将黑洞区域最外围以均匀厚度向外扩展成一长 1 000 mm、宽 606 mm、厚 9 mm 的矩形均匀板,整个声学黑洞俘能器组通过矩形均匀板经螺栓固定或焊接在底板架上。声学黑洞俘能器组俯视示意图如图 13 - 32 所示。

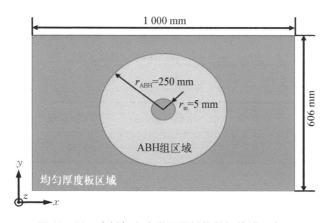

图 13 - 32　底板架上声学黑洞俘能器组俯视示意图

分别设计了 3 层与 9 层声学黑洞俘能器组有限元模型,模型如图 13 - 33 所示。模型按照标准 Quad4 单元进行单元划分,单元尺寸为 50 mm×30 mm。声学黑洞俘能器组材料为与底板架一致的 AH36 钢:质量密度 $\rho=7\,850$ kg/m³,弹性模量 $E=210$ GPa,泊松比 $\nu=0.3$。此外,本章还分别对声学黑洞俘能器的材料就无阻尼、阻尼系数为 0.2 时的两种情形进行了计算。

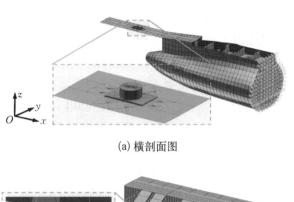

(a) 横剖面图

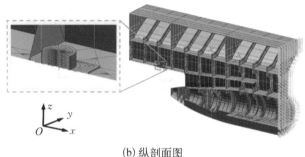

(b) 纵剖面图

图 13-33　ABH-9 层声学黑洞俘能器组有限元模型

传统压载质量与 3 层、9 层声学黑洞俘能器组的总质量统计信息如表 13-10 所示。

表 13-10　附加减振构件总质量统计表

单位: kg

模型类别	原始模型	压载质量点	ABH-3 层	ABH-9 层
质量	0	600	179.0	236.8

根据表 13-10,声学黑洞俘能器组总质量相比传统减振用压载质量点的总质量大幅减少,即使是 9 层声学黑洞俘能器组,其总质量也不到压载质量点总质量的一半。

13.5.2　声学黑洞俘能器组的减振效果评估

1) 评价点分布与加速度振级计算方法

为考察声学黑洞俘能器组的隔振性能,通过 MSC Nastran 软件对整船做了

0～1 000 Hz 频段,间隔 10 Hz 扫频的频响分析。在艉部结构外表面选取 6 个评价点,输出这 6 个评价点处垂向加速度幅值,并计算对应的加速度振级。艉部结构振动评价点分布如图 13 - 34 所示。

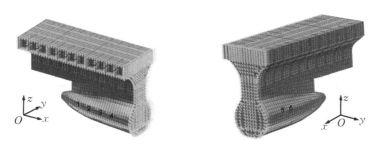

图 13 - 34　艉部结构振动评价点分布示意图

使用平均加速度振级定量评价艉部结构的振动强弱,平均加速度振级越大,振动越剧烈。

2) 计算结果

根据数值仿真,分别输出原始无减振构件艉部结构、附加 600 kg 压载质量点艉部结构、附加 3 层声学黑洞俘能器组(无阻尼、阻尼系数为 0.2)艉部结构和附加 9 层声学黑洞俘能器组(无阻尼、阻尼系数为 0.2)艉部结构模型中各评价点的垂向加速度最大幅值,计算平均加速度振级,绘制出的频响曲线如图 13 - 35 所示。

根据图 13 - 35,相比原艉部结构模型,在特定频段(100～500 Hz、600～750 Hz、850～900 Hz),声学黑洞俘能器组具有吸收面板弯曲波,降低平均加速

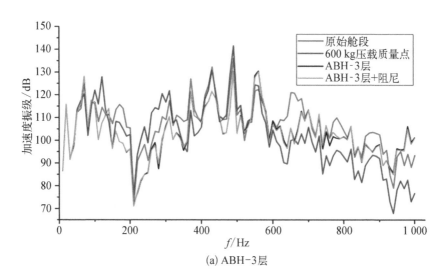

(a) ABH-3层

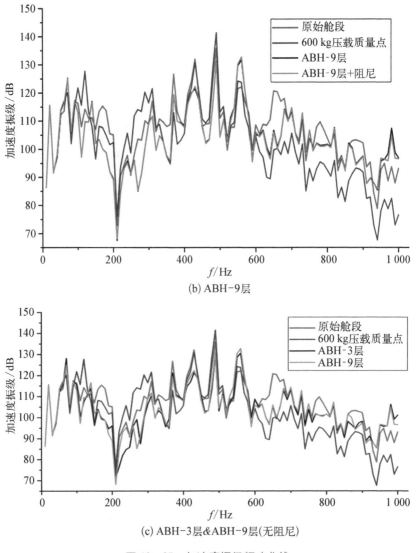

(b) ABH-9层

(c) ABH-3层&ABH-9层(无阻尼)

图 13-35 加速度振级频响曲线

度振级的效果。在中高频段(100~500 Hz),声学黑洞俘能器组的减振效果比压载质量点减振更优;而在更高频段(600 Hz 以上),压载质量点的减振效果更优且更稳定。

在 100 Hz 以下低频段,声学黑洞俘能器组减振效果不明显。这是因为声学黑洞区域主要通过与激振力共振来吸收、耗散结构振动机械能。在低频段,声学黑洞俘能器组参与共振的区域主要是中心厚度较薄、质量较小的区域,而物体振动的能量与质量成正比。因此在低频段,即使声学黑洞俘能器组与激振力发生了共振,受限于参与共振的质量较小,无法全部吸收、耗散足够的机械能。声学黑洞俘能器组是否使用阻尼材料对其减振性能的影响不明显。

在几个特定频率下频响计算输出的艉部结构纵剖面加速度分布云图如图 13 - 36 所示,直观展示了声学黑洞俘能器组的能量集聚与局域共振效应。

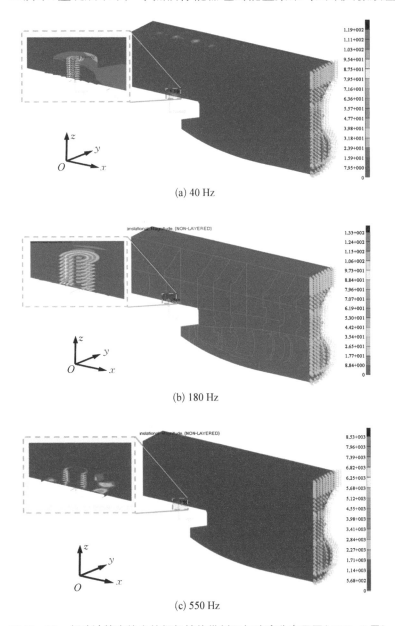

(a) 40 Hz

(b) 180 Hz

(c) 550 Hz

图 13 - 36　频响计算中输出的艉部结构纵剖面加速度分布云图(ABH - 9 层)

根据图 13 - 36,附加声学黑洞俘能器组的艉部结构上加速度振幅主要集中在声学黑洞俘能器区域。可见声学黑洞俘能器组具有极高的能量吸收效率。而在一定范围内,频率越高,声学黑洞俘能器组的振动峰值区域越靠近外围厚度较厚的声学黑洞区域。这是因为在声学黑洞区域,越靠近外围,各阶梯环的厚度呈幂指数增加,固有频率、质量也随之增加,能够吸收更多振动能量,达到更好的减振效果。

参 考 文 献

［1］ 盛振邦,刘应中.船舶原理(上、下册)[M].上海：上海交通大学出版社,2004.

［2］ 罗伯特·E.兰德尔.海洋工程基础[M].杨檟,包丛喜,译.上海：上海交通大学出版社,
2002.

［3］ United Nations Conference on Trade and Development. Review of maritime transport
2019[R]. New York：United Nations Publications,2019.

［4］ 潘继平,张大伟,岳来群,等.全球海洋油气勘探开发状况与发展趋势[J].中国矿业,
2006,15(11)：1－4.

［5］ 杨金森.海洋强国兴衰史略[M].2版.北京：海洋出版社,2014.

［6］ Karczub D G, Norton M P. Fundamentals of noise and vibration for engineers[M].New
York：Cambridge University Press, 2012.

［7］ 陆鑫森.高等结构动力学[M].上海：上海交通大学出版社,1992.

［8］ 马大猷.现代声学理论基础[M].北京：科学出版社,2004.

［9］ Zhang G S, Forland T N, Johnsen E, et al. Measurements of underwater noise radiated
by commercial ships at a cabled ocean observatory[J]. Marine Pollution Bulletin, 2020,
153：110948.

［10］ MacGillivray A O, Li Z Z, Hannay D E, et al. Slowing deep-sea commercial vessels
reduces underwater radiated noise[J]. The Journal of the Acoustical Society of America,
2019, 146(1)：340－351.

［11］ Veirs S, Veirs V, Wood J D. Ship noise extends to frequencies used for echolocation by
endangered killer whales[J]. PeerJ, 2016(4)：1657.

［12］ 中国船级社.船上振动控制指南 2021[S].北京：中国船级社,2021.

［13］ Bishop R E D, Price W G. Hydroelasticity of ships[M]. New York：Cambridge
University Press, 1979.

［14］ Patel M. H. Dynamics of offshore structures[M]. London：Butterworth & Co.
(Publishers) Ltd, 1989.

［15］ Wilson J F. Dynamics of offshore structure[M]. 2nd ed. New York：John Wiley and
Sons, Inc., 2003.

[16] Faltinsen O M. Hydrodynamics of high-speed marine vehicles [M]. Cambridge：Cambridge University Press，2006.

[17] 陆伟民,刘雁.结构动力学及其应用[M].上海：同济大学出版社,1996.

[18] 聂武,刘玉秋.海洋工程结构动力分析[M].哈尔滨：哈尔滨工程大学出版社,2002.

[19] 金咸定,夏利娟.船体振动学[M].上海：上海交通大学出版社,2011.

[20] 唐友刚,沈国光,刘利琴.海洋工程结构动力学[M].天津：天津大学出版社,2008.

[21] 何琳,帅长庚.振动理论与工程应用[M].北京：科学出版社,2015.

[22] 李有堂.机械振动理论与应用[M].2 版.北京：科学出版社,2020.

[23] 吴天行,华宏星.机械振动[M].北京：清华大学出版社,2014.

[24] 余同希,邱信明.冲击动力学[M].北京：清华大学出版社,2011.

[25] 盛美萍,王敏庆,马建刚.噪声与振动控制技术基础[M].3 版.北京：科学出版社,2017.

[26] 阿·斯·尼基福罗夫.船体结构声学设计[M].谢信,王轲,译.北京：国防工业出版社,1998.

[27] 钱伟长.变分法及有限元[M].北京：科学出版社,1980.

[28] Kaminski M L, Rigo P. Proceedings of the 20th International Ship and Offshore Structures Congress (ISSC 2018) Volume 1：Technical Committee Reports [C]. Amsterdam：IOS Press,2018.

[29] 朱英富,张国良.舰船隐身技术[M].哈尔滨：哈尔滨工程大学出版社,2003.

[30] 马大猷.噪声与振动控制工程手册[M].北京：机械工业出版社,2002.

[31] 刘伯胜,雷家煜.水声学原理[M].2 版.哈尔滨：哈尔滨工程大学出版社,2010.

[32] 朱石坚,何琳.船舶减振降噪技术与工程设计[M].北京：科学出版社,2002.

[33] Sigalas M M, Economou E N. Elastic and acoustic wave band structure[J]. Journal of Sound and Vibration，1992，158(2)：377 - 382.

[34] Kushwaha M S, Halevi P, Dobrzynski L, et al. Acoustic band structure of periodic elastic composites[J]. Physical Review Letters，1993，71(13)：2022 - 2025.

[35] Sheng P, Zhang X X, Liu Z, et al. Locally resonant sonic materials[J]. Physica. B, Condensed matte，2003，338(1)：201 - 205.

[36] Pendry J B, Schurig D, Smith D R. Controlling electromagnetic fields[J]. Science, New Series，2006，312(5781)：1780 - 1782.

[37] Zheludev N I. The road ahead for metamaterials[J]. Science，2010，328(5978)：582 - 583.

[38] Khelif A, Adibi A. Phononic Crystals：fundamentals and applications[M]. New York：Springer，2016.

[39] Yu X L, Zhou J, Liang H Y, et al. Mechanical metamaterials associated with stiffness, rigidity and compressibility：a brief review[J]. Progress in Materials Science, 2018, 94：114 - 173.

［40］温激鸿,蔡力,郁殿龙,等.声学超材料基础理论与应用［M］.北京：科学出版社,2018.

［41］Lim T C. Auxetic materials and structures［M］. Singapore：Springer，2015.

［42］Gunton D J，Saunders G A. The Young's modulus and Poisson's ratio of arsenic，antimony and bismuth［J］. Journal of Materials Science，1972，7(9)：1061 - 1068.

［43］Lakes R. Foam structures with a negative Poisson's ratio［J］. Science，1987，235(4792)：1038 - 1040.

［44］Caddock B D，Evans K E. Microporous materials with negative Poisson's ratios. I. Microstructure and mechanical properties［J］. Journal of Physics D：Applied Physics，1989，22(12)：1877 - 1882.

［45］Zadpoor A A. Mechanical meta-materials［J］. Materials Horizons，2016，3(5)：371 - 381.

［46］Babaee S，Shim J，Weaver J C，et al. 3D soft metamaterials with negative Poisson's ratio［J］. Advanced Materials，2013，25(36)：5044 - 5049.

［47］Fu M H，Liu F M，Hu L L. A novel category of 3D chiral material with negative Poisson's ratio［J］. Composites Science and Technology，2018，160：111 - 118.

［48］Alderson A. A triumph of lateral thought［J］. Chemistry and Industry，1999，(10)：384 - 391.

［49］Grima J N，Caruana-Gauci R. Mechanical metamaterials：materials that push back［J］. Nature Materials，2012，11(7)：565 - 566.

［50］Novak N，Vesenjak M，Ren Z. Auxetic cellular materials-a review［J］. Journal of Mechanical Engineering，2016，62(9)：485 - 493.

［51］于靖军,谢岩,裴旭.负泊松比超材料研究进展［J］.机械工程学报,2018,54(13)：1 - 14.

［52］Milton G W，Cherkaev A V. Which elasticity tensors are realizable？［J］. Journal of Engineering Materials and Technology，1995，117(4)：483 - 493.

［53］Norris A N. Acoustic cloaking theory［J］. Proceedings of the Royal Society A：Mathematical，Physical and Engineering Sciences，2008，464(2097)：2411 - 2434.

［54］Scandrett C L，Boisvert J E，Howarth T R. Acoustic cloaking using layered pentamode materials［J］. The Journal of the Acoustical Society of America，2010，127(5)：2856 - 2864.

［55］Norris A N. Acoustic metafluids［J］. The Journal of the Acoustical Society of America，2009，125(2)：839 - 849.

［56］Chen Y，Liu X N，Hu G K. Latticed pentamode acoustic cloak［J］. Scientific Reports，2015，5(1)：15745.

［57］Kadic M，Bückmann T，Stenger N，et al. On the practicability of pentamode mechanical metamaterials［J］. Applied Physics Letters，2012，100(19)：191901.

［58］Schittny R，Bückmann T，Kadic M，et al. Elastic measurements on macroscopic three-dimensional pentamode metamaterials[J]. Applied Physics Letters, 2013, 103(23): 231905.

[59] Martin A, Kadic M, Schittny R, et al. Phonon band structures of three-dimensional pentamode metamaterials[J]. Physical Review B, 2012, 86(15): 155116.

[60] Kadic M, Bückmann T, Schittny R, et al. On anisotropic versions of three-dimensional pentamode metamaterials[J]. New Journal of Physics, 2013, 15(2): 23029.

[61] Bückmann T, Schittny R, Thiel M, et al. On three-dimensional dilational elastic metamaterials[J]. New Journal of Physics, 2014, 16(3): 33032.

[62] Huang Y, Lu X G, Liang G Y, et al. Pentamodal property and acoustic band gaps of pentamode metamaterials with different cross-section shapes[J]. Physics Letters A, 2016, 380(13): 1334 - 1338.

[63] 王兆宏,李青蔚,蔡成欣,等.可用于隔声和带隙调控的五模式超材料[J].声学学报, 2017,42(5): 610 - 618.

[64] Nicolaou Z G, Motter A E. Mechanical metamaterials with negative compressibility transitions[J]. Nature Materials, 2012, 11(7): 608 - 613.

[65] 张磊.三维负压缩性结构及其力学性能研究[D].长春:吉林大学,2018.

[66] Baughman R H, Stafström S, Cui C X, et al. Materials with negative compressibilities in one or more dimensions[J]. Science, 1998, 279(5356): 1522 - 1524.

[67] Grima J N, Attard D, Caruana-Gauci R, et al. Negative linear compressibility of hexagonal honeycombs and related systems[J]. Scripta Materialia, 2011, 65(7): 565 - 568.

[68] Barnes D L, Miller W, Evans K E, et al. Modelling negative linear compressibility in tetragonal beam structures[J]. Mechanics of Materials, 2012, 46: 123 - 128.

[69] Gatt R, Attard D, Grima J N. On the behaviour of bi-material strips when subjected to changes in external hydrostatic pressure[J]. Scripta Materialia, 2009, 60(2): 65 - 67.

[70] Gatt R, Grima J N. Negative compressibility[J]. Physica Status Solidi (RRL) - Rapid Research Letters, 2008, 2(5): 236 - 238.

[71] Zhou X Q, Zhang L, Yang L. Negative linear compressibility of generic rotating rigid triangles[J]. Chinese Physics B, 2017, 26(12): 412 - 419.

[72] Dudek K K, Attard D, Caruana-Gauci R, et al. Unimode metamaterials exhibiting negative linear compressibility and negative thermal expansion[J]. Smart Materials and Structures, 2016, 25(2): 25009 - 25017.

[73] Attard D, Grima J N. A three-dimensional rotating rigid units network exhibiting negative Poisson's ratios[J]. Physica Status Solidi (B)-Basic Solid State Physics, 2012, 249(7): 1330 - 1338.

[74] Xie Y M, Yang X Y, Shen J H, et al. Designing orthotropic materials for negative or

zero compressibility[J]. International Journal of Solids and Structures, 2014, 51(23 - 24): 4038 - 4051.

[75] Lakes R S, Drugan W J. Dramatically stiffer elastic composite materials due to a negative stiffness phase? [J]. Journal of the Mechanics & Physics of Solids, 2002, 50 (5): 979 - 1009.

[76] Wang Y C, Lakes R S. Extreme thermal expansion, piezoelectricity, and other coupled field properties in composites with a negative stiffness phase[J]. Journal of Applied Physics, 2001, 90(12): 6458 - 6465.

[77] Lakes R S, Lee T, Bersie A, et al. Extreme damping in composite materials with negative-stiffness inclusions[J]. Nature, 2001, 410(6828): 565 - 567.

[78] Qiu J, Lang J H, Slocum A H. A curved-beam bistable mechanism[J]. Journal of Microelectromechanical Systems, 2004, 13(2): 137 - 146.

[79] Klatt T, Haberman M, Seepersad C. Selective laser sintering of negative stiffness mesostructures for recoverable, nearly-ideal shock isolation [C]//24th Annual International Solid Freeform Fabrication Symposium: An Additive Manufacturing Conference, 12 - 14 August, 2013, Austin: The University of Texas, 2013.

[80] Correa D M, Klatt T, Cortes S, et al. Negative stiffness honeycombs for recoverable shock isolation[J]. Rapid Prototyping Journal, 2015, 21(2): 193 - 200.

[81] Fulcher B A, Shahan D W, Haberman M R, et al. Analytical and experimental investigation of buckled beams as negative stiffness elements for passive vibration and shock isolation systems[J]. Journal of Vibration and Acoustics, 2014, 136(3): 31009.

[82] Correa D, Bostwick K, Wilson P S, et al. Mechanical impact performance of additively manufactured negative stiffness honeycombs [C]//26th Annual International Solid Freeform Fabrication Symposium: An Additive Manufacturing Conference, Austin, 2015, Austin: The University of Texas, 2015.

[83] Restrepo D, Mankame N D, Zavattieri P D. Phase transforming cellular materials[J]. Extreme Mechanics Letters, 2015, 4: 52 - 60.

[84] Rafsanjani A, Akbarzadeh A, Pasini D. Snapping mechanical metamaterials under tension[J]. Advanced Materials, 2015, 27(39): 5931 - 5935.

[85] Che K K, Yuan C, Wu J T, et al. Three-dimensional-printed multistable mechanical metamaterials with a deterministic deformation sequence [J]. Journal of Applied Mechanics, 2017, 84(1): 1 - 10.

[86] Frenzel T, Findeisen C, Kadic M, et al. Tailored buckling microlattices as reusable light-weight shock absorbers[J]. Advanced Materials, 2016, 28(28): 5865 - 5870.

[87] Findeisen C, Hohe J, Kadic M, et al. Characteristics of mechanical metamaterials based on buckling elements[J]. Journal of the Mechanics & Physics of Solids, 2017, 102:

151 - 164.

[88] Liu J G, Qin H S, Liu Y L. Dynamic behaviors of phase transforming cellular structures [J]. Composite Structures, 2018, 184: 536 - 544.

[89] Hua J, Lei H S, Gao C F, et al. Bistable cylindrical mechanical meta-structures with energy dissipation[C]//2019 13th Symposium on Piezoelectrcity, Acoustic Waves and Device Applications (SPAWDA), Jan. 11 - 14, 2019, Harbin: IEEE, 2019: 1 - 5.

[90] Hua J, Lei H S, Gao C F, et al. Parameters analysis and optimization of atypical multistable mechanical metamaterial[J]. Extreme Mechanics Letters, 2020, 35: 1 - 8.

[91] Zhakatayev A, Kappassov Z, Varol H A. Analytical modeling and design of negative stiffness honeycombs[J]. Smart Materials and Structures, 2020, 29(4): 1 - 13.

[92] Shan S C, Kang S H, Raney J R, et al. Multistable architected materials for trapping elastic strain energy[J]. Advanced Materials, 2015, 27(29): 4296 - 4301.

[93] Overvelde J T B, Shan S, Bertoldi K. Compaction through buckling in 2D periodic, soft and porous structures: effect of pore shape[J]. Advanced Materials, 2012, 24(17): 2337 - 2342.

[94] Florijn B, Coulais C, Van Hecke M. Programmable mechanical metamaterials [J]. Physical Review Letters, 2014, 113(17): 175503.

[95] Meza L R, Das S, Greer J R. Strong, lightweight, and recoverable three-dimensional ceramic nanolattices[J]. Science, 2014, 345(6202): 1322 - 1326.

[96] Tan X J, Chen S, Wang B, et al. Design, fabrication, and characterization of multistable mechanical metamaterials for trapping energy [J]. Extreme Mechanics Letters, 2019, 28: 8 - 21.

[97] Duoss E B, Weisgraber T H, Hearon K, et al. Three-dimensional printing of elastomeric, cellular architectures with negative stiffness [J]. Advanced Functional Materials, 2014, 24(31): 4905 - 4913.

[98] Tan X J, Wang B, Yao K L, et al. Novel multi-stable mechanical metamaterials for trapping energy through shear deformation[J]. International Journal of Mechanical Sciences, 2019, 164: 1 - 13.

[99] Li Q, Yang D Q. Mechanical and acoustic performance of sandwich panels with hybrid cellular cores[J]. Journal of Vibration and Acoustics, 2018, 140(6): 1 - 15.

[100] Li Q, Yang D Q. Vibration and sound transmission performance of sandwich panels with uniform and gradient auxetic double arrowhead honeycomb cores[J]. Shock and Vibration, 2019, 2019: 1 - 16.

[101] Tang Y Y, Robinson J, Silcox R. Sound transmission through a cylindrical sandwich shell with honeycomb core[C]//AIAA. AIAA 34th Aerospace Sciences Meeting and Exhibit. Reston: American Institute of Aeronautics and Astronautics, 1996.

［102］任晨辉，杨德庆.二维负刚度负泊松比超材料及其力学性能［J］.哈尔滨工程大学学报，2020，41(8)：1129‐1135.

［103］Hewage T A M，Alderson K L，Alderson A，et al. Double‐negative mechanical metamaterials displaying simultaneous negative stiffness and negative Poisson's ratio properties［J］. Advanced Materials，2016，28(46)：10323‐10332.

［104］Rafsanjani A，Pasini D. Bistable auxetic mechanical metamaterials inspired by ancient geometric motifs［J］. Extreme Mechanics Letters，2016，9：291‐296.

［105］Ren X，Shen J H，Tran P，et al. Design and characterisation of a tunable 3D buckling‐induced auxetic metamaterial［J］. Materials & Design，2018，139：336‐342.

［106］Meza L R，Phlipot G P，Portela C M，et al. Reexamining the mechanical property space of three‐dimensional lattice architectures［J］. Acta Materialia，2017，140：424‐432.

［107］Minor A M. Shan Z W，AdessoG，et al. Ultrahigh stress and strain in hierarchically structured hollow nanoparticles［J］. Nature Materials，2008，7(12)：947‐952.

［108］Meza L R，Zelhofer A J，Clarke N，et al. Resilient 3D hierarchical architected metamaterials［J］. Proceedings of the National Academy of Sciences，2015，112(37)：11502‐11507.

［109］Oftadeh R，Haghpanah B，Papadopoulos J，et al. Mechanics of anisotropic hierarchical honeycombs［J］. International Journal of Mechanical Sciences，2014，81：126‐136.

［110］Mousanezhad D，Haghpanah B，Ghosh R，et al. Elastic properties of chiral，anti‐chiral，and hierarchical honeycombs：a simple energy‐based approach［J］. Theoretical and Applied Mechanics Letters，2016，6(2)：81‐96.

［111］Lorato A，Innocenti P，Scarpa F，et al. The transverse elastic properties of chiral honeycombs［J］. Composites Science and Technology，2010，70(7)：1057‐1063.

［112］Alderson A，Alderson K L，Attard D，et al. Elastic constants of 3‐，4‐ and 6‐connected chiral and anti‐chiral honeycombs subject to uniaxial in‐plane loading［J］. Composites Science and Technology，2010，70(7)：1042‐1048.

［113］Silverberg J L，Evans A A，Mcleod L，et al. Using origami design principles to fold reprogrammable mechanical metamaterials［J］. Science，2014，345(6197)：647‐650.

［114］Lv C，Krishnaraju D，Konjevod G，et al. Origami based mechanical metamaterials［J］. Scientific Reports，2014，4(1)：5979.

［115］Li S Y，Wang K W. Fluidic origami：a plant‐inspired adaptive structure with shape morphing and stiffness tuning［J］. Smart Materials and Structures，2015，24(10)：1‐13.

［116］Cheung K C，Tachi T，Calisch S，et al. Origami interleaved tube cellular materials［J］. Smart Materials and Structures，2014，23(9)：1‐10.

[117] Overvelde J T B, De Jong T A, Shevchenko Y, et al. A three-dimensional actuated origami-inspired transformable metamaterial with multiple degrees of freedom[J]. Nature Communications, 2016, 7(1): 1 - 8.

[118] 韦凯,裴永茂.轻质复合材料及结构热膨胀调控设计研究进展[J].科学通报,2017,62 (1):47 - 60.

[119] Wei K, Chen H S, Pei Y M, et al. Planar lattices with tailorable coefficient of thermal expansion and high stiffness based on dual-material triangle unit[J]. Journal of the Mechanics and Physics of Solids, 2016, 86: 173 - 191.

[120] Sigmund O, Torquato S. Composites with extremal thermal expansion coefficients[J]. Applied Physics Letters, 1996, 69(21): 3203 - 3205.

[121] Wang Q M, Jackson J A, Ge Q, et al. Lightweight mechanical metamaterials with tunable negative thermal expansion[J]. Physical Review Letters, 2016, 117(17): 1 - 6.

[122] Wu L L, Li B, Zhou J. Isotropic negative thermal expansion metamaterials[J]. ACS Applied Materials & Interfaces, 2016, 8(27): 17721 - 17727.

[123] Wang G, Yu D L, Wen J H, et al. One-dimensional phononic crystals with locally resonant structures[J]. Physics Letters A, 2004, 327(5): 512 - 521.

[124] Kushwaha M S, Halevi P, Martínez G, et al. Theory of acoustic band structure of periodic elastic composites[J]. Physical Review B, 1994, 49(4): 2313 - 2322.

[125] Wu F G, Hou Z L, Liu Z Y, et al. Point defect states in two-dimensional phononic crystals[J]. Physics Letter A, 2001, 292(3): 198 - 202.

[126] Psarobas I E, Stefanou N, Modinos A. Scattering of elastic waves by periodic arrays of spherical bodies[J]. Physical Review B, 2000, 62(1): 278 - 291.

[127] 吴福根,刘正猷,刘有延.二维周期性复合介质中弹性波的能带结构[J].声学学报, 2001,26(4): 319 - 323.

[128] Kafesaki M, Sigalas M M, Garcfa N. Frequency modulation in the transmittivity of wave guides in elastic-wave band-gap materials[J]. Physical Review Letters, 2000, 85 (19): 4044 - 4047.

[129] Pennec Y, Djafari-Rouhani B, Larabi H. et al. Low frequency gaps in a phononic crystal constituted of cylindrical dots deposited on a thin homogeneous plate[J]. Physical Review B, 2008, 78: 104105 - 1 - 8.

[130] Diaz-de-Anda A, Pimentel A, Flores J, et al. Locally periodic Timoshenko rod: experiment and theory[J]. Journal of the Acoustical Society of America, 2005, 117(5): 2814 - 2819.

[131] 吴旭东,左曙光,倪天心,等.并联双振子声子晶体梁结构带隙特性研究[J].振动工程学报,2017,30(1): 79 - 85.

[132] Xiao Y, Mace B R, Wen J H, et al. Formation and coupling of band gaps in a locally

resonant elastic system comprising a string with attached resonators[J]. Physics Letters A，2011，375(12)：1485 – 1491.

[133] 张印,尹剑飞,温激鸿,等.基于质量放大局域共振型声子晶体的低频减振设计[J].振动与冲击,2016,35(17)：26 – 32.

[134] Baravelli E，Carrara M，Ruzzene M. High stiffness，high damping chiral metamaterial assemblies for low-frequency applications[C]//SPIE. Proceedings of SPIE：The International Society for Optical Engineering. Bellingham：SPIE，2013：86952K – 1 – 10.

[135] Baravelli E，Ruzzene M. Internally resonating lattices for band gap generation and low-frequency vibration control[J]. Journal of Sound & Vibration，2013，332(25)：6562 – 6579.

[136] 张佳龙,姚宏,杜军,等.基于局域共振型声子晶体在机舱内低频隔声特性[J].硅酸盐学报,2016,44(10)：1440 – 1445.

[137] Lai Y，Wu Y，Sheng P，et al. Hybrid elastic solids[J]. Nat Mater，2011，10：620 – 624.

[138] Mei J，Ma G C，Yang M，et al. Dark acoustic metamaterials as super absorbers for low-frequency sound[J]. Nature Communications，2012，3：756 – 1 – 7.

[139] 张研,韩林,蒋林华,等.声子晶体的计算方法与带隙特性[M].北京：科学出版社,2015.

[140] 马天雪,苏晓星,董浩文,等.声光子晶体带隙特性与声光耦合作用研究综述[J].力学学报,2017,49(4)：743 – 757.

[141] Phani A S，Woodhouse J，Fleck N A. Wave propagation in two-dimensional periodic lattices[J]. The Journal of the Acoustical Society of America，2006，119(4)：1995 – 2005.

[142] 甄妮,闫志忠,汪越胜.蜂窝材料的弹性波传播特性[J].力学学报,2008(6)：769 – 775.

[143] 黄毓,刘书田.二维格栅材料带隙特性分析与设计[J].力学学报,2011,43(2)：316 – 329.

[144] Ruzzene M，Scarpa F. Directional and band-gap behavior of periodic auxetic lattices[J]. Physica Status Solidi (B)，2005，242(3)：665 – 680.

[145] Gonella S，Ruzzene M. Analysis of in-plane wave propagation in hexagonal and re-entrant lattices[J]. Journal of Sound and Vibration，2008，312(1)：125 – 139.

[146] Spadoni A，Ruzzene M，Gonella S，et al. Phononic properties of hexagonal chiral lattices[J]. Wave Motion，2009，46(7)：435 – 450.

[147] Tee K F，Spadoni A，Scarpa F，et al. Wave propagation in auxetic tetrachiral honeycombs[J]. Journal of Vibration and Acoustics，2010，132(3)：031007 – 1 – 8.

[148] 徐时吟,黄修长,华宏星.六韧带手性结构的能带特性[J].上海交通大学学报,2013,47(2)：167 – 172.

[149] Zhu D W，Huang X C，Hua H X，et al. Vibration isolation characteristics of finite

periodic tetra-chiral lattice coating filled with internal resonators[J]. Proceedings of the Institution of Mechanical Engineers, Part C: Journal of Mechanical Engineering Science, 2016, 230(16): 2840 - 2850.

[150] 严珠妹.含手性谐振单元声子晶体的带隙和传输特性研究[D].北京:北京交通大学, 2016.

[151] Krödel S, Delpero T, Bergamini A, et al. 3D auxetic microlattices with independently controllable acoustic band gaps and quasi-static elastic moduli [J]. Advanced Engineering Materials, 2014, 16(4): 357 - 363.

[152] Meng J, Deng Z, Zhang K, et al. Band gap analysis of star-shaped honeycombs with varied Poisson's ratio[J]. Smart Materials and Structures, 2015, 24(9): 095011 - 1 - 15.

[153] 负昊,邓子辰,朱志韦.弹性波在星形节点周期结构蜂窝材料中的传播特性研究[J].应用数学和力学,2015,36(8):814 - 820.

[154] 孟俊苗.蜂窝材料弹性波频散关系分析及带隙特性微结构设计[D].西安:西北工业大学,2016.

[155] Dong H W, Wang Y S, Wang Y F, et al. Reducing symmetry in topology optimization of two-dimensional porous phononic crystals[J]. AIP Advances, 2015, 5(11): 117149 - 1 - 16.

[156] 董浩文.声/光超构材料的拓扑优化设计[D].北京:北京交通大学,2017.

[157] Billon K, Zampetakis I, Scarpa F, et al. Mechanics and band gaps in hierarchical auxetic rectangular perforated composite metamaterials [J]. Composite Structures, 2017, 160: 1042 - 1050.

[158] Warmuth F, Körner C. Phononic band gaps in 2D quadratic and 3D cubic cellular structures[J]. Materials, 2015, 8(12): 8327 - 8337.

[159] Choi M J, Oh M H, Koo B, et al. Optimal design of lattice structures for controllable extremal band gaps[J]. Scientific Reports, 2019, 9(1): 9976 - 1 - 13.

[160] 李清.船舶振动声学耦合分析及减振降噪超材料设计[D].上海:上海交通大学,2020.

[161] Li Q, Yang D Q, Xiang M. Pressure-resistant cylindrical shell structures comprising graded hybrid zero Poisson's ratio metamaterials with designated band gap characteristics[J]. Marine Structures, 2022, 84: 103221 - 1 - 14.

[162] Birman V, Kardomateas G A. Review of current trends in research and applications of sandwich structures[J]. Composites Part B: Engineering, 2018, 142: 221 - 240.

[163] 刘畅.新颖结构与结构化材料优化设计的理论与方法研究[D].大连:大连理工大学, 2019.

[164] Liang C C, Yang M F, Wu P W. Optimum design of metallic corrugated core sandwich panels subjected to blast loads[J]. Ocean Engineering, 2001, 28(7): 825 - 861.

[165] Shu C F, Zhao S Y, Hou S J. Crashworthiness analysis of two-layered corrugated sandwich panels under crushing loading[J]. Thin-Walled Structures, 2018, 133: 42-51.

[166] Zhang P, Liu J, Cheng Y S, et al. Dynamic response of metallic trapezoidal corrugated-core sandwich panels subjected to air blast loading — an experimental study[J]. Materials in Eengineering, 2015, 65: 221-230.

[167] Zhang L H, Hebert R, Wright J T, et al. Dynamic response of corrugated sandwich steel plates with graded cores[J]. International Journal of Impact Engineering, 2014, 65: 185-194.

[168] Zhang L H, Kim J. Core crushing and dynamic response of sandwich steel beams with sinusoidal and trapezoidal corrugated cores: a parametric study[J]. Journal of Sandwich Structures & Materials, 2017, 21(7): 2413-2439.

[169] Rathbun H J, Radford D D, Xue Z, et al. Performance of metallic honeycomb-core sandwich beams under shock loading[J]. International Journal of Solids and Structures, 2006, 43(6): 1746-1763.

[170] Russell B P, Liu T, Fleck N A, et al. The soft impact of composite sandwich beams with a square-honeycomb core[J]. International Journal of Impact Engineering, 2012, 48: 65-81.

[171] Jin X C, Wang Z H, Ning J G, et al. Dynamic response of sandwich structures with graded auxetic honeycomb cores under blast loading[J]. Composites Part B: Engineering, 2016, 106: 206-217.

[172] Spadoni A, Ruzzene M. Structural and acoustic behavior of chiral truss-core beams[J]. Journal of Vibration and Acoustics, 2006, 128(5): 616-626.

[173] Ehsan M S, Srikantha P A. Sound transmission loss characteristics of sandwich panels with a truss lattice core[J]. The Journal of the Acoustical Society of America, 2017, 141(4): 2921-2932.

[174] Liu T, Deng Z C, Lu T J. Design optimization of truss-cored sandwiches with homogenization[J]. International Journal of Solids and Structures, 2006, 43(25-26): 7891-7918.

[175] Hou S J, Zhao S Y, Ren L L, et al. Crashworthiness optimization of corrugated sandwich panels[J]. Materials & Design, 2013, 51: 1071-1084.

[176] Ávila A F. Failure mode investigation of sandwich beams with functionally graded core [J]. Composite Structures, 2007, 81(3): 323-330.

[177] Fang G D, Yuan S G, Meng S H, et al. Graded negative Poisson's ratio honeycomb structure design and application[J]. Journal of Sandwich Structures & Materials, 2019, 21(7): 2527-2547.

[178] Hou Y, Tai Y H, Lira C, et al. The bending and failure of sandwich structures with auxetic gradient cellular cores [J]. Composites Part A: Applied Science and Manufacturing, 2013, 49: 119 - 131.

[179] Hou Y, Neville R, Scarpa F, et al. Graded conventional-auxetic Kirigami sandwich structures: flatwise compression and edgewise loading [J]. Composites Part B: Engineering, 2014, 59: 33 - 42.

[180] Yang C H, Vora H D, Chang Y. Behavior of auxetic structures under compression and impact forces[J]. Smart Materials and Structures, 2018, 27: 025012 - 1 - 12.

[181] Lira C, Scarpa F, Rajasekaran R. A gradient cellular core for aeroengine fan blades based on auxetic configurations [J]. Journal of Intelligent Material Systems and Structures, 2011, 22(9): 907 - 917.

[182] Boldrin L, Hummel S, Scarpa F, et al. Dynamic behaviour of auxetic gradient composite hexagonal honeycombs[J]. Composite Structures, 2016, 149: 114 - 124.

[183] 李崇.功能梯度负泊松比超材料芯材夹层结构的设计与非线性分析[D].上海：上海交通大学,2020.

[184] Li C, Shen H S, Wang H. Nonlinear bending of sandwich beams with functionally graded negative Poisson's ratio honeycomb core[J]. Composite Structures, 2019, 212: 317 - 325.

[185] Li C, Shen H S, Wang H. Thermal post-buckling of sandwich beams with functionally graded negative Poisson's ratio honeycomb core[J]. International Journal of Mechanical Sciences, 2019, 152: 289 - 297.

[186] Li C, Shen H S, Wang H. Nonlinear dynamic response of sandwich beams with functionally graded negative Poisson's ratio honeycomb core[J]. The European Physical Journal Plus, 2019, 134(2): 1 - 15.

[187] Li C, Shen H S, Wang H. Nonlinear vibration of sandwich beams with functionally graded negative Poisson's ratio honeycomb core[J]. International Journal of Structural Stability and Dynamics, 2019, 19(3): 1950034 - 1 - 21.

[188] Hou S J, Shu C F, Zhao S Y, et al. Experimental and numerical studies on multi-layered corrugated sandwich panels under crushing loading[J]. Composite Structures, 2015, 126: 371 - 385.

[189] Zhang Z, Lei H S, Xu M C, et al. Out-of-plane compressive performance and energy absorption of multi-layer graded sinusoidal corrugated sandwich panels[J]. Materials & Design, 2019, 178: 107858 - 1 - 14.

[190] Zhu S Q, Chai G B. Damage and failure mode maps of composite sandwich panel subjected to quasi-static indentation and low velocity impact[J]. Composite Structures, 2013, 101: 204 - 214.

［191］ Rong Y，Liu J X，Luo W，et al. Effects of geometric configurations of corrugated cores on the local impact and planar compression of sandwich panels［J］. Composites Part B：Engineering，2018，152：324－335.

［192］ Sun G Y，Chen D D，Wang H X，et al. High-velocity impact behaviour of aluminium honeycomb sandwich panels with different structural configurations［J］. International Journal of Impact Engineering，2018，122：119－136.

［193］ Qi C，Remennikov A，Pei L Z，et al. Impact and close-in blast response of auxetic honeycomb-cored sandwich panels：experimental tests and numerical simulations［J］. Composite Structures，2017，180：161－178.

［194］ Li X，Wang Z H，Zhu F，et al. Response of aluminium corrugated sandwich panels under air blast loadings：experiment and numerical simulation［J］. International Journal of Impact Engineering，2014，65：79－88.

［195］ Wang H，Zhao F，Cheng Y S，et al. Dynamic response analysis of light weight pyramidal sandwich plates subjected to water impact［J］. Polish Maritime Research，2012，19(4)：31－43.

［196］ Wang H，Cheng Y S，Liu J，et al. The fluid-solid interaction dynamics between underwater explosion bubble and corrugated sandwich plate［J］. Shock and Vibration，2016，2016：1－21.

［197］ Griese D，Summers J D，Thompson L. The effect of honeycomb core geometry on the sound transmission performance of sandwich panels［J］. Journal of Vibration and Acoustics，2015，137(2)：021011－1－11.

［198］ Galgalikar R，Thompson L L. Design optimization of honeycomb core sandwich panels for maximum sound transmission loss［J］. Journal of Vibration and Acoustics，2016，138(5)：051005－1－13.

［199］ Wu J L. Topology optimization studies for light weight acoustic panels［D］. Toronto：University of Toronto，2016.

［200］ Meng H，Galland M A，Ichchou M，et al. Small perforations in corrugated sandwich panel significantly enhance low frequency sound absorption and transmission loss［J］. Composite Structures，2017，182：1－11.

［201］ Meng H，Galland M A，Ichchou M，et al. On the low frequency acoustic properties of novel multifunctional honeycomb sandwich panels with micro-perforated faceplates［J］. Applied Acoustics，2019，152：31－40.

［202］ Tang Y Y，Silcox R J，Robinson J H. Sound transmission through two concentric cylindrical sandwich shells［C］//IMAC. Proceedings of 14th International Modal Analysis Conference. Dearborn：IMAC，1996：1488－1495.

［203］ Iyer V J. Acoustic scattering and radiation response of circular hexagonal and auxetic honeycomb shell structures[D]. Clemson: Clemson University, 2014.

[204] Yang J S, Xiong J, Ma L, et al. Study on vibration damping of composite sandwich cylindrical shell with pyramidal truss-like cores[J]. Composite Structures, 2014, 117: 362 - 372.

[205] Li S Q, Lu G X, Wang Z H, et al. Finite element simulation of metallic cylindrical sandwich shells with graded aluminum tubular cores subjected to internal blast loading [J]. International Journal of Mechanical Sciences, 2015, 96 - 97: 1 - 12.

[206] Li Q, Yang D Q. Vibro-acoustic performance and design of annular cellular structures with graded auxetic mechanical metamaterials[J]. Journal of Sound and Vibration, 2020, 466: 115038 - 1 - 22.

[207] Zhang Z H, Liu S T, Tang Z L. Crashworthiness investigation of kagome honeycomb sandwich cylindrical column under axial crushing loads[J]. Thin-Walled Structures, 2010, 48(1): 9 - 18.

[208] Chen L M, Zhang J, Du B, et al. Dynamic crushing behavior and energy absorption of graded lattice cylindrical structure under axial impact load[J]. Thin-Walled Structures, 2018, 127: 333 - 343.

[209] Wei K, Yang Q D, Ling B, et al. Design and analysis of lattice cylindrical shells with tailorable axial and radial thermal expansion[J]. Extreme Mechanics Letters, 2018, 20: 51 - 58.

[210] Wei K, Peng Y, Qu Z L, et al. Lightweight composite lattice cylindrical shells with novel character of tailorable thermal expansion[J]. International Journal of Mechanical Sciences, 2018, 137: 77 - 85.

[211] Tan X, Wang B, Chen S, et al. A novel cylindrical negative stiffness structure for shock isolation[J]. Composite Structures, 2019, 214: 397 - 405.

[212] Wang B, Tan X J, Zhu S W, et al. Cushion performance of cylindrical negative stiffness structures: analysis and optimization[J]. Composite Structures, 2019, 227: 111276 - 1 - 12.

[213] 张会凯. 拓扑优化方法的力学超材料设计[D]. 大连: 大连理工大学, 2019.

[214] Bendsøe M P, Kikuchi N. Generating optimal topologies in structural design using a homogenization method[J]. Computer Methods in Applied Mechanics and Engineering, 1988, 71(2): 197 - 224.

[215] Sigmund O. Tailoring materials with prescribed elastic properties[J]. Mechanics of Materials, 1995, 20(4): 351 - 368.

[216] Huang X, Xie Y M. Bi-directional evolutionary topology optimization of continuum structures with one or multiple materials[J]. Computational Mechanics, 2009, 43(3): 393 - 401.

[217] Xie Y M, Steven G P. Evolutionary structural optimization for dynamic problems[J]. Computers & Structures, 1996, 58(6): 1067-1073.

[218] Rodrigues H, Guedes J M, Bendsoe M P. Hierarchical optimization of material and structure[J]. Structural and Multidisciplinary Optimization, 2002, 24(1): 1-10.

[219] 徐胜利.基于拓扑优化的结构刚度和渗流多功能材料设计[D].大连:大连理工大学, 2010.

[220] 徐胜利,牛斌,程耿东.材料设计的晶核法[J].固体力学学报,2010,31(4):369-378.

[221] Buhl T, Pedersen C B W, Sigmund O. Stiffness design of geometrically nonlinear structures using topology optimization [J]. Structural and Multidisciplinary Optimization, 2000, 19(2): 93-104.

[222] Prasad J, Diaz A R. Viscoelastic material design with negative stiffness components using topology optimization[J]. Structural & Multidisciplinary Optimization, 2009, 38 (6): 583-597.

[223] Prasad J, Diaz A R. Synthesis of bistable periodic structures using topology optimization and a genetic algorithm[J]. Journal of Mechanical Design, 2005, 128(6): 1298-1306.

[224] Bhattacharyya A, Conlan-Smith C, James K A. Design of a Bi-stable airfoil with tailored snap-through response using topology optimization [J]. Computer-Aided Design, 2019, 108: 42-55.

[225] Vogiatzis P, Chen S K, Wang X, et al. Topology optimization of multi-material negative Poisson's ratio metamaterials using a reconciled level set method[J]. Computer-Aided Design, 2016, 83: 15-32.

[226] Qin H X, Yang D Q, Ren C H. Design method of lightweight metamaterials with arbitrary Poisson's ratio[J]. Materials, 2018, 11(9): 1574-1-19.

[227] Qin H X, Yang D Q, Ren C H. Modelling theory of functional element design for metamaterials with arbitrary negative Poisson's ratio[J]. Computational Materials Science, 2018, 150: 121-133.

[228] 杨德庆,钟山.零泊松比超材料设计的多评价点功能基元拓扑优化方法[J].复合材料学报,2020,37(12):3229-3241.

[229] Catapano A, Montemurro M. A multi-scale approach for the optimum design of sandwich plates with honeycomb core. Part II: the optimisation strategy[J]. Composite Structures, 2014, 118: 677-690.

[230] Catapano A, Montemurro M. A multi-scale approach for the optimum design of sandwich plates with honeycomb core. Part I: homogenisation of core properties[J]. Composite Structures, 2014, 118: 664-676.

[231] Denli H, Sun J Q. Structural-acoustic optimization of sandwich structures with cellular

cores for minimum sound radiation[J]. Journal of Sound and Vibration, 2007, 301(1 - 2): 93 - 105.

[232] Franco F, Cunefare K A, Ruzzene M. Structural-acoustic optimization of sandwich panels[J]. Journal of Vibration and Acoustics, 2007, 129(3): 330 - 340.

[233] Yang H S, Li H R, Zheng H. A structural-acoustic optimization of two-dimensional sandwich plates with corrugated cores[J]. Journal of Vibration and Control, 2017, 23 (18): 3007 - 3022.

[234] 李汪颖,杨雄伟,李跃明.多孔材料夹层结构声辐射特性的两尺度拓扑优化设计[J].航空学报,2016,37(4): 1196 - 1206.

[235] Jiang P, Wang C C, Zhou Q, et al. Optimization of laser welding process parameters of stainless steel 316L using FEM, Kriging and NSGA-II[J]. Advances in Engineering Software, 2016, 99: 147 - 160.

[236] Yang Y, Cao L C, Zhou Q, et al. Multi-objective process parameters optimization of Laser-magnetic hybrid welding combining Kriging and NSGA-II[J]. Robotics and Computer-Integrated Manufacturing, 2018, 49: 253 - 262.

[237] 计方,姚熊亮.舰船高传递损失基座振动波传递特性[J].工程力学,2011(3): 240 - 244, 250.

[238] 姚熊亮,计方,钱德进,等.典型船舶结构中振动波传递特性研究[J].振动与冲击,2009, 28(8): 20 - 24,196.

[239] Ding K, Wang Y S, Wei Y S. Influence of thrust bearing pedestal form on vibration and radiated noise of submarine[J]. Journal of Ship Mechanics, 2013, 17(3): 306 - 312.

[240] 朱成雷,魏强,徐志亮,等.基于有限元动力计算的基座隔振性能研究[J].船海工程, 2014,43(3): 28 - 32.

[241] 刘恺,张峰,俞孟萨.立式板架隔振基座动态特性计算及试验研究[J].中国造船,2017, 58(3): 34 - 40.

[242] 张梗林,杨德庆.船舶宏观负泊松比蜂窝夹芯隔振器优化设计[J].振动与冲击,2013,32 (22): 68 - 72,78.

[243] 张相闻,杨德庆.船用新型抗冲击隔振蜂窝基座[J].振动与冲击,2015(10): 40 - 45.

[244] 秦浩星,杨德庆,张相闻.负泊松比声学超材料基座的减振性能研究[J].振动工程学报, 2017,30(6): 1012 - 1021.

[245] 秦浩星,杨德庆.声子晶体负泊松比蜂窝基座的减振机理研究[J].振动工程学报,2019, 32(3): 421 - 430.

[246] 吴秉鸿,张相闻,杨德庆.负泊松比超材料隔振基座的实船应用分析[J].船舶工程, 2018,40(2): 56 - 62.

[247] 任晨辉,杨德庆.船用新型多层负刚度冲击隔离器性能分析[J].振动与冲击,2018,37

(20)：81 - 87.

[248] 杨德庆,夏利福.负泊松比超材料浮筏设计与减振机理研究[J].中国造船,2018,59(3)：144 - 154.

[249] Naar H, Kujala P, Simonsen B C, et al. Comparison of the crashworthiness of various bottom and side structures[J]. Marine Structures, 2002, 15(4)：443 - 460.

[250] St-Pierre L, Deshpande V S, Fleck N A. The low velocity impact response of sandwich beams with a corrugated core or a Y-frame core[J]. International Journal of Mechanical Sciences, 2015, 91：71 - 80.

[251] 张延昌,王自力,顾金兰,等.夹层板在舰船舷侧防护结构中的应用[J].中国造船,2009,50(4)：36 - 44.

[252] 声学黑洞俘能器与带隙超材料结合的水下潜器辐射噪声宽频段抑制研究报告[R].上海：上海交通大学,2021.

[253] 牟金磊,李玉江,张振华,等.垂向冲击作用下金字塔点阵夹芯单元结构失效分析[J].海军工程大学学报,2016,28(6)：5 - 9.

[254] 杨德庆,吴秉鸿,张相闻.星型负泊松比超材料防护结构抗爆抗冲击性能研究[J].爆炸与冲击,2018,39(6)：065102 - 1 - 12.

[255] Luo F, Zhang S L, Yang D Q. Anti-explosion performance of composite blast wall with an auxetic re-entrant honeycomb core for offshore platforms[J]. Journal of Marine Science and Engineering, 2020, 8(3)：182.

[256] Carneiro V H, Puga H, Meireles J. Analysis of the geometrical dependence of auxetic behavior in reentrant structures by finite elements[J]. Acta Mechanica Sinica, 2016, 32(2)：295 - 300.

[257] Gibson L J, Ashby F M. Cellular solids: structure and properties [M]. 2nd ed. Cambridge: Cambridge University Press, 1997.

[258] Wan H, Ohtaki H, Kotosaka S, et al. A study of negative Poisson's ratios in auxetic honeycombs based on a large deflection model[J]. European Journal of Mechanics A/Solids, 2004, 23(1)：95 - 106.

[259] Grima J N, Gatt R, Ellul B, et al. Auxetic behaviour in non-crystalline materials having star or triangular shaped perforations[J]. Journal of Non-Crystalline Solids, 2010, 356(7)：1980 - 1987.

[260] 富明慧,伊久仁.蜂窝芯层的等效弹性参数[J].力学学报,1999,31(1)：113 - 118.

[261] 卢子兴,赵亚斌.一种有负泊松比效应的二维多胞材料力学模型[J].北京航空航天大学学报,2006,32(5)：594 - 597.

[262] Kolken H M A, Zadpoor A A. Auxetic mechanical metamaterials[J]. RSC Advances. 2017, 7(9)：5111 - 5129.

[263] Prall D, Lakes R S. Properties of a chiral honeycomb with a Poisson's ratio of - 1[J].

International journal of mechanical sciences. 1997，39(3)：305 - 314.

［264］阎军,程耿东,刘岭.基于均匀材料微结构模型的热弹性结构与材料并发优化[J].计算力学学报,2009,26(1)：1 - 7.

［265］张卫红,孙士平.多孔材料/结构尺度关联的一体化拓扑优化技术[J].力学学报,2006,38(4)：522 - 529.

［266］Xia L，Breitkopf P. Design of materials using topology optimization and energy-based homogenization approach in Matlab[J]. Structural and Multidisciplinary Optimization，2015，52(6)：1229 - 1241.

［267］钟山.任意泊松比超材料设计及其在船舶减振中应用[D].上海：上海交通大学,2020.

［268］Olympio K R，Gandhi F. Zero Poisson's ratio cellular honeycombs for flex skins undergoing one-dimensional morphing[J]. Journal of Intelligent Material Systems and Structures，2010，21(17)：1737 - 1753.

［269］鲁超,李永新,董二宝,等.零泊松比蜂窝芯等效弹性模量研究[J].材料工程,2013(12)：80 - 84.

［270］李杰锋,沈星,陈金金.零泊松比胞状结构的单胞面内等效模量分析及其影响因素[J].航空学报,2015,36(11)：3616 - 3629.

［271］程文杰,周丽,张平,等.零泊松比十字形混合蜂窝设计分析及其在柔性蒙皮中的应用[J].航空学报,2015,36(2)：680 - 690.

［272］Gong X B，Huang J，Scarpa F，et al. Zero Poisson's ratio cellular structure for two-dimensional morphing applications[J]. Composite Structures，2015，134：384 - 392.

［273］Huang J，Gong X B，Zhang Q H，et al. In-plane mechanics of a novel zero Poisson's ratio honeycomb core[J]. Composites Part B：Engineering，2016，89：67 - 76.

［274］Grima J N，Oliveri L，Attard D，et al. Hexagonal honeycombs with zero Poisson's ratios and enhanced stiffness[J]. Advanced Engineering Materials，2010，12(9)：855 - 862.

［275］Attard D，Grima J N. Modelling of hexagonal honeycombs exhibiting zero Poisson's ratio[J]. Physica Status Solidi B，2011，248(1)：52 - 59.

［276］Wang X T，Li X W，Ma L. Interlocking assembled 3D auxetic cellular structures[J]. Materials & Design，2016，99：467 - 476.

［277］Shen H S. A novel technique for nonlinear analysis of beams on two-parameter elastic foundations[J]. International Journal of Structural Stability and Dynamics，2011，11(6)：999 - 1014.

［278］王英华.晶体学导论[M].北京：清华大学出版社,1989.

［279］杨琇明.结晶学及晶体光学[M].武汉：中国地质大学出版社,2018.

［280］温熙森.声子晶体[M].北京：国防工业出版社,2009.

［281］Hu N，Burgueño R. Buckling-induced smart applications：recent advances and trends

[J]. Smart Materials and Structures，2015，24(6)：63001 - 1 - 20.

[282] 庄茁，张帆，岭松，等.ABAQUS 非线性有限元分析与实例[M].北京：科学出版社，2005.

[283] 张雄.轻质薄壁结构耐撞性分析与设计优化[D].大连：大连理工大学,2008.

[284] Ghaedizadeh A，Shen J H，Ren X，et al. Tuning the performance of metallic auxetic metamaterials by using buckling and plasticity[J]. Materials，2016，9(1)：54.

[285] Wang Y F，Wang Y S，Zhang C Z. Bandgaps and directional propagation of elastic waves in 2D square zigzag lattice structures[J]. Journal of Physics D：Applied Physics，2014，47(48)：485102 - 1 - 14.

[286] Casadei F，Rimoli J J. Anisotropy-induced broadband stress wave steering in periodic lattices[J]. International Journal of Solids and Structures，2013，50(9)：1402 - 1414.

[287] Huang Y L，Li J，Chen W Q，et al. Tunable bandgaps in soft phononic plates with spring-mass-like resonators[J]. International Journal of Mechanical Sciences，2019，151：300 - 313.

[288] Zhang K，Zhao P C，Zhao C，et al. Study on the mechanism of band gap and directional wave propagation of the auxetic chiral lattices[J]. Composite Structures，2020，238：111952 - 1 - 13.

[289] An X Y，Fan H L，Zhang C Z. Elastic wave and vibration bandgaps in planar square metamaterial-based lattice structures[J]. Journal of Sound and Vibration，2020，475：115292 - 1 - 15.

[290] Sigmund O，Søndergaard Jensen J. Systematic design of phononic band-gap materials and structures by topology optimization[J]. Philosophical Transactions of the Royal Society of London. Series A：Mathematical，Physical and Engineering Sciences，2003，361(1806)：1001 - 1019.

[291] Chen Y F，Guo D，LI Y F，et al. Maximizing wave attenuation in viscoelastic phononic crystals by topology optimization[J]. Ultrasonics，2019，94：419 - 429.

[292] 吴明晨，赵铮，许卫锴.多相材料声子晶体微结构的拓扑优化设计[J].科学技术与工程，2020,20(33)：13547 - 13551.

[293] 陈铁云,陈伯真.船舶结构力学[M].上海：上海交通大学出版社,1991.

[294] Chen W J，Zheng X N，Liu S T. Finite-Element-Mesh based method for modeling and optimization of lattice structures for additive manufacturing[J]. Materials，2018，11(11)：2073 - 1 - 20.

[295] 徐芝纶.弹性力学[M].北京：高等教育出版社,2016.

[296] Trainiti G，Rimoli J J，Ruzzene M. Wave propagation in undulated structural lattices [J]. International Journal of Solids and Structures，2016，97 - 98：431 - 444.

[297] Wang P，Casadei F，Kang S H，et al. Locally resonant band gaps in periodic beam

lattices by tuning connectivity[J]. Physical Review B: Condensed Matter and Materials Physics, 2015, 91(2): 020103: 1 - 4.

[298] Qiao J X, Chen C Q. Impact resistance of uniform and functionally graded auxetic double arrowhead honeycombs[J]. International Journal of Impact Engineering, 2015, 83: 47 - 58.

[299] Hill R. Elastic properties of reinforced solids: some theoretical principles[J]. Journal of the Mechanics & Physics of Solids, 1963, 11(5): 357 - 372.

[300] Kwok K, Boccaccini D, Persson A H, et al. Homogenization of steady-state creep of porous metals using three-dimensional microstructural reconstructions[J]. International Journal of Solids and Structures, 2016, 78 - 79: 38 - 46.

[301] Jin R, Chen W, Simpson T W. Comparative studies of metamodelling techniques under multiple modelling criteria[J]. Structural and Multidisciplinary Optimization, 2001, 23 (1): 1 - 13.

[302] Jin R, Chen W, Sudjianto A. An efficient algorithm for constructing optimal design of computer experiments[J]. Journal of Statistical Planning and Inference, 2005, 134(1): 268 - 287.

[303] Olsson A, Sandberg G, Dahlblom O, et al. On Latin hypercube sampling for structural reliability analysis[J]. Structural Safety, 2003, 25(1): 47 - 68.

[304] Montgomery D C. Design and analysis of experiments[M]. 6th ed. New York: Wiley, 2005.

[305] Wang Y, Xu B, Sun G Y, et al. A two-phase differential evolution for uniform designs in constrained experimental domains [J]. IEEE Transactions on Evolutionary Computation, 2017, 21(5): 665 - 680.

[306] Ruzzene M. Vibration and sound radiation of sandwich beams with honeycomb truss core[J]. Journal of Sound and Vibration, 2004, 277(4 - 5): 741 - 763.

[307] Isaac C W, Pawelczyk M, Wrona S. Comparative study of sound transmission losses of sandwich composite double panel walls[J]. Applied Sciences, 2020, 10(4): 1543 - 1 - 27.

[308] Koval L R. On sound transmission into a thin cylindrical shell under "flight conditions" [J]. Journal of Sound and Vibration, 1976, 48(2): 265 - 275.

[309] Liu B, Feng L P, Nilsson A. Sound transmission through curved aircraft panels with stringer and ring frame attachments[J]. Journal of Sound and Vibration, 2007, 300(3 - 5): 949 - 973.

[310] Droz C, Robin O, Ichchou M, et al. Improving sound transmission loss at ring frequency of a curved panel using tunable 3D-printed small-scale resonators[J]. The Journal of the Acoustical Society of America, 2019, 145(1): 72 - 78.

[311] Liu Z B, Rumpler R, Feng L P. Investigation of the sound transmission through a locally resonant metamaterial cylindrical shell in the ring frequency region[J]. Journal of Applied Physics, 2019, 125(11): 115105-1-11.

[312] Lin G F, Garrelick J M. Sound transmission through periodically framed parallel plates [J]. The Journal of the Acoustical Society of America, 1977, 61(4): 1014-1018.

[313] Cheng L, Li Y Y, Gao J X. Energy transmission in a mechanically-linked double-wall structure coupled to an acoustic enclosure[J]. The Journal of the Acoustical Society of America, 2005, 117(5): 2742-2751.

[314] Grosveld F W, Palumbo D L, Klos J, et al. Finite element development of honeycomb panel configurations with improved transmission loss[C]//Institute of Noise Control Engineering. INTER-NOISE and NOISE-CON Congress and Conference Proceedings. Honolulu: Institute of Noise Control Engineering, 2006: 1414-1423.

[315] Manconi E, Mace B R. Wave characterization of cylindrical and curved panels using a finite element method[J]. The Journal of the Acoustical Society of America, 2009, 125 (1): 154-163.

[316] Kingan M J, Yang Y, Mace B R. Sound transmission through cylindrical structures using a wave and finite element method[J]. Wave Motion, 2019, 87: 58-74.

[317] Liu X N, Hu G K, Sun C T, et al. Wave propagation characterization and design of two dimensional elastic chiral metacomposite[J]. Journal of Sound and Vibration, 2011, 330(11): 2536-2553.

[318] BV/0430冲击安全性(前联邦德国国防军舰艇建造规范)[S].北京:中国舰船研究院科技发展部,1998.

[319] 姚熊亮,刘东岳,赵新,等.大型复杂舰船设备抗冲击动态特性研究[J].哈尔滨工程大学学报,2008,29(10): 1023-1029,1039.

[320] 尹群.水面舰船设备冲击环境与结构抗冲击性能研究[D].南京:南京航空航天大学,2006.

[321] 彭彪,王基.正负双波激励冲击响应谱数值分析[J].海军工程大学学报,2010(2): 38-42.

[322] Nayfeh A H, Mook D T. Nonlinear oscillations[M]. New York: Wiley, 1979: 49-65.

[323] Hayashi C. Nonlinear oscillations in physical systems[M]. New York: McGraw-Hill, 1964: 275-284.

[324] 陈树辉.强非线性振动系统的定量分析方法[M].北京:科学出版社,2007.

[325] 彭超,程林,王志海,等.基于谐波平衡法的非线性低频隔振系统振动特性研究[J].电子机械工程,2015(3): 1-6.

[326] 刘兴天,黄修长,张志谊,等.激励幅值及载荷对准零刚度隔振器特性的影响[J].机械工程学报,2013(6): 89-94.

[327] Cole R H. Underwater explosions[M]. New York：Dover Publications，1965.

[328] 钱伟长.穿甲力学[M].北京：国防工业出版社,1984.

[329] 恽寿榕,赵衡阳.爆炸力学[M].北京：国防工业出版社,2005.

[330] 姚熊亮,汪玉,张阿漫.水下爆炸气泡动力学[M].哈尔滨：哈尔滨工程大学出版社，2012.

[331] 张阿漫,郭君,孙龙泉.舰船结构毁伤与生命力基础[M].北京：国防工业出版社,2012.

[332] 杨德庆,马涛,张梗林.舰艇新型宏观负泊松比效应蜂窝舷侧防护结构[J].爆炸与冲击，2015,35(2)：243-248.

[333] 张相闻.船舶宏观负泊松比效应蜂窝减振及防护结构设计方法研究[D].上海：上海交通大学,2017.

[334] 吴秉鸿.基于负泊松比超材料及声学黑洞俘能器的船舶减振与抗爆设计方法[D].上海：上海交通大学,2019.

[335] 罗放.船舶与海洋工程防护结构抗爆性能分析和设计研究[D].上海：上海交通大学,2021.

[336] Alia A，Souli M，Erchiqui F. Variational boundary element acoustic modelling over mixed quadrilateral-triangular element meshes [J]. Communications in Numerical Methods in Engineering, 2010, 22(7)：767-780.

[337] 张佳龙，姚宏，杜军，等. 双包覆层局域共振声子晶体带隙特性研究[J]. 硅酸盐通报，2016，35(9)：2767-2771.

[338] Pekeris L C. Theory of propagation of sound in a half-space of variable sound velocity under conditions of formation of a shadow zone[J]. The Journal of the Acoustical Society of America，1946，18(2)：295-315.

[339] Mironov M. Propagation of a flexural wave in a plate whose thickness decreases smoothly to zero in a finite interval[J]. Soviet Physics-Acoustics, 1988, 34：318-319.

[340] Krylov V V. Conditions for validity of the geometrical-acoustics approximation in application to waves in an acute-angle solid wedge[J]. Soviet Physics-Acoustics, 1989, 35(2)：176-180.

[341] Krylov V V. On the velocities of localized vibration modes in immersed solid wedges [J]. Journal of Acoustical Society of America, 1998, 103(2)：767-770.

[342] Krylov V V. New type of vibration dampers utilising the effect of acoustic "black holes"[J]. Acta Acustica United with Acustica, 2004, 90(5)：830-837.

[343] Lee J Y, Jeon W J. Vibration damping using a spiral acoustic black hole[J]. Journal of the Acoustical Society of America, 2017, 141(3)：1437-1445.

[344] Guasch O，Arnela M，Sánchez-Martín P. Transfer matrices to characterize linear and quadratic acoustic black holes in duct terminations[J]. Journal of Sound and Vibration，2017，395：65-79.

[345] Krylov V V. Propagation of plate bending waves in the vicinity of one- and two-dimensional acoustic black hole[C]//Proceedings of the ECCOMAS International Conference on Computational Methods in Structural Dynamics and Earthquake Engineering. Rethymno: ECCOMAS, 2007.

[346] Yan S L, Lomonosov A M, Shen Z H. Numerical and experimental study of Lamb wave propagation in a two-dimensional acoustic black hole[J]. Journal of Applied Physics, 2016, 119(21): 214902.

[347] Krylov V V, Tilman F J B S. Acoustic 'black hole' for flexural waves as effective vibration dampers[J]. Journal of Sound and Vibration, 2004, 274(3-5): 605-619.

[348] Krylov V V, Winward R E T B. Experimental evidence of the acoustic black hole effect for flexural waves in tapered plates[J].Journal of Sound and Vibration, 2007, 300(1): 43-49.

[349] Kralovic V, Bowyer E P, Krylov V V, et al. Experimental study on damping of flexural waves in rectangular plates by means of one-dimentional acoustic 'Black Holes'[C]//14th International Acoustic Conference, 2009.

[350] Denis V, Pelta A, Gautier F, et al. Modal overlap factor of a beam with an acoustic black hole termination[J]. Journal of Sound and Vibration, 2014, 333(12): 2475-2488.

[351] Bowyer E P, Krylov V V. Sound radiation of rectangular plates containing tapered indentations of power-law profile[J]. The Journal of the Acoustical Society of America, 2012, 132(3): 2041.

[352] O'Boy D J, Krylov V V, Kralovic V. Damping of flexural vibrations in rectangular plates using the acoustic black hole effect[J]. Journal of Sound and Vibration, 2010, 329(22): 4672-4688.

[353] Conlon S C, Fahnline J B, Semperlotti F, et al. Enhancing the low frequency vibration reduction performance of plates with embedded acoustic black holes[C]//Institute of Noise Control Engineering. INTER-NOISE and NOISE-CON Congress and Conference Proceedings.Reston: Institute of Noise Control Engineering, 2014: 175-182.

[354] Conlon S C, Fahnline J B, Semperlotti F. Numerical analysis of the vibroacoustic properties of plates with embedded grids of acoustic black holes[J]. The Journal of the Acoustical Society of America, 2015, 137(1): 447-457.

[355] Wei Q, Cheng Y, Liu X J. Acoustic omnidirectional superabsorber with arbitrary contour[J]. Applied Physics Letters, 2012, 100(9): 94105-1-5.

[356] Lomonosov A M, Yan S L, Han B, et al. Orbital-type trapping of elastic Lamb waves [J]. Ultrasonics, 2016, 64: 58-61.

[357] Huang W, Ji H L, Qiu J H. Wave energy focalization in a plate with imperfect two-

dimensional acoustic black hole indentation[J]. Journal of Vibration and Acoustics, 2016, 138: 61004 - 1 - 12.

[358] Zhao L X, Conlon S C, Semperlotti F. Broadband energy harvesting using acoustic black hole structural tailoring[J]. Smart Materials and Structures, 2014, 23(6): 65021.

[359] Zhao L, Conlon S C, Semperlotti F. Experimental verification of energy harvesting performance in plate-like structures with embedded acoustic black holes[C]//Institute of Noise Control Engineering. INTER-NOISE and NOISE-CON Congress and Conference Proceedings. Reston: Institute of Noise Control Engineering, 2015: 4043 - 4050.

[360] Conlon S C, Fahnline J B, Shepherd M R. Vibration control using grids of acoustic black holes: how many is enough? [C]//Institute of Noise Control Engineering. INTER-NOISE and NOISE-CON Congress and Conference Proceedings. Reston: Institute of Noise Control Engineering, 2015: 3139 - 3152.

[361] Jia X X, Du Y, Zhao K. Vibration control of variable thickness plates with embedded acoustic black holes and dynamic vibration absorbers[C]//ASME. Proceedings of the Internoise 2015.San Francisco: ASME, 2015: 9514 - 1 - 7.

[362] Climente A, Torrent D, Sanchez-Dehesa J. Omnidirectional broadband insulating device for flexural waves in thin plates[J]. Journal of Applied Physics, 2013, 114(21): 214903.

[363] Zhou Z, Xiao L, Wu J H. Investigation on low-frequency broadband characteristics of three-dimensional acoustic black hole superstructures [J]. International Journal of Modern Physics B, 2020, 34(17): 2050151.

[364] McCormick C A, Shepherd M R. Design optimization and performance comparison of three styles of one-dimensional acoustic black hole vibration absorbers[J]. Journal of Sound and Vibration, 2020, 470: 115164.

[365] Tang L L, Cheng L. Imparied sound radiation in plates with periodic tunneled acoustic black holes[J]. Mechanical Systems and Signal Processing, 2020, 135: 106410.

[366] 何璞,王小东,季宏丽.基于声学黑洞的盒式结构全频带振动控制[J].航空学报,2020, 41(4): 134 - 143.

[367] 王小东,秦一凡,季宏丽.基于声学黑洞效应的直升机驾驶舱宽带降噪研究[J].航空学报,2020,41(10): 228 - 238.

[368] 王博涵,杨德庆,夏利福.内嵌声学黑洞薄板振动特性数值模拟方法研究[J].中国舰船研究,2019,14(4): 30 - 39.

[369] 季宏丽,黄薇,裘进浩,等.声学黑洞结构应用中的力学问题[J].力学进展,2017,47(1): 333 - 384.

［370］Climente A，Torrent D，Sánchez-Dehesa J. Gradient index lenses for flexural waves based on thickness variations［J］. Applied Physics Letters，2014，105(6)：64101.

［371］Aklouche O，Pelat A，Maugeais S，et al. Scattering of flexural waves by a pit of quadratic profile inserted in an infinite thin plate［J］. Journal of Sound and Vibration，2016，375：38 - 52.

［372］王博涵.基于声学黑洞和反共振原理的船舶减振降噪设计研究［D］.上海：上海交通大学,2020.

索　引